Schaltungen der Datenverarbeitung

Von Dr.-Ing. Klaus Waldschmidt
Professor an der Universität Dortmund

Unter Mitwirkung
von Dr.-Ing. Hans-Ulrich Post
und Dipl.-Ing. Christoph Steigner
Universität Dortmund

Mit 358 Bildern, 7 Tafeln
und 40 Aufgaben

B. G. Teubner Stuttgart 1980

CIP-Kurztitelaufnahme der Deutschen Bibliothek

Waldschmidt, Klaus:
Schaltungen der Datenverarbeitung / von Klaus
Waldschmidt. Unter Mitw. von Hans-Ulrich Post
u. Christoph Steigner. – Stuttgart : Teubner,
1980.
ISBN-13: 978-3-519-06108-3   e-ISBN-13: 978-3-322-82990-0
DOI: 10.1007/978-3-322-82990-0

Umschlaggestaltung: W. Koch, Sindelfingen

Vorwort

Dieses Buch ist aus einigen Kurseinheiten eines Fernstudienkurses zur Technischen Informatik an der Fernuniversität Hagen sowie aus mehreren Vorlesungen an der Technischen Universität Berlin und der Universität Dortmund hervorgegangen.

Es behandelt die wichtigsten integrierten Schaltkreisfamilien, ihren Einsatz und ihre Anwendungen in dem Bereich der Schaltungen der Datenverarbeitung. Weiterhin werden die Organisation eines Mikroprozessors exemplarisch besprochen und die zur Mikroprogrammierung erforderlichen Halbleiterbausteine und ihre Schaltungsprinzipien dargestellt.

Die Schaltungstechnik im Bereich der Datenverarbeitung hat durch die Einführung der großintegrierten Schaltungen und Speicherbausteine in den letzten Jahren wesentliche Impulse erhalten. Hierzu haben die heute verfügbaren Mikroprozessoren ebenso beigetragen wie die Halbleiterspeicher hoher Speicherkapazität und die programmierbaren logischen Anordnungen (PLA's).

Die Entwicklung zu immer universeller einsetzbaren Schaltungen wurde erst durch die Großintegration ermöglicht. Die Möglichkeiten der Großintegration haben daher in starkem Maße auch die Hardwaretechnik beeinflußt. Das Spektrum der Schaltungstechnik im Bereich der Datenverarbeitung reicht heute von den integrierten Schaltkreisfamilien, den Arithmetisch-Logischen Einheiten, über die Halbleiterspeicher bis hin zu den programmgesteuerten Schaltwerken. Die Zukunft wird jedoch den programmgesteuerten Konzepten gehören.

Mikroprogrammierbare Steuerungen auf der Basis von Mikroprozessoren oder als mikroprogrammierbare Schaltwerke auf der Basis von Halbleiterspeichern haben den Vorteil, daß Änderungen in der Aufgabenstellung durch Änderung der Anwenderprogramme relativ einfach berücksichtigt werden können.

Das mikroprogrammierbare Steuerwerk wurde bereits 1951 von Wilkes angegeben. Jedoch erst mittels der heute zur Verfügung stehenden Halbleiterspeicher mit ihrer hohen Speicherkapazität und der Möglichkeit des Umprogrammierens wurde diese Form einer Steuerwerksrealisierung allgemeinen Anwendungsfällen zugänglich.

Diese Entwicklung hat zu einer engen Verflechtung zwischen Informatik und Elektrotechnik auf diesem Gebiet geführt.

Die starre Trennung zwischen Hardware- und Softwarelösung eines Problems wird in Zukunft mehr und mehr aufgehoben und durch eine Kombination beider Lösungen ersetzt werden.

Das Buch, das Kenntnisse in den Grundlagen der Elektrotechnik, insbesondere der Transistortechnik, und in den Grundlagen der Informatik voraussetzt, wendet sich gleichermaßen an Studierende wissenschaftlicher Hochschulen und von Fachhochschulen sowie an den Ingenieur in der Praxis. Es liegt in der Natur der Sache, daß ein derartiges „Hardware"-Buch durch die derzeit bekannt schnelle Entwicklung der Elektronik in einigen Punkten sicher in absehbarer Zeit an Aktualität verlieren kann.

Das Buch stellt jedoch eine Mischung aus technologiespezifischen Schaltkreistechniken, die dieser

Entwicklung unterliegen, sowie einer größeren Zahl an Schaltkreiskonzepten und Systemlösungen dar, die als weitgehend technologieunabhängig gelten können.

In den ersten drei Kapiteln werden die bekannten Schaltkreisfamilien bis hin zur Großintegration in ihrem Aufbau und der Funktionsweise behandelt. Hierbei wird weniger Wert auf ihre technologische Relevanz gelegt, dies ist Gegenstand von Büchern über das Gebiet der „Integrierten Schaltungen". Vielmehr werden ihre schaltungstechnischen Konzepte und Eigenschaften aus der Sicht des Anwenders besprochen. Die folgenden Kapitel sind dann mehr den Systemkomponenten und Systemlösungen gewidmet. Hierzu gehören Flipflops und Zähler, Arithmethisch-Logische Einheiten, Halbleiterspeicher und die mikroprogrammierten Schaltwerke.

Den Abschluß bildet eine strukturelle Beschreibung einer exemplarischen Mikroprozessorstruktur und den Interfaceschaltungen in Form der A/D- und D/A-Umsetzer.

Dem schaltungstechnisch interessierten Leser und dem Anwender integrierter Schaltungen im Bereich der Datenverarbeitung steht damit ein Buch zur Verfügung, daß ihm sicher in vielen Fällen ein Ratgeber und eine Einführung in dieses komplexe Stoffgebiet sein kann.

40 Übungsaufgaben im Anhang des Buches geben dem Leser Gelegenheit, den Stoff anhand praktischer Beispiele durchzuarbeiten und zu ergänzen. Die Lösungen zu diesen Aufgaben sind mit Zwischenschritten ebenfalls angegeben.

Mein ganz besonderer Dank gilt meinen Mitarbeitern Herrn Dipl. Ing. H-U. Post und Herrn Dipl. Ing. Ch. Steigner, die an der Erstellung des Fernstudienmaterials mitgewirkt sowie an der Erstellung des Manuskriptes zu diesem Buch mitgearbeitet und mich durch zahlreiche wertvolle Hinweise und Anregungen unterstützt haben.

Dank schulde ich auch meinem Mitarbeiter Herrn Dipl. Ing. D. Tavangarian, der mich in vielen Jahren bei der Durchführung der Lehrveranstaltungen in Dortmund aufopferungsvoll unterstützt und damit auch indirekt zu dem vorliegenden Buch beigetragen hat.

Dank sei außerdem Herrn Dipl. Ing. R. Lindner von der TH Darmstadt gesagt, der im Rahmen eines gemeinsamen Lehrauftrages 1972 an der TU Berlin über „Theorie und Anwendung integrierter digitaler Schaltkreise" den ersten Grundstein bei der Erstellung des vorliegenden Stoffes mit gelegt hat. Zu der Darstellung der mikroprogrammierten Schaltwerke möchte ich auch auf die vielen Arbeiten von Herrn Prof. Dr. R. Hoffmann, Darmstadt, hinweisen und ihm meinen Dank für die anregenden Diskussionen aussprechen.

Bei Frau Annegret Over möchte ich mich für die sehr sorgfältige Erstellung des Manuskriptes und bei Frau Ursula Droste für die mit viel Geschick erstellten Bilder besonders herzlich bedanken. Mein Dank gilt auch dem Teubner Verlag und insbesondere Herrn Krämer für die gute Zusammenarbeit und das Entgegenkommen bei der Herstellung dieses Buches.

Dortmund, im Frühjahr 1979   Klaus Waldschmidt

1 Technische Realisierung der logischen Funktionen

Die Realisierung logischer Funktionen durch elektrische Netzwerke erfordert es, daß eine der möglichen elektrischen Einheiten zur Darstellung der binären Variablen ausgewählt wird. Hierfür existieren mehrere Alternativen. In den meisten modernen Schaltkreisfamilien und Systemen erfolgt die Darstellung von boolesch „1" und „0" durch die elektrische Spannung. In den Schaltkreisen werden den binären Zuständen „1" und „0" zwei unterschiedliche Spannungswerte zugeordnet.

1.1 Positive und Negative Logik

Für die Zuordnung von boolesch „1" und „0" zu diesen Spannungswerten existieren zwei Möglichkeiten:
— Positive Logik
— Negative Logik.

In der positiven Logik wird der positivere der beiden Spannungspegel dem logischen Zustand „1" zugeordnet, und der negativere der Spannungspegel wird als boolesch „0" bezeichnet (Bild 1.1).

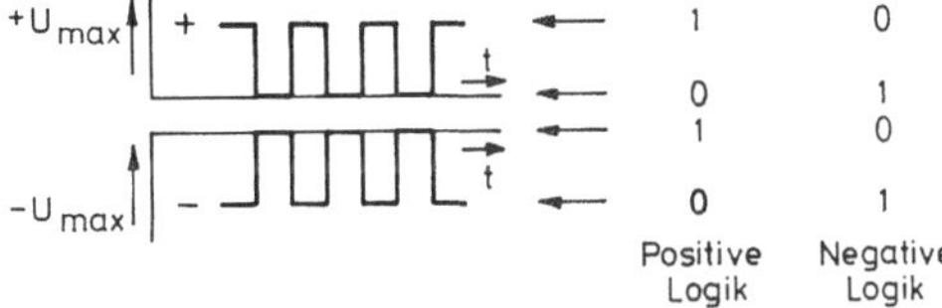

Bild 1.1
Pegelzuordnungen in der positiven und negativen Logik

Die negative Logik stellt hierzu das Gegenteil dar. Dem positiveren der beiden Spannungspegel wird boolesch „0" zugeordnet und der negativere der beiden Spannungspegel als boolesch „1" bezeichnet (Bild 1.1). Ein Wechsel von der einen Logikart zur anderen bedeutet, daß alle logischen Funktionen komplementiert werden.

Zum Beispiel wird aus einem UND(AND) ein ODER(OR) oder aus einem NOR ein NAND usw., wenn die Bezeichnungsweise gewechselt wird.

Der einfachste Weg ist, bei einem Wechsel der logischen Bezeichnungsweise in der Wahrheitstabelle des Schaltkreises alle „Nullen" durch „Einsen" und alle „Einsen" durch „Nullen" zu ersetzen.

Die Entscheidung zur positiven oder negativen Logik ist dem Schaltkreisentwickler resp. Anwender überlassen. Im Prinzip kann die Wahl als persönliche Vorliebe betrachtet werden, in bestimmten Schaltkreistechnologien ergeben sich jedoch in der einen oder anderen Logik günstigere Realisierungen.

Es existiert kein echter Vorteil, weder für die eine noch für die andere Bezeichnungsweise.

Von den meisten Entwicklern und Autoren wird jedoch die positive Logik verwendet.

In der booleschen Logik ist eine Unterscheidung in positive und negative Logik nicht erforderlich. Diese Unterscheidung wird nur dann erforderlich, wenn die technische (physikalische) Realisierung der logischen Funktion betrachtet wird.

Ein allgemeinerer Weg zur Darstellung der Daten in einem speziellen logischen Element ist es, die „Nullen" und „Einsen" in der Wahrheitstabelle durch „H" (High) und „L" (Low) darzustellen. Dadurch wird es hinfällig, zu einer speziellen Wahrheitstabelle anzugeben, ob sie in positiver oder negativer Logik aufgestellt wurde. Dies stiftet jedoch oft Verwirrung, da man normalerweise gewohnt ist, in den booleschen Ausdrücken „0" und „1" zu denken.

1.2 Logische Grundschaltungen

Verknüpfungsschaltungen realisieren Schaltfunktionen mittels elektronischer Bauelemente. Zur technischen Realisierung der logischen Funktion von integrierten digitalen Schaltkreisen dienen neben Widerständen und Kondensatoren noch „nichtlineare" Bauelemente, wie Dioden und Transistoren. Wir unterscheiden zwischen passiven und aktiven Grundschaltungen, je nachdem, ob sie nur passive oder auch aktive Elemente enthalten.

1.2.1 Passive Grundschaltungen

Das zum Einsatz gelangende nichtlineare „Bauelement" der bipolaren Technik für passive Grundschaltungen ist die Diode.

Die Kenntnis der physikalischen Funktion wollen wir voraussetzen.

Die Schaltung in Bild 1.2 zeigt die Realisierung der „ODER"-Funktion mit Hilfe von Dioden:

$$y = \bigvee_{i=1}^{n} x_i$$

Dabei bedeutet das Symbol $\bigvee_{i=1}^{n}$ die logische „ODER"-Verknüpfung der Größen x_i mit $i = 1, 2, \ldots, n$. Die logischen Größen „0" und „1" werden elektrisch dargestellt durch die Spannungen $U_0 = 0$ V und $U_1 = +U_B$ gegen Masse (Ground). Dabei liegt die Spannung U_1 deutlich über der Schwellspannung U_{Sch} der Dioden D_i.

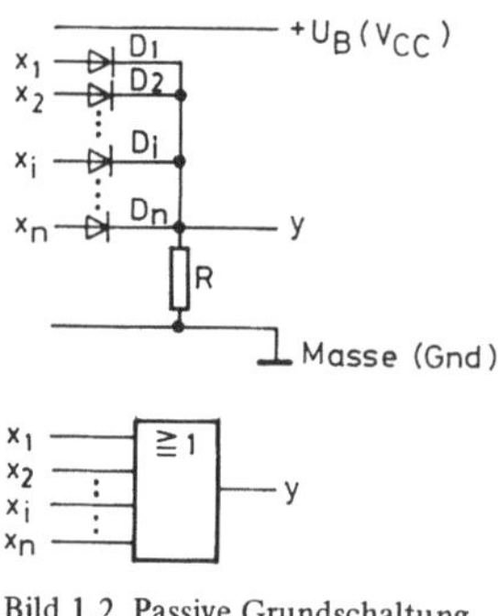

Bild 1.2 Passive Grundschaltung
eines ODER-Gatters (OR)

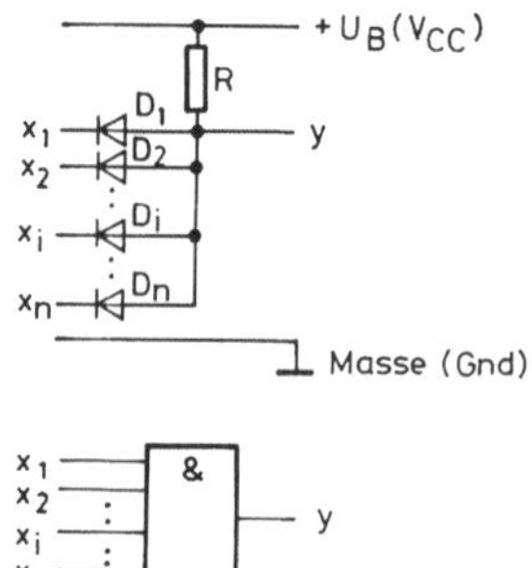

Bild 1.3 Passive Grundschaltung
eines UND-Gatters (AND)

Liegt an allen Eingängen x_i der logische Pegel „0", so liegt über dem Widerstand R auch am Ausgang y der logische Pegel „0".

Liegt an wenigstens einem Eingang x_i der logische Pegel „1", so liegt am Ausgang y eine Spannung $U_1 - U_{Sch}$, die ungefähr gleich U_1 ist.

Man sieht, daß die logische Funktion des Schaltkreises nur annähernd erfüllt ist, da statt des korrekten „1"-Pegels U_1 am Ausgang ein um die Diodenschwellspannung verminderter „1"-Pegel ($U_1 - U_{Sch}$) anliegt. Werden m Gatter hintereinandergeschaltet, so hat der „1"-Pegel des letzten Gatters nur noch den Wert ($U_1 - mU_{Sch}$). Damit ist die höchstmögliche Anzahl von derartigen Gattern in Reihe beschränkt auf eine Anzahl $< U_1/U_{Sch}$.

Auch die logische „UND"-Funktion ist mittels Dioden mit den gleichen Einschränkungen realisierbar (Bild 1.3):

$$y = \bigwedge_{i=1}^{n} x_i$$

Dabei bedeutet das Symbol $\bigwedge\limits_{i=1}^{n}$ die logische „UND"-Verknüpfung der Größen x_i mit $i = 1, 2, \ldots, n$.

Die elektrische Funktion der Schaltung ist leicht ersichtlich. Kritisch ist hier der logische Ausgangspegel „0", der sich mit steigender Stufenzahl dem Wert $+U_B$ nähert.

1.2.2 Aktive Grundschaltungen

Als nichtlineares Bauelement für die aktiven Grundschaltungen wird der Transistor verwendet, der hierbei in der Betriebsart des übersteuerten Verstärkers eingesetzt wird. Mit Hilfe des übersteuerten Verstärkers läßt sich sehr einfach die „NOR"-Funktion realisieren (Bild 1.4).

$$y = \overline{\bigvee_{i=1}^{n} x_i}$$

Der Querstrich über dem „ODER"-Symbol bedeutet die Negation.

Im Bild 1.4 ist dieser Fall am Beispiel eines bipolaren npn Transistors dargestellt.

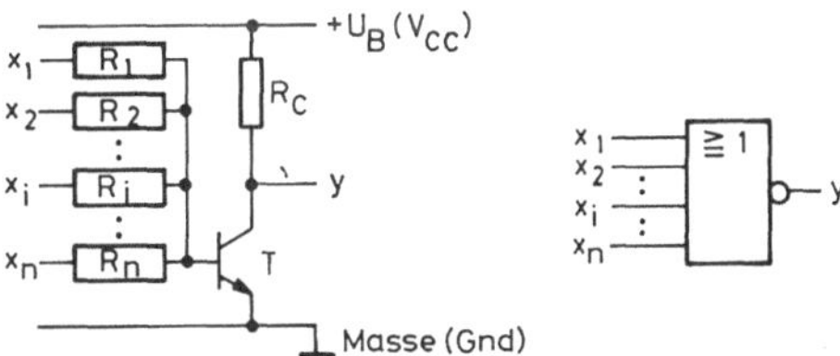

Bild 1.4 Aktive Grundschaltung eines NOR-Gatters

Liegt an wenigstens einem der Eingänge x_i der logische Pegel „1", so wird der Transistor T bis in die Sättigung durchgeschaltet, und am Ausgang liegt der Pegel „0". Der Vorteil dieser Schaltung gegenüber den oben erklärten Diodengattern ist die Regeneration der den logischen Pegeln zugeordneten elektrischen Spannungswerte infolge der Transistor-Verstärkung.

Bei einer zu großen Anzahl von Eingängen ist der Fall, daß nur ein Eingang auf „1" liegt, kritisch. Die „0"-Spannung liegt nämlich unter der Schwellspannung der Basis-Emitter-Strecke, sodaß ein Teil des Steuerstroms für den Transistor auf die niedrig liegenden Eingänge zurückfließt.

Wie der Name schon sagt, stellen die angegebenen Schaltungsbeispiele Grundformen dar, die in dieser Weise kaum noch eingesetzt werden, da sie die Anforderungen an ein modernes Gatter, wie kurze Schaltzeiten, möglichst.gleiche Schaltzeiten in beiden logischen Zuständen, nicht erfüllen.

2 Integrierte digitale Schaltkreisfamilien

G e b r ä u c h l i c h e   V e r k n ü p f u n g s s c h a l t u n g e n   u n d   K o m p l e x i t ä t s -
g r a d e Die Technische Realisierung von Schaltnetzen und Schaltwerken erfordert eine Reihen-
und Parallelschaltung standardisierter logischer Grundschaltungen. Hierfür ist es unerläßlich, daß
die binären Ausgangsspannungen innerhalb bestimmter vereinbarter Toleranzen den binären Eingangsspannungen entsprechen. Diese Forderung muß auch unter Belastung durch benachbarte
Schaltkreise erfüllt sein. Dies zwingt zu einer Standardisierung der logischen Grundschaltungen.

Auf Grund dieses Gesichtspunktes und auf Grund der unterschiedlichsten Anforderungen der
Anwender wurden verschiedene „Schaltkreisfamilien" entwickelt. Eine „Schaltkreisfamilie" ist
die Gesamtheit der Verknüpfungselemente und Speicherbausteine, die in der gleichen Schaltkreistechnik und nach dem gleichen technologischen Konzept hergestellt sind. Hierbei ist zu beachten,
daß die Schaltkreisfamilien in großer Stückzahl benötigt werden und daher wirtschaftlich und zuverlässig gefertigt werden müssen.

Ein Schaltkreis soll nicht nur möglichst gut, sondern möglichst viele Schaltkreise sollen hinrei-
chend gut arbeiten, auch bei größeren Fertigungstoleranzen der einzelnen Bauelemente. Das bedeutet auch, daß zusätzlich zu den für die Realisierung der Schaltfunktionen benötigten Bauelementen
weitere Bauelemente benötigt werden. Diese erfüllen Aufgaben wie Regeneration des Ausgangs-
pegels, Korrektur der nichtidealen Eigenschaften und Berücksichtigung der Eigenarten des Herstel-
lungsprozesses.

Die wichtigsten Schaltkreisfamilien sind:

Direktgekoppelte Transistor-Logik	(DCTL)
Widerstangsgekoppelte Transistor-Logik	(RCTL)
Widerstands-Transistor-Logik	(RTL)
Dioden-Transistor-Logik	(DTL)

Transistor-Transistor-Logik	(TTL)
Emittergekoppelte Logik	(ECL)

Komplementär-Transistor-Logik	(CTL)
Integrierte Injektions-Logik	(I^2L)

Einkanal-MOS-FET-Logik	(PMOS) (NMOS)
(Statisch oder Dynamisch)	
Komplementär-MOS-FET-Logik	(CMOS)

Die Vielseitigkeit des Angebots an Verknüpfungselementen, Speicherbausteinen, Registern und
speziellen Schaltwerken innerhalb einer „Familie" ist unterschiedlich. Als integrierte Schaltkreisfamilien mit vielfältigem Typenangebot werden die eingerahmten Familien umfangreich eingesetzt.

Die Schwerpunkte der einzelnen Familien liegen auf unterschiedlichen Gebieten, und damit ergeben sich auch unterschiedliche Einsatzgebiete:

TTL	universelle Schaltkreisfamilie mittleren Komplexitätsgrades mit vielseitigem Typenangebot
ECL, Schottky-TTL	Schaltkreisfamilien mit hoher Arbeitsgeschwindigkeit
CMOS, Low-power-TTL	Schaltkreisfamilien mit niedrigem Leistungsverbrauch
Einkanal-MOS-FET-Logik und Speicher	Schaltkreisfamilien mit hoher Komplexität (Großintegration)

Die I^2L-Technik ist eine noch sehr junge Technologie, die bislang in kundenspezifischen Schaltkreisen wie Uhren IC's usw. eingesetzt wurde. Neuerdings werden auch bereits Mikroprozessoren in dieser Technologie integriert. Die I^2L-Technik ist eine bipolare Technologie, die neben hoher Schaltgeschwindigkeit noch den großen Vorteil hat, daß sie eine Großintegration ermöglicht. Sie verbindet in gewisser Weise die Vorteile der bipolaren Technik mit denen der MOS-Technik.

2.1 Integrierte Schaltungen

Wir haben bereits betont, daß die angesprochenen Schaltkreisfamilien als integrierte Schaltungen ausgeführt werden. Dabei ist das Zeitalter der integrierten Schaltungen noch relativ jung. Der erste integrierte Schaltkreis wurde von J. S. Kilby 1958 entwickelt. Seine Arbeit stellte einen Markstein in der Entwicklung der Technischen Elektronik dar.

Zu Beginn der Transistor-Technologie wurde eine Klassifizierung der Schaltkreise nach ihrem Aufbau eingeführt. Es wird unterschieden zwischen einem diskreten und einem integrierten Aufbau des Schaltkreises.

Ein digitaler Schaltkreis im diskreten Aufbau enthält mehrere Transistoren sowie passive Elemente, wie Widerstände, Kondensatoren und Dioden, die derart zusammengeschaltet werden, daß sie eine logische Funktion erfüllen. Für einfache logische Operationen stellten sie die Bausteine für die Realisierung komplexerer Netzwerke dar. Im Zuge der Weiterentwicklung der Technologie wurde es möglich, mehrere Transistoren und passive Bauelemente auf einem Halbleiterkristall zu integrieren. Ein derartiger monolithischer Schaltkreis wird als integrierte Schaltung bezeichnet.

In den letzten 10 Jahren hat der Flächenbedarf je Bauelement um mehr als den Faktor 10 abgenommen. Für das Produkt aus „Schaltzeit und Leistung" wird zugleich eine Reduktion um einen Faktor 30 verzeichnet. Damit wuchs auch der Komplexitätsgrad der Schaltkreise, die zu einem Baustein zusammengefaßt werden können.

Man unterscheidet 3 Stufen in der Komplexität der Integration:

SSI : Small scale integration (geringe Integrationskomplexität).
Das SSI reicht bis 100 Transistoren pro integriertem Schaltkreis. Die maximale Chipfläche für die Schaltung ist 3 mm^2. Damit können ca. 1–20 Gatterfunktionen erfüllt werden.

MSI : Medium scale integration (mittlere Integrationskomplexität).
Die MSI reicht bis zu einer Kapazität von 500 Transistoren pro 8 mm^2 Chipfläche. Damit können in dieser Integrationskomplexität bis zu 100 Gatterfunktionen (Logische Funktionen) von einem Baustein erfüllt werden.

LSI : Large scale integration (Großintegration).
Die Großintegration ermöglicht bis zu 10.000 Transistoren auf ca. 20 mm^2 Chipfläche.

2.1.1 Die Dioden-Transistor-Logik (DTL)

Die Dioden-Transistor-Logik war der Vorläufer der heute weitverbreiteten Transistor-Transistor-Logik (TTL). Sie steht in der Bedeutung deutlich hinter dieser zurück und wird nur noch selten eingesetzt.

Die Arbeitsweise der DTL-Logik ist ganz ähnlich zu derjenigen des passiven Grundgatters in Kapitel 1.2.

2.1.1.1 Grundschaltungen der DTL Logik Über die Dioden D_{1i} in Bild 2.1 wird eine logische „UND"-Verknüpfung durchgeführt.

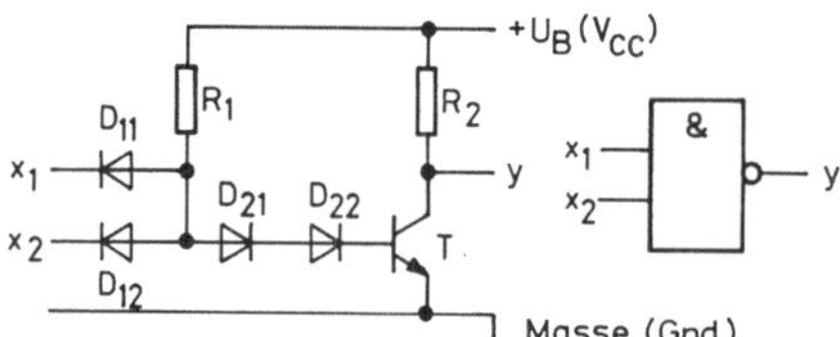

Bild 2.1
Grundschaltung der Dioden-Transistor-Logik (DTL)

Die beiden Dioden D_{2i} verschieben den Schaltpegel der Schaltung auf den Wert $2U_{Sch} \approx 1,4$ V. Der Transistor T bildet mit R_2 einen Umkehrverstärker zur Impendanzwandlung und Pegelregenerierung. Das Problem bei dieser Schaltung ist die Ausräumung der Basis zum Sperren von T nach dessen Sättigung. Die Dioden D_{2i} sperren schneller als die Ausräumung der Basis durchgeführt ist.

Spezielle Dioden D_{2i} mit besonderem Diffusionsprofil sperren langsamer und beseitigen das Problem, sind aber teurer in der Herstellung.

Innerhalb der Schaltkreisfamilie der Dioden-Transistor-Logik sind mehrere Schaltungsvarianten mit dem Ziel entwickelt worden, die elektrischen Eigenschaften des Grundgatters zu verbessern (Bild 2.2, Bild 2.3).

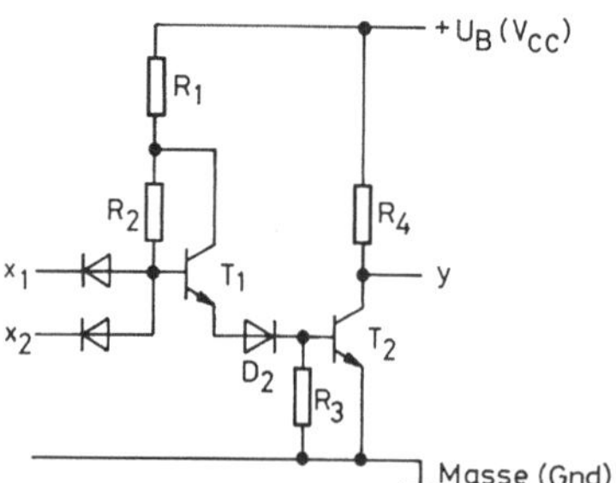

Bild 2.2 1. Modifikation der Grundschaltung

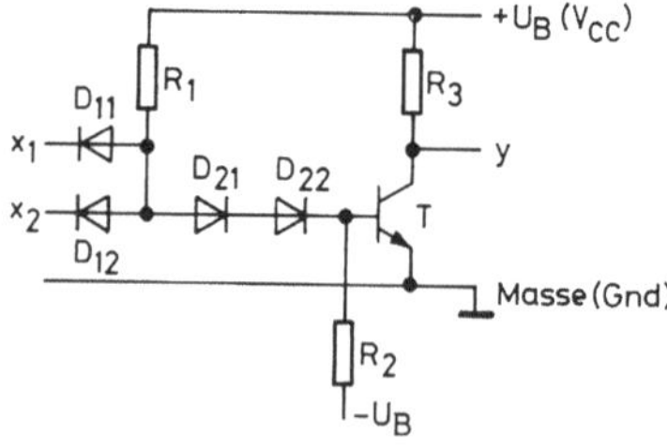

Bild 2.3 2. Modifikation der Grundschaltung

1. Version

Das Sperren des Ausgangstransistors T_2 wird durch den Widerstand R_3 beschleunigt. R_3 muß, um wirksam zu sein, ziemlich klein (ca. 5 kΩ) sein. Deshalb muß für das Eingangssignal mittels T_1 eine

Impedanzwandlung durchgeführt werden, damit der Eingang nicht zu niederohmig wird. Der Widerstand R_2 erhöht die Eingangsimpedanz, ohne das Durchschalten von T_2 zu behindern, dessen Steuerstrom über R_1 und T_1 fließt.

Die Schaltpegelverschiebung erfolgt über die Basis-Emitter-Strecke von T_1 und D_2.
Ein Nachteil dieser Schaltung ist der relativ starke Strom über R_3, der wegen der fertigungsbedingten Streuung der Widerstandswerte zusätzlich überdimensioniert sein muß. Er führt zu einer relativ hohen Verlustleistung.

2. Version

Die Basis von T in Bild 2.3 wird über einen relativ großen Widerstand R_2 mit Hilfe einer negativen Hilfsspannung ausgeräumt. Dadurch entfällt der zusätzliche Schaltungsaufwand der ersten Version.

Nachteile dieser Schaltung sind die zusätzliche Versorgungsspannung und der zusätzliche Anschluß-stift am Chip für die Spannung $-U_B$.

2.1.1.2 High-Noise-Immunity-Logik Die High-Noise-Immunity-Logik ist eine Abart der DTL mit einer Zenerdiode anstelle der Diode D_2 (Bild 2.4):

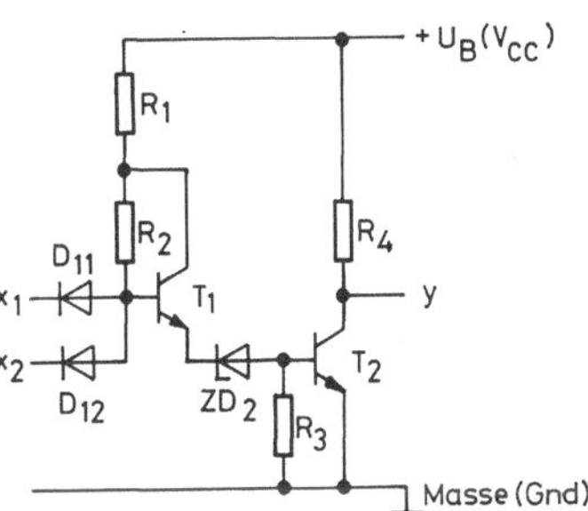

Bild 2.4
Gatter der High-Noise-Immunity-Logik

Durch eine erhöhte Versorgungsspannung wird der Ausgangspegel-Hub erhöht und durch Verlegen des Schaltpegels in die Mitte des Ausgangshubes mittels der Zenerdiode die Störsicherheit optimiert. Wegen des großen Ausgangshubes ergeben sich große Schaltzeiten. Der Einsatzbereich der High-Noise-Immunity-Logik liegt überall dort, wo hohe Störspannungen auftreten können, also vor allem in Steuerwerken für elektrisch betriebene Maschinen.

2.1.2 Die Transistor-Transistor-Logik (TTL)

Die Transistor-Transistor-Logik kann gewissermaßen als Weiterentwicklung der Dioden-Transistor-Logik angesehen werden. Die einzelnen Verknüpfungsdioden werden in der TTL-Logik durch einen Multi-Emitter-Transistor ersetzt. Der Multi-Emitter-Transistor, auch Vielfach-Emitter-Transistor genannt, ist ein Transistor mit einzelnen, voneinander entkoppelten Emittern (üblicherweise bis zu 8 Emitter).

Der Multi-Emitter-Transistor stellt eine technisch wesentlich elegantere Lösung dar als die einzelnen Verknüpfungsdioden der Dioden-Transistor-Logik, da er sich sehr gut in monolithischer Bauweise herstellen läßt.

2.1.2.1 Die Eingangsstufe Die TTL-Eingangsschaltung in Bild 2.5 stellt die logische Verknüpfung „UND" her:

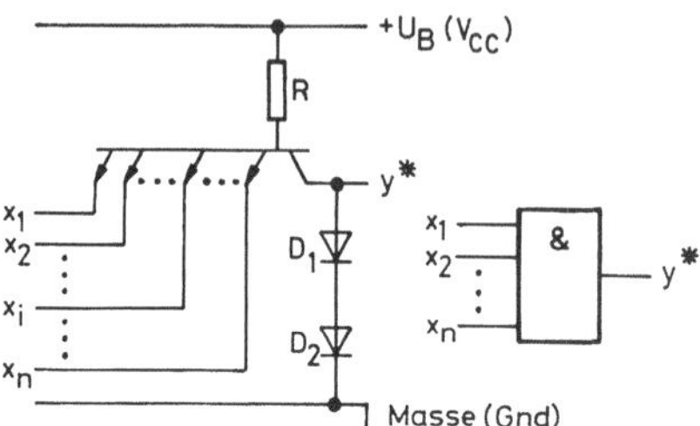

$$y^* = \bigwedge_{i=1}^{n} x_i$$

Die Dioden D_1 und D_2 sollen die sich anschließende Schaltung simulieren und sind in dem Schaltkreis nicht vorhanden. Sie dienen lediglich zur Erklärung der Funktionsweise der Eingangsstufe.

Bild 2.5 Die Eingangsstufe des TTL-Gatters

Liegen alle Eingänge auf „1" mit einer Spannung $> 2\,U_{Sch}$ (U_{Sch} = Diodenschwellspannung), so liegt über R und der Basis-Kollektur-Diode des Transistors am internen Punkt y^* eine Spannung von $U_{y^*} = 2\,U_{Sch}$, da alle Basis-Emitter-Dioden des Transistors gesperrt sind.

Liegt dagegen ein Eingang x_i auf einer Spannung $U_{xi} < 2\,U_{Sch} - U_{Sät}$ ($U_{Sät}$ = Sättigungs-Emitter-Kollektor-Spannung des Transistors), so wird der Transistor bis in die Sättigung durchgeschaltet, und an y^* liegt die Spannung $U_{y^*} = U_{xi} + U_{Sät}$. Auf diese Weise folgt U_{y^*} der geringsten Eingangsspannung.

Besonders günstig für schnelle Schaltzeiten ist der Umstand, daß die Basis-Kollektor-Strecke niemals gesperrt ist und damit Speicherladungsprobleme nicht stören.

Die Eingänge des Multi-Emitter-Transistors müssen nicht notwendigerweise alle beschaltet sein. Im unbeschalteten Fall liegen die Eingänge auf boolesch „1".

Die TTL-Eingangsschaltung enthält für den Fall, daß einer oder mehrere Eingänge auf „1" liegen, einen Transistor im inversen Betrieb.

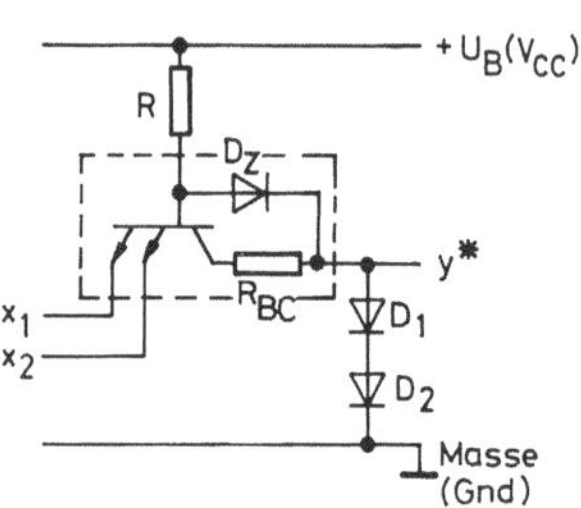

Bild 2.6 Zusatzdiode parallel zur Basis-
          Kollektor-Diode des Multi-
          Emitter-Transistors

Der Kollektor ist negativer als der dem Eingang mit „1"-Pegel zugeordnete Emitter, und durch R fließt über die Basis-Kollektor-Strecke und über die Dioden D_1 und D_2 ein kräftiger inverser Steuerstrom. Ohne Hilfsmaßnahmen würde der Transistor invers durchschalten und entweder die Eingangssignal-Quelle oder sich selbst zerstören. Die Hilfsmaßnahme besteht in einer zusätzlichen Diode parallel zur Basis-Kollektor-Diode des Eingangstransistors. Neben der möglichst geringen Schwellspannung der Zusatzdiode wird auch der Kollektor-Bahnwiderstand ausgenutzt. Die Schaltung sieht dann folgendermaßen aus (Bild 2.6).

Wird der inverse Strom zu groß, übernimmt die Zusatzdiode D_z den inversen Steuerstrom, und der unerwünschte inverse Emitter-Kollektor-Strom bleibt in erträglichen Grenzen.

2.1.2.2 Die TTL-Grundschaltung Die vorher beschriebene Eingangsstufe mit einem Multi-Emitter-Transistor führt bereits die logische „UND"-Verknüpfung durch. Allerdings kann sie den logischen „1"-Pegel nicht mit ausreichender Amplitude und Leistung erzeugen. Diese Aufgabe übernimmt die Ausgangsstufe, die zur Eingangsstufe hinzugefügt wird und die erforderliche Stromverstärkung für das Schalten in beiden logischen Zuständen zur Verfügung stellt. Durch die invertierende Verstärkung der Ausgangsstufe wird aus dem UND ein NAND.

Die dargestellte Ausgangsstufe (Bild 2.7) stellt die einfachste Grundform dar. Für ein besseres Schaltverhalten und eine höhere Störsicherheit wird diese Ausgangsstufe noch erweitert. Die Weiterentwicklung der einzelnen Generationen der TTL-Logik lassen sich im wesentlichen durch die Veränderungen dieser Ausgangsstufe charakterisieren.

Im folgenden sollen kurz die wichtigsten Erscheinungsformen und Schaltungsvarianten am Beispiel des NAND-Gatters besprochen werden. Die Schaltung des NAND-Gatters in der Standardform ist folgendermaßen beschrieben (Bild 2.8):

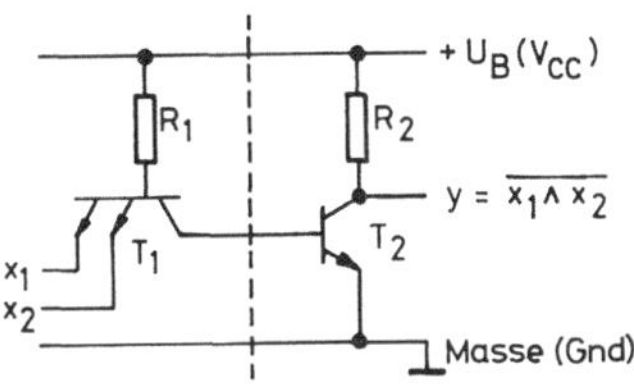

Bild 2.7 TTL-Eingangsstufe mit invertierendem Ausgangsverstärker

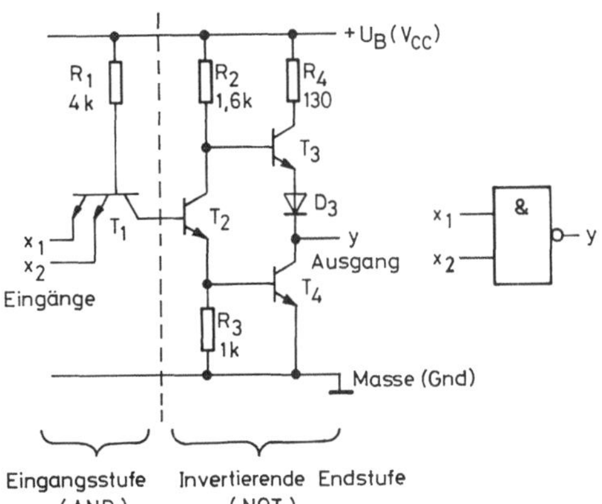

Bild 2.8
TTL-Grundschaltung

Die gestrichelte Linie bildet die Trennung zwischen Eingangs- und Ausgangsstufe. Die Eingangsstufe ist schon oben beschrieben worden. Anstelle der Dioden D_1 und D_2 sind die Basis-Emitterstrecken der Transistoren T_2 und T_4 getreten. Die Ausgangsstufe des TTL-Gatters stellt eine Gegentaktstufe dar.

2.1.2.3 Übergangsverhalten

Das Verhalten der Schaltung läßt sich am besten am Diagramm der Ausgangsspannung U_y über der Eingangsspannung U_x erklären. (Bild 2.9). Der Eingang x_2 von Bild 2.8 soll hierzu auf $+U_B$ liegen und der inverse Eingangsstrom nicht berücksichtigt werden. Die Spannung an x_1 soll von 0 V an bis auf $+U_B$ ansteigen.

Für sehr kleine Werte von U_x ist T_1 gesättigt und hat eine Kollektorspannung von $U_x + U_{Sät}$. Solange diese unter der Schwellspannung von T_2 liegt, sind T_2 und T_4 gesperrt. Über R_2 ist T_3 durchgeschaltet, und am Ausgang y liegt die Spannung U_B, vermindert um die Schwellspannungen der Basis-Emitter-Strecke von T_3 und der Diode D_3 ($U_B - 2\,U_{sch}$).

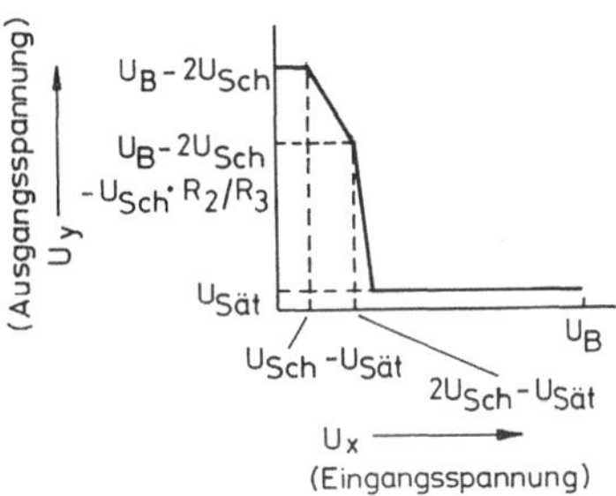

Bild 2.9
Übergangscharakteristik des TTL-Grundgatters

Übersteigt die Kollektorspannung von T_1 den Wert U_{Sch}, beginnt T_2 Strom zu führen und der Emitter folgt der Basis. Gleichzeitig ruft der Strom über T_2 einen Spannungsabfall an R_2 hervor, der im Verhältnis R_2/R_3 zur Emitterspannung von T_2 steht. Um diesen Spannungsabfall wird auch die Ausgangsspannung U_y vermindert. Im Diagramm erkennt man diesen Bereich an dem flach schräg abfallenden Verlauf der Kurve. Erreicht die Emitterspannung von T_2 die Basis-Emitter-Schwellspannung von T_4, so wird T_4 stromführend und schaltet voll durch. Dieser Bereich ist der steil abfallende Teil der Kurve im Diagramm. T_2 ist in diesem Bereich noch nicht gesättigt, da erst ein sehr kräftiger Basisstrom über T_4 den zur Sättigung von T_2 erforderlichen Spannungsabfall an R_2 hervorruft.

Das aber bedeutet, daß in dem steilen Bereich der Kurve im Diagramm T_3 und T_4 gleichzeitig durchgeschaltet sind und ein im wesentlichen nur durch R_4 begrenzter Querstrom fließt. Dieser Querstrom ist eine unangenehme Begleiterscheinung des schnellen Gegentakt-Ausganges und wird noch näher betrachtet.

Erhöht man die Eingangsspannung U_x weiter, so wird T_2 gesättigt. Zwischen den Basen der Transistoren T_3 und T_4 liegt dann die Sättigungsspannung $U_{Sät} \approx 0{,}2$ V von T_2.

Der Kollektor des gesättigten T_4 ist ca. 0,5 V negativer als die Basis von T_4. Damit liegt an der Reihenschaltung der Basis-Emitter-Strecke von T_3 und D_3 eine Spannung von nur 0,7 V, wodurch T_3 gesperrt wird.

Man erkennt die Notwendigkeit von D_3 zum Sperren von T_3 im Ausgangs-„0"-Zustand, da die 0,7 V allein an der Basis-Emitter-Strecke von T_3 diesen Transistor durchschalten würden.

Mit der im Schaltbild angegebenen üblichen Dimensionierung ergeben sich mit der empfohlenen Spannung $+ U_B = V_{cc} = 5$ V die typischen Ausgangsspannungen von:

Pegel „1" : 3,6 V
Pegel „0" : 0,2 V.

Der Störspannungsabstand, d.h. die ohne Gefahr für die logische Funktion zulässige Störspannung zwischen Ausgang des steuernden und Eingang des gesteuerten Schaltkreises, beträgt typisch $\pm$ 1,0 V.

Das Schaltverhalten wird mit Hilfe zweierlei Zeitangaben gut beschrieben:

– der Durchlaufzeit (propagation delay)
– der Schaltzeit (transition time; rise time, fall time).

Diese Zeiten sind in Bild 2.10 definiert:

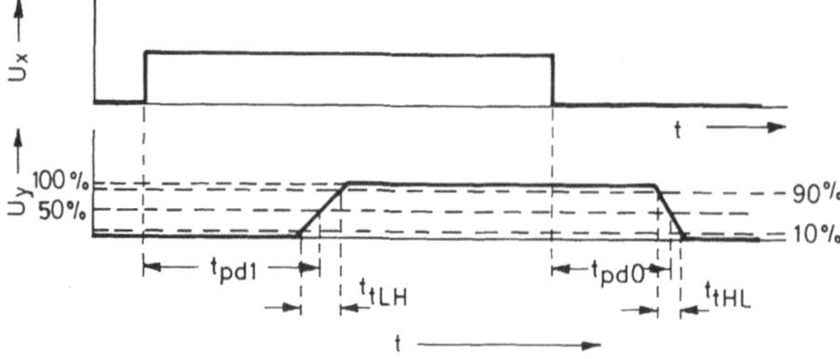

Bild 2.10 Das Schaltverhalten des TTL-Grundgatters

Wobei t_{pd1} = propagation delay „0"   − „1"
          t_{pd0} = propagation delay „1"   − „0"
          t_{tLH} = transition time „LOW"   − „HIGH"
          t_{tHL} = transition time „HIGH"   − „LOW"

Die typischen Durchlaufzeiten für die oben beschriebene Schaltung des NAND-Gatters sind

$$t_{pd1} = 11\,\text{ns und } t_{pd0} = 7\,\text{ns}.$$

2.1.2.4 Realisierung des UND-Gatters (2-Input-AND) Die Schaltung des UND-Gatters weicht
lediglich in der Eingangsschaltung von der Schaltung des NAND-Gatters ab. Deshalb genügt es, die
veränderte Eingangsschaltung zu beschreiben (Bild 2.11).

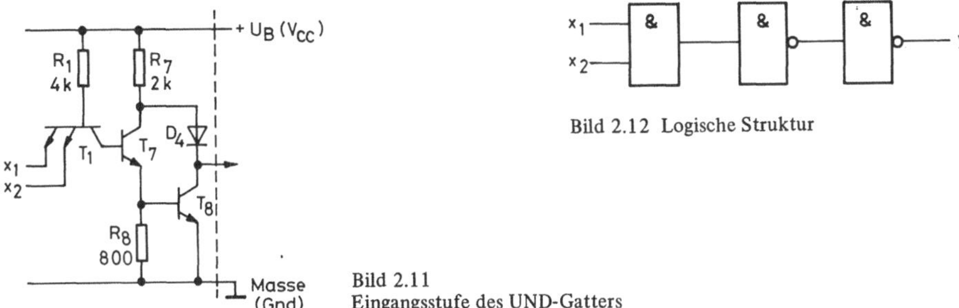

Bild 2.12 Logische Struktur

Bild 2.11
Eingangsstufe des UND-Gatters

Die Transistoren T_7 und T_8 mit R_7, R_8 und D_4 bewirken eine invertierende Verstärkung, so daß
die logische Struktur des UND-Gatters eine Aneinanderreihung der „UND"-Eingangsschaltung,
eines „NICHT"-Verstärkers und der „NICHT"-Ausgangsschaltung ist (Bild 2.12).

Die Funktion des zusätzlichen „NICHT"-Verstärkers ist der der Ausgangsschaltung sehr ähnlich.
Allerdings mit dem Unterschied, daß der entsprechende Transistor T_3 und dessen Kollektorwiderstand fehlen.

Wegen der abweichenden Schaltung hat das UND-Gatter einen vom NAND-Gatter abweichenden
statischen Verlauf der Ausgangsspannung in Abhängigkeit von der Eingangsspannung. Wegen der
gleichen Speichereffekte der Endstufen-Transistoren ist das Querstromproblem indes in gleicher
Weise vorhanden. Wegen der zusätzlichen Verstärkerstufe ist die Durchlaufzeit des UND-Gatters
größer als die des NAND-Gatters.

**2.1.2.5 Realisierung des NOR-Gatters (2-Input-
NOR)** Das NOR-Gatter enthält keinen Multi-
Emitter-Transistor, weil dieser bekanntlich eine
UND-Verknüpfung bewirkt. Die logische Verknüpfung der Eingangssignale wird beim NOR-Gatter
deshalb erst in der invertierenden Treiberstufe mit
dem Transistor T_2 durchgeführt. Der Transistor T_2
ist in ebensovielen Exemplaren ausgeführt, wie Eingänge vorhanden sind. Alle Emitter und alle Kollektoren sind miteinander verbunden (Bild 2.13).

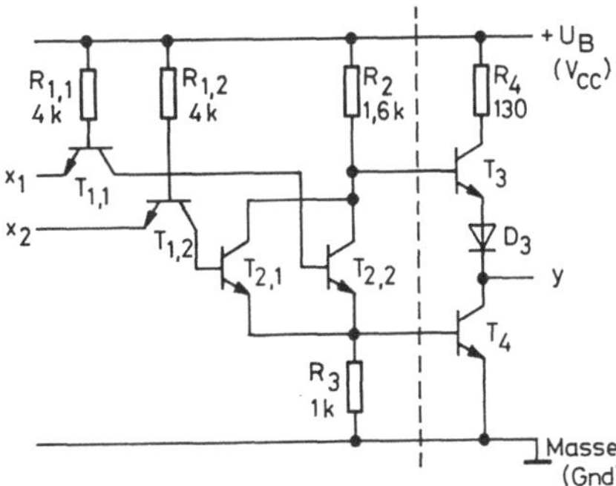

Bild 2.13
Eingangsstufe des NOR-Gatters

Die Funktion der Schaltung in Bild 2.13 ist sehr einfach zu verstehen. Ein auf „1" liegender Eingang x_i genügt, um über $T_{1,i}$ den zugehörigen $T_{2,i}$ und den anschließenden T_4 in der Endstufe durchzuschalten und T_3 zu sperren. Damit liegt der Ausgang auf „0" und die „NOR"-Funktion ist erfüllt.

2.1.2.6 Realisierung des ODER-Gatters (2-Input-OR) Das ODER-Gatter erfordert wie das UND-Gatter zwei Negationen. Die logische „ODER"-Verknüpfung wird im zusätzlichen „NICHT"-Verstärker durchgeführt. Die Ausgangsstufe ist die gleiche wie beim NAND-Gatter und beim UND-Gatter (Bild 2.14).

Die typischen Durchlaufzeiten liegen wegen der zusätzlichen Negation höher als beim NOR-Gatter.

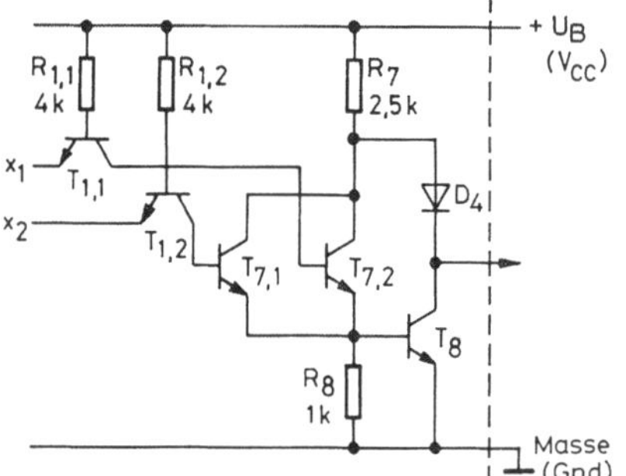

Bild 2.14 Eingangsstufe des ODER-Gatters

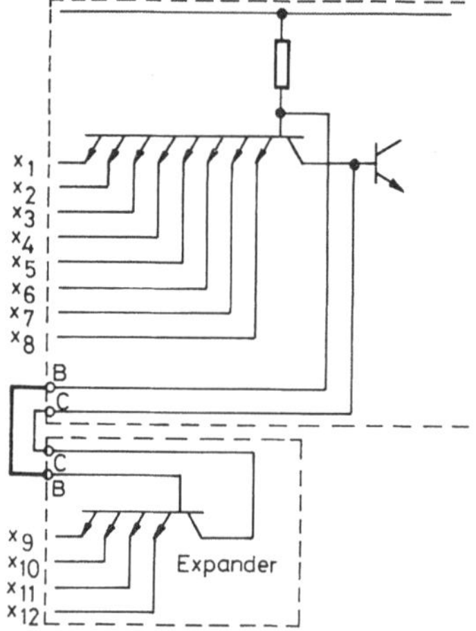

Bild 2.15
Multi-Emitter-Transistor mit Expander

2.1.2.7 Der Expander Expander dienen dazu, die verfügbare Eingangszahl von digitalen Schaltkreisen ohne nennenswerte Vergrößerung der Durchlaufzeit zu erhöhen. Es gibt spezielle expandierbare Schaltkreise mit Expander-Eingängen und spezielle Expanderschaltkreise, die mit ihren Ausgängen an die Expandereingänge der expandierbaren Schaltkreise angeschlossen werden. Die Eingänge der Expander sind dann den Eingängen der expandierbaren Gatter äquivalent.

Expander für „NAND" und „UND" Als Expandereingänge des expandierenden Gatters werden Basis und Kollektor des Vielfach-Emitter-Transistors herausgeführt. Der Expander besteht aus einem Multi-Emitter-Transistor, dessen Emitter als Eingänge herausgeführt sind und dessen Basis und Kollektor die Ausgänge sind.

In Bild 2.15 ist der Eingangsteil eines expandierbaren 8-Input-NAND-Gatters gezeigt, dessen Eingangszahl mit einem 4-Input-NAND-Expander auf 12 erhöht ist. Selbstverständlich ist ein paralleles Anschließen mehrerer Expander möglich.

Expander für „NOR" und „ODER" Als Expandereingänge des expandierbaren Gatters werden die zusammengeschalteten Emitter und Kollektoren der Transistoren $T_{2,i}$ (bzw. $T_{7,i}$ beim ODER-Gatter) in Bild 2.13 bzw. 2.14 herausgeführt. Der Expander besteht aus dem Vorderteil des NOR-Gatters mit den Transistoren $T_{1,i}$ und $T_{2,i}$ sowie den Widerständen $R_{1,i}$.

Die jeweils zusammengefaßten Emitter bzw. Kollektoren der $T_{2,i}$ sind als Expanderausgänge herausgeführt. Die Emitter der $T_{1,i}$ sind die Expandereingänge.

2.1.2.8 Weiterentwicklungen des TTL-Grundgatters Das Ziel von Weiterentwicklungen war eine Erhöhung der Schaltgeschwindigkeit. Durch Verringerung allein der Widerstandswerte in der Schaltung des Grundgatters läßt sich bei erträglichen Verlustleistungen keine bedeutende Geschwindigkeitssteigerung erreichen. Deshalb wurde die Ausgangsschaltung verändert. Eine Weiterentwicklung der Schaltung des 2-Input-NAND-Gatters ist in Bild 2.16 dargestellt.

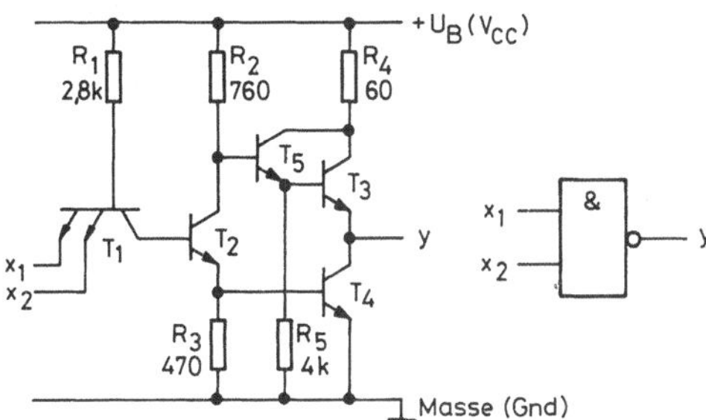

Bild 2.16
Modifizierte Endstufe des TTL-Grundgatters

Die Aufgabe der Diode D_3 (Bild 2.8), den Transistor T_3 im „0"-Zustand gesperrt zu halten, hat der Transistor T_5 mit seiner Basis-Emitter-Strecke übernommen. Durch die sehr niederohmige Ansteuerung von T_3 durch T_5 ist die Ausgangsimpedanz der Schaltung im „1"-Zustand deutlich geringer als im Falle des Grundgatters. Dazu kommt noch die Verkleinerung aller Widerstände.

Durch die niedrige Ausgangsimpedanz werden Lastkapazitäten schnell aufgeladen. Der Widerstand R_5 verhindert ein Sperren des Transistors T_5, bevor die Basis des Transistors T_3 ausgeräumt ist.

Durch diese Schaltungsmaßnahmen wird eine Angleichung der Durchlaufzeiten für beide Übergänge erreicht. Das Querstromproblem ist jedoch unverändert.

In Bild 2.17 ist eine weitere Modifikation der Schaltung des 2-Input-NAND-Gatters beschrieben.

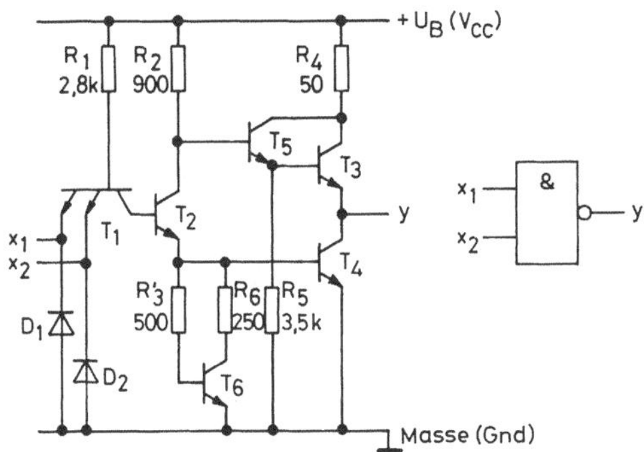
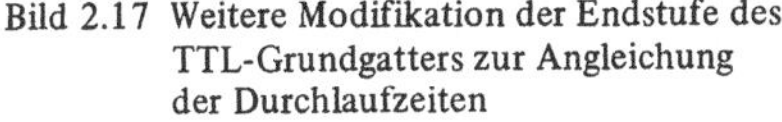
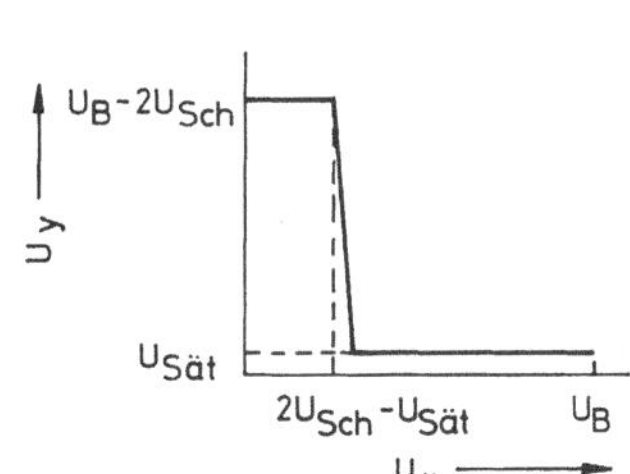

Bild 2.17 Weitere Modifikation der Endstufe des
TTL-Grundgatters zur Angleichung
der Durchlaufzeiten

Bild 2.18 Übergangscharakteristik des
TTL-Gatters in Bild 2.17

An den Eingängen fallen die Dioden D_1 und D_2 auf, die, wenn man die Schaltung nur statisch betrachtet, sinnlos erscheinen. Tatsächlich dienen sie dazu, negative Spannungsspitzen zu kappen. Derartige Spannungsspitzen entstehen durch kapazitive Einkopplung von „schnellen" Signalflanken und Stromspitzen auf den Versorgungsleitungen. Auch Reflexionen auf längeren Anschlußleitungen können bei nicht durchgeführter Anpassung negative Spannungsspitzen verursachen. Werden die Spannungsspitzen nicht wirksam abgeschnitten, so können logische Fehler auftreten und sogar Schaltkreise zerstört werden (Basis-Emitter-Sperrspannung von T_2).

Die wichtigste Modifikation der Schaltung ist die Schaltungsänderung in der Endstufe. Durch Vergleich mit der Schaltung in Bild 2.16 erkennt man, daß der Widerstand R_3 durch den Transistor T_6 und die Widerstände R'_3 und R_6 ersetzt wurde.

Das hat im wesentlichen 3 Vorteile:

- T_4 wird schnell, aber wegen des gleichzeitig einsetzenden Stromes über T_6 nicht so stark gesättigt. Das führt zu einer Verringerung des Querstromes beim Schalten von „0" nach „1". Die Forderung nach gut übereinstimmenden Schwellspannungen für T_4 und T_6 ist wegen der Herstellung beider Transistoren auf dem gleichen Chip leicht zu erfüllen.
- Beim Schalten von „0" nach „1" wird die Basis von T_4 durch den niederohmigen Zweig über R_6 und den ebenfalls verzögert sperrenden T_6 schnell ausgeräumt. Auch dieser Umstand verringert den Querstrom.
- Die Charakteristik $U_y(U_x)$ hat einen günstigeren Verlauf (Bild 2.18).

Der flach abfallende Bereich im Diagramm fehlt, da T_2 erst gleichzeitig mit T_4 und T_6 Strom zu führen beginnt. Durch diesen veränderten Spannungsverlauf ist die Störsicherheit für den Ausgangszustand „1" vergrößert.

Eine Gegenüberstellung zu den Werten des Grundgatters weist insgesamt eine höhere Störsicherheit bei im übrigen gleichen Werten aus.

2.1.3 Die Schottky-TTL (STTL)

Die Schottky-TTL bringt eine außerordentliche Verbesserung der elektrischen Werte ohne wesentliche zusätzliche Nachteile. Als Nachteil sind die höheren Kosten zu nennen. Die Verbesserung gegenüber den bisher besprochenen Schaltungen liegt darin, daß es gelungen ist, die Transistoren der Schaltung ohne schädliche Nebeneffekte an dem Betrieb der Sättigung zu hindern. Die Schaltung selbst ist, abgesehen von einigen Änderungen der Halbleitertypen, die gleiche wie in Bild 2.17.

Die Verhinderung der Transistor-Sättigung gelingt unter Einsatz von Schottky-Dioden. Schottky-Dioden bestehen aus einem (n-)Halbleiter-Metall-Kontakt. Sie operieren im Gegensatz zu Halbleiterdioden ohne Minoritätsträger und haben deshalb praktisch keine Speicherzeiten. Ihre Schaltzeiten liegen im Pico-Sekunden-Bereich. Die Aluminium-(n-)Silizium-Diode hat eine geringere Schwellspannung als die normale Silizium-Diode.

Um die Transistor-Sättigung zu verhindern, ist bei jedem sättigungsgefährdeten Transistor der Schaltung eine Schottky-Diode der Basis-Kollektor-Diode parallelgeschaltet, wie dies ähnlich beim Vielfach-Emitter-Transistor schon mit einer Halbleiter-Diode durchgeführt war (die jetzt selbstverständlich durch die Schottky-Diode ersetzt wird). Auf diese Weise werden aus den üblichen Transistoren sogenannte Schottky-Transistoren (Bild 2.19):

Da in der Schaltung des TTL-Gatters alle Transistoren bis auf T_3 in den Betriebszustand der Sättigung gesteuert werden können, werden auch alle diese Transistoren als Schottky-Transistoren ausgeführt. Das Schaltbild des 2-Input-NAND-Gatters in der Schottky-Ausführung ist in Bild 2.20 dargestellt.

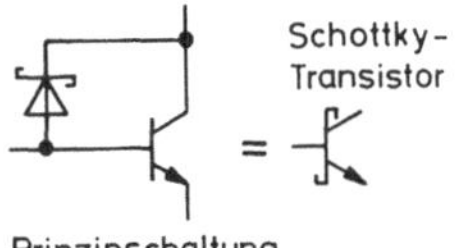

Bild 2.19 Schottky-Transistor

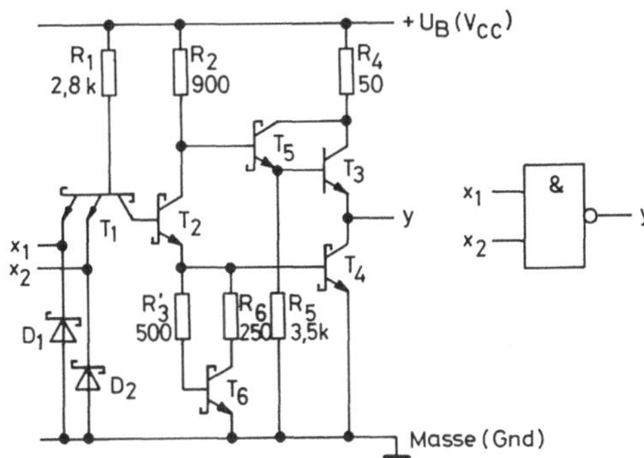

Bild 2.20
Grundgatter der Schottky-TTL

Man sieht, daß auch die Kappdioden an den Eingängen in Schottky-Ausführung gewählt sind, wodurch die Wirkung noch verbessert wird.

Umfangreich eingesetzt wird dagegen eine spezielle Form der Schottky-TTL, die sog. „Low-power-Schottky-TTL". Für diese Schaltkreisfamilie ist ein vielfältiges Angebot an Verknüpfungselementen, Flipflops, Registern, Addierern usw. entwickelt worden.

Die typische Durchlaufzeit eines Grundgatters ist 10 ns, und die Verlustleistung eines Chips für 4 NAND-Gatter mit 2 Eingängen beträgt 8 mW.

Die Schaltkreisfamilie hat somit die Geschwindigkeit der Standard-TTL-Technik und einen Leistungsbedarf, der der „Low-power-TTL-Technik" entspricht.

2.1.4 Das TTL-Gatter mit offenem Kollektor

Eine Schwäche der oben beschriebenen TTL-Schaltkreise ist das Fehlen der Möglichkeit, Ausgänge zusammenzuschalten und damit eine logische Verknüpfung der Ausgangssignale durchzuführen.

Logische Schaltkreise ohne Gegentaktausgänge ermöglichen ein „Wired-AND" (für den Fall, daß niederohmig nach Masse durchgeschaltet wird) oder ein „Wired-OR" (für den Fall, daß niederohmig nach U_B durchgeschaltet wird). Innerhalb der TTL-Schaltkreisfamilie bedeutet dies, daß in der Endstufe die Gegentaktstufe durch einen Transistor ohne Kollektorwiderstand ersetzt wird (open collector). Ansonsten bleibt das Gatter unverändert (Bild 2.21).

Die Ausführung des TTL-Gatters ohne Gegentaktendstufe und mit offenem Kollektor ist selbstverständlich auch für die anderen, besprochenen Schaltungsvarianten möglich (Bild 2.22).

Die Schaltungen mit offenem Kollektor haben den Nachteil größerer Schaltzeiten.

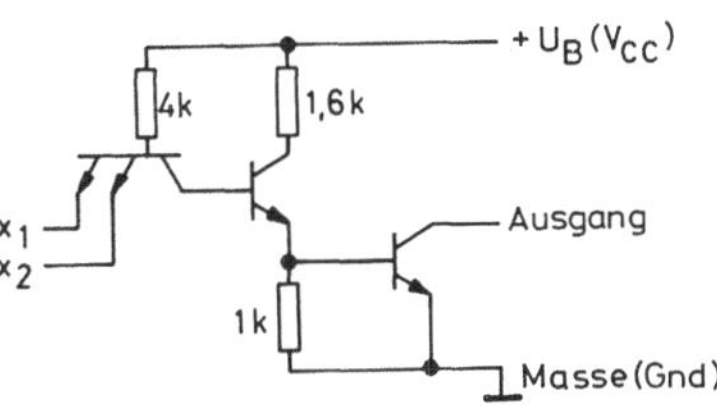

Bild 2.21 TTL-Gatter mit offenem Kollektor
als NAND-Gatter

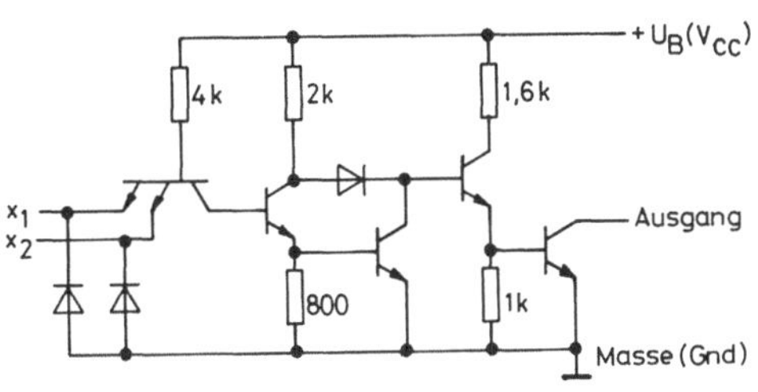

Bild 2.22 TTL-Gatter mit offenem Kollektor als UND-
Gatter

2.1.5 Die Tri-State-Logik

Die Möglichkeit, mehrere Ausgänge auf eine Leitung zu schalten, ohne sich an eine logische Ver-
knüpfungsart halten zu müssen und ohne Verlust an Schaltgeschwindigkeit, bietet die Tri-State-
Logik (Bild 2.23). Der Name deutet schon auf einen dritten logischen Zustand neben „0" und
„1" hin. Dieser zusätzliche Zustand ist der „HighZ"-Zustand, in dem beide Stromzweige des
Gegentaktausgangs gesperrt sind.

Die Schaltung entspricht weitgehend der NAND-Schaltung nach Bild 2.16. Liegt der CONTROL-
Eingang (Bild 2.23) auf „1", so arbeitet die Schaltung mit dem Eingang x als Inverter, da D_5 gesperrt ist. Liegt der CONTROL-Eingang auf „0", so ist erstens T_4 gesperrt, da CONTROL als
normaler Eingang arbeitet. Zusätzlich ist über D_5 der Kollektor T_2 heruntergezogen, wodurch über
T_5 auch T_3 gesperrt wird. Der Ausgang hat jetzt eine hohe Impedanz (High Z) und der Eingang x
ist unwirksam. Bei zusammengelegten Ausgängen darf immer nur der Ausgang eines Gatters aktiv
sein („Low Z").

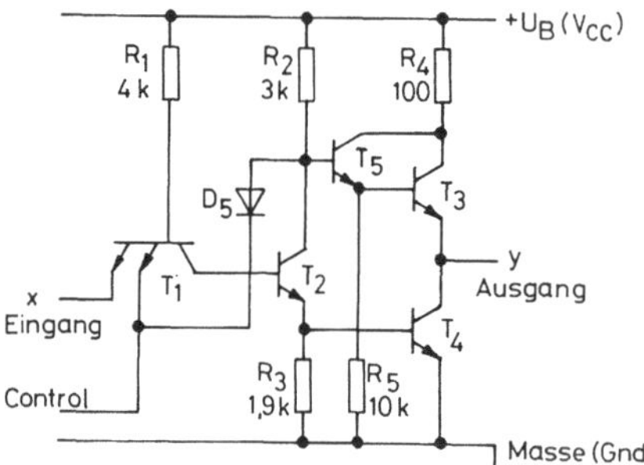

Bild 2.23
Grundgatter der Tri-State-TTL-Logik

2.1.6 Die Low-Power-TTL

Die Low-Power-TTL ist für Anwendungen gedacht, bei denen eine niedrige Verlustleistung wichtiger ist als die Ausnutzung der vollen möglichen Geschwindigkeit. Die Schaltung des 2-Input-NAND-
Gatters in Low-Power (Bild 2.24) entspricht weitgehend dem TTL-Grundgatter. Die Widerstandswerte sind etwa verzehnfacht.

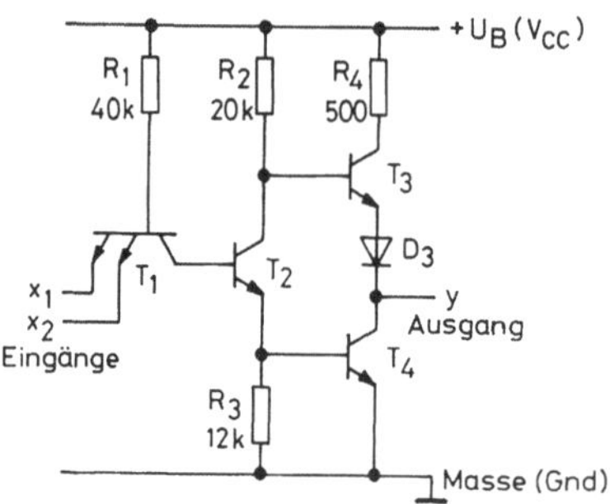

Bild 2.24
Grundgatter der Low-power-TTL

2.1.7 Die Emittergekoppelte Logik (ECL)

Nach der TTL-Familie bildet die Emittergekoppelte Logik (ECL) die wohl nächstwichtige bipolare
Schaltkreisfamilie. Sie ist auf möglichst hohe Schaltgeschwindigkeiten gezüchtet. Ihr Einsatzgebiet
liegt vor allem in zentralen Recheneinheiten von Digitalrechnern, wo es sich lohnt, zur Erreichung
hoher Geschwindigkeiten einen hohen Aufwand bezüglich Bauelemente und Schaltungsentwurf zu
treiben. Diesem Einsatzgebiet ist auch das Schaltkreis-Angebot für ECL angepaßt.

Der wesentliche Unterschied der ECL-Familie zur TTL-Familie besteht darin, daß die Transistoren
der ECL-Familie nie gesättigt werden, sondern stets aktiv arbeiten oder gesperrt sind. Damit entfallen die für die Sättigungslogik typischen Speicherladungsprobleme. Der Hauptvorteil der ECL-
Technik ist somit die extrem kurze Signallaufzeit pro logischer Stufe.

Wir erinnern uns, daß die mit der Sättigung der Transistoren verbundenen Speicherzeiten, die sich
als Abschaltverzögerungen äußern, in der TTL-Technik umfangreiche Schaltungsmaßnahmen in der
Endstufe erforderlich machen. Diese Schaltungsmaßnahmen haben alle den Zweck, ein schnelles
Ausräumen der Basiszone des gesättigten Transistors während des Sperrvorganges zu ermöglichen.
In der Schottky-TTL wird die Sättigung der Transistoren durch zusätzliche Schottky-Dioden ver-
hindert. In der ECL-Technik wird dieser Nachteil der Sättigung nun von vornherein vermieden.

2.1.7.1 Schaltung und logische Funktion des Grundgatters Die Grundschaltung der Emittergekoppelten Logik ist in Bild 2.25 beschrieben:

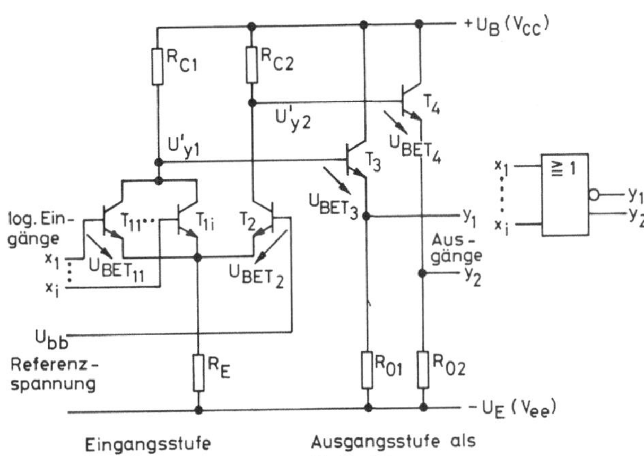

Bild 2.25
Grundgatter der Emittergekoppelten Logik (ECL)

Die logische Verknüpfung der Eingangsgrößen $x_1, x_2 \ldots x_i$ wird in der Eingangsstufe, bestehend
aus den Transistoren $T_{11}, T_{12} \ldots T_{1i}$ und T_2, durchgeführt. Die Eingangsstufe stellt in der Anordnung der Transistoren einen Differenzverstärker dar. In dieser Differenzverstärkerstufe werden die
Eingangsspannungen mit einer Referenzspannung U_{bb} verglichen. Für den ECL-Schaltkreis ist also
eine zusätzliche Spannungsquelle, die das Referenzpotential (bias voltage) liefert, erforderlich.

Funktionsweise der Eingangsstufe: Ist eine der Spannungen an den Eingängen x_i höher als die Referenzspannung U_{bb}, so wird der entsprechende Transistor T_{1i} leitend und T_2 wird gesperrt. An
den zusammengelegten Emittern, daher auch der Name Emittergekoppelte Logik, wird eine
„ODER"-Verknüpfung der Eingangssignale erzielt. Die zusammengelegten Emitter der Transistoren
T_{1i} und T_2 folgen damit jeweils dem höchsten Wert von x_i oder U_{bb}.

Der Strom durch den gemeinsamen Emitterwiderstand beträgt:

$$I_{E0} = \frac{U_E - U_{bb} - U_{BE}}{R_E} \qquad \text{für} \quad U_{bb} > U_{xi}$$

$$I_{E1} = \frac{U_E - U_{xi} - U_{BE}}{R_E} \qquad \text{für} \quad U_{bb} < U_{xi}$$

$U_{BE} =$ Basis-Emitterspannung

Weiterverarbeitet werden indes nicht die Emitterspannungen, sondern die zugehörigen Kollektorspannungen der zusammengefaßten Transistoren T_{1i} und des Transistors T_2.

Für die Kollektorspannungen erhält man:

$$U'_{y1} = U_B - R_{c1} \cdot I_{E1} \quad \text{(NOR)}$$

oder

$$U'_{y2} = U_B - R_{c2} \cdot I_{E0} \quad \text{(ODER)}$$

Der gemeinsame Emitterwiderstand R_E wirkt also wie eine Stromquelle, deren Strom entweder über den Transistor T_2 oder über einen bzw. mehrere der Transistoren T_{1i} fließt. Die Kollektorausgänge bilden damit die Verknüpfungen „NOR" bzw. „ODER". Sie werden über Impedanzwandler abgegriffen und an den Ausgang gegeben. Die Impedanzwandler arbeiten als Emitterfolger (Kollektorgrundschaltung) mit den Transistoren T_3 und T_4.

Für die Ausgangsspannung gilt:

$$U_{y1} = U'_{y1} - U_{BET3} \quad \text{(NOR)}$$
$$U_{y2} = U'_{y2} - U_{BET4} \quad \text{(ODER)}$$

An der Schaltung kann man leicht die wichtigsten vorteilhaften Eigenarten der ECL ablesen:

— Hohe Eingangsimpedanz wegen der entweder im gesperrten oder im aktiven Bereich arbeitenden Eingangstransistoren.

— Pegelunabhängige Ausgangsimpedanz der Emitterfolger-Ausgänge. Dies ist ein wichtiger Gesichtspunkt bei Leitungsanpassungen.

— Die negierte Ausgangsgröße ist jeweils mit vorhanden.

Demgegenüber sind als Nachteile zu nennen:

— Es ist eine zusätzliche Referenzspannung U_{bb} erforderlich.

— Nichtbenutzte Eingänge müssen an $- U_E$ (V_{ee}) gelegt werden.

— Geringe Störsicherheit.

In der Endstufe sind zwei weitere Varianten üblich, die in Bild 2.26 dargestellt sind.

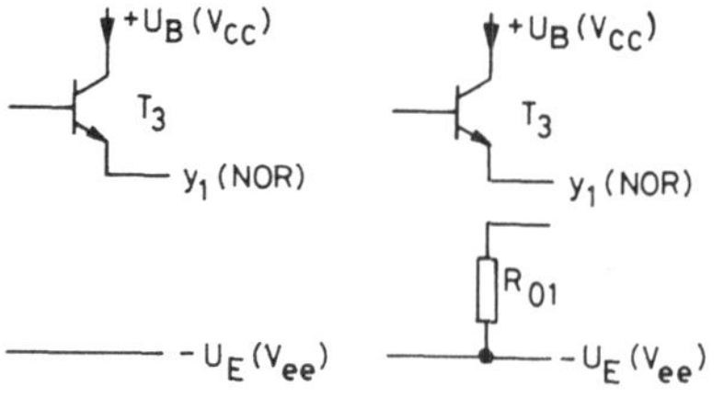

Bild 2.26
Varianten in der Endstufe des ECL-Gatters

Im ersten Fall (a) fehlen die Widerstände R_{oi}. Dadurch wird ein „WIRED OR" möglich, wenn wenigstens einer der zusammengeschalteten Ausgänge mit dem Widerstand R_o ausgestattet ist.

Die zweite Variante (b) bietet die Wahl zwischen „WIRED OR" — oder normalem Betrieb. Sie hat den Nachteil, daß zusätzliche Anschlüsse am Chip erforderlich werden.

2.1.7.2 Elektrische Eigenschaften der ECL-Technik Typische elektrische Werte für das ECL-Grundgatter sind:

$$+ U_B(V_{cc}) \;=\; \text{Masse (GND)}$$
$$- U_E(V_{ee}) \;=\; -5{,}2 \; \text{V}$$
$$U_{bb} \;=\; -1{,}15 \, \text{V}$$
$$U_{,,0``} \;=\; -1{,}55 \, \text{V}$$
$$U_{,,1``} \;=\; -0{,}75 \, \text{V}$$
$$t_{pd} \;=\; 4 \, \text{ns}$$

Wir sehen, daß im Vergleich zur TTL-Schaltkreisfamilie die Emittergekoppelte Logik mit einem sehr kleinen Ausgangshub arbeitet. Das bedeutet, daß die Störsicherheit geringer ist als bei der TTL-Technik. Deshalb muß auch auf eine gute Stabilisierung der Referenzspannung U_{bb} Wert gelegt werden, da eine Abweichung von der Signal-Mitte den Störabstand noch weiter verringert. Es gibt spezielle BIAS-DRIVER, die für jeweils 25 Chips eine temperaturstabilisierte Referenzspannung U_{bb} liefern. Die externe Referenzspannung hat weiterhin den Nachteil, daß der Schaltungsentwurf erschwert wird, da jeweils 3 Spannungen an alle Chips geführt werden müssen. Die Vorteile der ECL-Technik im Vergleich zur TTL sind:

— Wegen der Eintaktausgänge gibt es keine Versorgungsstromspitzen beim Umschalten.
— Die Verlustleistung der Gatter ist unabhängig vom logischen Zustand konstant.
— Die hohe Eingangsimpedanz führt zu einem sehr großen statischen Fan-out.
— Es besteht die Möglichkeit, Leitungen an die Ausgänge anzupassen.

Die Nachteile der ECL-Technik im Vergleich zur TTL sind:

— höherer Leistungsbedarf
— geringere Integrationskomplexität.

2.1.7.3 Weiterentwicklungen der ECL-Logik Ebenso wie bei den bisher besprochenen Schaltkreisfamilien existieren auch bei der Emittergekoppelten Logik viele Weiterentwicklungen gegenüber dem Grundgatter.

— So wird heute vielfach die Referenzspannung U_{bb} auf dem Chip mit erzeugt.
  Die Schaltung zur Erzeugung der Referenzspannung U_{bb} hat üblicherweise den in Bild 2.27 dargestellten Aufbau.
  Die Dioden dienen der Temperaturkompensation.
— Es sind ECL Familien mit extrem niedriger
  Gatterdurchlaufzeit ($t_{pd} \approx 1$ ns) entwickelt worden.
Weiterhin ist das Angebot an Spezialgattern (wie etwa Chips mit mehreren ungleichen Gattern und Gattern mit Mehrfachausgängen für mehrfachen WIRED-OR) zu erwähnen.

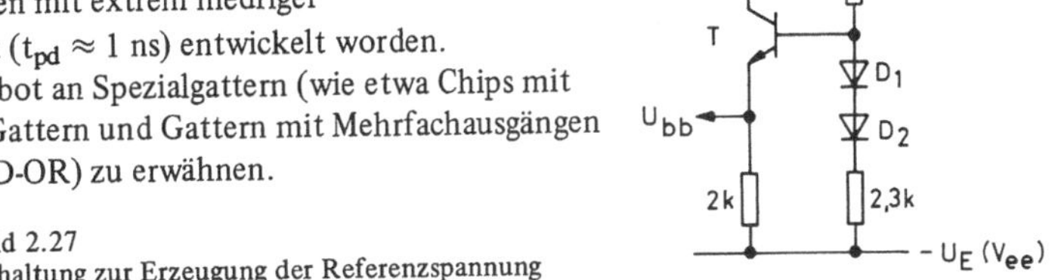

Bild 2.27
Schaltung zur Erzeugung der Referenzspannung

2.1.7.4 Expander Bei den expandierbaren Gattern sind die zusammengelegten Emitter und die zusammengelegten Kollektoren der Eingangstransistoren T_{1i} als Expandereingänge herausgeführt. Die Expander bestehen aus gleichermaßen zusammengelegten Transistoren (Bild 2.28).

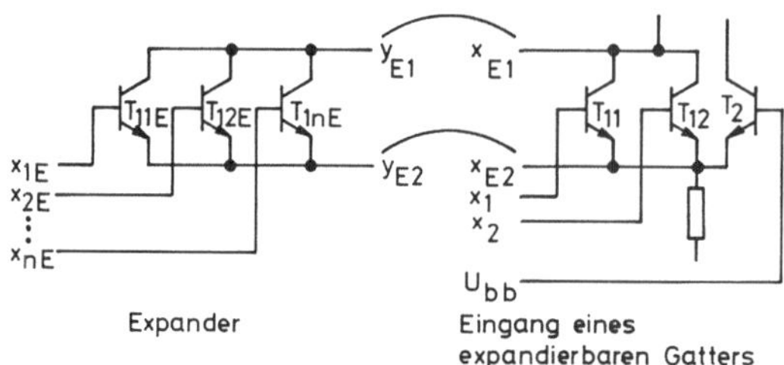

Bild 2.28
Expanderschaltung des ECL-Gatters

2.1.7.5 Pegel-Wandler ECL/TTL und TTL/ECL Die Pegelwandler existieren integriert. Sie benötigen zur Pegelverschiebung Hilfsspannungen, sodaß ein gemischter Einsatz von ECL und TTL immer aufwendig ist.

2.1.7.6 Zusammenfassung Die wichtigsten Schaltkreisfamilien der bipolaren Technik sind die Transistor-Transistor-Logik (TTL), die Schottky-TTL und die Emittergekoppelte Logik (ECL). Dies sind Schaltkreisfamilien, die in ihren Komplexitätsgraden der „medium scale integration" (MSI) bzw. der „small scale integration" (SSI) zuzurechnen sind. Das umfangreichste Lieferprogramm an unterschiedlichen integrierten Schaltungen vom einfachen Grundgatter bis zu komplexeren Schaltwerken (Zähler, Schieberegister, ALU, Carry Look Ahead generator etc.) wird in der TTL-Logik angeboten. Die Schaltkreisfamilien der bipolaren Technik in MSI sind jedoch nur ein Teil der heute zur Verfügung stehenden Technologien. Wir werden uns im nächsten Kapitel weiteren und z.T. auch moderneren Schaltkreistechnologien zuwenden.

3 Großintegration

Einleitung Auf dem Gebiet der integrierten Schaltkreistechnik hat die Großintegration in den vergangenen Jahren wesentlich an Bedeutung gewonnen. Von Großintegration wird gesprochen, wenn mehr als 100 Gatterfunktionen auf einer Halbleiterscheibe gemeinsam integriert werden. Diese Werte stellen jedoch eine untere Grenze dar. Der Einfluß der Großintegration wird umso größer, je mehr Gatterfunktionen auf einem Siliziumplättchen (Chip) integriert werden können. Diese Entwicklung wird von zwei Faktoren getragen, und zwar zum einen durch die Technologie selbst und zum anderen vermittels der Schaltungstechnik. Wir wollen beide Gesichtspunkte, die zur Großintegration führten, kurz beleuchten.

Wesentliche Fortschritte bei der Großintegration wurden dadurch erzielt, daß man den Aufbau der Transistoranordnungen vereinfachte. Dies gilt insbesondere für den Übergang von der bipolaren Technik zur MOS-Technik. Der entscheidende Fortschritt der MOS-Technik auf technologischem Gebiet liegt darin, daß nur noch eine Art von Diffusionsgebiet im Halbleiter herzustellen ist. Dadurch wird die Herstelltechnik wesentlich vereinfacht.

Der Trend zu einem möglichst einfachen Schaltelement im Hinblick auf die Großintegration ist auch in der bipolaren Technik vorhanden. Die Integrierte Injektions-Logik (I^2L) ist eine Technik, welche die Vorzüge der bipolaren Technologie in sich vereinigt. Auf der anderen Seite ist sie auf Grund ihrer Einfachheit für eine großintegrierbare Technik geeignet.

Der Integrationsgrad kann nicht nur durch technologische, sondern auch durch schaltungstechnische Maßnahmen, wie Vereinfachen der Schaltelemente und Ausnutzen physikalischer Effekte, erhöht werden. Ein ausgezeichnetes Beispiel hierfür sind die dynamischen Speicherzellen der MOS-Technik.

Die Information wird hierbei in Form der elektrischen Ladung in einem Kondensator gespeichert. Die dadurch erzielte Verringerung der Zahl von Schaltelementen wird allerdings mit dem Nachteil erkauft, daß die Information von Zeit zu Zeit aufgefrischt werden muß, da die elektrische Ladung im Kondensator wegen der Leckströme langsam abgebaut wird.

Das Ziel sowohl der Technologie als auch der Schaltungstechnik im Zusammenhang mit der Integrationstechnik ist es:

möglichst viele Transistoren auf möglichst kleiner Chipfläche
mit möglichst kurzen Schaltzeiten
und möglichst geringer Verlustleistung
so preiswert wie möglich

zu integrieren.

Um einen Einblick in die Leistungsfähigkeit der heutigen Großintegration zu gewinnen, seien einige Parameter großintegrierter Schreib-Lese-Speicherbausteine gegenübergestellt.

Tafel 3.1 Großintegrierte Halbleiterspeicher[1]

Haupteinsatz	Baustein-Typ	Zugriffs-zeit ns	Verlust-Leistung mW
Hauptspeicher	4 K n-MOS dyn. 16 K n-MOS dyn.	150–350 150–350	450 500–700
Kleine Systeme	4 K, 16 K dyn. 4 K n-MOS stat. 4 K I^2L stat. 1 K CMOS stat.	150–350 150–550 70–100 150	450–700 350–500 500 4
Puffer	1 K TTL stat. 1 K ECL stat. 4 K I^2L, MOS stat.	40–100 35–60 70–550	500–800 500–800 500

Die Möglichkeiten der Großintegration haben auch in starkem Maße die Systemtechnik beeinflußt. Diese Entwicklung zu immer universeller einsetzbaren Schaltungen wurde erst durch die Großintegration ermöglicht, d.h. durch die Einführung von Halbleiterspeichern (ROM, RAM) genügender Größe, von programmierbaren logischen Anordnungen (PLA) und nicht zuletzt der Mikroprozessoren.

3.1 Die Integrierte Injektions-Logik (I^2L)

Die Integrierte Injektions-Logik ist eine Schaltkreistechnik in bipolarer Technologie. Man unterscheidet zwischen der isolierten und der nichtisolierten Form der I^2L-Technik. Für digitale Anwendungen im Bereich der Großintegration kommt jedoch hauptsächlich die nichtisolierte Form zur Anwendung. Nichtisolierte Form heißt hierbei, daß auf den Chips die Sperrschichtisolationen zwischen den einzelnen Bauelementen entfallen können. Damit entfallen auch die hierfür erforderlichen Gebiete auf den Chips sowie die zusätzlichen Maskenschritte bei der Herstellung. Die I^2L-Technik ermöglicht eine Großintegration von Schaltungsfunktionen in bipolarer Technik.

3.1.1 Das I^2L-Grundgatter

Die I^2L-Technik stellt eine Abwandlung der Direktgekoppelten Transistor-Logik (DCTL) dar. Die Entstehung des I^2L-Gatters aus der Direktgekoppelten Transistor-Logik sei an drei miteinander verknüpften NOR-Gattern erklärt (Bild 3.1).

Die Anordnung kann derart umgezeichnet werden, daß der Arbeitswiderstand eines jeden Gatters dem Eingang des nächstfolgenden Gatters zugeordnet wird (Bild 3.2).

An der logischen und elektrischen Funktion ändert sich dadurch nichts, es läßt sich jedoch daraus ein neues Gatter definieren, das in Bild 3.2 durch die strichpunktierte Linie markiert sei und in Bild 3.3 allein dargestellt ist.

---

[1] Großintegrierte Halbleiterspeicher R. Mitterer, NTG-Fachberichte, Bd. 58, Digitale Speicher, VDE Verlag GmbH

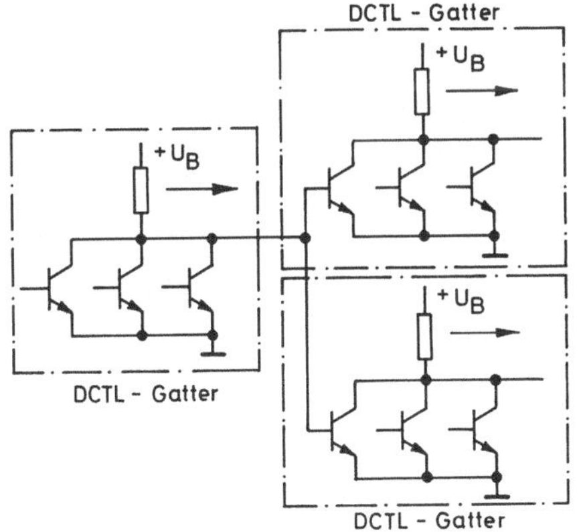

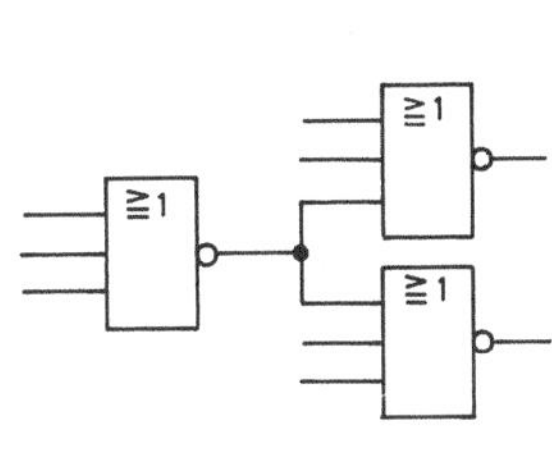

Bild 3.1
Aufbau eines DCTL Schaltnetzes

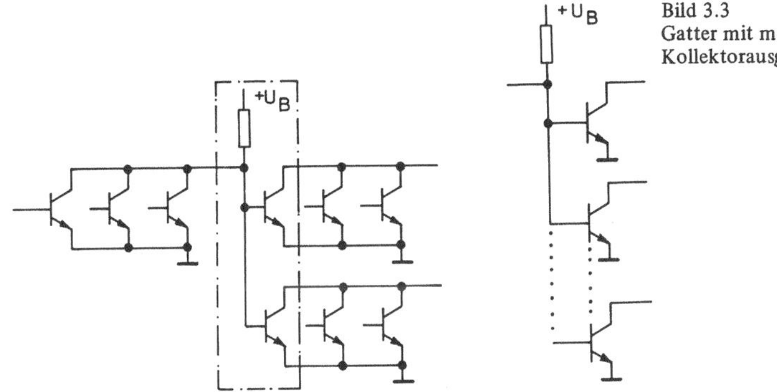

Bild 3.3
Gatter mit mehreren
Kollektorausgängen

Bild 3.2 Zuordnung des Arbeitswiderstandes
eines jeden Gatters zu dem Eingang
des nächstfolgenden Gatters

Bild 3.4 Grundgatter der
Integrierten-
Injektions-Logik
(I^2L)

Ersetzt man jetzt den Arbeitswiderstand des Gatters durch eine Konstant-Strom-Quelle und faßt die parallelgeschalteten Transistoren zu einem Transistor mit mehreren Kollektoren zusammen, dann erhält man das I^2L-Gatter (Bild 3.4).

Das eigentliche Gatter schrumpft damit auf die Größe eines einzelnen Transistors zusammen. Dieser Transistor stellt einen Multi-Kollektor-Transistor dar. Es sind keine Isolationen mehr zwischen den Elementen eines Gatters, wie wir es bei der TTL-Technik kennengelernt haben, erforderlich.

In dieser Struktur sind tausende von Gattern auf einem einzigen bipolaren Chip möglich. Ohmsche Widerstände als Eingangs- oder Lastelemente sind nicht mehr vorhanden. Die Konstant-Strom-Quelle, die als Injektor arbeitet — daher auch der Name „Integrierte Injektions-Logik" — versorgt die Basis des Multi-Kollektor-Transistors mit Strom und dient als Belastung der treibenden Transistoren (Bild 3.5).

Die Stromquelle kann ebenfalls durch einen Transistor realisiert werden, der als lateraler pnp-Transistor ausgeführt ist und eine große Zahl an Gattern gleichzeitig mit Strom versorgen kann (Bild 3.6).

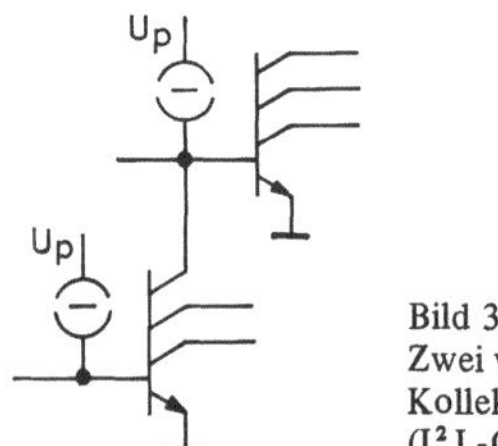

Bild 3.5
Zwei verknüpfte Multi-
Kollektor-Transistoren
(I^2L-Gatter)

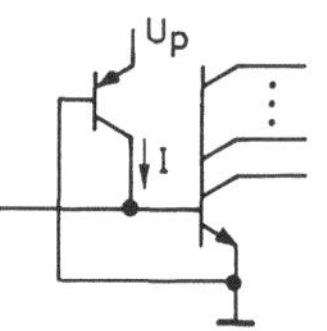

Bild 3.6
I^2L-Gatter mit pnp Transistor
als Stromquelle

Durch die Ausführung des Widerstandes im I^2L-Gatter als Konstant-Strom-Quelle werden die Eingangsstromprobleme, wie sie bei anderen bipolaren Logikfamilien, z.B. RTL und DCTL, vorhanden waren, behoben.

Diese Probleme ergaben sich aus den Exemplarstreuungen der Widerstandswerte zwischen den Gattern bzw. durch Differenzen in den Basis-Emitterspannungen der Eingangstransistoren, hervorgerufen von Parameterstreuungen der Technologie und durch Temperatureinflüsse.

Dies führte zu unterschiedlichen „Fan in" der einzelnen Gatter und konnte, ganz abgesehen von logischen Fehlern, auch erhebliche Wärmeprobleme auf dem Chip hervorrufen. Wie gesagt, können sich diese Effekte in der I^2L-Technik nicht auswirken, da verschiedene Basis- und Emitteranschlüsse in einem einzigen Multi-Kollektor-Transistor zusammengefaßt sind, der aus einer Konstant-Strom-Quelle (Injektor) gespeist wird. Der Transistor eines I^2L-Gatters mit Multi-Kollektor-Ausgängen arbeitet mit einer inversen Stromverstärkung, wie wir dies bereits beim Multi-Emitter-Transistor der TTL-Technik kennengelernt haben.

3.1.2 Logische Funktion des I^2L-Gatters

Der Multi-Kollektor-Transistor des I^2L-Gatters arbeitet als Inverter. Der Eingangsknoten des I^2L-Gatters wirkt hierbei als „UND-Verknüpfung". Die verschiedenen, logisch-isolierten Kollektorausgänge erlauben daher eine verdrahtete ODER-Verknüpfung mit Hilfe der nachfolgenden Gatter (Bild 3.7).

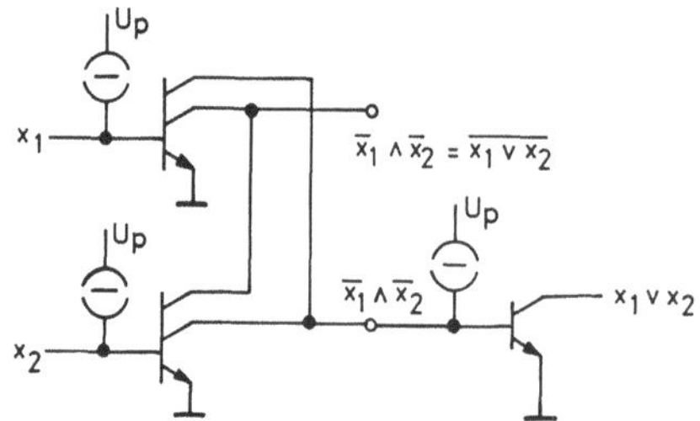

Bild 3.7
Logische Funktion des I^2L-Gatters

3.1.3 Eigenschaften der I^2L-Technik

Die Eigenschaften der I^2L-Technik können anhand der wichtigsten Parameter einer Schaltkreistechnik kurz charakterisiert werden.

3.1.3.1 Schaltzeit – Leistungsprodukt Ein I^2L-Gatter kann mit Schaltzeiten im Nanosekundenbereich bei einem Leistungsverbrauch von einigen mW betrieben werden. Durch eine Veränderung der Größe des Injektorstromes können die Schaltzeiten und die Verlustleistung dieser Technologie variiert werden. Bei einer Verminderung des Injektorstromes z.B. von 150 mA auf 10 mA vergrößern sich die Zeiten ungefähr um den Faktor 10.

3.1.3.2 Komplexität Die Komponentendichte ist etwa 10 mal höher als bei den konventionellen bipolaren Schaltkreisen. Dies wird durch das einfache Gatter ermöglicht, das keine Isolierung der Einzelelemente und keine Widerstände erfordert. Die Packungsdichte beträgt etwa $120 \div 200$ Gatter/mm^2. Zusätzlich zur hohen Komponentendichte weist die I^2L-Technik eine geringe Prozeßkomplexität auf, da nur zwei Diffusionsschritte erforderlich werden.

3.1.3.3 Versorgungsspannung Die sehr niedrige Versorgungsspannung macht eine Versorgung aus einer gängigen 1,5 V Batterie möglich. Der logische Spannungshub beträgt dann etwa 0,6 V.

3.1.3.4 Geschwindigkeit Die Verzögerungszeiten des I^2L-Gatters liegen heute typisch bei etwa 50 ns/Gatter.

3.2 Die MOS-Technik

Die MOS-Technik stellt die Technologie dar, die heute in überwiegendem Maße für den Aufbau großintegrierter Schaltkreise verwendet wird. Sie ist hauptsächlich geeignet für Schaltkreise in digitalem Aufbau, findet jedoch in zunehmendem Umfang auch für analoge Schaltkreise oder kombinierte analog-digitale Schaltkreise (hybride Schaltkreise) Verwendung. In der MOS-Technik werden integriert:

Tafel 3.2 Einsatzgebiete der MOS-Technik

Digitale Schaltkreise	Analoge oder kombiniert analog-digitale Schaltkreise
Schaltkreisfamilie (Gatter, Flipflops, Zähler, Schieberegister usw.)	Digital-Analog Schalter (D/A Schalter)
Halbleiterspeicher (Lesespeicher ROM) (Schreib-Lese-Speicher RAM)	Multiplexer D/A und A/D Umsetzer
Programmierbare Logische Einheiten (PLA)	Eingangsstufen für Verstärker Verstärker, Filter
CPU's (Mikroprozessoren) Kundenspezifische Schaltkreise	Kundenspezifische Schaltkreise

Der großintegrierte Aufbau wird hauptsächlich durch die Betriebsart und den unkomplizierten Aufbau des MOS-Transistors (Metal Oxide Semiconductor) ermöglicht. Der MOS-Transistor gehört zur Gruppe der Feldeffekttransistoren. Feldeffekttransistoren (FET) sind Halbleiter, die im Gegensatz zu den bipolaren Transistoren mit einem elektrischen Feld, d.h. leistungslos gesteuert

werden. Man unterscheidet sechs verschiedene Typen von Feldeffekttransistoren, die in Bild 3.8
dargestellt sind.

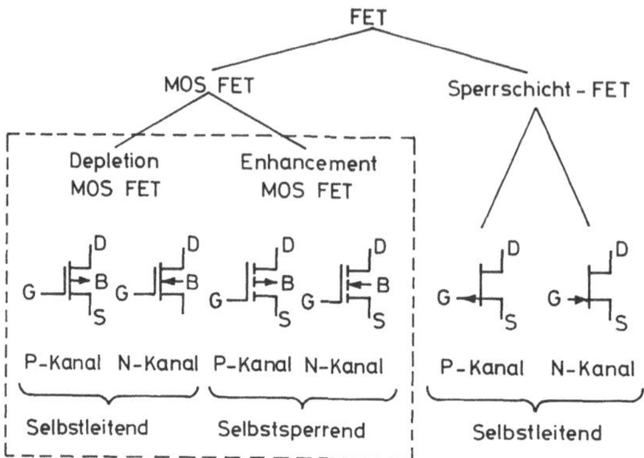

Bild 3.8
Einteilung der Feldeffekt-Transistoren

Die Anschlüsse werden mit G (Gate), D (Drain), S (Source) und B (Bulk, Substrat) bezeichnet. Das
Gate G ist die Steuerelektrode mit der Steuerspannung U_{GS}. Viele FET's sind symmetrisch, d.h.
sie ändern ihre Eigenschaften nicht, wenn man Source und Drain vertauscht. Bei Sperrschicht-FET's
ist das Gate durch einen pn- oder np-Übergang vom Kanal DS getrennt. Bei MOS-FET's isoliert
eine dünne SiO_2-Schicht das Gate vom Kanal DS. Es kann daher auch kein Gatestrom fließen, unabhängig von der Polung des Gates. Die im Betrieb auftretenden Gateströme sind daher auch kleiner als 1 pA (10^{-12} A). Daraus ergeben sich Eingangswiderstände im Bereich von 10^{13} bis $10^{15}\,\Omega$.

3.2.1 Der MOS-Transistor

Der MOS-Transistor ist ein unipolarer Transistor, d.h. Drain und Source sind vertauschbar.

In der modernen MOS-Schaltungstechnik werden selbstsperrende (Enhancement) und selbst-
leitende (Depletion) MOS-Transistoren gleichzeitig innerhalb einer Schaltung verwendet, da sie
sich bezüglich ihrer elektronischen Eigenschaften ergänzen. Von der Funktion her gesehen ist jedoch der Enhancement-MOS-Transistor wichtiger, da er aufgrund seiner selbstsperrenden Eigenschaft erst einen Schalterbetrieb ermöglicht. Digitale Schaltkreise können somit auch ausschließlich aus Enhancement-Transistoren aufgebaut werden. Einen Querschnitt durch einen n-Kanal
MOS-Enhancement-Transistor zeigt das Bild 3.9.

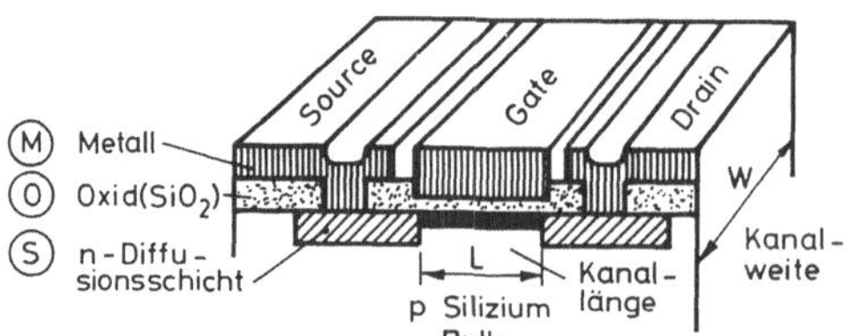

Bild 3.9
Aufbau eines MOS-Transistors

In der Oberflächenschicht des schwach p-dotierten Siliziumkristalls werden zwei stark n-dotierte
Zonen (Source und Drain) eindiffundiert. Auf das p-Silizium wird anschließend eine Silizium-

dioxid-Schicht aufgetragen und darauf dann eine metallische Schicht (Aluminium) aufgedampft. Die erforderlichen Kontaktlöcher werden vorher durch einen zusätzlichen Ätzvorgang erzeugt. Die SiO_2 Schicht zwischen Aluminium (Gate) und Substrat stellt ein Dielektrikum dar, so daß die Gate-Substrat-Strecke als Kondensator wirkt (Bild 3.10).

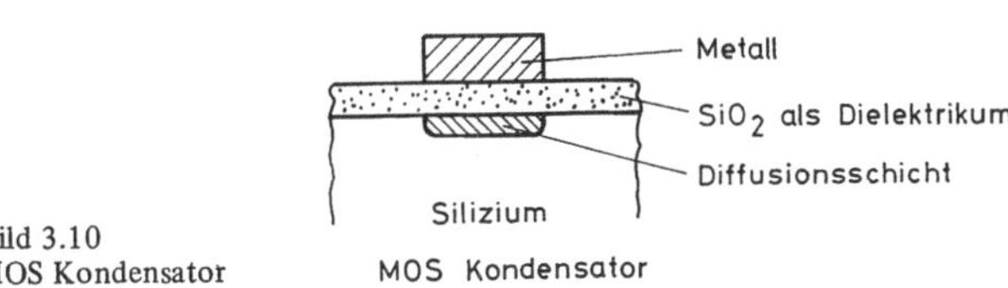

Bild 3.10
MOS Kondensator

Wird das Gate gegenüber Source positiv vorgespannt, erhält man durch Influenz ein Ansteigen der Elektronendichte zwischen Source und Drain. Überschreitet diese Gatevorspannung U_{GS} eine mit Schwellspannung bezeichnete Größe U_{th} (Threshold Voltage), so entsteht ein n-leitender Kanal zwischen Drain und Source. Legt man jetzt eine Spannung U_{DS} zwischen Drain und Source, dann kann ein Drainstrom I_D fließen. Er läßt sich mit der Gatevorspannung U_{GS} praktisch leistungslos steuern, da die Gateelektrode isoliert ist und daher keinen Strom führen kann.

Erhöht man bei konstanter Gatevorspannung U_{GS} die Drainspannung U_{DS}, so steigt der Drainstrom I_D ebenfalls an. Mit zunehmendem Spannungsabfall U_{DS} wird der Kanal am drainseitigen Ende immer dünner. Dadurch wird der Anstieg des Drainstroms I_D allmählich geringer. Mit weiter zunehmender Drainspannung U_{DS} wird der Kanal auf der Drainseite schließlich abgeschnürt. Diese Größe der Drainspannung U_{DS} wird als Abschnürspannung (pinch off voltage) U_p bezeichnet. Von diesem Spannungswert ab nimmt der Drainstrom kaum noch weiter zu, er erreicht einen Sättigungswert. Diese Zusammenhänge sind im Ausgangskennlinienfeld (Bild 3.11) des n-Kanal MOS FET dargestellt. Dem gegenübergestellt ist das Ausgangskennlinienfeld des p-Kanal-MOS-Transistors.

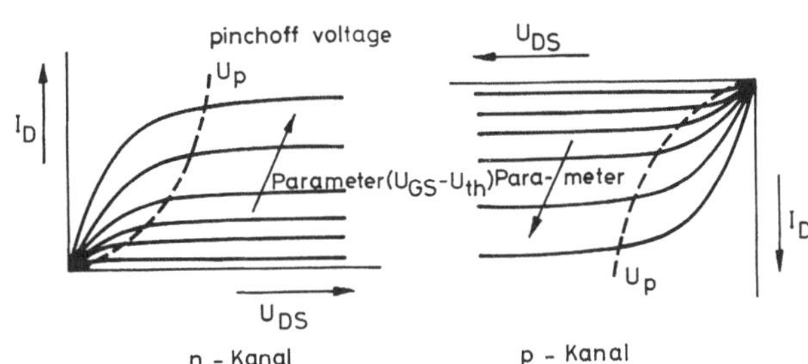

Bild 3.11
Kennlinienfelder des p- und
n-Kanal MOS-Transistors

Bei Depletion-MOS-Transistoren existiert bereits ohne eine Gate-Source-Spannung ein leitender Kanal zwischen Drain und Source. Dieser Effekt wird durch Dotierung des Kanals mittels Ionenimplantation erzielt.

Der Depletion-MOS-Transistor in der Beschaltung mit verbundener Gate- und Sourceelektrode eignet sich besonders als Lastelement. Bei den in den nachfolgenden Kapiteln beschriebenen Schaltungen für eine Realisierung in Einkanal-Technik läßt sich der Enhancement-Lasttransistor durch einen Depletion-Transistor ersetzen.

3.2.2 MOS-Technologien zur Herstellung integrierter Schaltungen

Die Einteilung der MOS-Technologien erfolgt entsprechend dem Leitungstyp der Transistoren.

Wir werden drei Gruppen behandeln:

1. p-Kanal-MOS (p-channel MOS) unter Verwendung von n-Substrat
2. n-Kanal-MOS (n-channel MOS) unter Verwendung von p-Substrat
3. C-MOS (Complementary MOS) unter Verwendung von p-Kanal- und n-Kanal-Transistoren auf einem Chip.
   Verwendet wird ein n-Substrat, in dem gewisse Bereiche auf p-Leitung umdotiert werden.

Zu diesen drei Gruppen existieren jeweils Standardprozesse für den Aufbau integrierter Schaltungen. Zur Verbesserung der Eigenschaften der Standardprozesse sind eine Vielzahl weiterer Technologiefolgen und Prozeßvarianten entwickelt worden, die auf alle drei Technologien angewendet werden.

Die Herstellung der integrierten Schaltungen erfolgt in der sog. „Planartechnik". Der Halbleiter wird hierzu mit Siliziumdioxid (SiO_2) beschichtet und das SiO_2 an bestimmten Stellen wieder entfernt, so daß man an diesen Stellen lokale pn-Übergänge erzeugen kann. Das SiO_2 übt bei der Diffusion eine maskierende Wirkung aus. Dieser Vorgang kann an anderer Stelle mit anderen Dotierstoffen wiederholt werden.

Der schnelle Fortschritt der integrierten Technik beruht zum großen Teil auf dieser Planartechnik, da einerseits die Herstellung von Einkristallen mit großem Durchmesser möglich ist und andererseits eine große Anzahl von identischen Schaltungen auf eine Scheibe gebracht werden kann.

3.2.3 Der Inverter als Grundbaustein der MOS-Logik

Der Grundbaustein digitaler MOS-Schaltungen ist der Inverter. Die verschiedenen MOS-Schaltkreistechniken lassen sich durch den unterschiedlichen Aufbau und die Betriebsweisen dieses Inverters charakterisieren. Das Verständnis dieser Invertertypen hat daher fundamentale Bedeutung für das Verständnis der MOS-Logiken und Speicherbausteine. Wir wollen daher die verschiedenen Invertertypen im folgenden ausführlich behandeln.

3.2.3.1 Der statische Inverter (Static Inverter) Der MOS-Inverter besteht aus einem Treibertransistor und einem Lastelement (Bild 3.12).

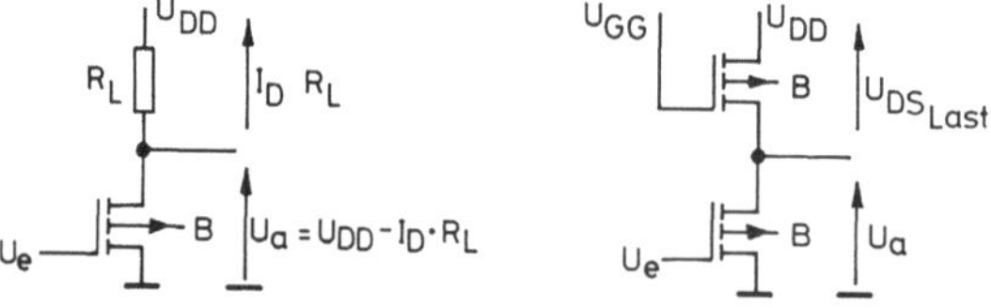

a) Inverter mit linearem
   Widerstand als Lastelement

b) Inverter mit MOS –
   Transistor als Last

Bild 3.12
Statische MOS-Inverter

Der Treibertransistor wird als Enhancement-Feldeffekttransistor ausgeführt, während für das Lastelement ein Widerstand oder ein MOS-Transistor möglich ist. In Bild 3.13 ist das Ausgangskennlinienfeld des Treibers als p-Kanal Enhancement-Transistor dargestellt.

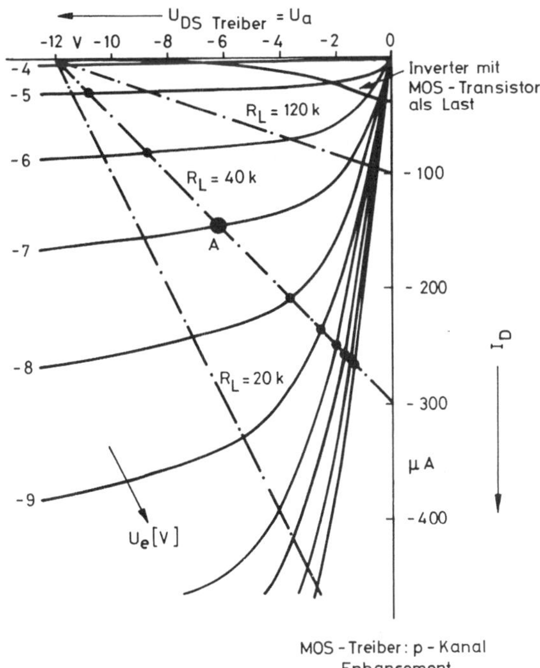

Bild 3.13
Kennlinienfeld des Treibertransistors

In dieses Kennlinienfeld sind drei verschiedene Widerstandswerte des Lastwiderstandes R_L eingetragen. Die Übertragungskennlinie des Inverters läßt sich hieraus punktweise konstruieren (Bild 3.14).

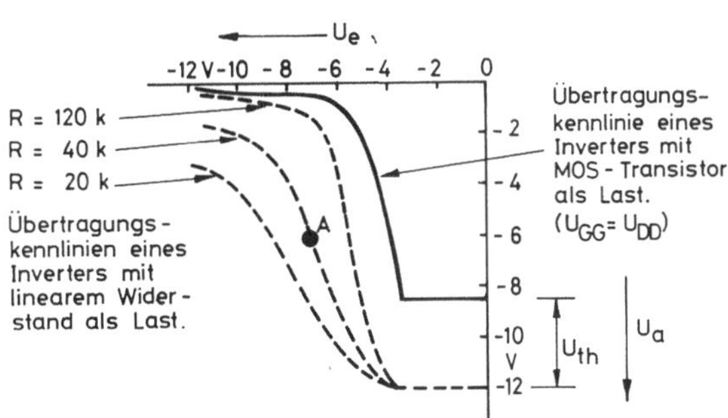

Bild 3.14
Übertragungskennlinien des statischen
MOS-Inverters

Man sieht, daß die Übertragungskennlinie mit größerem Widerstand R_L steiler wird und auch der Ausgangsspannungshub wächst. Der Inverter stellt einen Spannungsteiler, bestehend aus Treibertransistor und Lastwiderstand, dar. Für die Übertragungskennlinie ist also das Verhältnis aus Kanalwiderstand des Treibertransistors und Lastwiderstand entscheidend. Der Kanalwiderstand des MOS-Transistors ist proportional zur Länge L und umgekehrt proportional zur Breite W des Kanals.

Eine Möglichkeit wäre, den Lastwiderstand ähnlich wie in der bipolaren integrierten Technik als diffundierten Widerstand auszuführen. Ein diffundierter 20 KΩ-Widerstand z.B. würde jedoch auf dem Chip eine Fläche erfordern, die etwa 18 mal größer ist als die Fläche eines MOS-Transistors. Eine wesentlich elegantere Lösung ist es daher, den Lastwiderstand selbst als aktiven MOS-Transistor auszuführen.

Die Übertragungscharakteristik eines derartigen Inverters hängt vom Verhältnis (ratio) des Lastwiderstandes und des Kanalwiderstandes des Treibertransistors ab. Dieses Verhältnis kann durch die geometrischen W/L-Verhältnisse der Transistorenkanäle beschrieben werden.

$$\beta_r = \frac{(W/L) \quad \text{Treiber}}{(W/L) \quad \text{Last}}$$

Elektrisch gesehen bedeutet β_r das Verhältnis der Steilheiten zwischen Treiber- und Lasttransistor. Das Gate des MOS-Lasttransistors kann

a) direkt mit U_{DD}
oder
b) mit einer gesonderten Versorgungsspannung U_{GG}
   verbunden werden.

Die Lastkurve des MOS-Lasttransistors kann ebenfalls in das Ausgangskennlinienfeld des Treibertransistors eingetragen werden. Daraus erhält man die Übertragungscharakteristik in Bild 3.14.

Für $U_{GG} = U_{DD}$ ist die maximale Ausgangsspannung U_a, die sich bei gesperrtem Treibertransistor einstellt, um den Betrag der Schwellspannung U_{th} (Threshold Voltage) des Lasttransistors geringer als die Versorgungsspannung U_{DD}. Die Annahme $U_{GG} = U_{DD}$ bedeutet, daß sich der Lasttransistor im gesättigten Zustand befindet (Kurve 1 in Bild 3.15). Die maximale Ausgangsspannung wird erhöht und die Widerstandskurve linearisiert, wenn eine getrennte Gatespannung U_{GG} eingeführt wird. Wird $|U_{GG} - U_{th}| > |U_{DD}|$, dann erhält man eine ungesättigte Last (Kurve 2 in Bild 3.15).

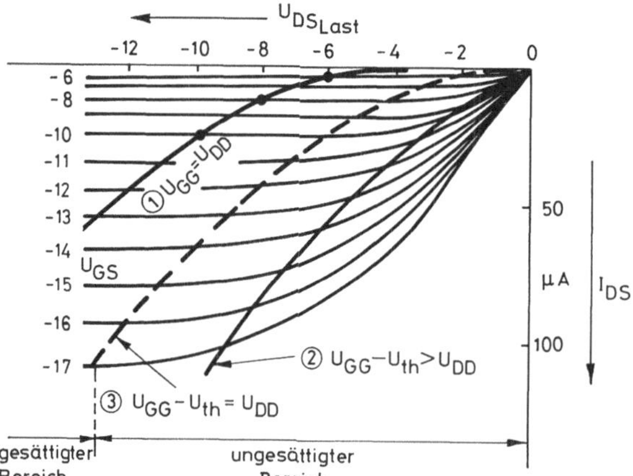

Bild 3.15
Kennlinienfeld des Last-Transistors

In der Übertragungscharakteristik des Inverters sind diese Fälle noch einmal gegenübergestellt (Bild 3.16).

Für die technische Realisierung bedeutet dies die Existenz zweier Invertertypen mit unterschiedlicher Gatevorspannung des Lasttransistors.

Die beiden Inverterformen in Bild 3.17 stellen die Grundbausteine für den Aufbau großintegrierter statischer Einkanal-MOS-Logik und Speicherzellen (s. Kap. 4 und 8) dar.

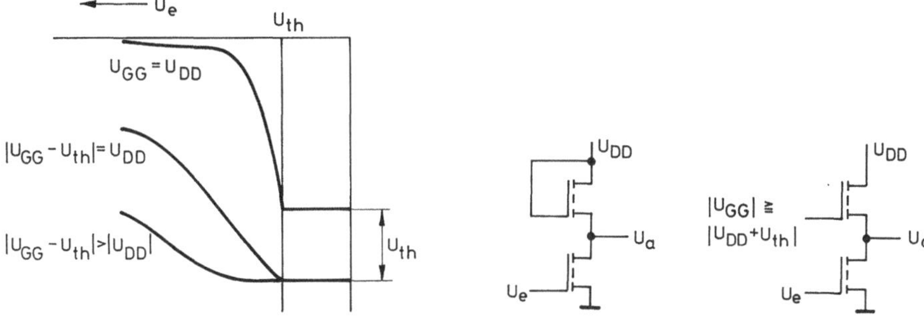

Bild 3.16 Übertragungskennlinien des MOS-Inverters

Bild 3.17 Statischer MOS-Inverter mit gesättigter und ungesättigter Last

3.2.3.2 Der dynamische Inverter Bei einem statischen Inverter sind die Schalteigenschaften und der Störabstand von dem Verhältnis der Widerstände des Treiber- und Lasttransistors abhängig. Dieser Inverter wird daher auch „ratio type inverter" genannt. Bei leitendem Treibertransistor fließt über diesen Inverter ein konstanter Querstrom.

Eine andere Form der Realisierung eines MOS-Inverters als Grundbaustein digitaler Schaltungen stellt der dynamische Inverter dar. Die logische Information wird hierbei durch die gespeicherte Ladung einer Kapazität repräsentiert. Der dynamische Inverter läßt sich in MOS-Technik sehr vorteilhaft realisieren, da der Eingang eines MOS-Transistors fast rein kapazitiv ist. Um den dynamischen Inverter zu realisieren, ist es daher nur nötig, für eine schnelle Ladung und Entladung der Eingangskapazität der nächstfolgenden MOS-Last Sorge zu tragen.

Der dynamische Inverter und damit auch die dynamische Logik stellt infolgedessen eine getastete Logik dar. Der Zustand des Eingangssignals wird periodisch durch einen Taktpuls abgetastet.

Zu den dynamischen Invertern ist eine Vielzahl an Schaltungsvarianten entwickelt worden, von denen hier nur zwei behandelt werden sollen. Eine Form des dynamischen Inverters ist in Bild 3.18 dargestellt.

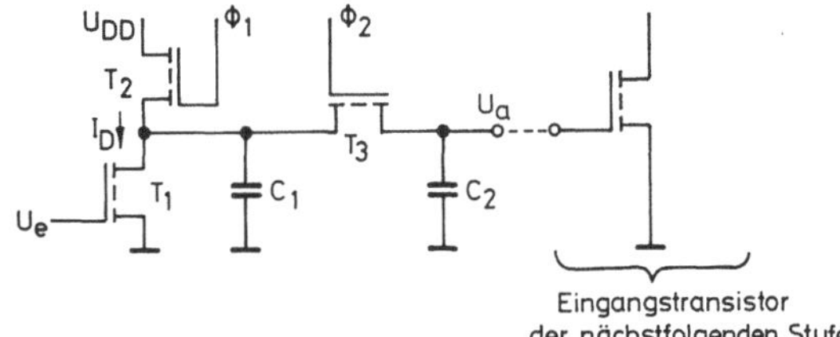

Bild 3.18
Dynamischer 2-Phasen-MOS-Inverter in
Einkanal Technik

Zu den beiden eigentlichen Invertertransistoren T_1 und T_2 kommt jetzt noch ein dritter Transistor T_3 hinzu, der als „Koppeltransistor" bezeichnet wird. Φ_1 und Φ_2 stellen Taktpulse dar.

Die Arbeitsweise des dynamischen Inverters kann direkt aus dem Zeitdiagramm in Bild 3.19 abgelesen werden.

Zur Erläuterung der Funktionsweise wollen wir annehmen, daß der Inverter aus pMOS-Transistoren aufgebaut sei.

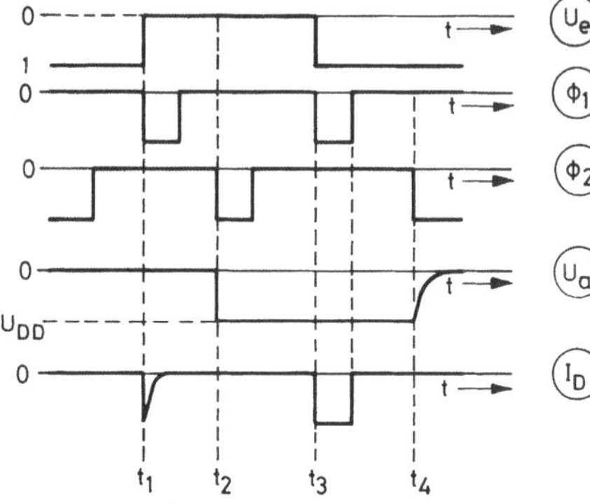

Bild 3.19 Zeitdiagramm des dynamischen 2-Phasen-Inverters

Zum Zeitpunkt t_1 wird das Eingangssignal Null und der Takt Φ_1 (Gatespannung des Lasttransistors) negativ. Der Treibertransistor T_1 ist somit gesperrt und der Lasttransistor T_2 leitend. Die Kapazität C_1 wird auf das Potential der Versorgungsspannung U_{DD} aufgeladen.

Zum Zeitpunkt t_2 wird der Takt Φ_2 negativ und damit wird der Koppeltransistor T_3 leitend. Die Transistoren T_1 und T_2 sind gesperrt. Es findet ein Ladungsausgleich zwischen C_1 und C_2 statt ($C_2 \ll C_1$). Zum Zeitpunkt t_3 sind das Eingangssignal U_e und der Takt Φ_1 negativ. Es sind somit beide Transistoren T_1 und T_2 leitend, und es fließt ein Querstrom von U_{DD} nach Masse. Die Kapazität C_1 wird entladen.

Zum Zeitpunkt t_4 wird über den Koppeltransistor T_3 auch C_2 entladen. Am Ausgang erscheint wieder Null.

Aus der Arbeitsweise des dynamischen Inverters können wir die folgenden Schlüsse ziehen:

— die Arbeitsweise des dynamischen Inverters ist nicht mehr vom Widerstandsverhältnis (ratio) der Invertertransistoren abhängig. Der dynamische Inverter wird daher auch „ratioless Inverter" genannt. Genauer ist die Bezeichnung „Dynamischer 2-Phasen-Ratioless-Inverter" (Dynamic 2-Phase Ratioless Inverter).
Er kann in Einkanaltechnik, d.h. mit Transistoren gleichen Leitungstyps, realisiert werden.
Da das Widerstandsverhältnis keine Rolle spielt, reduziert sich die Größe der einzelnen Transistoren. Es werden nur noch Einheitsgrößen benötigt.
Zu beachten ist, daß bei diesem Invertertyp während der Taktphase Φ_1 und bei negativer Eingangsspannung (t_3) ein Querstrom zustande kommt.
Diesen Nachteil vermeidet die Schaltungsvariante in Bild 3.20 eines dynamischen 2-Phasen-Ratioless-Inverters.

Die markanteste Änderung besteht darin, daß der Takt gleichzeitig auch als Spannungsversorgung verwendet wird. Dadurch wird erreicht, daß zu keiner Zeit mehr ein Querstrom zustande kommt. Es treten lediglich noch Strompsitzen beim Umschalten des Inverters auf. Der Inverter wird als „leistungsloser dynamischer 2-Phasen-Ratioless-Inverter" (Dynamic 2-Phase Ratioless Powerless Inverter) bezeichnet.

Das Zeitdiagramm des dynamischen 2-Phasen-Ratioless-Inverters ist in Bild 3.21 dargestellt.

Die Kapazität C_1 wird über T_1 während des Taktes Φ_1 entsprechend der Eingangsspannung entladen.

Die Kapazität C_2 wird ebenfalls während Φ_1 aufgeladen, da der Transistor T_2 gesperrt ist.

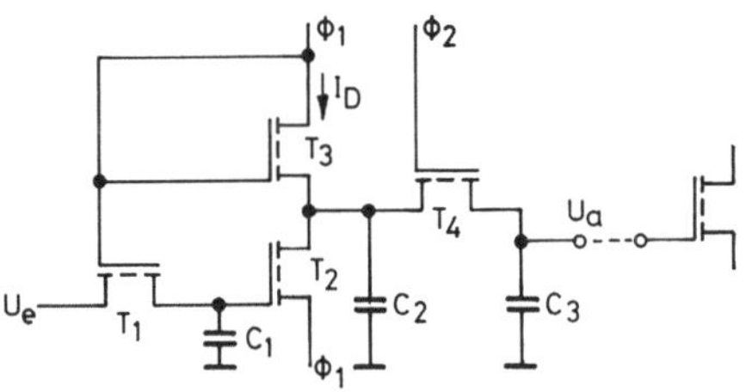

Bild 3.20 Leistungsloser dynamischer 2-Phasen-Ratioless-
Inverter

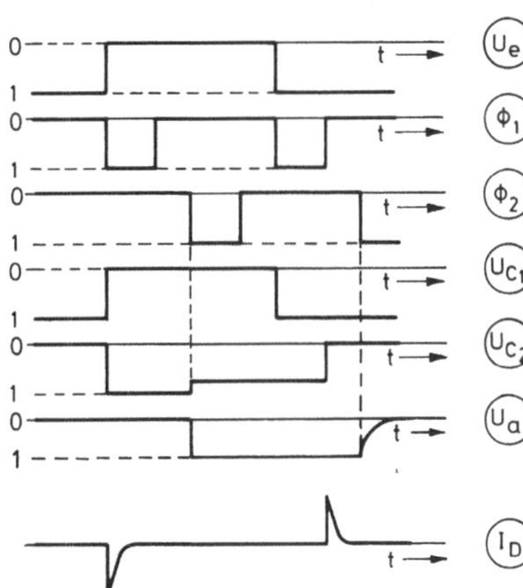

Bild 3.21
Zeitdiagramm des leistungslosen dynamischen
2-Phasen-Ratioless-Inverters

Während des Taktes Φ_2 findet der Ladungsausgleich zwischen C_2 und C_3 statt. Dabei wird C_2 etwas entladen.

Mit der erneuten Taktphase von Φ_1 wird C_1 aufgeladen und damit T_2 eingeschaltet. Nach Beendigung der Taktphase Φ_1 wird dann C_2 über T_2 entladen.

Mit Beginn der nächsten Taktphase Φ_2 wird dann auch C_3 über T_4 und T_2 entladen und der Ausgang wird wieder Null.

Der dynamische Inverter als MOS-Schieberegisterzelle Die beschriebenen dynamischen Inverter sind ausgezeichnet geeignet für den Aufbau von Schieberegistern. Für eine Schieberegisterzelle und die Verzögerung eines Bits werden zwei Inverter benötigt (Bild 3.22).

Durch die Angabe der Takte am Inverter wird kenntlich gemacht, daß es sich um einen dynamischen Inverter handelt. Eine Schieberegisterzelle für die Verzögerung eines Bits mit leistungslosen dynamischen 2-Phasen-Ratioless-Invertern ist entsprechend aufgebaut (Bild 3.23).

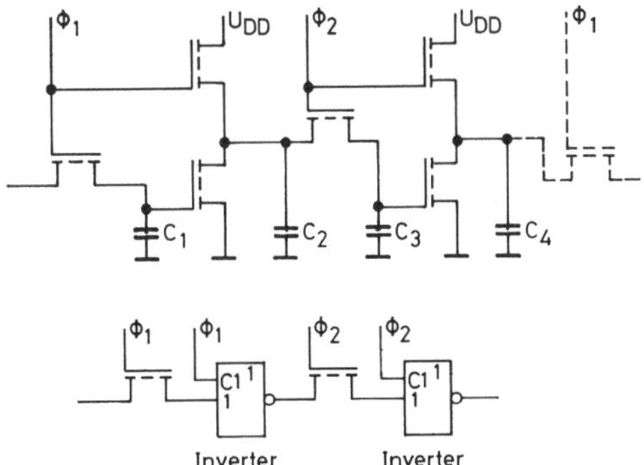

Bild 3.22 Schieberegisterzelle für die Verzögerung eines
Bits mit zwei dynamischen MOS-Invertern

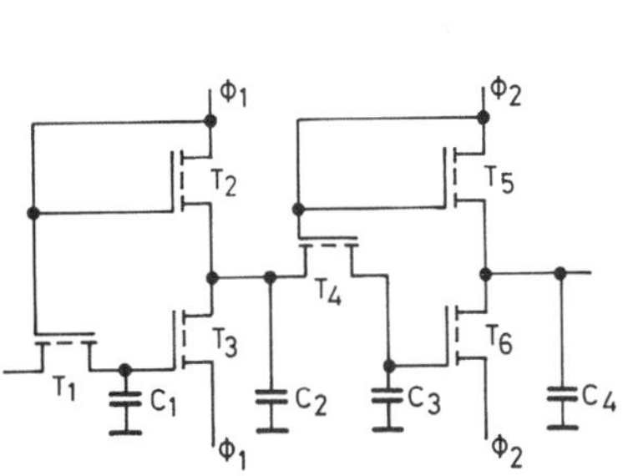

Bild 3.23 Schieberegisterzelle mit leistungslosen
dynamischen 2-Phasen-Ratioless-Invertern

Das Schieberegister benötigt hiernach nur noch zwei Versorgungsleitungen und den Masseanschluß. Die Spannungsversorgung wird gleichzeitig von den Taktleitungen zur Verfügung gestellt. Dies hat allerdings zur Folge, daß die Taktleitungen eine höhere kapazitive Last zu treiben haben, da sie nicht nur an Gates, sondern auch an den Sources und Drains der Transistoren angeschlossen werden.

Während der Takte Φ_1 und Φ_2 werden die Kapazitäten C_2 und C_4 über die Transistoren T_2 und T_5 vorgeladen (Precharge). Im nächsten Taktschritt erfolgt die Abfrage der Eingangsspannung der Zelle (Sample). Ist die Eingangsspannung negativ, dann werden die Kapazitäten C_2 und C_3 über T_3 und T_4 entladen. C_4 bleibt aufgeladen, da der Transistor T_6 gesperrt bleibt.

Ist die Eingangsspannung Null, dann bleibt C_2 aufgeladen, da T_3 gesperrt bleibt.

Mit dem Φ_2-Puls wird die Ladung von C_2 an C_3 übergeben und T_6 wird eingeschaltet.

Damit wird die vorgeladene Kapazität C_4 über T_6 nach Masse entladen, sobald Φ_2 wieder Null ist.

Es wurde bereits erwähnt, daß eine Vielzahl weiterer Schaltungsvarianten in dynamischer Technik entwickelt wurde. Dementsprechend sind auch viele Schieberegistervarianten bekannt, die sich jedoch nur im Aufbau des Inverters unterscheiden. Zu den bekannten Grundformen sind auch noch Mischformen entwickelt worden, wie

a) der Statische Ratioless-Inverter mit 4 Transistoren. Der Eingangsinverter ist hierbei in Ratio-Technik ausgeführt, der leistungsverbrauchende Ausgang jedoch in Ratioless-Technik. Da der Eingangsinverter nur Gatekapazitäten treiben muß, kann er sehr klein ausgeführt werden.
b) der Dynamische Ratio-Inverter für den Aufbau von Schieberegistern
und
c) der 4-Phasen-Inverter mit 4 Taktphasen und 6 Transistoren.

Entsprechend spricht man dann z.B. auch von einem 4-Phasen-Schieberegister, wenn dieses aus 4-Phasen-Invertern aufgebaut ist.

Wir wollen hier auf die Besprechung der zuletzt genannten Inverter verzichten.

3.2.3.3 Der CMOS-Inverter (Complementary MOS)

Der statische Ratio-Inverter enthält zwei MOS-Transistoren gleichen Leitungstyps. Man spricht daher auch von einer „Ein-Kanal-Technik", wenn dieser Invertertyp als Grundlage für den Aufbau integrierter MOS-Schaltungen verwendet wird.

Im Gegensatz hierzu steht die statische Komplementär-Technik (Complementary MOS). Der Inverter, als Grundbaustein dieser Technik, enthält zwei Transistoren unterschiedlichen Leitungstyps, d.h. einen p-Kanal-Transistor und einen n-Kanal-Transistor (Bild 3.24).

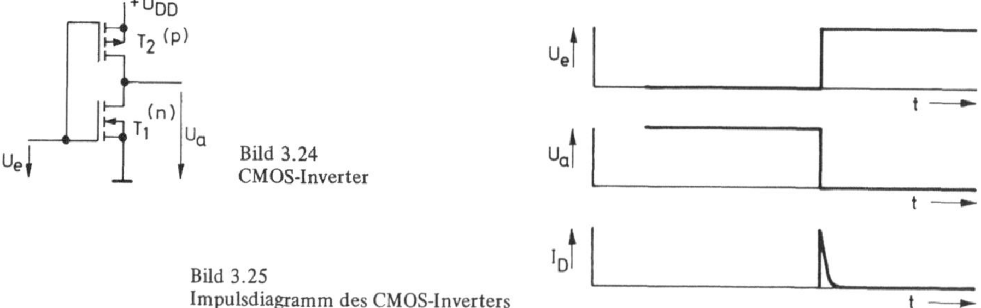

Bild 3.24
CMOS-Inverter

Bild 3.25
Impulsdiagramm des CMOS-Inverters

Die Funktionsweise des CMOS Inverters ist schnell erläutert. Es ist jeweils immer nur einer der beiden Transistoren leitend. Ist das Eingangssignal U_e „0" (0V), dann ist der Transistor T_1 (n-Kanal) gesperrt und der Transistor T_2 (p-Kanal) leitend. Der Ausgang ist daher niederohmig mit der Versorgungsspannung $+U_{DD}$ verbunden.

Ist das Eingangssignal U_e „1" $(+U_{DD})$, dann ist T_1 eingeschaltet und T_2 gesperrt. Der Ausgang ist über den niederohmigen Kanalwiderstand von T_1 geerdet. Der Ausgangsspannungshub schwankt daher zwischen $+U_{DD}$ und Null, je nachdem ob das Eingangssignal „0" oder „1" ist.

Daraus ergibt sich das Impulsdiagramm des CMOS-Inverters in Bild 3.25.

Da jeweils immer ein Transistor des Inverters gesperrt ist, fließt kein Dauerstrom aus der Versorgung. Lediglich während des Umschaltens können kurzfristig beide Transistoren leitend sein, so daß eine Stromspitze als Querstrom auftritt. Es wird dabei jedoch nur Wechselstromleistung umgesetzt. Es ist daher auch einleuchtend, daß der Stromverbrauch des CMOS-Inverters mit der Taktfrequenz, d.h. mit der Häufigkeit der Schaltvorgänge, steigt. Bei sehr niedrigen Taktfrequenzen ist der Stromverbrauch der CMOS-Technik verschwindend klein. Die Kombination der p-Kanal- und n-Kanal-Transistoren erfolgt in der CMOS-Technik auf einem Chip. Man verwendet üblicherweise n-Substrat, auf dem gewisse Bereiche auf p-Leitung umdotiert werden. Dadurch weist der Inverter eine höhere Prozeßkomplexität auf.

In der CMOS-Technik ist eine umfangreiche und vielseitige Schaltkreisfamilie entwickelt worden, wie wir sie bereits bei der bipolaren TTL-Technik kennengelernt haben.

Dem Schaltkreisentwickler steht hier ein umfangreiches Typenangebot an integrierten digitalen Schaltkreisen zur Verfügung, das von den Gattern über Flipflops, Dekoder, Zähler, Schieberegister, Speicher bis hin zu arithmetischen Funktionen reicht.

3.2.4 MOS-Logik

Der MOS-Inverter stellt den Grundbaustein komplexer logischer MOS-Schaltungen dar. Bei der Behandlung des MOS-Inverters ist sehr ausführlich die Verwendung eines MOS-Transistors als Last besprochen worden. Dadurch kann erheblich an Fläche auf einem Chip eingespart werden, und außerdem kann durch den Lasttransistor ein sehr hoher Wert für einen äquivalenten Lastwiderstand erreicht werden. Beides sind Gründe für die hohe und sehr komplexe Integration, die auf einem MOS-Chip möglich ist. Durch die verschiedenen Betriebsarten und Typen des MOS-Lasttransistors werden die unterschiedlichen Eigenschaften der MOS-Schaltkreise charakterisiert.

3.2.4.1 Das MOS-Gatter Es gibt zwei Grundbausteine für die Realisierung der logischen Funktionen in MOS-Technik (Bild 3.26).

1. Die MOS-Treibertransistoren liegen in Reihe mit dem Lasttransistor. Der Lasttransistor kann dabei gesättigt oder ungesättigt betrieben werden.

2. Die MOS-Treibertransistoren sind parallel verbunden und besitzen einen gemeinsamen Lasttranistor. Der Betrieb dieses Lasttransistors kann ebenfalls gesättigt oder ungesättigt erfolgen.

Bei p-Kanal-Schaltungen wird meistens mit negativer Logik und bei n-Kanal-Schaltungen mit positiver Logik gearbeitet. Der Grund liegt darin, daß bei p-Kanal-Schaltungen die Ein- und Ausgangssignale zwischen Null und einem negativen Wert ($>$ als die Schwellspannung U_{th}) schwanken. Der negative Wert wird also gleich boolesch „1" und die Null als positiverer Wert gleich boolesch „0" gesetzt.

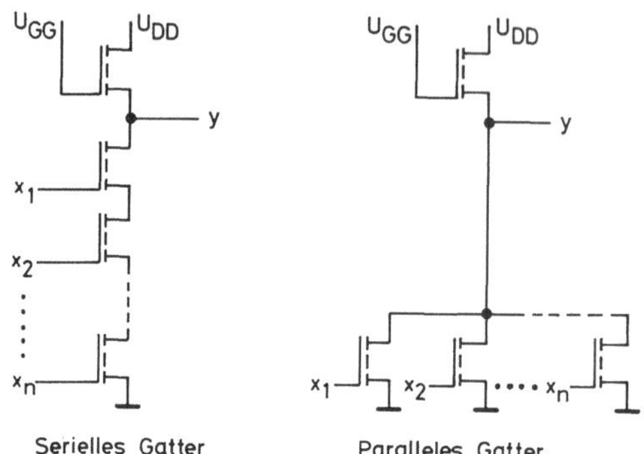

Bild 3.26 Statisches Einkanal-pMOS-Grundgatter

Bei n-Kanal-Schaltungen ist dies genau umgekehrt. Es handelt sich bei diesen Gattern um die Erweiterung des statischen Inverters. Die Arbeitsweise dieses Inverters wird vom Widerstandsverhältnis (ratio) aus Treiber- und Lasttransistor bestimmt.

Bei einem seriell aufgebauten Gatter addieren sich die Widerstände der Eingangs-(Treiber-)Transistoren. Um das Widerstandsverhältnis für gleiche Übertragungscharakteristik wie beim einfachen Inverter einzuhalten, muß jeder Eingangstransistor einen um einen Bruchteil, gegeben durch die Gesamtzahl der Transistoren, kleineren Widerstand besitzen.

$$\frac{1}{(W/L)_T} = \frac{1}{(W/L)_1} + \frac{1}{(W/L)_2} + \ldots + \frac{1}{(W/L)_n}$$

wobei

$(W/L)_T$ = (W/L)-Verhältnis des Treibertransistors eines einfachen Inverters

$(W/L)_{1,2\ldots n}$ = (W/L)-Verhältnisse der Gattereingangstransistoren.

Eine Verringerung der Widerstände bedeutet physikalisch jedoch eine Vergrößerung der für einen Transistor auf einem Chip benötigten Fläche. Dieser rein topografische Gesichtspunkt ist es, der dem parallelen Gatter meistens den Vorzug gibt. Allerdings werden auch oft beide Formen kombiniert, um die Flexibilität der MOS-Logik zu erhöhen (Bild 3.27).

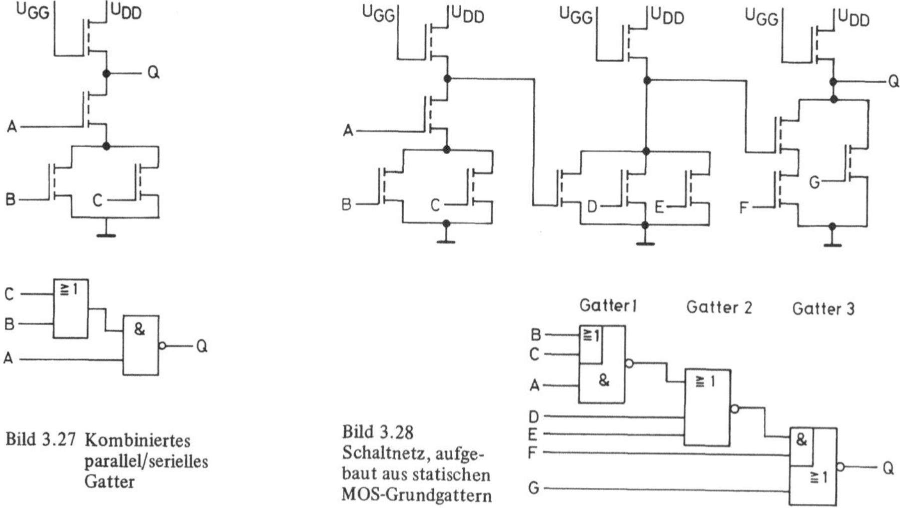

Bild 3.28 Schaltnetz, aufgebaut aus statischen MOS-Grundgattern

Durch ein MOS-Gatter lassen sich also zwei logische Operationen ausführen.

Wir können die Inverter zusammenschalten und so ein Schaltnetz aufbauen, wie dies an einem Beispiel in Bild 3.28 dargestellt ist.

Die beschriebenen Gatter lassen sich selbstverständlich auch in CMOS-Technik und in dynamischer Technik realisieren. Ein NAND- oder NOR-Gatter mit z.B. 2 Eingängen enthält dann in CMOS-Technik 4 Transistoren (Bild 3.29).

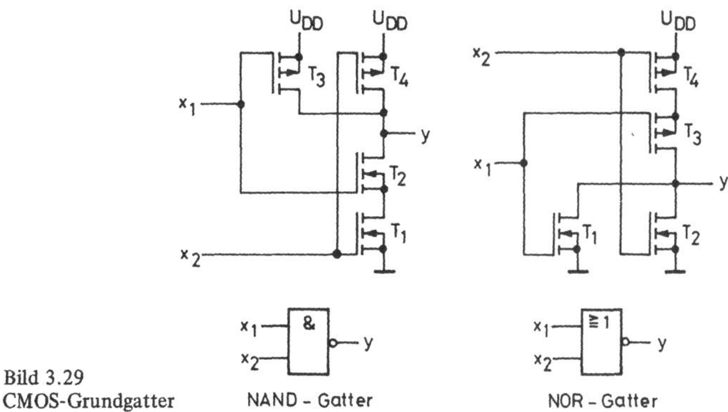

Bild 3.29
CMOS-Grundgatter

Die Wahrheitstabelle des NAND-Gatters mit $U_{DD} = 5V$ lautet:

x_1	x_2	y	T_1	T_2	T_3	T_4
0V	0V	+5V	AUS	AUS	EIN	EIN
0V	+5V	+5V	EIN	AUS	EIN	AUS
+5V	0V	+5V	AUS	EIN	AUS	EIN
+5V	+5V	0V	EIN	EIN	AUS	AUS

T EIN bedeutet: Transistor eingeschaltet (leitend).
T AUS bedeutet: Transistor ausgeschaltet (gesperrt).

Die Wahrheitstabelle des NOR Gatters mit $U_{DD} = 5V$ lautet:

x_1	x_2	y	T_1	T_2	T_3	T_4
0V	0V	+5V	AUS	AUS	EIN	EIN
0V	+5V	0V	AUS	EIN	EIN	AUS
+5V	0V	0V	EIN	AUS	AUS	EIN
+5V	+5V	0V	EIN	EIN	AUS	AUS

T EIN bedeutet: Transistor eingeschaltet (leitend).
T AUS bedeutet: Transistor ausgeschaltet (gesperrt).

In dynamischer Technik wird der Lasttransistor getaktet, ansonsten entspricht der Aufbau dem des Gatters in Bild 3.26.

Das dynamische Gatter kann mit der dynamischen Schieberegisterzelle kombiniert werden. Auf diese Weise kann die Schieberegisterzelle mit zusätzlicher Logik erweitert werden. Eine derartige kelle ist in Bild 3.31 dargestellt.

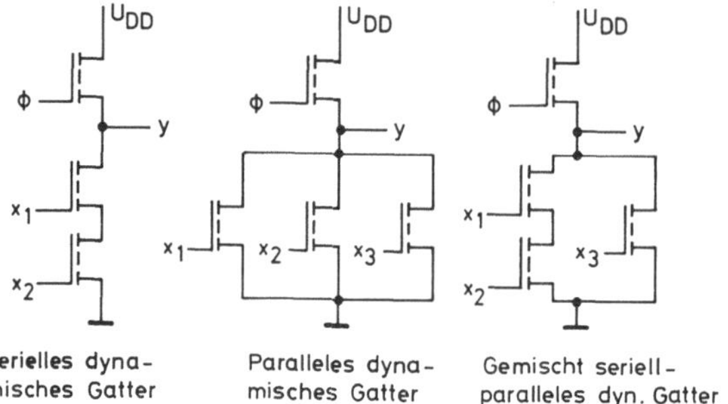

Serielles dyna-   Paralleles dyna-   Gemischt seriell-
misches Gatter   misches Gatter   paralleles dyn. Gatter

In negativer Logik:

Bild 3.30
Dynamische MOS-Grundgatter

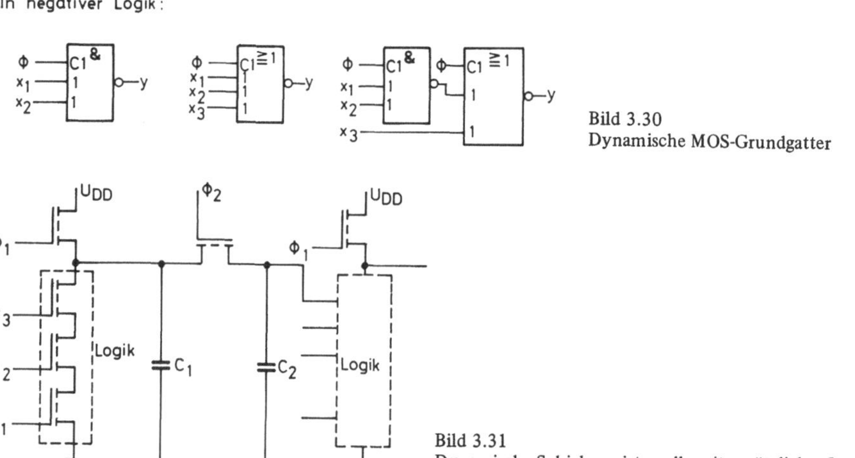

Bild 3.31
Dynamische Schieberegisterzelle mit zusätzlicher Logik

3.2.4.2 CMOS-Schalter (Transmission Gate) In vielen Fällen ist es wünschenswert, mehrere
Ausgänge von MOS-Gattern auf eine gemeinsame Leitung (BUS) zu schalten. Wir haben dies bereits in Form der Tri-State-Logik bei der bipolaren TTL-Technik kennengelernt. Ganz ähnlich zur
bipolaren TTL-Technik ist es auch bei MOS-Gattern nicht ohne weiteres möglich, die Ausgänge
parallel zu schalten. Der MOS-Gatterausgang hat sowohl im eingeschalteten als auch im ausgeschal-
teten Zustand einen relativ niedrigen Innenwiderstand. Dadurch können bei einer Parallelschaltung
der Ausgänge der Gatter hohe Ströme auftreten.

Dieses Problem behebt der CMOS-Schalter (Transmission Gate). Dieser Schalter (Bild 3.32) besteht
aus zwei parallelgeschalteten Transistoren unterschiedlichen Leitungstyps, und zwar einem n-Kanal-
MOS-FET und einem p-Kanal-MOS-FET.

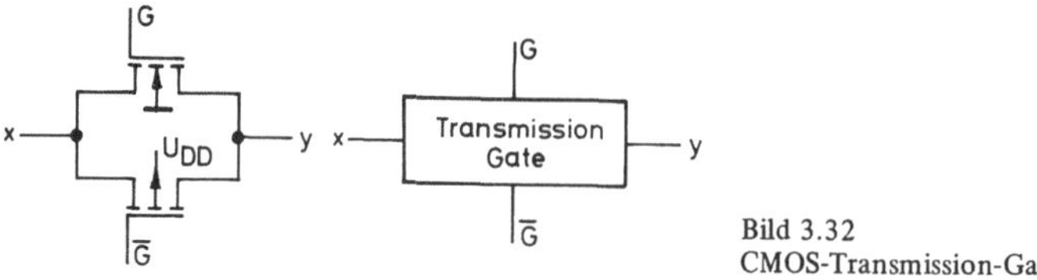

Bild 3.32
CMOS-Transmission-Gate

Der CMOS-Schalter stellt im gesperrten Zustand einen hohen Ausgangswiderstand dar. Dadurch können diese Schalter parallelgeschaltet werden, wenn dafür Sorge getragen wird, daß immer nur ein Schalter leitend ist. In Bild 3.33 sind zwei derartige Schalter mit den zugehörigen Ansteuerungen dargestellt.

Zu beachten ist, daß der CMOS-Schalter (Transmission Gate) bidirektional, d.h. in beiden Signalrichtungen betrieben werden kann.

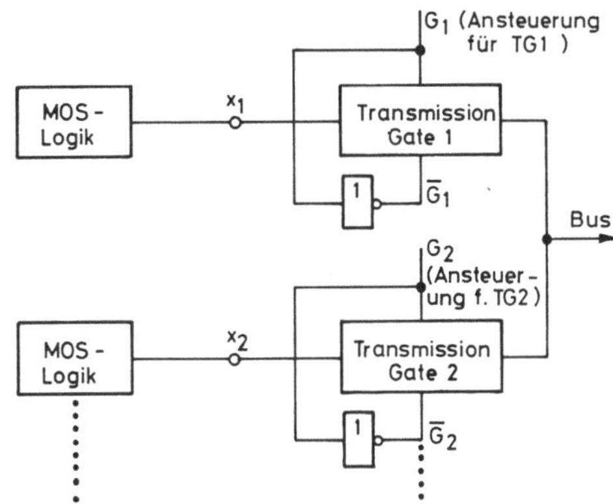

Bild 3.33
Parallel geschaltete Transmission-Gates

3.2.4.3 Kreuzgekoppelte Gatter Die statischen Speicherschaltungen der MOS-Technik werden ebenfalls auf der Grundlage des MOS-Inverters aufgebaut. Das asynchrone RS-Flipflop (Latch) erhält man aus zwei kreuzgekoppelten statischen NOR-Gattern (Bild 3.34).

Auf der Grundlage des RS-Flipflops lassen sich alle weiteren Flipflop-Grundtypen aufbauen.

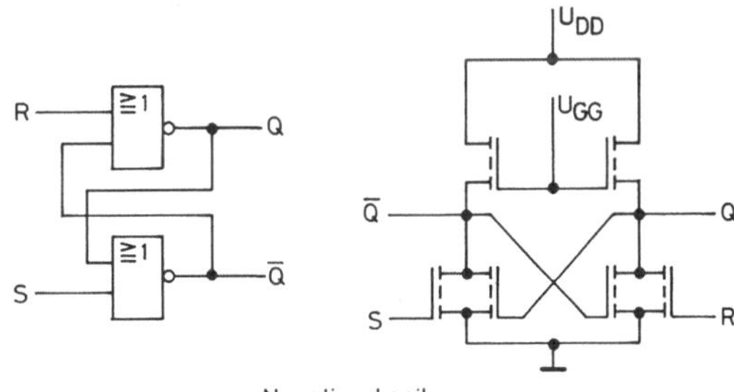

Bild 3.34
RS-Flipflop aus statischen MOS-Invertern

3.3 Zusammenfassung

Es wurden zwei Schaltkreistechnologien, die bipolare Integrierte Injektions-Logik (I^2L) und die MOS-FET-Technik besprochen, die eine Großintegration (Large scale integration) digitaler Schaltungen ermöglichen. Dabei stellt heute die MOS-Technik die am stärksten eingesetzte Technologie zur Integration logischer Funktionen und von Halbleiterspeichern dar. Neuerdings werden auch analoge Schaltungsfunktionen, wie Operationsverstärker, Komparatoren und Umsetzer, in dieser Technologie integriert. Die I^2L-Technik ist hierzu noch ein vergleichsweise junges Konzept, und erst die Zukunft wird zeigen, ob sie eine Alternative zur MOS-Technik werden kann. Wir haben die MOS-Technik unterschieden in statische und dynamische Technik. In der statischen Technik ist die CMOS-Technik enthalten.

Die Eigenschaften der in diesen Techniken aufgebauten logischen Schaltungen und Speicherbausteine können durch den Aufbau und die Betriebsweise der jeweiligen Inverter erklärt werden. In seinem spezifischen Aufbau stellt der Inverter den Grundbaustein der jeweiligen Technik dar.

Das Verhalten des statischen Ein-Kanal Inverters wird wesentlich bestimmt durch das Widerstandsverhältnis der Last- und Treibertransistoren (Ratio Inverter).

In dynamischer Technik lassen sich Inverter realisieren, bei denen dieses Widerstandsverhältnis unkrtisch ist (Ratioless Inverter). Außerdem könnten diese Inverter nahezu ohne Querstrom in den beiden logischen Zuständen betrieben werden. Dieser Fall ist auch beim statischen CMOS-Inverter gegeben (Powerless Inverter). Die Vorteile der dynamischen Technik und der CMOS-Technik sind der geringe Leistungsverbrauch. Die Nachteile der dynamischen Technik liegen in der Tatsache, daß es sich um eine getaktete Logik handelt. Daraus ergibt sich beim Entwurf die Notwendigkeit der Erzeugung von zwei oder mehreren Taktphasen sowie ein zusätzlicher Schaltungsaufwand für das Wiederauffrischen der Information (refreshing). Der Nachteil der CMOS-Technik liegt in dem erhöhten Platzbedarf auf dem Chip.

Die Herstellung integrierter (großintegrierter-) Schaltkreise in MOS-Technik kann heute überwiegend nur von den großen Halbleiterherstellern übernommen werden. Dies gilt vollständig für die universellen Schaltkreise und bedingt für die speziellen kundenspezifischen Schaltkreise. Der Kunde oder Anwender eines speziellen MOS-Schaltkreises liefert dabei den Produktvorschlag, das Logikdiagramm und evtl. einen ausgetesteten diskreten Schaltungsentwurf sowie die späteren Prüfvorschriften. Alle weiteren Schritte bis zur Serienfertigung übernimmt dann der Halbleiterhersteller. Ein derartiger Ablauf für die Entwicklung eines MOS-Schaltkreises ist in dem Blockdiagramm 3.35 grob dargestellt.

Selbstverständlich sind die einzelnen Schritte noch feiner unterteilt, und es können sich im Einzelfall auch Verschiebungen zwischen den Aufgaben des Kunden und denen des Herstellers ergeben.

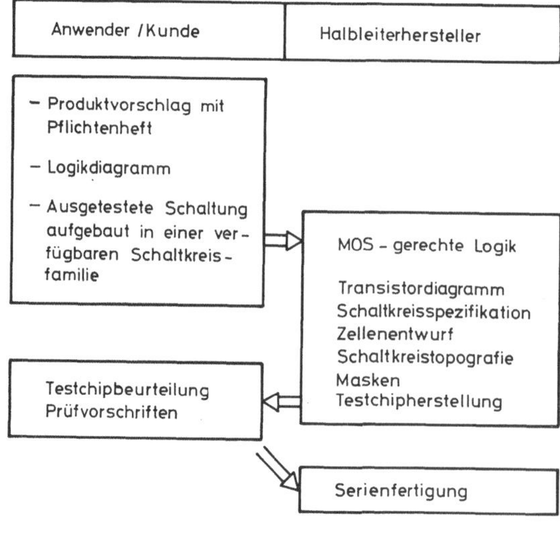

Bild 3.35
Prinzipielle Schritte bei der Entwicklung eines großintegrierten MOS Schaltkreises

4 Flipflops und Zähler

4.1 Einleitung

Zur Realisierung synchroner Schaltwerke werden digitale Speicherelemente benötigt. Flipflops stellen als bistabile Kippstufen derartige Speicherelemente dar. Je nach ihrer Übergangsfunktion unterscheidet man verschiedene Flipfloptypen. Die gebräuchlichsten davon sind:

- RS-Flipflop
- D-Flipflop
- T-Flipflop
- JK-Flipflop

Bezüglich ihrer Ansteuerung lassen sich die Flipflops in asynchrone und getaktete (synchrone) Schaltungen unterteilen. Zu der Gruppe der getakteten Flipflops gehören die Vorspeicher-Flipflops (Master-Slave-Flipflops), die in digitalen Schaltwerken vorwiegend verwendet werden.

Im zweiten Teil dieses Kapitels werden die wichtigsten Zählerschaltungen behandelt, die ein wesentliches Anwendungsgebiet der Flipflopschaltungen darstellen. Der Schwerpunkt liegt aufgrund der weitverbreiteten Anwendung wiederum bei den synchronen Schaltungen.

4.2 Flipflops

4.2.1 Asynchrones RS-Flipflop

Eine einfache bistabile Kippstufe kann aus zwei kreuzgekoppelten NAND- oder NOR-Gattern gebildet werden (Bild 4.1).

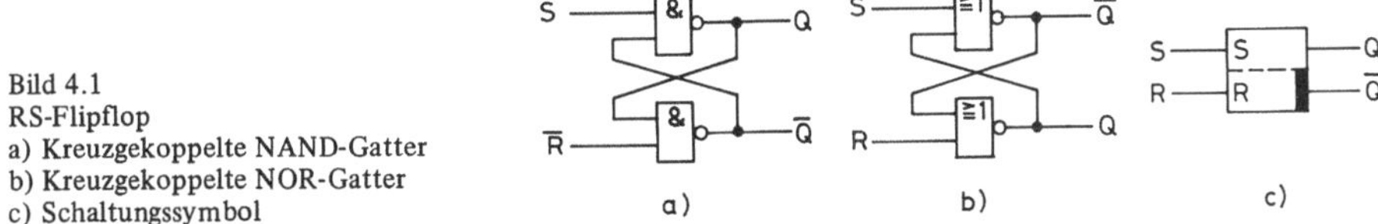

Bild 4.1
RS-Flipflop
a) Kreuzgekoppelte NAND-Gatter
b) Kreuzgekoppelte NOR-Gatter
c) Schaltungssymbol

Durch die kreuzgekoppelte Beschaltung der Gatter entstehen Rückführungsschleifen, die eine zweifache Negation durchlaufen und damit die Eingangssignale gleichsinnig an den zweiten Eingang desselben Gatters zurückführen.

Mit entsprechenden Signalkombinationen an dem Setzeingang S (set = setzen) und an dem Rücksetzeingang R (reset = zurücksetzen) kann das Flipflop schließlich in eine bestimmte Lage gesetzt werden.

Am Beispiel von zwei kreuzgekoppelten NOR-Gattern soll die Übertragungsfunktion für das RS-Flipflop ermittelt werden. Zu diesem Zweck wird ein Rückführungszweig aufgetrennt, so daß aus der bistabilen Kippstufe ein Schaltnetz wird (Bild 4.2).

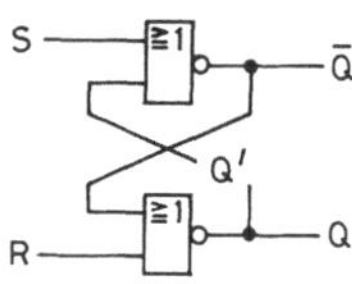

Mit Q' als zusätzlicher Eingangsvariablen läßt sich die Übertragungsfunktion entwickeln:

$$Q^{t+1} = \overline{R \vee \overline{Q^t}}$$

mit $\quad \overline{Q^t} = \overline{S \vee Q'^t} \quad$ folgt

$$Q^{t+1} = \overline{R \vee \overline{(S \vee Q'^t)}}$$

Bild 4.2 RS-Flipflop mit
aufgetrenntem
Rückführungszweig

Wird nun die elektrische Trennung aufgehoben, ergibt sich für das RS-Flipflop aus NOR-Gattern mit $Q'^t = Q^t$ die Übertragungsfunktion:

$$Q^{t+1} = \overline{R \vee \overline{(S \vee Q^t)}}$$

Die Übertragungsfunktion kann in einer Wahrheitstabelle dargestellt werden, und es zeigt sich, daß mit $R = S = 1$ ein Zustand entsteht, bei dem die Ausgangsvariablen Q und $\overline{Q}$ nicht negiert zueinander sind. Die Wahrheitstabelle für das RS-Flipflop aus NOR-Gattern, auch als Übergangstabelle bezeichnet, lautet:

R	S	Q^{t+1}	$\overline{Q}^{t+1}$
0	0	Q^t	$\overline{Q^t}$
0	1	1	0
1	0	0	1
1	1	0	0

Die Kombination $R = S = 1$ darf deshalb nicht genutzt werden.

Mit $R = S = 0$ bleibt der alte Zustand des Flipflops erhalten. Das Setzen oder Rücksetzen wird durch ein „1"-Signal an dem entsprechenden Eingang bestimmt. Die Übertragungsfunktion für das RS-Flipflop aus NAND-Gattern läßt sich ebenfalls nach der beschriebenen Methode aufstellen. Die Übertragungsfunktion lautet:

$$Q^{t+1} = \overline{R \wedge \overline{(S \wedge Q^t)}}$$

Für das RS-Flipflop aus NAND-Gattern ergibt sich der verbotene Zustand bei der Eingangskombination $R = S = 0$. In der Praxis hat dieses RS-Flipflop als Einzelelement zur Speicherung von binären Daten innerhalb von synchronen Schaltungen keine Bedeutung. Der Grund dafür liegt in seinem asynchronen Verhalten, denn die Information wird geladen bzw. gelöscht, sobald an dem Setz- oder Rücksetzeingang ein „1"-Signal anliegt. Das asynchrone Flipflop wird deshalb auch als statisches Flipflop bezeichnet.

Das schwarze Feld im Schaltungssymbol (Bild 4.1c) am $\overline{Q}$-Ausgang bedeutet, daß es sich um ein Flipflop mit Vorzugslage handelt. Durch schaltungstechnische Maßnahmen wird gewährleistet, daß sich nach Einschalten der Versorgungsspannung bei diesem Flipflop der Zustand $Q = 0$ und $\overline{Q} = 1$ einstellt, solange nicht durch S oder R der Zustand bestimmt wird.

4.2.2 Taktzustandsgesteuerte Flipflops

Als taktzustandgesteuerte Flipflops werden Flipflopschaltungen bezeichnet, deren Ausgang während eines Taktzustands („0"- oder „1"-Zustand des Taktes) gesetzt werden.

4.2.2.1 Getaktetes RS-Flipflop In synchronen Schaltwerken ist es wünschenswert, daß eine bereits anliegende Information erst zu einem bestimmten Zeitpunkt in das Flipflop übernommen werden soll. Das synchrone Verhalten des Flipflops wird durch eine jeweilige Verknüpfung des R- und S-Eingangs mit einem Steuertakt T erzielt (Bild 4.3).

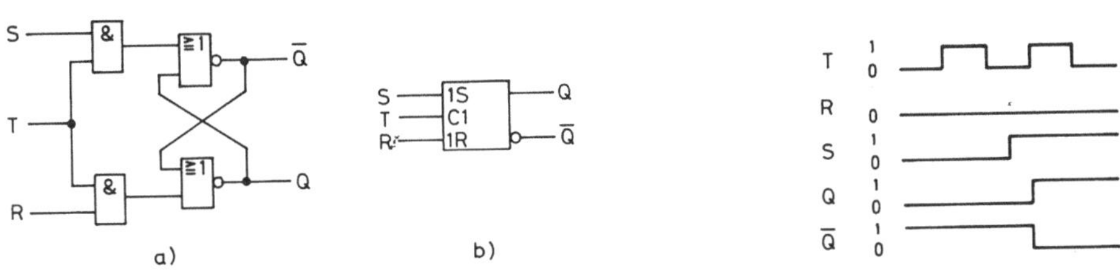

Bild 4.3 Getaktetes RS-Flipflop
    a) Logikdiagramm
    b) Schaltungssymbol

Bild 4.4 Impulsverlauf beim
    Setzen eines getakteten RS-Flipflops

Mit den zusätzlichen zwei UND-Gattern und dem Steuertakt wird die Information an den R- und S-Eingängen erst wirksam, wenn der Taktimpuls auf „1" geschaltet wird. Diese Schaltungsmaßnahme ermöglicht ein gleichzeitiges Setzen bzw. Rückstellen aller Flipflops innerhalb einer Schaltung, die mit demselben Takt angesteuert werden.

Der Takteingang wird durch folgende Symbole gekennzeichnet:

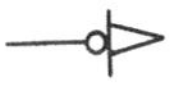

Wirkung am Ausgang bei Übergang des Eingangssignals von boolesch 1 auf boolesch 0

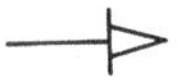

Wirkung am Ausgang bei Übergang des Eingangssignals von boolesch 0 auf boolesch 1

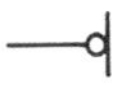

Wirkung des Eingangssignals während boolesch 0

Wirkung des Eingangssignals während boolesch 1

Das Impulsdiagramm in Bild 4.4 soll die Arbeitsweise des synchronen RS-Flipflops verdeutlichen (Gatterlaufzeiten vernachlässigt):

Die Übergangstabelle bleibt dieselbe wie für das asynchrone RS-Flipflop. Sie wird lediglich durch die Bedingung erweitert, daß sie nur für den Zeitraum gilt, während der Taktimpuls „1" ist. Der Nachteil des asynchronen RS-Flipflops, daß der Zustand R = S = 0 (NAND) bzw. R = S = 1 (NOR) verboten ist, bleibt auch für das getaktete Flipflop bestehen.

4.2.2.2 Getaktetes D-Flipflop Der Nachteil der verbotenen Kombination der Eingangssignale läßt sich durch eine Schaltungsvariante des RS-Flipflops vermeiden, indem an den Rückstelleingang grundsätzlich das negierte Signal des Setzeinganges gelegt wird.

Dadurch wird vermieden, daß die Eingangskombinationen R = S = 0 bzw. R = S = 1 auftreten (Bild 4.5).

Mit den Voraussetzungen S = D und R = $\overline{D}$ vereinfacht sich die Übertragungsfunktion des D-Flipflops gegenüber der des RS-Flipflops:

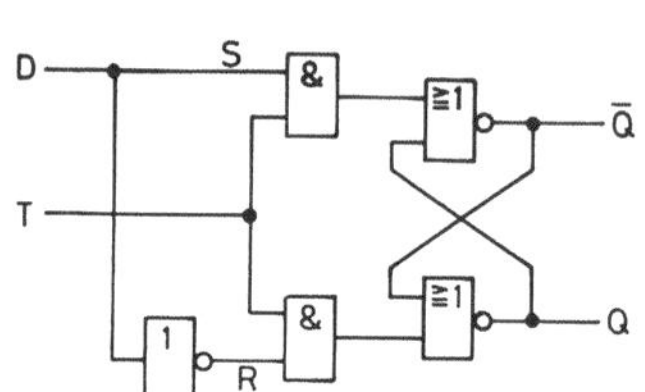

$$Q^{t+1} = D^t$$

D = S	$\overline{R}$	Q_{n+1}	$\overline{Q}_{n+1}$
0	1	0	1
1	0	1	0

Bild 4.5
Getaktetes D-Flipflop

Das Übergangsdiagramm zeigt, daß das D-Flipflop immer den Zustand des Eingangssignals D übernimmt.

Ein Rückstellen des Flipflops ist jetzt nur noch über den D-Eingang möglich, da R nicht mehr separat angesteuert werden kann.

Das beschriebene D-Flipflop wird auch als Latch (latch = Klinke, Riegel) bezeichnet und in dieser Form als Pufferspeicher eingesetzt.

Die schaltungstechnische Realisierung des D-Flipflops in TTL-Technik erfolgt nach dem Logikdiagramm in Bild 4.5.

Für die CMOS-Technik ließe sich das D-Flipflop in gleicher Weise realisieren, erscheint aber aus Gründen des Aufwands nicht sinnvoll. In der CMOS-Technik läßt sich relativ einfach ein Schaltungselement realisieren, mit dem bei vielen Anwendungen herkömmliche Verknüpfungselemente (NAND, NOR) ersetzt werden können. Dieses Schaltungselement besteht lediglich aus der Parallelschaltung eines P-Kanal- und eines N-Kanal-Transistors und wird als Transmission-Gate bezeichnet (s. Kap. 3.2.4.2).

Für die Realisierung des D-Flipflops in CMOS-Technik werden nur zwei Transmission-Gates und sechs Inverter benötigt (Bild 4.6). Im „0"-Zustand des Taktes (T = 0V, $\overline{T}$ = U_{DD}) ist das Transmission-Gate TG1 leitend und das Eingangssignal gelangt über die Inverter 1 und 3 an den Ausgang Q und über die Inverter 1, 2 und 4 an den Ausgang $\overline{Q}$. Wechselt der Takt von „0" nach „1" sperrt TG1 und TG2 wird leitend. Der Zustand des Flipflops wird dann bis zur nächsten Taktflanke durch die Signalschleife über die Inverter 1 und 2 aufrecht erhalten. Die Inverter 3 und 4 dienen zur Entkopplung der Schaltung nach außen.

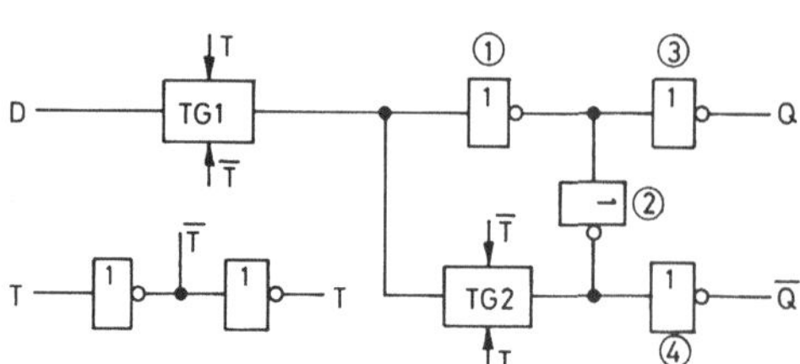

Bild 4.6
Logische Verknüpfung eines D-Flipflops
für eine Realisierung in CMOS-Technik

4.2.3 Master-Slave-Flipflops (Taktflankengesteuerte Flipflops)

Die bisher beschriebenen getakteten Flipflops werden gesetzt oder zurückgesetzt, wenn das Taktsignal von dem „0"-Zustand in den „1"-Zustand übergeht. Während der Dauer des „1"-Zustands des Takts sind jedoch die Eingänge direkt mit den Ausgängen verkoppelt. Eine Änderung der Eingangssignale würde somit eine Änderung der Ausgangssignale hervorrufen. Der Nachteil der zeitweise direkten Kopplung zwischen Eingang und Ausgang kann durch die Anwendung des Master-Slave-Prinzips vermieden werden.

Bei diesem Prinzip werden zwei Flipflops hintereinander geschaltet, wobei das hintere mit dem negierten Takt gesteuert wird. Dadurch wird gewährleistet, daß immer nur eines der beiden Flipflops Daten übernehmen kann. Zu keinem Zeitpunkt ist somit der Eingang direkt auf den Ausgang durchgekoppelt. Dieses Flipflop ist somit in der Lage, eine neue Information zu übernehmen und gleichzeitig seinen alten Zustand am Ausgang bereitzustellen. Da die Übernahme vom Master zum Slave während der Taktflanke erfolgt, werden Master-Slave-Flipflops als taktflankengesteuerte Flipflops bezeichnet.

4.2.3.1 Master-Slave RS-Flipflop Ausgangspunkt ist wiederum das RS-Flipflop. Die Schaltung in Bild 4.7 zeigt ein RS-Flipflop nach dem Master-Slave-Prinzip.

Bild 4.7
Master-Slave RS-Flipflop
a) Logikdiagramm
b) Schaltungssymbol

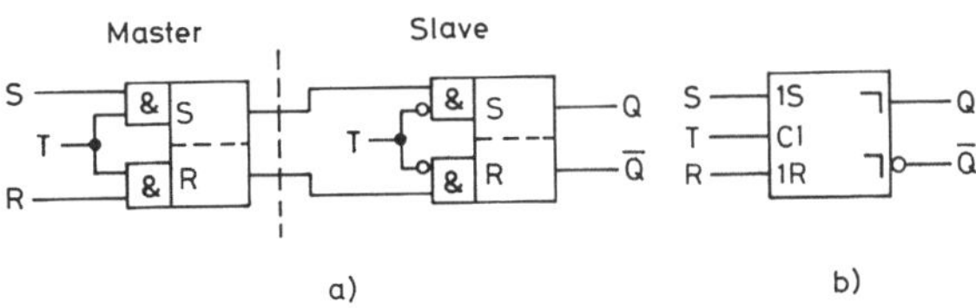

Die Arbeitsweise des Master-Slave RS-Flipflops läßt sich am Verlauf der ansteigenden und abfallenden Flanke eines Taktimpulses erläutern (Bild 4.8).

1. ... Sperren der Eingänge des Slave-Flipflops
2. ... Übernahme der Information in das Master-Flipflop
3. ... Sperren des Dateneingangs des Master-Flipflops
4. ... Übernahme der Information vom Master-Flipflop in das Slave-Flipflop

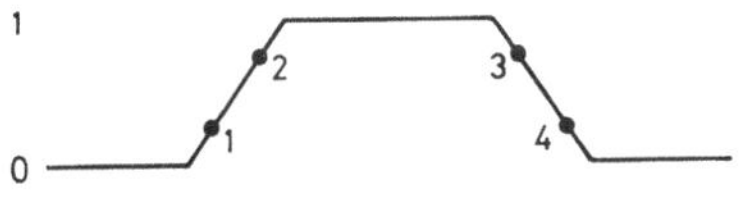

Bild 4.8 Verlauf eines Taktimpulses

Mit dem ansteigenden Takt (1) unterschreitet der negierte Takt den „1"-Pegel und sperrt somit die Eingänge des Slave-Flipflops. In Punkt (2) der positiven Taktflanke wird der „1"-Pegel überschritten und das Eingangsgatter für die Übernahme der Information in das Master-Flipflop geöffnet. Bei der abfallenden Flanke des Taktes (3) wird der Eingang des Master-Flipflops wieder gesperrt und die Information gehalten. Im Punkt (4) erfolgt schließlich die Übernahme der Information vom Master-Flipflop in das Slave-Flipflop. Der Ablauf zeigt, daß zwischen dem Setzen des Master-Flipflops und dem Anliegen der Information an den Ausgängen eine halbe Taktperiode vergeht.

4.2.3.2 Master-Slave JK-Flipflop Das beschriebene Master-Slave RS-Flipflop weist immer noch den Nachteil auf, daß R = S = 1 nicht erlaubt ist. Dieser Nachteil kann durch die Rückkopplungen

$$S = J \wedge \overline{Q}$$

$$R = K \wedge Q$$

vermieden werden und man erhält das JK-Flipflop, das in Bild 4.9 dargestellt ist.

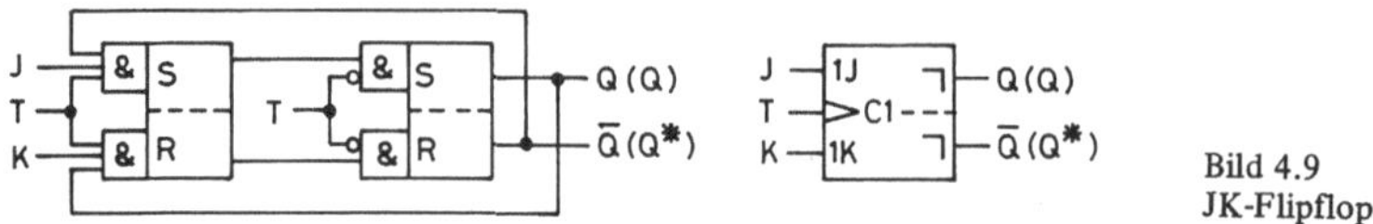

Bild 4.9
JK-Flipflop

Die Rückkopplungen vermeiden, daß R = S = 1 werden kann:

$$R \wedge S = K \wedge Q \wedge J \wedge \overline{Q} = 0$$

Daraus folgt, daß J = K = 1 erlaubt ist.

Setzt man die Rückkopplungsbedingungen in die Übertragungsfunktion für das RS-Flipflop ein, dann erhält man:

$$Q^{t+1} = \overline{(K \wedge Q^t) \vee \overline{((J \wedge \overline{Q}^t) \vee Q^t)}}$$

Nach Umformung mit Hilfe der De Morgan'schen Regeln gewinnt man die Übertragungsfunktion des JK-Flipflops:

$$Q^{t+1} = (\overline{K} \wedge Q^t) \vee (J \wedge \overline{Q}^t)$$

Die Wahrheitstabelle verdeutlicht, daß J = K = 1 erlaubt ist:

J	K	Q^{t+1}
0	0	Q^t
0	1	0
1	0	1
1	1	$\overline{Q}^t$

Mit der Ansteuerung J = K = 1 wird nach jedem Taktimpuls der alte Zustand des Flipflops negiert und es arbeitet dann als Untersetzer (s. Kap. 4.3.1).

4.2.3.3 Master-Slave D-Flipflop Das D-Flipflop kann ebenfalls als Master-Slave Flipflop aufgebaut werden. Als Beispiel soll hier die Schaltung für die Realisierung in CMOS-Technik angegeben werden (Bild 4.10).

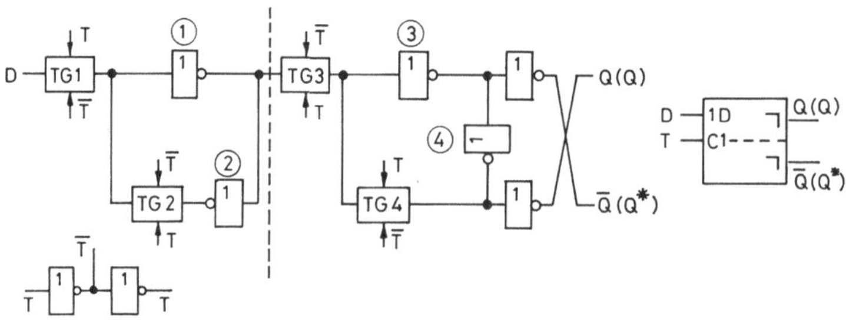

Bild 4.10
Logische Verknüpfung eines Master-Slave D-Flipflops
für eine Realisierung in CMOS-Technik

Während des „0"-Zustands des Taktes (T = OV, $\overline{T}$ = U$_{DD}$) sind die Transmission-Gates TG1 und TG4 leitend. In dieser Phase wird das Eingangssignal D über TG1 und den Inverter 1 an den Slave geführt. Gleichzeitig wird über die Schleife TG4, Inverter 3 und Inverter 4 die Information aus dem vorangegangenen Speicherzyklus gehalten. Beim Übergang des Taktes in den „1"-Zustand werden die Transmission-Gates TG1 und TG4 gesperrt und TG2 und TG3 schalten durch.

Die Schleife TG2, Inverter 1 und Inverter 2 hält die Information im Master-Flipflop und das Transmission-Gate TG3 schaltet die Information aus dem Master an den Ausgang durch. Der nächste „0"-Zustand des Taktes speichert schließlich die Information im Slave-Flipflop durch die geschaltete Schleife über TG4.

4.2.3.4 Master-Slave T-Flipflop Das T-Flipflop (toggle = kippen) wird nur durch den Takt gesteuert. Mit den Rückkopplungen:

$$S = \overline{Q}$$

$$R = Q$$

erhält man die Übertragungsfunktion für das T-Flipflop:

$$Q^{t+1} = \overline{Q^t}$$

Das T-Flipflop ist in Bild 4.11 dargestellt.

Das Flipflop wechselt nach dem Taktimpuls den Ausgangszustand und halbiert somit die Taktimpulsfolge (Bild 4.12).

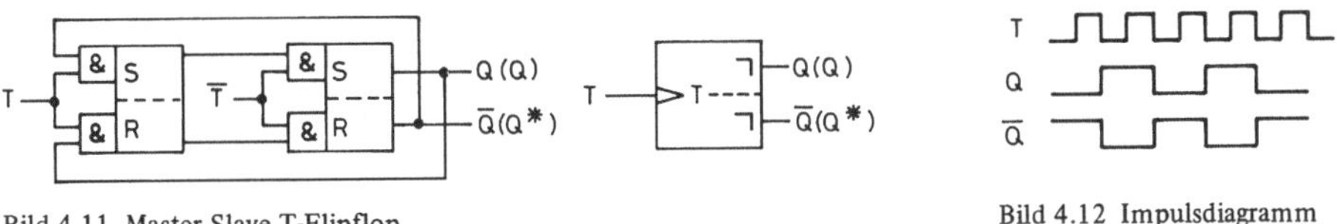

Bild 4.11 Master-Slave T-Flipflop

Bild 4.12 Impulsdiagramm
des T-Flipflops

Das T-Flipflop wird aufgrund seiner Eigenschaft als Impulshalbierer vorwiegend in Untersetzerschaltungen angewendet.

4.2.3.5 Master-Slave-Flipflop mit asynchronem Setz- und Rücksetzeingang Für Steuerzwecke ist es in vielen Anwendungsfällen sinnvoll, daß getaktete Flipflops auch asynchron gesetzt, beziehungsweise zurückgesetzt werden können. Am Beispiel eines Master-Slave D-Flipflops soll die Erweiterung der Schaltung mit asynchronem Setzeingang ($\overline{S}$) und Rücksetzeingang ($\overline{R}$) gezeigt werden (Bild 4.13).

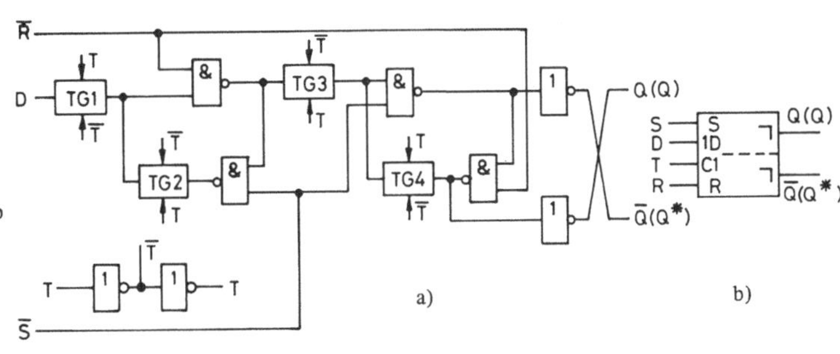

Bild 4.13
Master-Slave D-Flipflop
mit asynchronem Setz-
und Rücksetzeingang
a) Logische
   Verknüpfung
b) Schaltungssymbol

Das Master- und das Slave-Flipflop müssen gleichzeitig gesetzt beziehungsweise zurückgesetzt werden, damit der asynchron gesetzte Zustand mindestens für die Dauer einer halben Taktperiode gehalten wird. Der Setz- und Rücksetzeingang werden mit einer „0" aktiv.

4.3 Zähler

Die Zählerschaltungen bilden ein wesentliches Anwendungsgebiet der Flipflopschaltungen und stellen neben den Schieberegistern (s. Kap. 3.2.3.2) eine wichtige Gruppe von Standardschaltwerken dar.

Eine einfache Sonderform der Zähler sind die Untersetzer (Frequenzteiler).

Während bei den Zählern jeder Zustand eine Zählerstellung darstellt, wird bei den Untersetzern nur das vorgegebene Teilerverhältnis abgefragt. Sie sind deshalb einfacher im Aufbau.

Die gebräuchlichsten Zähler arbeiten im reinen Dualcode modulo 2^n oder im BCD-Code, bei dem sechs Zustände des Dualcodes übersprungen werden.

Bei den Betriebsarten der Zähler wird zwischen asynchronem und synchronem Betrieb unterschieden.

Im asynchronen Betrieb werden die Flipflops immer von dem in der Zählfolge vorangehenden Flipflop getaktet. Bei synchronem Betrieb werden alle Flipflops eines Zählers durch einen gemeinsamen Takt gleichzeitig getaktet.

4.3.1 Asynchrone Untersetzer

Ein asynchroner Untersetzer kann durch Kaskadierung von JK-Flipflops aufgebaut werden. In dieser Beschaltung ergeben n-Flipflopstufen ein Untersetzungsverhältnis von $2^n : 1$ (Bild 4.14).

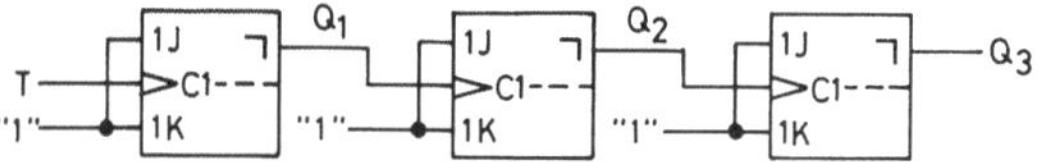

Bild 4.14
Asynchroner Binäruntersetzer

Mit der Beschaltung J = K = 1 wirken die JK-Flipflops als Untersetzer.

Der Q-Ausgang jedes Flipflops wird mit dem Takteingang des nachfolgenden Flipflops verbunden. Die Nachteile des asynchronen Betriebs werden durch das Impulsdiagramm in Bild 4.15 deutlich.

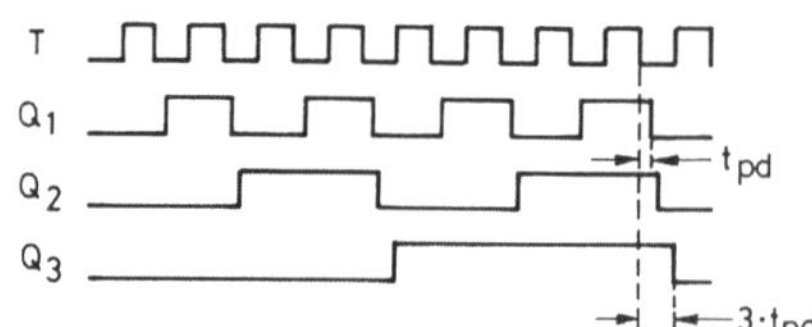

Bild 4.15
Impulsdiagramm des asynchronen Binäruntersetzers

Die Verzögerungszeiten t_{pd} addieren sich mit jeder zusätzlichen Untersetzerstufe.

Bei Untersetzern mit einem geringeren Teilerverhältnis als $2^n : 1$ müssen durch Rückführungen entsprechend dem gewählten Teilerverhältnis Zählerzustände unterdrückt werden.

Für das Untersetzungsverhältnis 3:1 erhält man unter Verwendung von JK-Flipflops z.B. die Schaltung in Bild 4.16.

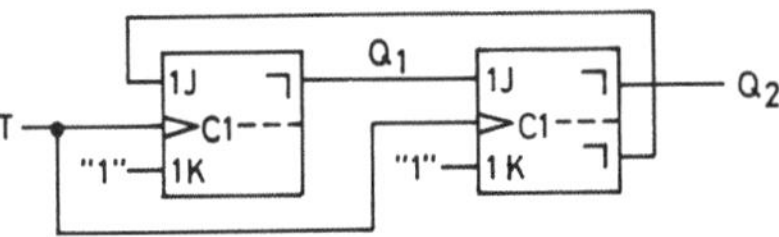

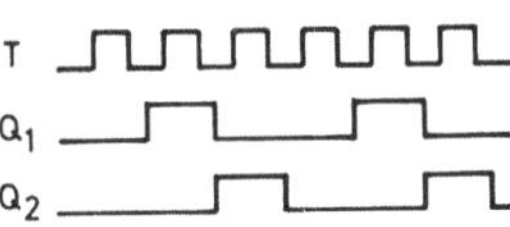

Bild 4.16 Asynchroner Binäruntersetzer für das Teilungsv Teilungsverhältnis 3:1

Bild 4.17 Impulsdiagramm des asynchronen Untersetzers für das Teilungsverhältnis 3:1

Zu Beginn werden die beiden Flipflops zurückgesetzt und das vordere Flipflop arbeitet mit $K = 1$ und $J = \overline{Q_2} = 1$ als Untersetzer. Nach der ersten negativen Flanke des Taktsignals wird $Q_1 = 1$ und das zweite Flipflop wechselt mit der nächsten negativen Flanke seinen Zustand. Das vordere Flipflop wird gleichzeitig wieder zurückgesetzt. Mit $Q_1 = 0$ wird schließlich nach der dritten negativen Taktflanke der Ursprungszustand erreicht. Das zugehörige Impulsdiagramm ist in Bild 4.17 dargestellt.

4.3.2 Synchrone Untersetzer

Bei synchronen Untersetzern werden alle Flipflops gleichzeitig von einem gemeinsamen Takt gesetzt, so daß sich als Verzögerungszeit für den gesamten Untersetzer nur die Laufzeit einer Stufe ergibt.

Die Takteingänge können nun nicht mehr zur Bestimmung des Teilerverhältnisses mitbenutzt werden, wodurch ein höherer Schaltungsaufwand gegenüber den asynchronen Untersetzern benötigt wird.

Einen einfachen synchronen Untersetzer erhält man, wenn der Ausgang eines Schieberegisters auf seinen Eingang zurückgeführt wird. Mit dieser Schaltung ist bei n Stufen ein Untersetzungsverhältnis von $n - 1$ möglich (Bild 4.18).

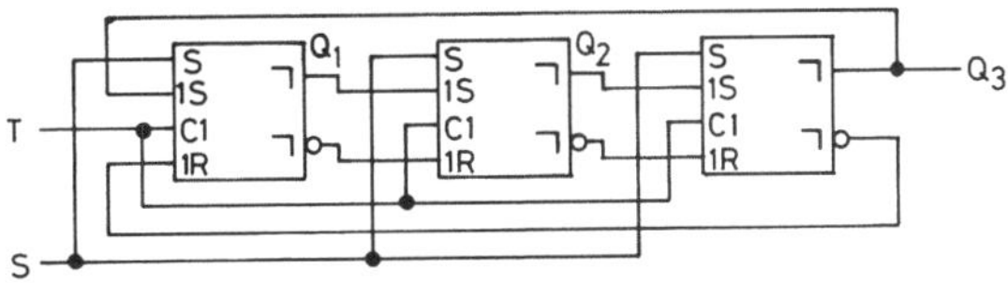

Bild 4.18
Synchroner Untersetzer

Zu Beginn wird über den Setzeingang S das erste Flipflop gesetzt ($Q_1 = 1$) und die beiden anderen Flipflops zurückgesetzt. Danach wird mit jedem Taktimpuls die „1" jeweils um eine Stufe verschoben. Werden die Ausgänge des Schieberegisters mit seinen Eingängen kreuzweise verbunden, dann erhöht sich bei gleichbleibendem Schaltungsaufwand das Untersetzungsverhältnis auf $2n - 1$. Das Eingangsflipflop wird dann ebenfalls zu Beginn zurückgesetzt.

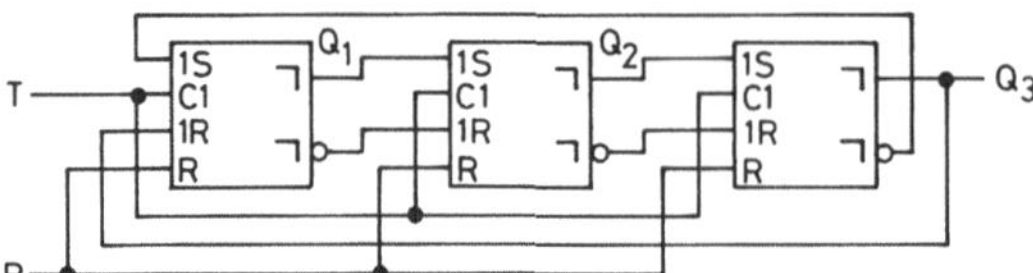

Bild 4.19
Synchroner Untersetzer für das Teilungsverhältnis 5:1

Diese Schaltung in Bild 4.19 wird auch als Johnson-Zähler bezeichnet.

4.3.3 Asynchrone Zähler

Asynchrone Zähler werden ähnlich wie asynchrone Untersetzer entworfen.
Bei den Zählern werden entsprechend dem verwendeten Zählcode Zustände übersprungen.
Für einen asynchronen Zähler, der nach dem BCD-Code arbeitet, gilt die Schaltung in Bild 4.20.

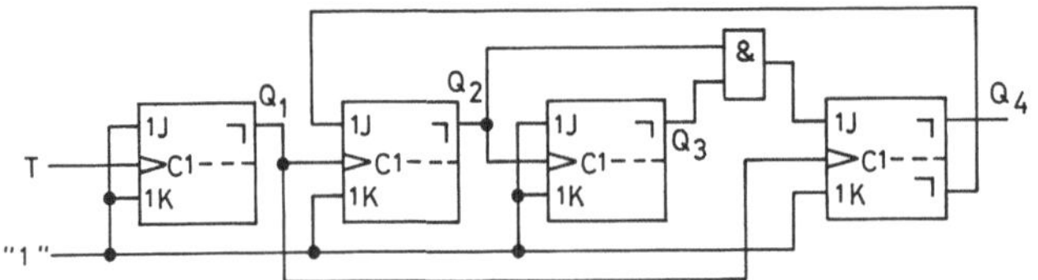

Bild 4.20
Asynchroner Zähler für den
BCD-Code

Im BCD-Code:

Zählerstand	Q_4	Q_3	Q_2	Q_1
0	0	0	0	0
1	0	0	0	1
2	0	0	1	0
3	0	0	1	1
4	0	1	0	0
5	0	1	0	1
6	0	1	1	0
7	0	1	1	1
8	1	0	0	0
9	1	0	0	1

Die asynchronen Zähler weisen den gleichen Nachteil wie die asynchronen Untersetzer auf.
Sie werden deshalb nur eingesetzt aus Gründen ihres geringen Aufwands und wenn es nicht
auf hohe Zählgeschwindigkeit ankommt.

4.3.4 Synchrone Zähler

Die Zählfrequenz synchroner Zähler ist unabhängig von der Zahl der Flipflops und sie sind
daher schneller als asynchrone Zähler. Als Nachteil muß ein erhöhter Schaltungsaufwand in
Kauf genommen werden.

Der Entwurf von synchronen Zählern erfolgt entsprechend den Regeln zum Entwurf synchroner Schaltwerke. Zähler lassen sich für beliebige Codes entwerfen, wobei z.B. Aspekte
wie Zählgeschwindigkeit oder Eignung für arithmetische Operationen berücksichtigt werden.

Die gebräuchlichsten Zähler arbeiten im reinen Dualcode oder im BCD-Code.

Als erstes Beispiel soll ein synchroner 4-Bit Vorwärtszähler im Dualcode behandelt werden (Bild 4.21).

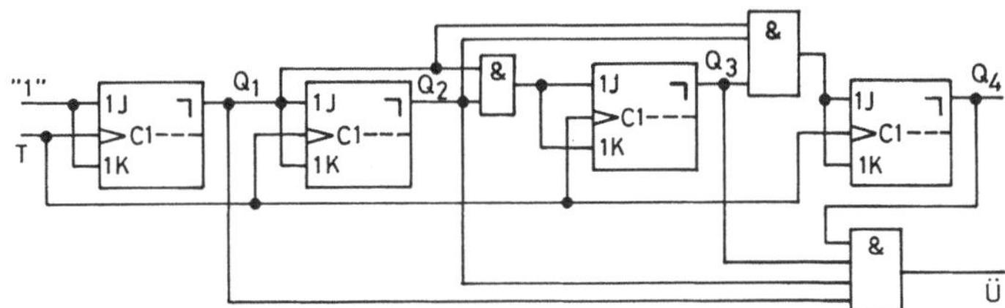

Bild 4.21
Synchroner dualer
4 Bit Vorwärtszähler

Die Schaltung ist mit JK-Flipflops realisiert. Der Entwurf des Zählers erfolgt aus der Übergangstabelle, wobei die Zustände entsprechend dem Dualcode durchlaufen werden. Diese Zählerschaltung ist in ähnlicher Form in den verschiedenen Schaltkreisfamilien als integrierter Standardbaustein erhältlich. Um eine Zählerschaltung mit mehr als vier Stufen realisieren zu können, ist ein Übertragsausgang Ü vorhanden. Das Übertragssignal wird dann auf den Takteingang des nächsten Zählerbausteins geführt, so daß die Kaskadierung asynchron erfolgt.

Das Impulsdiagramm des synchronen 4-Bit Vorwärtszählers ist in Bild 4.22 dargestellt. Die Verzögerungszeiten sind vernachlässigt.

Die beschriebene Vorwärtszählerschaltung kann in einen Rückwärtszähler abgeändert werden, wenn die Q-Ausgänge mit den $\bar{Q}$-Ausgängen vertauscht werden. (Bild 4.23).

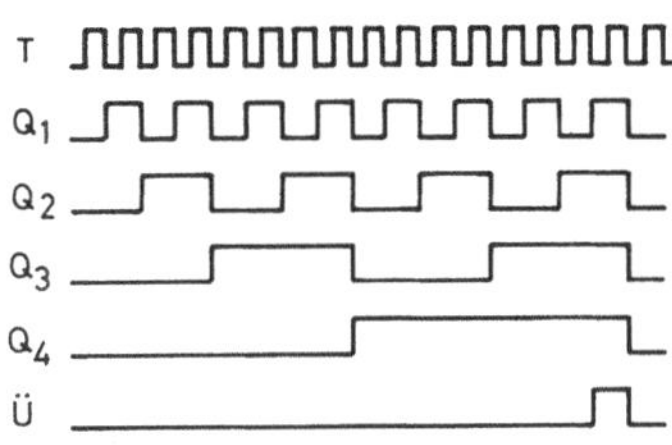

Bild 4.22 Impulsdiagramm des 4 Bit
Vorwärtszählers

In integrierten Zählerbausteinen wird meistens die Vorwärts- und Rückwärtszählung durch eine ODER-Schaltung kombiniert. Die Zählrichtung kann dann über einen zusätzlichen Steuereingang bestimmt werden.

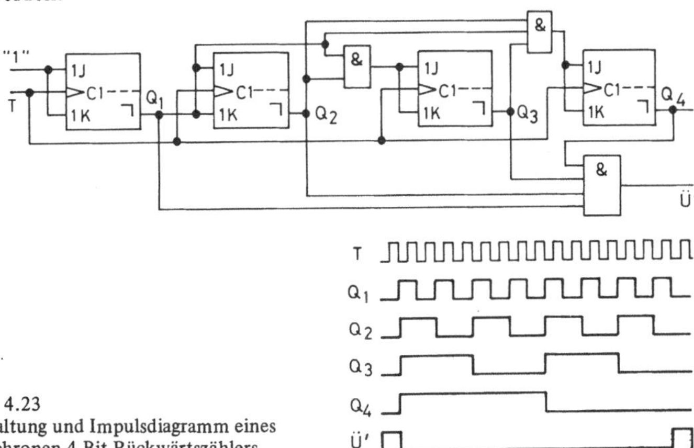

Bild 4.23
Schaltung und Impulsdiagramm eines
synchronen 4 Bit Rückwärtszählers

4.4 Zusammenfassung

In diesem Kapitel sind zunächst die wichtigsten Flipflopschaltungen und ihre Übertragungsfunktionen besprochen worden.

Während das getaktete D-Flipflop vorwiegend als Zwischenspeicher für Daten eingesetzt wird, findet das Master-Slave D-Flipflop hauptsächlich in Schieberegistern Anwendung.

Das JK-Flipflop wird als Zustandsspeicher im Schaltwerksentwurf eingesetzt.

Bei den Zählerschaltungen wird zwischen den asynchronen und synchronen Zählern unterschieden. Die asynchronen Zähler sind einfacher in ihrem Aufbau, weisen aber den Nachteil auf, daß sich die Verzögerungszeiten mit der Stufenzahl addieren. Dieser Nachteil wird bei den synchronen Zählern vermieden. Sie erfordern jedoch einen höheren Schaltungsaufwand.

Als Sonderform der Zähler wurden die Untersetzer behandelt. Bei ihnen wird nur ein bestimmtes Teilerverhältnis abgefragt und nicht jede Zählerstellung wie bei den Zählern. Deshalb ist der Schaltungsaufwand für Untersetzer gegenüber dem für Zähler geringer.

5 Arithmetisch-Logische Einheiten

Die Arithmetisch-Logischen Einheiten sind meistens Teil einer Datenverarbeitungsanlage
oder Systemkomponente. Sie werden häufig zusammenfassend, dem englischen Sprach-
gebrauch folgend, als ALU (arithmetic logical unit) bezeichnet (Bild 5.1).

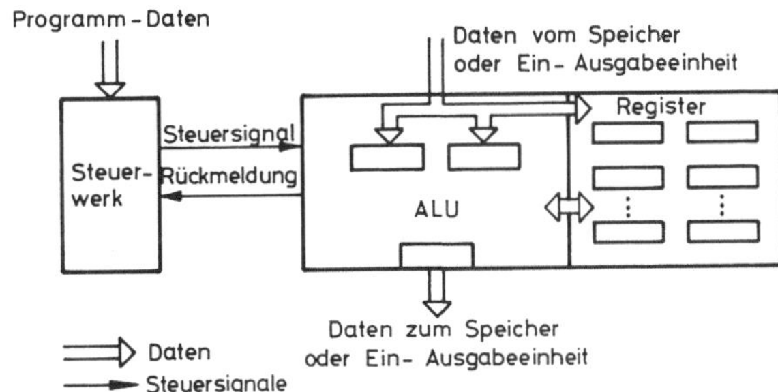

Bild 5.1
Blockschaltbild einer Arithmetisch-
Logischen Einheit mit zusätzlichem
Steuerwerk und Registern

Wir können uns eine Vorstellung von dieser Einheit machen, wenn wir uns selbst als eine
Datenverarbeitungsanlage betrachten. Was tun wir z.B. beim Bearbeiten einer Rechenauf-
gabe? Wir schauen uns die Aufgabe an und entwickeln dann eine Tätigkeitsfolge, nach der
wir vorgehen wollen. Wir notieren uns gegebene Zahlen auf ein Papier (abspeichern), nehmen
dann einen Taschenrechner oder Rechenschieber und verarbeiten die Zahlen in der von uns
vorgeplanten Tätigkeitsfolge (Programm).

Der Taschenrechner bzw. Rechenschieber übernimmt hierbei die gleiche Aufgabe wie die
ALU in einem Computer. Sie ist der Teil eines Rechners in den die Datenworte aus dem Arbeitsspeicher (oder Ein-Ausgabeeinheit) eines Rechners eingegeben, verändert oder verglichen werden. Häufig wird sie deshalb in der Literatur auch Rechenwerk oder Operationswerk genannt.

Die ALU führt rechnerische Verknüpfungsoperationen zwischen zwei Operanden aus. Obwohl Rechenanlagen mit einer großen Befehlsmenge, die alle wichtigen mathematischen
Operationen und Funktionen einschließen, ausgestattet sind, leistet die ALU einer Anlage
im Prinzip nicht mehr als jedes gewöhnliche Vierspezies-Rechenwerk. Die ALU ist also nur
in der Lage, die vier Grundrechenarten, Addieren, Subtrahieren, Multiplizieren und Divi-
dieren zwischen jeweils zwei Operanden abzuwickeln.

Rechenoperationen höherer Ordnung werden mit Rechenprogrammen, die mit den vier
Grundrechnungsarten durch Reihenbildung und Iterationsverfahren alle gewünschten Operationen erzeugen, bereitgestellt. Da die Multiplikation und Division bereits Rechenarten zwei-
ter Ordnung sind, welche sich auf wiederholte Addition bzw. Subtraktion zurückführen lassen, haben kleinere Rechenautomaten lediglich ein Addier- und Subtrahierwerk. Aber auch
das Subtrahierwerk läßt sich — wie noch gezeigt wird — umgehen, so daß die einfachsten
Maschinen nur ein Addierwerk benötigen.

Zu jedem Rechenwerk gehören mindestens zwei Speicherzellen bzw. Register, in denen die Operanden eingegeben werden.

Neben den arithmetischen Operationen muß ein Rechenwerk auch noch organisatorische Operationen ausführen können. Die wichtigsten organisatorischen Operationen sind Verschiebungen von Registerinhalten und Vergleiche von Registerinhalten (Operanden, Rechenvariablen, Konstanten). Die Verschiebung (Shift) hat beim Rechnen mit Gleitkommazahlen eine wichtige Funktion. Ebenso bei der Multiplikation und Division, denn eine Verschiebung um eine Bitstelle nach links entspricht einer Multiplikation mit „2", eine Rechtsverschiebung um eine Bitstelle einer Division durch „2".

Wenn in einem Rechnerprogramm ein bedingter Sprungbefehl vorkommt, so wird die Bedingung, welche den Programmsprung ermöglicht, durch eine Abfrage geprüft. Es wird abgefragt, ob eine Rechenvariable einen vorgegebenen Wert angenommen hat. Hierbei wird eine Variable mit einem Wert verglichen. Dazu werden Vergleichsoperationen benötigt. Sie sind von der Form: „Größer, Größer-Gleich, Gleich, Kleiner-Gleich, Kleiner".

In jeder Programmiersprache gibt es Befehle mit denen einfache, logische Operationen ausgeführt werden können. Diese Booleschen Operationen sind Verknüpfungen von einzelnen Bitstellen eines oder zweier Operanden. Es sind die Operationen:

1. Negation (B − 1 Komplement) $(\bar{x})$
2. konjunktive Verknüpfung (UND) $(\wedge)$
3. disjunktive Verknüpfung (ODER) $(\vee)$
4. äquivalente Verknüpfung (Valenz) $(\leftrightarrow)$
5. antivalente Verknüpfung (Exclusiv ODER) $(\nleftrightarrow)$

Ähnlich wie bei den arithmetischen Operationen die Addition, sind hier die Negation, Konjunktion und Disjunktion Grundoperationen, aus denen andere Operationen abgeleitet werden können. Die antivalente Verknüpfung wird bei der Additionsschaltung verwendet und ist in vielen Rechenanlagen als gesonderter Befehl vorhanden, da diese Operation keinen Mehraufwand in der ALU erfordert.

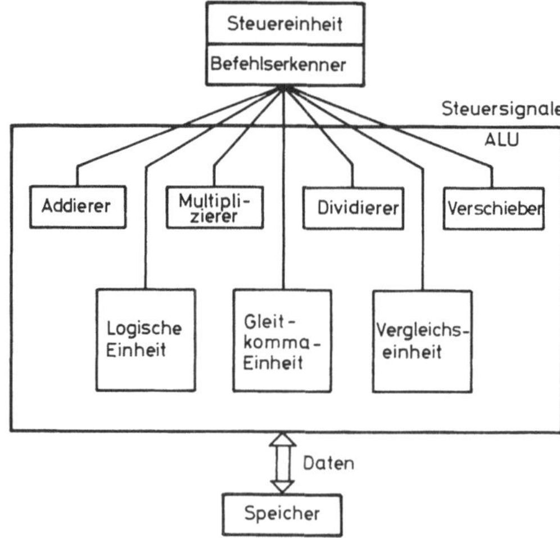

Bild 5.2
Die Arithmetisch-Logische Einheit (ALU) einer Rechenanlage

In den folgenden Abschnitten werden die einzelnen Einheiten der ALU als Schaltnetz oder Schaltwerk entwickelt.

Mit einer Funktionstabelle, welche die Eingangs- und Ausgangsvariablen der gewünschten Verknüpfungseinheit darstellt, und den Grundverknüpfungen der Schaltalgebra werden die Funktionsgleichungen der Schaltnetze erstellt. Auch werden Schaltwerke entworfen, meist jedoch dienen die Speicher dieser Schaltwerke zur Zwischenspeicherung von Rechenwerten und nicht wie bei den Steuerwerken zur Speicherung von logischen Zuständen. Deshalb wird diese Form des Schaltwerks auch Operationswerk genannt.

5.1 Addition und Subtraktion von Dualzahlen

Bei der Addition von Dualzahlen werden die Binärziffern ähnlich wie die Dezimalziffern addiert. Das Grundelement für die Addition von zwei Binärziffern ist der Halbaddierer. Die Rechenoperation der Subtraktion kann auch als eine Addition mit einer negativen Zahl (bzw. des negierten Subtrahenden) verstanden werden.

Diese Methode wird besonders für die Subtraktion von Dualzahlen verwendet. Gebräuchliche Darstellungen für negative Dualzahlen sind die vorzeichenbehaftete Binärzahl, das Einskomplement (B − 1-Komplement) und das Zweikomplement (B-Komplement) einer Zahl.

Das Zweikomplement (B-Komplement) ist die am häufigsten verwendete Notierung für Festkommazahlen in Rechnern. Das Zweikomplement gibt für jede Zahl, ob positiv oder negativ, nur eine einzige Binärkombination an. Deshalb ist die Abbildung zwischen Zahlenwert und 2-Komplementnotation bijektiv. Die Zweikomplementzahlen werden bei der Addition und Subtraktion gleich behandelt, egal welches Vorzeichen (Vorzeichenbit) sie haben. Deshalb können diese arithmetischen Operationen als verzweigungsfreie Programme implementiert werden, wodurch eine größere Berechnungsgeschwindigkeit als bei anderen Darstellungsarten erreicht werden kann.

5.1.1 Halb- und Volladdierer

Es gelten die Additionsregeln der Arithmetik

$$x + y = z, \ddot{u}$$

$$
\begin{array}{ll}
0 + 0 = 0,\ 0 & \\
1 + 0 = 1,\ 0 & z \ldots \text{Summe} \\
0 + 1 = 1,\ 0 & \ddot{u} \ldots \text{Übertrag} \\
1 + 1 = 0,\ 1 &
\end{array}
$$

Die digitale Schaltung, die diese Regeln ausführt, ist ein Schaltnetz, welches für die Eingangsvariablen x und y die Ausgangsvariablen z und ü erzeugt, also die Logikfunktionen:

$$z = f_z(x, y)$$

und $\ddot{u} = f_{\ddot{u}}(x, y)$ realisiert.

Mit der Funktionstabelle

x	y	z	ü
0	0	0	0
0	1	1	0
1	0	1	0
1	1	0	1

kann die Logikfunktion gefunden werden.

Die Logikfunktion für z muß überall dort den Wert 1 ergeben, wo:

> x gleich boolesch 0 und y gleich boolesch 1

oder

> x gleich boolesch 1 und y gleich boolesch 0

ist, also:

$$z = (\overline{x} \wedge y) \vee (x \wedge \overline{y}) = (x \leftrightarrow y)$$

Für ü gilt:

$$ü = x \wedge y$$

Die beiden Schaltnetze (Bild 5.3) sind für ü und z einzeln nicht weiter zu vereinfachen. Sie können jedoch durch Kombination beider Schaltnetze vereinfacht werden.

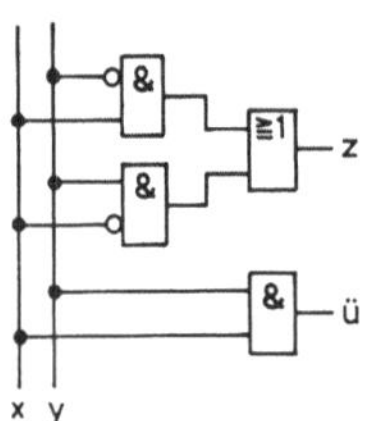

Bild 5.3 Ein Halb-
           addierer

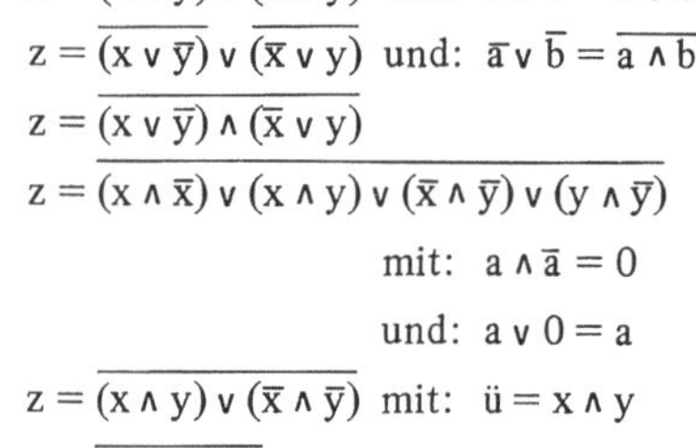

$$z = (\overline{x} \wedge y) \vee (x \wedge \overline{y}) \quad \text{mit:} \quad \overline{a} \wedge \overline{b} = \overline{a \vee b}$$

$$z = \overline{(x \vee \overline{y})} \vee \overline{(\overline{x} \vee y)} \quad \text{und:} \quad \overline{a} \vee \overline{b} = \overline{a \wedge b}$$

$$z = \overline{(x \vee \overline{y}) \wedge (\overline{x} \vee y)}$$

$$z = \overline{(x \wedge \overline{x}) \vee (x \wedge y) \vee (\overline{x} \wedge \overline{y}) \vee (y \wedge \overline{y})}$$

$$\text{mit:} \quad a \wedge \overline{a} = 0$$

$$\text{und:} \quad a \vee 0 = a$$

$$z = \overline{(x \wedge y) \vee (\overline{x} \wedge \overline{y})} \quad \text{mit:} \quad ü = x \wedge y$$

$$z = \overline{ü \vee (\overline{x} \wedge \overline{y})}$$

$$z = \overline{ü} \wedge \overline{(\overline{x} \wedge \overline{y})} = \overline{ü} \wedge (x \vee y)$$

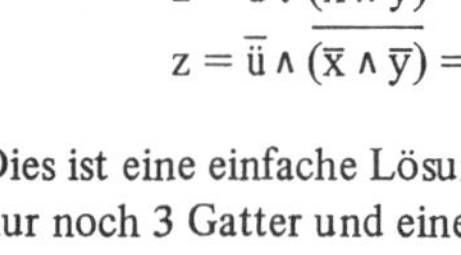

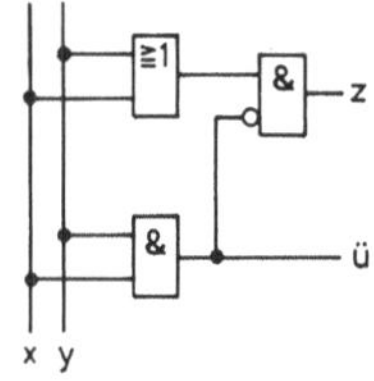

Bild 5.4 Ein verein-
           fachter
           Halbaddierer

Dies ist eine einfache Lösungsvariante für den Halbaddierer; es werden nur noch 3 Gatter und eine Negation benötigt (Bild 5.4).

Mit dem Halbaddierer können nur zwei Bit addiert werden.

Für eine Addition mehrstelliger Zahlen dagegen muß außer den Eingangsvariablen x und y auch ein Eingang für den Übertrag (carry) der vorhergehenden Stelle vorhanden sein. Diese Forderung erfüllt der Volladdierer. Der Volladdierer ist also schon ab der zweitniedrigsten Bitstelle bei einer Addition notwendig.

$$z = f_z (x, y, ü)$$

$$ü' = f_ü (x, y, ü)$$

ü' stellt den Übertrag zur Weitergabe an den nachfolgenden Addierer dar.

Die Funktionstabelle des Volladdierers lautet:

Eingangswerte			Ausgangswerte	
ü	x	y	z	ü'
0	0	0	0	0
0	0	1	1	0
0	1	0	1	0
0	1	1	0	1
1	0	0	1	0
1	0	1	0	1
1	1	0	0	1
1	1	1	1	1

Die Logikfunktion für z wird durch Betrachtung der Zeilen, in denen z = 1 ist, gefunden.
Dort werden die Eingangswerte je nach ihrem Zustand konjugiert und mit den sich aus jeder
Zeile ergebenden Konjunktionen disjunktiv verknüpft.

$$z = (\bar{ü} \wedge \bar{x} \wedge y) \vee (\bar{ü} \wedge x \wedge \bar{y}) \vee (ü \wedge \bar{x} \wedge \bar{y}) \vee (ü \wedge x \wedge y) = (ü \leftrightarrow x \leftrightarrow y)$$

ebenso für

$$ü' = (\bar{ü} \wedge x \wedge y) \vee (ü \wedge \bar{x} \wedge y) \vee (ü \wedge x \wedge \bar{y}) \vee (ü \wedge x \wedge y)$$

Die Funktion für ü' kann weiter vereinfacht werden:

$$ü' = (x \wedge ü) \vee (y \wedge x) \vee (y \wedge ü)$$

Der Volladdierer ist in Bild 5.5 dargestellt.

Eine weitere Einsparung an Logikgattern ist möglich, indem beide Schaltnetze kombiniert
werden (Bild 5.6). Wir erhalten für die Summe:

$$z = [\overline{ü'} \wedge (x \vee y \vee ü)] \vee (x \wedge y \wedge ü)$$

Die Funktion des Übertrages bleibt erhalten.

$$ü' = (x \wedge y) \vee (x \wedge ü) \vee (y \wedge ü)$$

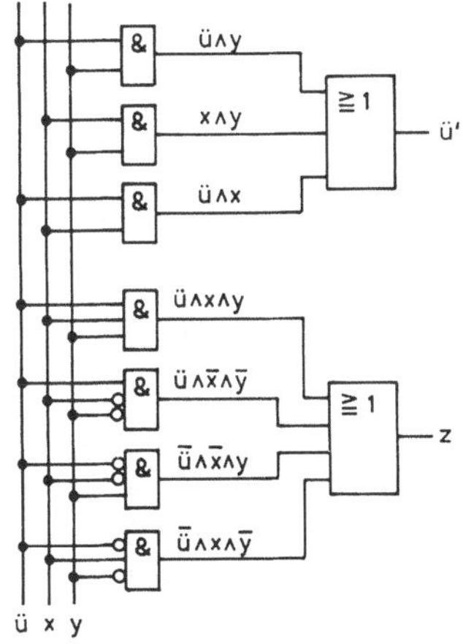

Bild 5.5 Ein Volladdierer in disjunktiver
Normalform

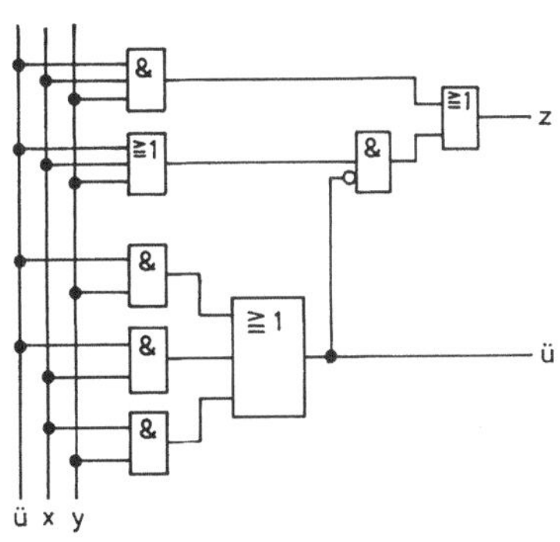

Bild 5.6 Ein vereinfachter Volladdierer

Eine weitere Möglichkeit einen Volladdierer aufzubauen, bietet die Verknüpfung zweier
Halbaddierer (Bild 5.7).

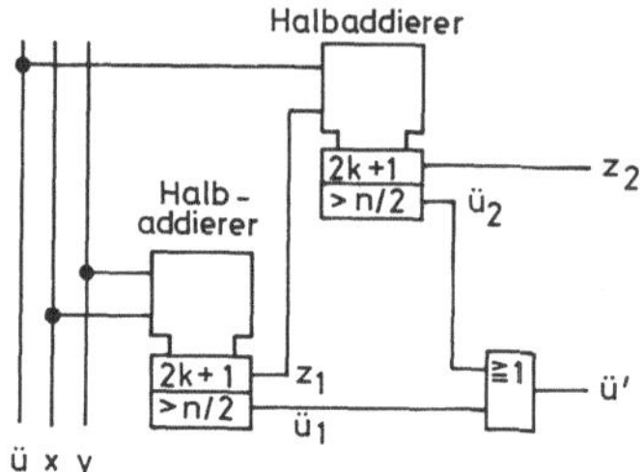

Bild 5.7
Ein Volladdierer aus zwei Halbaddierern

5.1.2 Serien- und Paralleladdierer

Die Addition mehrstelliger Dualzahlen kann sowohl bitseriell als auch bitparallel erfolgen.
Die bitserielle Addition zweier Dualzahlen wird durch eine schrittweise Addition der Sum-
mandenbits ausgeführt. Für diese Aufgabe müssen neben einem Volladdiererschaltnetz noch
ein Schieberegister zum Zwischenspeichern der Summanden, des Übertrags und der Ergebniszahl
vorgesehen werden. Bei dem Paralleladdierer in Bild 5.11 ist für die Verknüpfung jedes Summan-
denbits, bzw. Ergebnisbits gesondert ein Volladdierer bereitgestellt. Dieser Addierer ist, da er
nur aus miteinander verketteten Volladdierern besteht, ein Schaltnetz.

Der Serienaddierer in Bild 5.8 hingegen kann eine mehrstellige Dualzahl nur dann addieren, wenn
Speicherregister zur Aufbewahrung der schrittweise addierten Rechendaten bereitstehen. Der
Serienaddierer ist demzufolge ein Schaltwerk, da er aus einem Schaltnetz und aus einem oder meh-
reren Speicherelementen besteht.

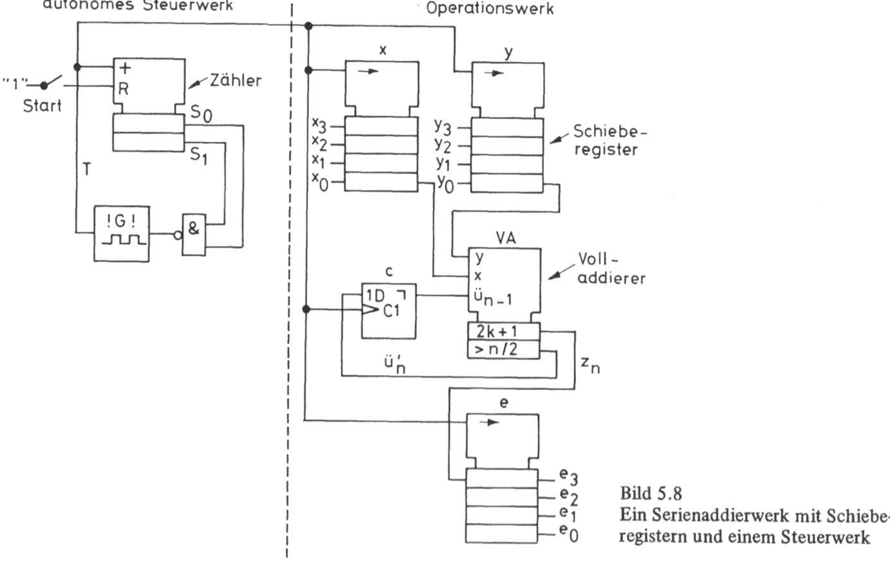

Bild 5.8
Ein Serienaddierwerk mit Schieberegistern und einem Steuerwerk

5.1.2.1 Serienaddierer Das Serienaddierwerk in Bild 5.8 besteht aus einem Volladdierer (VA) und drei Schieberegistern x, y und e zur Aufnahme der Summanden- und Ergebniszahlen. Ein Übertragsspeicher c sorgt für die Zwischenspeicherung des Übertragsbits ü während der schrittweisen Addition.

Zu Beginn einer Addition werden die beiden Summanden in die Schieberegister x und y eingeschrieben. Das Ergebnisregister e ist gelöscht. Der Volladdierer addiert die in Speicherzelle x_0, y_0 und c stehenden Werte und führt die Summe der Speicherzelle e_3 zu. Ebenso wird der Folgeübertrag $ü'_n$ an den Eingang der Speicherzelle c gelegt.

Werden nun alle Register mit einem Steuertakt versorgt, so wird die vom Volladdierer ausgegebene Information übernommen und gleichzeitig der Inhalt aller Schieberegister um eine Bitposition nach rechts verschoben.

Die LSB-Stelle der beiden Summandenregister geht nun verloren, gleichzeitig wird jedoch die Summe dieser Bitstelle am Ergebnisspeicher e und der Übertrag in Speicher c übernommen. Dieser Schritt wird noch dreimal wiederholt, dann gibt das Steuerwerk ein Stop-Signal aus und beendet somit den Additionsvorgang. Das hierfür notwendige Steuerwerk besteht aus einem Zähler (S_0, S_1-Flipflopspeicher) sowie einem UND-Schaltnetz zur Erzeugung des Stopsignals ($St = \overline{S}_1 \wedge \overline{S}_0$). Wird die Start-Taste gedrückt, gibt der Taktgenerator gleichmäßige Impulsfolgen aus. Diese Impulse lassen die Zählerflipflops S_0, S_1 nacheinander die Zustände 01, 10, 11, 00 durchlaufen. Der Zustand 00 erzeugt ein Stopsignal am Ausgang des UND-Schaltnetzes, welches den Taktgenerator anhält.
Hier zeigt sich, daß auch das Steuerwerk als Schaltwerk bezeichnet bezeichnet werden kann.

Um Undeutlichkeiten auszuschließen, wird der Begriff Schaltwerk in zwei Unterbegriffe, Steuerwerk und Operationswerk aufgespalten, da beide unterschiedliche Aufgaben wahrnehmen. Alle komplexen Digitalschaltungen (z.B. Prozessoren) können durch diese allgemeine Unterscheidung nach ihrer Funktion unterteilt werden.

Das Steuerwerk ist ein aktivierendes Schaltwerk, das nach einem vorgegebenen Steueralgorithmus Aktivierungssignale an ein Operationswerk sendet. Ebenso empfängt es Quittungs-

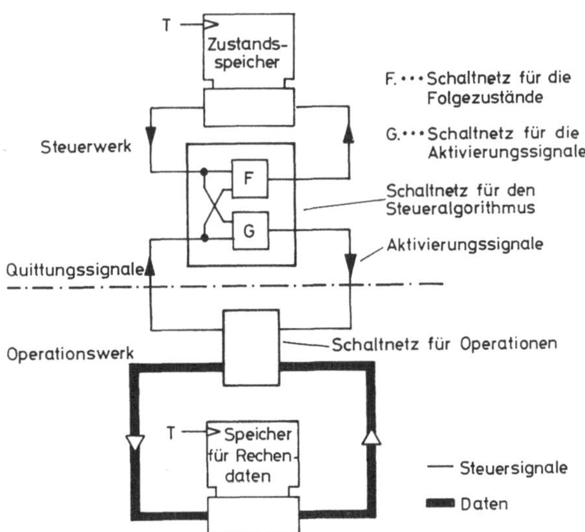

Bild 5.9
Digitales System aus Steuerwerk und
Operationswerk

signale von dem Operationswerk, die von dem Steuerwerk zur Entscheidung für den weiteren Ablauf des Steueralgorithmus ausgewertet werden.

Das Operationswerk ist ein gesteuertes Schaltwerk, das die von einem Steuerwerk ausgegebenen Aktivierungssignale empfängt und diese zur Auslösung einer bestimmten Operation auswertet. Ebenso sendet es Quittungssignale an das Steuerwerk, die anzeigen, ob und wie die ausgelöste Operation ausgeführt wurde.

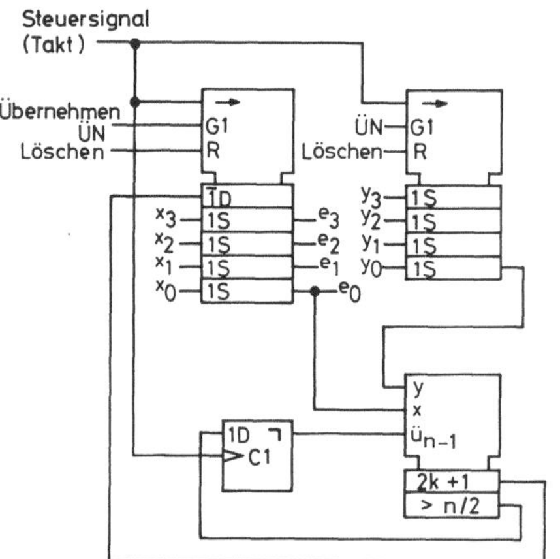

Bild 5.10 Ein Serienaddierwerk mit einem Summandenregister als Ergebnisregister

5.1.2.2 Serienaddierer mit Akkumulatorregister

Das in Bild 5.8 gezeigte Serienaddierwerk kann auch ohne das Ergebnisregister e arbeiten, wenn der Summenausgang z_n des Volladdierers an den MSB-Eingang des x-Schieberegisters zurückgeführt wird (Bild 5.10).

Das Einlesen der Summanden kann durch Aktivierung des Übernahmesignals ÜN erfolgen. Das x-Register wird, wenn es als Summanden- und als Ergebnisregister genutzt wird, auch A k k u m u l a t o r - R e g i s t e r genannt.

Die Additionszeit des Serienaddierers ist das Produkt aus Taktimpulsperiodendauer und Bitzahl des Addierers.

5.1.2.3 Paralleladdierer Im Gegensatz zum Serienaddierer verknüpft der Paralleladdierer mehrstellige Summanden in einem Rechenschritt, ohne Zwischenschritte und Zwischenspeicherung (Bild 5.11).

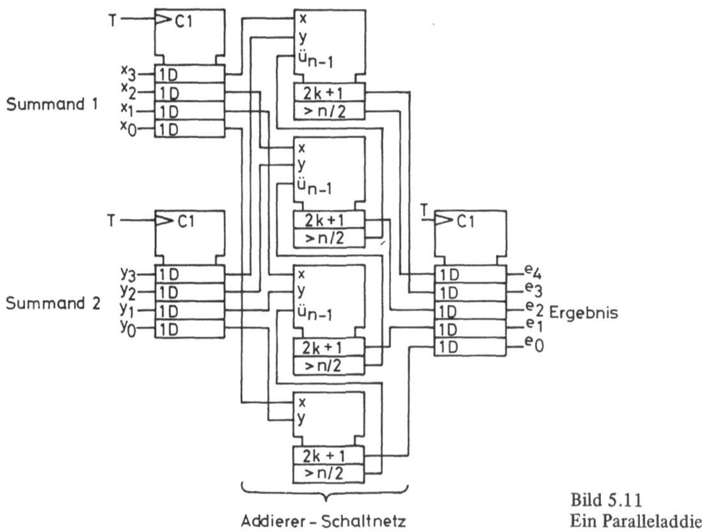

Bild 5.11
Ein Paralleladdierer

Die beiden Summandenregister werden parallel mit einem einzigen Taktimpuls geladen. Das Ergebnisregister e ist vorerst leer.

An den Ausgängen der Summandenregister liegen zu diesem Zeitpunkt die Werte der beiden Summanden an. Damit liegen diese Werte auch an den Eingängen des Addierschaltnetzes. Nach einer Verzögerung, bedingt durch die Laufzeiten der Datenimpulse in den Volladdierern, liegt an den Ausgängen der Addierer der Summenwert an. Mit einem weiteren Takt kann nun

1. die Summe ins Ergebnisregister übernommen werden
2. ein neues Summandenpaar in die Register x und y eingelesen werden.

Auch beim Paralleladdierer kann das x-Register zur Abspeicherung des Summanden und des Ergebnisses dienen, also die Doppelfunktion des Akkumulatorregisters erfüllen.

Zu beachten ist, daß in dieser Form des Paralleladdierers die Volladdierer mit ihren Übertragsleitungen hintereinander geschaltet sind.

Die Additionsdauer des Addierschaltnetzes wird also durch die Übertragsbitlaufzeit, die sich aus der längsten Kette hintereinandergeschalteter Bauelemente ergibt, bestimmt.

Wenn mit dieser Form des Paralleladdierers ein sicheres Ergebnis erreicht werden soll, muß die vorgegebene Additionszeit größer sein, als die längste Signallaufzeit des Übertrags. Diese wird hauptsächlich durch die Volladdierzahl n bestimmt.

Mit einem Addierer, der die Hintereinanderschaltung der Überträge vermeidet, könnte die Geschwindigkeit des Paralleladdierers weiter erhöht werden.

5.1.2.4 Volladdierer mit Übertrags-Vorausberechnung (carry look ahead)
Betrachten wir einen Paralleladdierer zur Addition von zwei 2 Bit-Zahlen (Bild 5.12).

Für den Halbaddierer gilt

$$z_0 = x_0 \oplus y_0$$

$$ü_1 = x_0 \wedge y_0$$

Für den Volladdierer gilt

$$z_1 = x_1 \oplus y_1 \oplus ü_1$$

$$ü_2 = (x_1 \wedge y_1) \vee (x_1 \wedge ü_1) \vee (y_1 \wedge ü_1) = (x_1 \wedge y_1) \vee [(x_1 \vee y_1) \wedge ü_1]$$

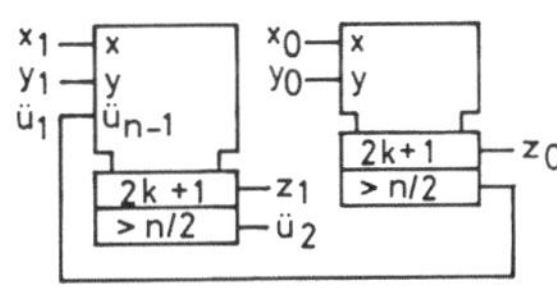

Bild 5.12 2 Bit Addierer

Damit der Volladdierer zur Berechnung von $ü_2$ nicht auf den Übertrag $ü_1$ des Halbaddierers warten muß, wird ihm nicht $ü_1$ sondern x_0 und y_0 zugeführt, damit er selbst den Übertrag $ü_2$ berechnen kann.

$$ü_2 = (x_1 \wedge y_1) \vee [(x_1 \vee y_1) \wedge ü_1] \text{ mit } ü_1 = x_0 \wedge y_0$$

$$ü_2 = (x_1 \wedge y_1) \vee [(x_1 \vee y_1) \wedge (x_0 \wedge y_0)]$$

$$ü_2 = (x_1 \wedge y_1) \vee (x_1 \wedge x_0 \wedge y_0) \vee (y_1 \wedge x_0 \wedge y_0)$$

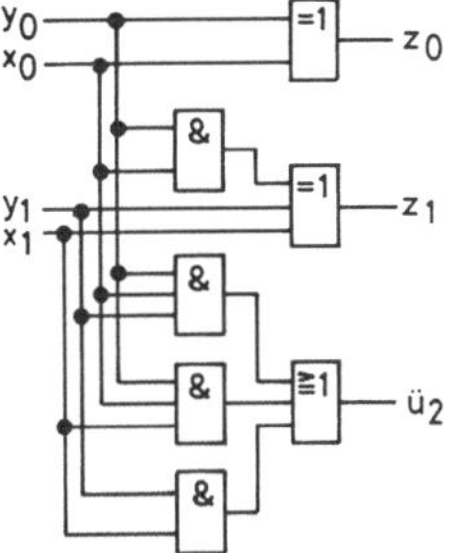

Bild 5.13 Ein 2 Bit Addierer mit Übertragsvorausberechnung

Der Übertrag $ü_2$ wird schneller erzeugt als bei den hintereinandergeschalteten Addierern (Bild 5.13). Dieses Übertragsvorausberechnungsverfahren kann analog für jede Wortgröße weitergeführt werden. Eine Verringerung der Signallaufzeit des Übertrages muß jedoch leider mit einer Erhöhung des Aufwandes an Bauelementen bezahlt werden. Außerdem werden die vielen Leitungen zu den weiteren Stufen sehr aufwendig. Ein Paralleladdierer nach diesem Verfahren wird daher nur mit hochintegrierten Bausteinen sinnvoll realisierbar sein.

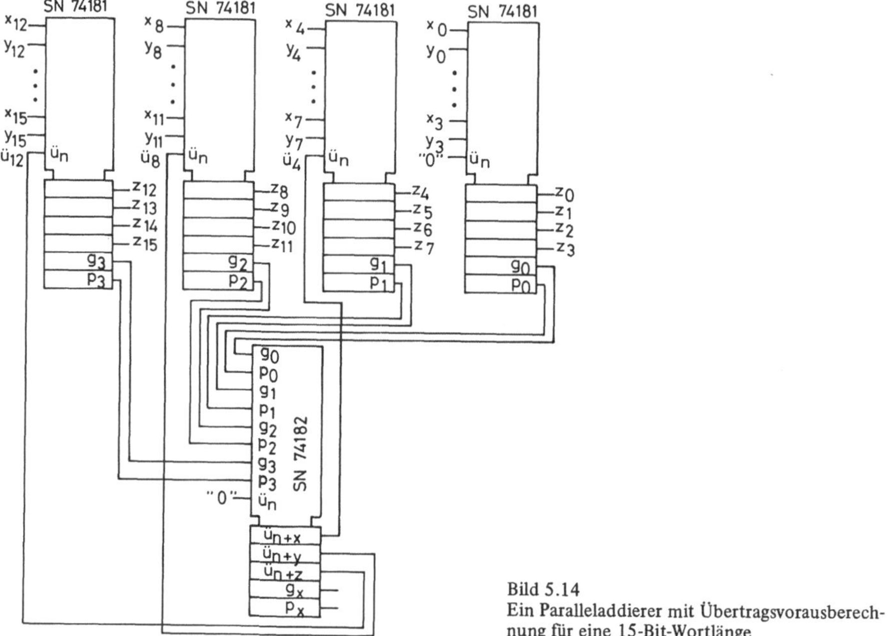

Bild 5.14
Ein Paralleladdierer mit Übertragsvorausberechnung für eine 15-Bit-Wortlänge

Es sind daher integrierte Bausteine erhältlich, die nach diesem Prinzip arbeiten. Der Baustein SN 74181 (TTL-Technik) addiert jeweils zwei 4-Bit-Summanden und ist durch Aneinanderreihen von Bausteinen des gleichen Typs zu größeren Wortlängen erweiterbar. Es ist dafür gesorgt, daß die Summandeneingänge nicht durchverbunden werden müssen. Mit dem Übertragsvorausschaubaustein (SN 74182) wird für jeden Baustein ein Übertrag gesondert berechnet. Die Realisierung eines Paralleladdierers mit diesen Bausteinen ist in Bild 5.14 dargestellt.

Der Übertragsvorausberechnungsbaustein benötigt von jedem 4-Bit-Addierbaustein eine Information, die durch die Logikfunktionen g_n und p_n berechnet wird. Es werden die Abkürzungen

$$x_n \wedge y_n = a_n$$

$$x_n \vee y_n = b_n$$

und $$a_{n-1} \vee (b_{n-1} \wedge ü_{n-1}) = ü_n$$

eingeführt.

Dann ist $g_0 = a_3 \vee (b_3 \wedge ü_3)$

$$g_0 = a_3 \vee \{b_3 \wedge a_2 \vee [b_2 \wedge (a_1 \vee (b_1 \wedge a_0))]\}$$

$$g_0 = a_3 \vee (b_3 \wedge a_2) \vee (b_3 \wedge b_2 \wedge a_1) \vee (b_3 \wedge b_2 \wedge b_1 \wedge a_0)$$

Die Logikfunktion g_0 (wie auch die weiteren Funktionen g_1, g_2 ... g_n) entspricht der Übertragsfunktion $\ddot{u}_4$, wenn der Übertrag $\ddot{u}_0$ boolesch 0 gesetzt wird.

Die Logikfunktion p_0 (wie auch die weiteren Funktionen p_1, p_2 ... p_n) gibt Auskunft, ob in einem 4-Bit-Addierbaustein der Übertrag $\ddot{u}_4$, der dem Baustein an seiner rechten Seite eingegeben, am anderen Ende als Übertrag weitergegeben werden muß.

$$p_0 = b_3 \wedge b_2 \wedge b_1 \wedge b_0$$

Der Übertragsvorausberechnungsbaustein erzeugt die Logikfunktionen

$$\ddot{u}_{n+x} = g_0 \vee (p_0 \wedge \ddot{u}_0)$$

$$\ddot{u}_{n+y} = g_1 \vee (p_1 \wedge g_0) \vee (p_1 \wedge p_0 \wedge \ddot{u}_0)$$

$$\ddot{u}_{n+z} = g_2 \vee (p_2 \wedge g_1) \vee (p_2 \wedge p_1 \wedge g_0) \vee (p_2 \wedge p_1 \wedge p_0 \wedge \ddot{u}_0)$$

Diese Logikfunktionen zeigen, daß der Übertrag $\ddot{u}_n$ für einen Baustein sich aus dem eigenen Gesamtübertrag g_n oder dem vorherigen an niedriger Bit-Position angeordneten möglichen, weiterzugebenden (falls $p_n = 1$) Überträgen $\ddot{u}_n$ zusammensetzt.

Die Logikfunktionen g_x und p_x dienen zur Erweiterung des Paralleladdierers auf noch größere Wortlängen als dargestellt.

$$g_x = g_3 \vee (p_3 \wedge g_2) \vee (p_3 \wedge p_2 \wedge g_1) \vee (p_3 \wedge p_2 \wedge p_1 \wedge g_0)$$

$$p_x = p_3 \wedge p_2 \wedge p_1 \wedge p_0$$

5.1.3 Subtrahierer

Das gebräuchlichste Verfahren der Subtraktion von Dualzahlen besteht in der Komplementbildung der Dualzahlen und einer anschließenden Addition. Die Zweikomplementbildung, die auch als B-Komplementbildung bezeichnet wird, stellt eine einfache Operation dar.

Es sei $x(n)$ eine Dualzahl mit Vorzeichenbit und $x'(n)$ ihr Zweikomplement, dann gilt folgende Beziehung

$$x'(n) = 2^n - x(n)$$

und $\qquad x(n) = \bar{x}(n) = 2^n - 1$

wobei $\bar{x}(n)$ die Dualzahl darstellt, deren Bits gegenüber $x(n)$ alle invertiert sind.

Daraus folgt

$$x'(n) = \bar{x}(n) + 1$$

Wir erhalten also das Zweikomplement indem wir eine Dualzahl bitweise invertieren und mit „1" aufsummieren.

Beispiel 1. Schritt: Invertieren der Bits

$$0.1011$$
$$\downarrow \ \downarrow\downarrow\downarrow\downarrow$$
$$1.0100$$

2. Schritt: Addition von 1 an der LSB-Stelle

$$
\begin{array}{r}
1.0100 \\
+ \qquad 1 \\
\hline
1.0101
\end{array}
$$

Die Darstellung im Zweikomplement ist nur dann sinnvoll, wenn ein fester Wertebereich R vorgegeben ist. Der Wertebereich ist

$$(2^n - 1) \geqslant R \geqslant (-2^n)$$

Sobald das Ergebnis der Addition diesen Bereich überschreitet, muß dies erkannt und die Operation als unausführbar erklärt werden. Diese Bereichsüberschreitung wird daher durch einen Überlauf $ü_1$ (overflow) angezeigt.

In den folgenden Beispielen wird für einen Zahlenbereich von $(2^4 - 1) \geqslant R \geqslant (-2^4)$ die Bedingung für das Auftreten einer Bereichsüberschreitung veranschaulicht:

Dezimal:	Zweikomplementzahlen		allgemein
8	0.1000		$x_4 \cdot x_3 x_2 x_1 x_0$
+ 6	+ 0.0110		$+\ y_4 \cdot y_3 y_2 y_1 y_0$
1 –	00 000 –	← Überträge →	$ü_5\ ü_4\quad ü_3\ ü_2\ ü_1$ –
14	00.1110	← Summe →	$z_5\ z_4\quad z_3\ z_2\ z_1\ z_0$

Die Summe dieses Beispiels liegt im vorgegebenen Zahlenbereich $(14 < 2^4 - 1)$. Es findet somit keine Bereichsüberschreitung statt; d.h. die Überlaufanzeige ü1 kann auf logisch 0 gesetzt werden. Die Überlaufanzeige ist nicht zu verwechseln mit dem Übertrag an der MSB-Stelle $ü_5$, die in diesem Beispiel ebenfalls logisch 0 ist.

Werden die Summanden größer gewählt, z.B.:

10	0.1010	
+ 12	0.1100	
0 –	01 000 –	← Überträge
22	01.0110	← Summe

so entsteht eine Überschreitung des vorgegebenen Zahlenbereichs $(22 > 2^4 - 1)$. Wenn diese Summe als Zweikomplementzahl interpretiert wird, so entspricht ihr Wert (-10). Dieses Ergebnis wäre falsch. Daher muß dieser Wert durch die Überlaufanzeige ü1 = 1 als unbrauchbar ausgewiesen werden. Der höchstwertigste Übertrag beträgt in diesem Beispiel $ü_5 = 0$.

Im nächsten Beispiel wird gezeigt, wie der vorgegebene Zahlenbereich auch unterschritten werden kann:

(−16)	1.0000	
+ (−15)	1.0001	
1 –	10 000 –	← Überträge
(−31)	10.0001	← Summe

Auch hier muß eine Überlaufanzeige (ü1 = 1) das zu kleine Ergebnis kennzeichnen. Der höchstwertige Übertrag ist in diesem Beispiel $ü_5 = 1$.

Ein letztes Beispiel soll zeigen, daß kein Überlauf (ül = 0) entsteht, obwohl das höchstwertige Übertrag bit $ü_5 = 1$ ist.

(−2)	1.1110	
+ (−1)	1.1111	
–	11 110 –	← Überträge
(−3)	11.1101	← Summe

Es zeigt sich also, daß nur dann eine sichere Zweikomplementaddition möglich ist, wenn ein Überlaufbit ül erzeugt wird.

In nachfolgender Betrachtung werden zwei gebräuchliche Logikschaltungen für die Überlaufanzeige angegeben.

Aus den angegebenen Beispielen kann ersehen werden, daß immer dann eine Bereichsüberschreitung vorliegt, wenn die Vorzeichenbits der Summanden gleich sind $(x_4 \leftrightarrow y_4)$ und die beiden höchstwertigsten Bits der Summe ungleich sind $(z_5 \leftrightarrow z_4)$:

$$\text{ül} = (x_4 \leftrightarrow y_4) \wedge (z_5 \leftrightarrow z_4) \quad \text{oder allgemein:}$$
$$\text{ül} = (x_n \leftrightarrow y_n) \wedge (z_{n+1} \leftrightarrow z_n) \quad \text{n...Vorzeichenstelle der Summanden}$$

Eine derartige Logik ist besonders für die externe Ergänzung von integrierten Addiererbausteinen (Bild 5.15) geeignet, da nur zwei Eingangs- bzw. Ausgangsanschlüsse verfügbar sein müssen.

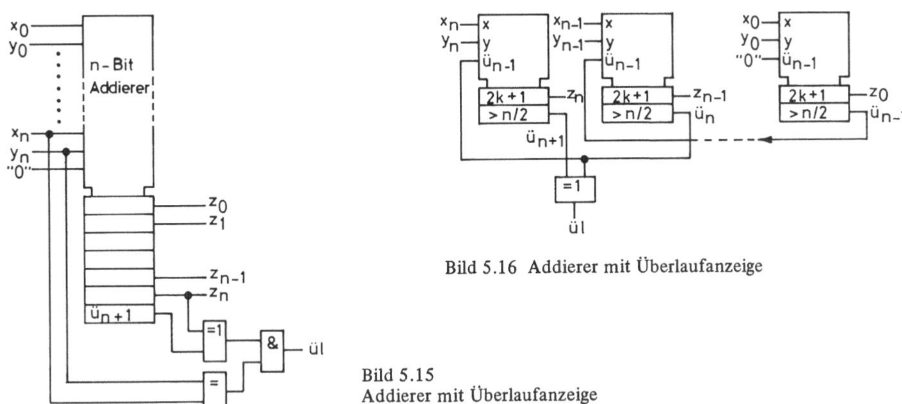

Bild 5.16 Addierer mit Überlaufanzeige

Bild 5.15
Addierer mit Überlaufanzeige

Ein weiterer Vergleich mit den vorher angegebenen Beispielen zeigt aber auch, wie durch Auswertung der beiden höchstwertigen Übertragsbits eine eindeutige Erkennung eines Überlaufs möglich ist. Immer dann, wenn diese Überträge ungleich sind, ist ein Überlauf eingetreten:

$$\text{ül} = \text{ü}_5 \leftrightarrow \text{ü}_4 \quad \text{oder allgemein:}$$
$$\text{ül} = \text{ü}_{n+1} \leftrightarrow \text{ü}_n$$

Diese Logik kann vorzugsweise für Addierer eingesetzt werden, die aus einer Kette von Volladdierern (Bild 5.16) bestehen, oder auch bei höchstintegrierten Logikbausteinen, wie z.B. den Mikroprozessoren, die alle einen Addierer mit Überlaufanzeige enthalten.

Die Addiererschaltung in Bild 5.16 ist leichter erweiterbar.

Genauso wie ein Volladdierer entworfen werden kann, ist auch ein Vollsubtrahierer denkbar, der ebenso als Parallelsubtrahierer in Form eines Schaltnetzes realisierbar ist.

In Bild 5.17 ist ein kombinierter Addierer/Subtrahierer dargestellt, der die Subtraktion durch Addition einer Zweikomplementzahl ausführt.

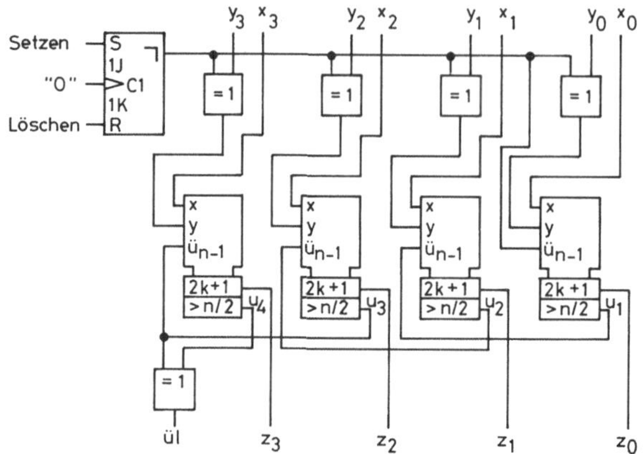

Bild 5.17
Ein Addierer/Subtrahierer für
Zweikomplementzahlen

Die Schaltung addiert, wenn der Wert des Flipflops S ,,0" gesetzt ist. Sie subtrahiert, wenn der Wert des Flipflops S ,,1" gesetzt ist. Die Exklusiv-Oder-Gatter führen eine bitweise Invertierung durch und es wird eine ,,1" am Eingang $ü_0$ der Gesamtsumme hinzuaddiert.

5.2 Multiplikation von Dualzahlen

Eine Multiplikation von Dualzahlen kann schaltungstechnisch sowohl seriell als auch parallel erfolgen. Die einfachste serielle Methode wäre es, die Multiplikation auf eine wiederholte Addition zurückzuführen. Der Multiplikand wird dabei so oft addiert, wie es der Multiplikator angibt. Dieses Verfahren ist jedoch sehr zeitraubend und wird deshalb kaum verwendet. Es ist dagegen sehr verbreitet, die Multiplikation durch eine Addition und Verschiebung zu verwirklichen.

5.2.1 Seriell-Paralleler Multiplizierer

Für jede Multiplikatorstelle wird ein Teilprodukt aus Multiplikand und Multiplikatorstelle gebildet, welches dann stellenrichtig, wie es die Multiplikatorziffer angibt, addiert wird. In der technischen Realisierung läßt sich dieses Verfahren sehr einfach durch die Operationen Verschiebung und Addition verwirklichen.

Beispiel:

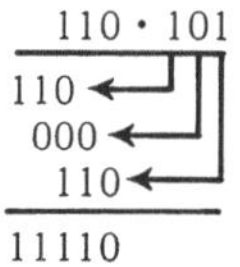

$$
\begin{array}{r}
110 \cdot 101 \\
\hline
110 \\
000 \\
110 \\
\hline
11110
\end{array}
$$

In Bild 5.18 ist ein seriell-paralleler Multiplizierer nach diesem Verfahren für 3-Bit-Faktoren dargestellt.

Der Multiplikand wird in ein rechtsschiebendes Register, der Multiplikator in ein linksschiebendes Register eingespeichert. Das MSB (Most Significant Bit) des Multiplikators wird ausgewertet. Ist dieses gleich ,,1" so wird der Multiplikand zum Produktregister hinzuaddiert. Ist dieses gleich ,,0", so wird keine Addition vorgenommen.

Die Addition erfolgt synchron mit dem Schiebetakt. Mit jedem Schiebetakt werden die beiden Faktorenregister um ein Bit weitergeschoben.

In Bild 5.18 sind die angegebenen Register mit D-Vorspeicher-Flipflops ausgeführt. Eine am Eingang des D-Flipflops anliegende Information wird mit der ansteigenden Taktflanke übernommen und mit der abfallenden Taktflanke an den Ausgang des Flipflops gelegt. Die Zeitdauer, in welcher der Taktimpuls aktiv ist, muß daher als Additionszeit genügen. Sobald der Multiplikator vollständig durch das Schieberegister geschoben ist, steht das Ergebnis im Produktregister.

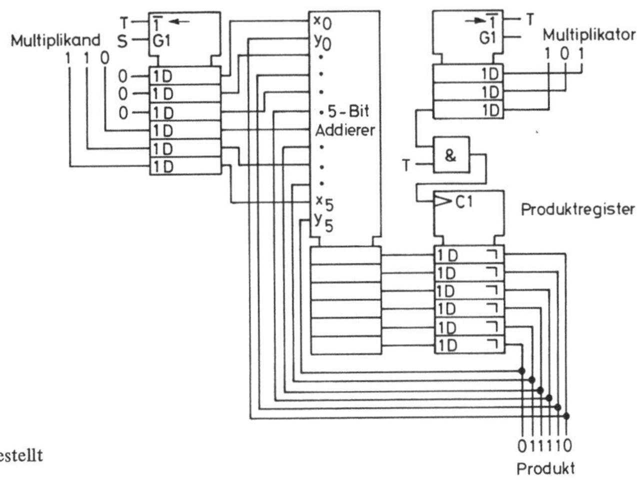

Bild 5.18
Ein serieller Multiplizierer, dargestellt
für 3-Bit-Faktoren

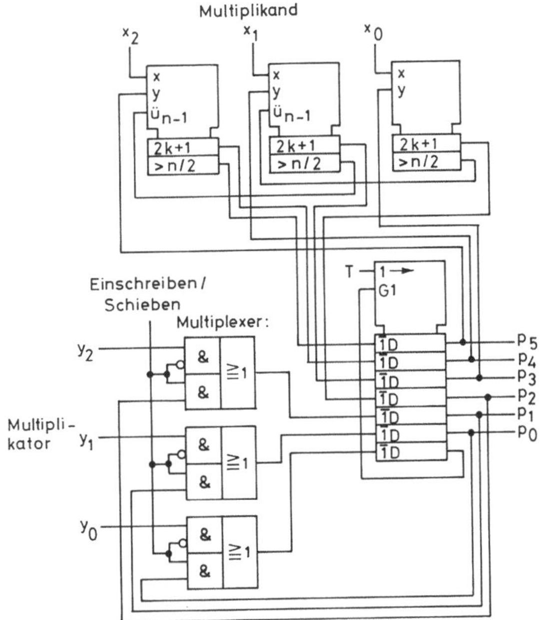

Bild 5.19
Modifizierter serieller Multiplizierer,
dargestellt für 3-Bit-Faktoren

Ein Register und ein Teil des Volladdierers kann eingespart werden, wenn ein Schieberegister zur Verfügung steht, das nacheinander den Multiplikator, die Teilprodukte und das Ergebnis aufnehmen kann. Das Schieberegister muß außerdem für eine parallele Eingabe geeignet sein (Bild 5.19).

Die Funktionsweise des Multiplizierers in Bild 5.19 kann in den einzelnen Schritten der Datenflußtafel in Bild 5.20 entnommen werden.

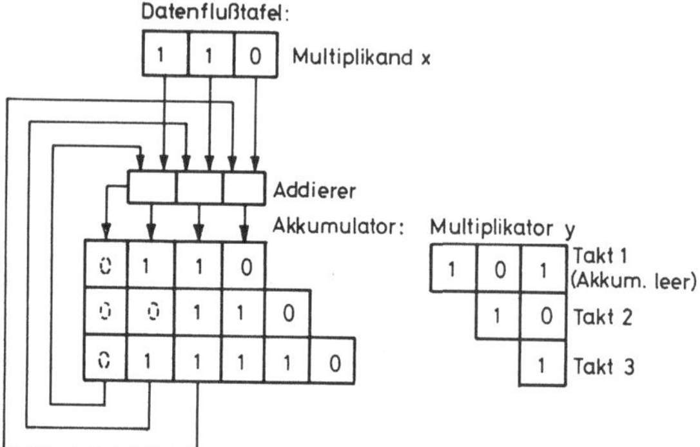

Bild 5.20
Datenflußtafel für den seriellen Multiplizierer

Zur Erläuterung der Funktionsweise wollen wir davon ausgehen, daß beide Faktoren schon eingespeichert seien. Es wird die LSB-Stelle des Multiplikators ausgewertet.

Weist diese den Wert „1" auf, so wird das Akkumulatorregister auf paralleles Laden umgeschaltet. Dabei wird der Multiplikand mit dem vorherigen Akkuinhalt addiert und um eine Bitstelle nach rechts verschoben wieder dem Akkumulator zugeführt. Diese Rechtsverschiebung wird durch die um eine Bitstelle nach rechts versetzt zugeführten Ausgänge des Addierers erzeugt.

An den Bitstellen, an denen kein Addierausgang angeschlossen ist, wird der Inhalt nach rechts weitergegeben. Falls diese Multiplikatorstelle logisch „0" ist, wird nur eine Rechtsverschiebung ausgeführt.

5.2.2 Paralleler Multiplizierer

Parallele Multiplizierer werden vorwiegend für sehr schnelle Multiplikationen benötigt. Es kommt hierbei meist das Verfahren der gleichzeitigen bitweisen Multiplikation zur Anwendung, bei dem jede Ziffer des Multiplikanden mit jeder Ziffer des Multiplikators multipliziert wird. Die dabei entstehenden Einzelprodukte werden entsprechend ihrem Stellenwert einem Addierer zugeführt. Es werden jeweils immer nur zwei Bitstellen multipliziert. Das logische UND-Gatter ist in seiner Funktion ein 1 x 1-Bit-Multiplizierer und kann daher zur Berechnung der Einzelprodukte herangezogen werden.

Ein Parallelmultiplizierer, bestehend aus UND-Gattern und einem Paralleladdierer ist in Bild 5.21 dargestellt.

Das Ergebnis beträgt:

$$z(5) = 2^3 x_2 y_1 + 2^2 x_1 y_1 + 2^1 x_0 y_1 + 2^2 x_2 y_0 + 2^1 x_1 y_0 + 2^0 x_0 y_0$$

Zu beachten ist, daß der Multiplizierer keine Zweikomplementzahlen verarbeiten kann.

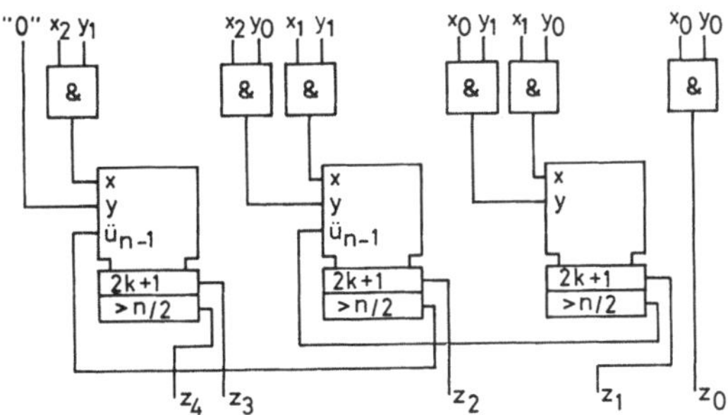

Bild 5.21
Ein paralleler Multiplizierer

Das Verfahren kann zu einem Multipliziererfeld mit beliebiger Produktwortlänge erweitert werden. Es sind hierfür integrierte Multipliziererbausteine (SN 74284/5) entwickelt worden, die aus zwei 4-Bit-Faktoren ein 8-Bit-Produkt berechnen (Bild 5.22).

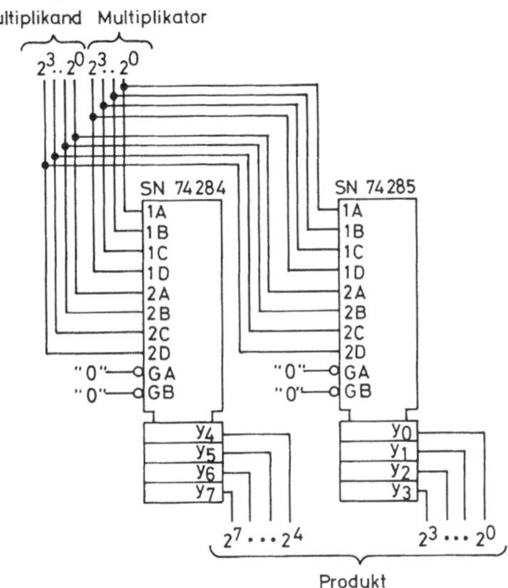

Bild 5.22
Paralleler 4 x 4-Bit-Multiplizierer mit 2 integrierten Bausteinen

Mit diesen Bausteinen können auch größere Multiplizierer zusammengefügt werden, es müssen nur jeweils 4-Bit-Faktoren pro Einzelmodul auftreten. Die Faktoren sind daher in Radixschreibweise zur Grundzahl 2^4 zu notieren.

Dieser Vorgang soll an dem Beispiel eines 8-Bit-Multiplizierers mit den genannten Bausteinen erläutert werden.

$$P(16) = A(8) \cdot B(8)$$

Aufgliederung der Faktoren nach Art der Radixschreibweise:

$$A(8) = A_1 \cdot 2^4 + A_0 \cdot 2^0$$

$$B(8) = B_1 \cdot 2^4 + B_0 \cdot 2^0$$

mit $\quad A(8) = \underbrace{(2^3 \cdot a_7 + 2^2 a_6 + 2^1 \cdot a_5 + 2^0 a_4)}_{A_1} \cdot 2^4 + \underbrace{(2^3 a_3 + 2^2 a_2 + 2^1 a_1 + 2^0 a_0)}_{A_0} \cdot 2^0$

Die Multiplikation der Faktoren in Radixschreibweise lautet:

$$A(8) \cdot B(8) = (A_1 \cdot 2^4 + A_0) \cdot (B_1 \cdot 2^4 + B_0)$$
$$= A_1 \cdot B_1 \cdot 2^8 + A_1 \cdot B_0 \cdot 2^4 + A_0 \cdot B_1 \cdot 2^4 + A_0 \cdot B_0$$

Die zu addierenden Teilprodukte sind noch zu ordnen (Bild 5.23):

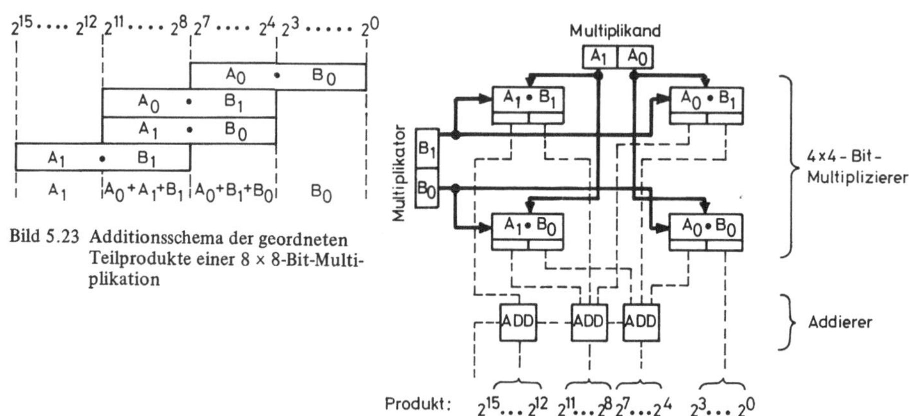

Bild 5.23 Additionsschema der geordneten
Teilprodukte einer 8 × 8-Bit-Multi-
plikation

Bild 5.24 8 × 8-Bit-Multiplizierer mit integrierten 4-Bit-Multi-
plizierer-Bausteinen

Der vollständige 8 × 8-Bit-Multiplizierer ist in Bild 5.24 dargestellt.

In Bild 5.24 sind die Addierer für die Teilsummanden nur durch Funktionsblöcke dargestellt.

Ein mögliches Addierschaltnetz, bestehend aus Volladdierern, das diese Aufgabe erfüllt, hat den in
Bild 5.25 dargestellten Aufbau

$$s(n) = x(n) + y(n) + z(n)$$

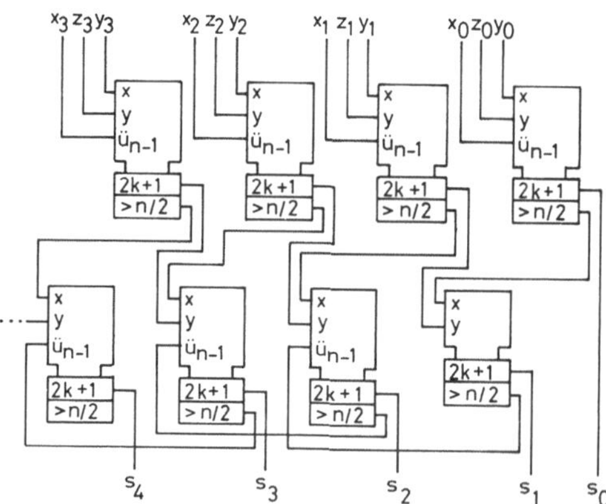

Bild 5.25
Addierschaltnetz für die Addition der Teilsummanden in Bild 5.24

5.2.3 Multiplizierer für Zweikomplementzahlen

Die bisher behandelten Parallelmultiplizierer haben den Nachteil, daß sie nur positive Zahlen verarbeiten können. Für die Multiplikation von Zweikomplementzahlen müssen diese Schaltungen ergänzt werden. Zu diesem Problem sind mehrere brauchbare Lösungsvorschläge [34] gemacht worden, die alle nach dem Prinzip der Korrektur des Betragsproduktes arbeiten. In folgender Betrachtung soll kurz der Vorschlag von Baugh und Wooley [58] dargestellt werden: Für das Produkt P(2n) = A(n) · B(n) werden hierfür die Operanden in arithmetischer Schreibweise angegeben:

$$A(n) = a_{n-1}a_{n-2}\cdots a_0 = -a_{n-1} \cdot 2^{n-1} + \sum_{i=0}^{n-2} a_i \cdot 2^i$$

$$\uparrow$$
$$\text{Vorzeichenbit}$$
$$\downarrow$$

$$B(n) = b_{n-1}b_{n-2}\cdots b_0 = -b_{n-1} \cdot 2^{n-1} + \sum_{j=0}^{n-2} b_j \cdot 2^j$$

$$P(2n) = p_{2n-1}p_{2n-2}\cdots p_0 = -p_{2n-1} \cdot 2^{2n-1} + \sum_{i=0}^{2n-2} p_i \cdot 2^i$$

$$\uparrow$$
$$\text{Vorzeichenbit}$$

Das Produkt ergibt somit:

$$P(2n) = A(n) \cdot B(n) = \overbrace{a_{n-1} \cdot b_{n-1} \cdot 2^{2n-2}}^{a} + \overbrace{\sum_{i=0}^{n-2} \sum_{j=0}^{n-2} a_i \cdot b_j \cdot 2^{i+j}}^{b}$$

$$- 2^{n-1}\left[\underbrace{a_{n-1} \cdot \sum_{j=0}^{n-2} b_j \cdot 2^j}_{c} + \underbrace{b_{n-1} \cdot \sum_{i=0}^{n-2} a_i \cdot 2^i}_{d}\right]$$

An zwei Rechenbeispielen soll eine Multiplikation mit Zweikomplementzahlen von fünf Bit Wortlänge (n = 5) nach diesem Verfahren demonstriert werden.

Beispiel 1:

1.0001 = (−15)
1.0111 = (− 9)

```
1.0001x1.0111
        0001  ⎫
        0001  ⎪
        0001  ⎬ b
        0000  ⎭
      0000111
      1         ⎫ a
      100000111
    − 000111    ⎫ c
      0010010111
    − 000001     ⎫ d
      0.010000111  = (+135)
      ↑        ↑
      P₂ₙ₋₁ ··· P₀
```

Beispiel 2:

1.0010 = (−14)
0.1000 = (+ 8)

```
1.0010x0.1000
        0000  ⎫
        0000  ⎪
        0000  ⎬ b
        0010  ⎭
      0010000
      0         ⎫ a
      000010000
    − 001000    ⎫ c
      1.110010000  = (−112)
```

Die Subtraktionen in obigen Beispielen können auch durch Addition der zweikomplementierten Subtrahenden c und/oder d erfolgen:

In Bild 5.26 ist ein Parallelmultiplizierer für Zweikomplementzahlen dargestellt. Er besteht aus einem Betragsmultiplizierer, der durch einen Subtrahierer vervollständigt ist. Dieser Subtrahierer führt eine Verminderung des Betragsproduktes um die Korrekturwerte c bzw. d aus. Daneben sind noch UND-Gatter vorgesehen, die nur dann einen Faktorenbetrag zum Subtrahierer passieren lassen, wenn das Vorzeichenbit (a_{n-1} oder b_{n-1}) des jeweils anderen Faktors logisch 1 ist.

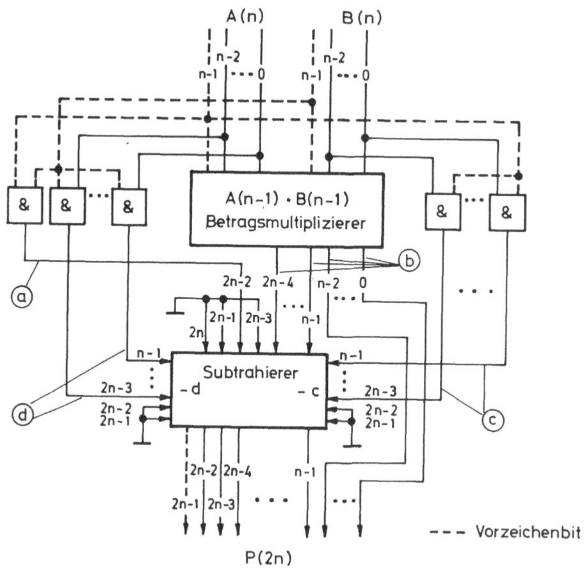

Bild 5.26
Zweikomplementmultiplizierer

5.3 Division von Dualzahlen

Die Division kann ebenfalls in serielle und parallele Verfahren gegliedert werden.

Die einfachste Form der Division besteht darin, den Divisor so oft vom Dividenden zu subtrahieren, bis dieser zu Null wird oder ein Rest entsteht, der kleiner als der Divisor ist. Die Anzahl der durchgeführten Subtraktionen ist gleich der Ergebniszahl. Natürlich ist dieses Verfahren auch das langsamste Verfahren und für eine Verwirklichung nicht besonders geeignet.

Eine bessere Methode verwenden wir meist beim schriftlichen Rechnen mit Dezimalzahlen, indem wir ein passendes Vielfaches des Divisors vom Dividenden subtrahieren. Falls bei der Subtraktion ein Rest entsteht, der kleiner als der Divisor und größer als Null ist, war das Vielfache richtig gewählt worden, wenn nicht, muß mit einem anderen Vielfachen ein neuer Versuch gemacht werden.

Wir erhalten entweder:

a) einen Rest, dem wir dann eine weitere Dividendenstelle anfügen, wodurch dieser Rest wieder größer wird und für die nächste Subtraktion bereit steht.

b) eine Null, womit die Division beendet ist.

c) eine gewünschte Genauigkeit des Ergebnisses, womit die Division ebenfalls beendet ist.

5.3.1 Serieller Dividierer

Für duale Zahlen ist das Verfahren der „Subtraktion des passenden Vielfachen" einfacher als bei Dezimalzahlen zu handhaben. Da jede Quotientenstelle nur „1" oder „0" annehmen kann, muß für den ersten Subtraktionsversuch nur das MSB (Most Significant Bit) des Divisors unter das MSB des Dividenden gebracht werden. Diese n-fache, fest vorgegebene Verschiebung stellt bereits das erste Vielfache des Divisors „2^n" dar. Der verschobene Divisor wird nun vom Dividenden subtrahiert, und wenn der Rest positiv ist, so wird eine „1" als Quotientenbit notiert. Ist der Rest negativ, so wird eine „0" als Quotientenbit notiert und der vorherige Wert durch Addition des Divisors wieder hergestellt. Danach wird der Divisor um eine Bitposition nach rechts verschoben, was gleichbedeutend mit einer Halbierung ist, und wieder eine Subtraktion vorgenommen. Dieses Verfahren, das auch als Methode mit Rückstellen des Restes bezeichnet wird, wollen wir noch einmal an einem kleinen Beispiel betrachten.

Beispiel zur Division mit Rückstellen des Restes:

Dividend X: 010001111   Quotient Q: $q_0 q_1 q_2 q_3 q_4$
Divisor   Y: 01101   Zwischenrest $R_1, R_2, \ldots$

$$
\begin{array}{lll}
0\,1\,0\,0\,0\,1\,1\,1\,1 : 0\,1\,1\,0\,1 = 0\,1\,0\,1\,1 \\
-\ 0\,1\,1\,0\,1 & : X\ -Y \cdot 2^4 = R_1 \\
\hline
(1)1\,0\,1\,1\,1\,1\,1\,1 & : R_1 < 0 \\
+\ 0\,1\,1\,0\,1 & : R_1 + Y \cdot 2^4 = X \\
\hline
0\,1\,0\,0\,0\,1\,1\,1\,1 \\
-\ \ \ 0\,1\,1\,0\,1 & : X\ -Y \cdot 2^3 = R_2 \\
\hline
(0)0\,1\,0\,0\,1\,1\,1 & : R_2 > 0 \\
-\ \ \ \ 0\,1\,1\,0\,1 & : R_2 - Y \cdot 2^2 = R_3 \\
\hline
(1)1\,1\,0\,0\,1\,1 & : R_3 < 0 \\
+\ \ \ \ 0\,1\,1\,0\,1 & : R_3 + Y \cdot 2^2 = R_2 \\
\hline
0\,1\,0\,0\,1\,1\,1 \\
-\ \ \ \ \ \ 0\,1\,1\,0\,1 & : R_2 - Y \cdot 2^1 = R_4 \\
\hline
(0)0\,1\,1\,0\,1 & : R_4 > 0 \\
-\ \ \ \ \ \ \ 0\,1\,1\,0\,1 & : R_4 - Y \cdot 2^0 = R_5 \\
\hline
(0)0\,0\,0\,0 & : R_5 = 0
\end{array}
$$

Das Rückstellen des Restes bedeutet zusätzliche Operationszeit, ohne daß diese direkt der Bestimmung des Quotienten dient.

Bei Entstehen eines negativen Zwischenrestes R_i sind jeweils zwei Schritte auszuführen

$$R_i < 0: 1.)\, R_i + Y = R_{i-1}, \qquad \text{Addition}$$

$$2.)\, R_{i-1} - Y/2 \qquad \text{Halbierung des Divisors und Subtraktion}$$

Daraus läßt sich ein Schritt machen, wenn zum negativen Zwischenrest R_i die Hälfte des Divisors addiert wird.

$$(R_i + Y) - Y/2 = R_i + Y/2$$

Bei negativem Zwischenrest wird demnach wie bisher der Divisor um eine Stelle nach rechts verschoben und dann der Divisor addiert anstatt subtrahiert. Das entsprechende Quotientenbit erhält man durch Negation des Vorzeichens des jeweiligen Zwischenrestes. Damit ist aus der Methode mit Rückstellen des Restes die Methode ohne Rückstellen des Restes geworden.

Zur Erläuterung dieser Methode wollen wir wieder das gleiche Beispiel betrachten.

Beispiel zur Division ohne Rückstellen des Restes:

Dividend X: 010001111   Quotient Q: $q_0 q_1 q_2 q_3 q_4$
Divisor   Y: 01101   Zwischenrest $R_1, R_2, \ldots$

$$
\begin{array}{l}
0\,1\,0\,0\,0\,1\,1\,1\,1 : 0\,1\,1\,0\,1 = 0\,1\,0\,1\,1 \\
-\ 0\,1\,1\,0\,1 \qquad\qquad\qquad\qquad\quad : X\ -Y \cdot 2^4 = R_1 \\
\overline{(1)1\,0\,1\,1\,1\,1\,1\,1} \qquad\qquad\qquad : R_1 < 0 \\
+\ \ \ \ 0\,1\,1\,0\,1 \qquad\qquad\qquad\quad : R_1 + Y \cdot 2^3 = R_2 \\
\overline{\ \ (0)0\,1\,0\,0\,1\,1\,1} \qquad\qquad\quad : R_2 > 0 \\
-\ \ \ \ \ \ \ 0\,1\,1\,0\,1 \qquad\qquad\quad : R_2 - Y \cdot 2^2 = R_3 \\
\overline{\ \ \ \ (1)1\,1\,0\,0\,1\,1} \qquad\qquad : R_3 < 0 \\
+\ \ \ \ \ \ \ \ 0\,1\,1\,0\,1 \qquad\qquad : R_3 + Y \cdot 2^1 = R_4 \\
\overline{\ \ \ \ \ \ (0)0\,1\,1\,0\,1} \qquad\quad : R_4 > 0 \\
-\ \ \ \ \ \ \ \ \ \ \ 0\,1\,1\,0\,1 \qquad\quad : R_4 - Y \cdot 2^0 = R_5 \\
\overline{\ \ \ \ \ \ \ (0)0\,0\,0\,0} \qquad\quad : R_5 = 0
\end{array}
$$

Für jedes Quotientenbit wird nur noch genau eine Operation (Addition oder Subtraktion) benötigt. Bei der Methode ohne Rückstellung des Restes ist der letzte auftretende Rest korrekt, wenn er positiv ist, also das entsprechende Quotientenbit eine „1" ist. Ist der letzte Rest negativ, so erhält man den korrekten Rest durch Addition des Divisors.

5.3.2 Paralleler Dividierer

Neben dem Verfahren der fortgesetzten Addition/Subtraktion mit einem Rechenwerk gibt es noch die Methode des „Nachschlagens" der Ergebnisse in einer elektronischen Wertetafel (table look up). Eine derartige elektronische Wertetafel läßt sich sehr einfach durch einen integrierten Festwertspeicher realisieren.

Es ist natürlich äußerst aufwendig, wenn für jede denkbare Division, Dividend x und Divisor y in einer Tabelle vorhanden sein müßten, um den Quotienten zu ermitteln.

Einfacher ist es, wenn nur der Kehrwert des Divisors in einer Tabelle verzeichnet ist; er muß dann nur herausgelesen werden und mit dem Dividenden multipliziert werden.

$$x : y = x \cdot \frac{1}{y} = x \cdot z$$

In diesem Falle ist nur der Kehrwert $z = \dfrac{1}{y}$ in einem Festwertspeicher abzulegen.

Eine Möglichkeit, den Kehrwert für ein 8 Bit Datenwort zu erzeugen, wird in der folgenden Tabelle gezeigt.

Bit-stellen	\$2^7\$	\$2^6\$	\$2^5\$	\$2^4\$	\$2^3\$	\$2^2\$	\$2^1\$	\$2^0\$	\$2^{-1}\$	\$2^{-2}\$	\$2^{-3}\$	\$2^{-4}\$	\$2^{-5}\$	\$2^{-6}\$	\$2^{-7}\$	\$2^{-8}\$
									b				\$z = \dfrac{1}{b}\$			

\$2^7\$	\$2^6\$	\$2^5\$	\$2^4\$	\$2^3\$	\$2^2\$	\$2^1\$	\$2^0\$	\$2^{-1}\$	\$2^{-2}\$	\$2^{-3}\$	\$2^{-4}\$	\$2^{-5}\$	\$2^{-6}\$	\$2^{-7}\$	\$2^{-8}\$
0	0	0	0	0	0	0	0	1	1	1	1	1	1	1	1
0	0	0	0	0	0	0	1	1	1	1	1	1	1	1	1
0	0	0	0	0	0	1	0	1	0	0	0	0	0	0	0
.				0	0	1	1	0	1	0	1	0	1	0	1
.				0	1	0	0	0	1	0	0	0	0	0	0
.				0	1	0	1	0	0	1	1	0	0	1	1
.				0	1	1	0	.				.			
.					.			.				.			
.					.			.				.			
.					.			.				.			
1	1	1	1	1	1	1	1	0	0	0	0	0	0	0	1

Die Tabelle gilt für positive Binärzahlen. Betrachten wir die Werte am Anfang und Ende der Tabelle, so sehen wir, daß die Kehrwerte ungenau sind. Der Grund hierfür liegt in der beschränkten 8-Bit-Wortlänge. Für eine größere Genauigkeit wäre also ein größeres Datenwort und damit eine größere Kehrwerttabelle notwendig.

Für das 8-Bit-Wort sind bereits 8 x 256 Bit = 2 k Bit Speicherplatz notwendig, während ein 16-Bit-Datenwort schon 16 x \$2^{16}\$ Bit = 1024 k Bit Speicherplatz erfordert. Die Rechenzeit eines Dividierers mit Kehrwertspeicher ist die Summe aus Speicherzugriffszeit und Multiplizierzeit des Kehrwerts mit dem Dividenden.

Obwohl Festwertspeicher heute schon sehr billig sind, wird diese Methode meist nur für iterierende Divisionsverfahren genutzt, wobei die Kehrwerttabelle zur Ermittlung des ersten Näherungswertes herangezogen wird.

Es gibt jedoch noch andere parallele Divisionsverfahren, die ähnlich wie der parallele Multiplizierer aus modularen Bausteinen bestehen, welche zu einem Feld zusammengefügt werden.

Die Verarbeitung von Zweikomplement-Zahlen kann erfolgen, indem die Zweikomplement-Eigenschaft entweder
— durch Zweikomplementierung von Dividend, Divisor und Quotient je nach Vorzeichenbit
oder
— durch Erzeugung von Korrektursummanden erreicht wird.

5.4 Organisatorische Operationen

Eine Arithmetisch-Logische Einheit (ALU) als Teil eines Rechners, in dem die Arbeitsdaten nach Rechenprogrammvorschrift verändert werden, sollte neben den behandelten arithmetischen Operationen noch weitere Operationen ausführen können.

Zu diesen Befehlstypen gehören:

1. Verschiebungen von Registerinhalten
2. Vergleiche von zwei Dualzahlen

Wir wollen beide organisatorische Operationen kurz behandeln.

5.4.1 Verschiebungen von Registerinhalten

Die Verschiebung als Einzeloperation wurde bereits bei dem seriellen Addierer, Multiplizierer und Dividierer genutzt. Sie wird innerhalb eines Registers, das als Schieberegister bezeichnet wird, ausgeführt.

Das Schieberegister ist eine Kette von Vorspeicherflipflops (z.B. D-Flipflop), die es gestattet, den Inhalt aller Speicherzellen dieser Kette durch einen Taktimpuls schrittweise weiterzugeben (Bild 5.27).

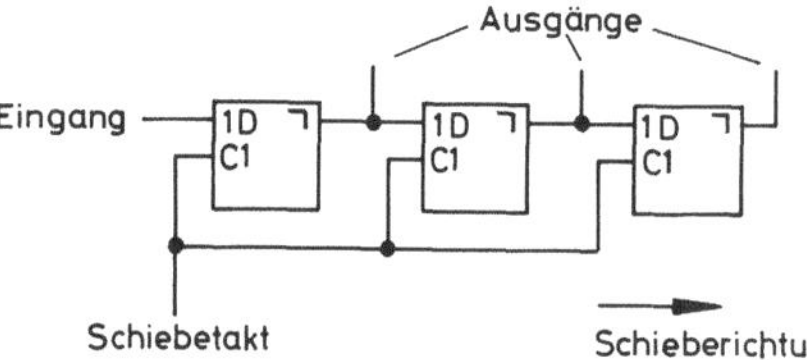

Bild 5.27
Schieberegister aus D-Vorspeicher-Flipflops

In dieses Schieberegister kann nur an der linken Seite ein Datenbit eingeschrieben werden. Zum Auslesen kann an jedem Flipflopausgang die Information abgegriffen werden.

Für viele Anwendungsfälle ist es außerdem notwendig, ein Datenwort gleichzeitig (parallel) in alle Speicherzellen einzulesen. Diese Forderung kann zusätzlich erfüllt werden, wenn zwischen die Speicherzellen ein 2 zu 1-Multiplexer (s. Kap. 6.2.1) eingefügt wird (Bild 5.28).

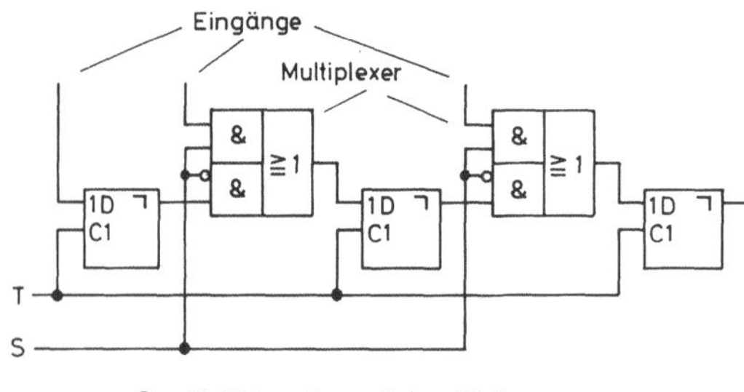

Bild 5.28
Schieberegister mit der Möglichkeit des parallelen Einlesens

Der Steuereingang S des Schieberegisters in Bild 5.28 dient zum Auswählen

a) der Schiebeoperationen $(S = 0)$
oder
b) des parallelen Einlesens $(S = 1)$

Der S-Eingang muß vor dem Taktimpuls sein Steuerpotential erhalten, damit die gewünschte Operation sicher ausgeführt werden kann.

Für viele Anwendungsfälle ist es weiterhin notwendig, daß ein Schieberegister seinen Inhalt wahlweise nach links oder rechts verschieben kann.

Auch dieses Problem kann durch Einfügen eines Multiplexers zwischen den Speicherzellen gelöst werden. Der Multiplexer hat hier die Aufgabe eines Richtungsumschalters (Bild 5.29).

Eine weitere wichtige Form des Schieberegisters ist das zyklische Schieberegister.

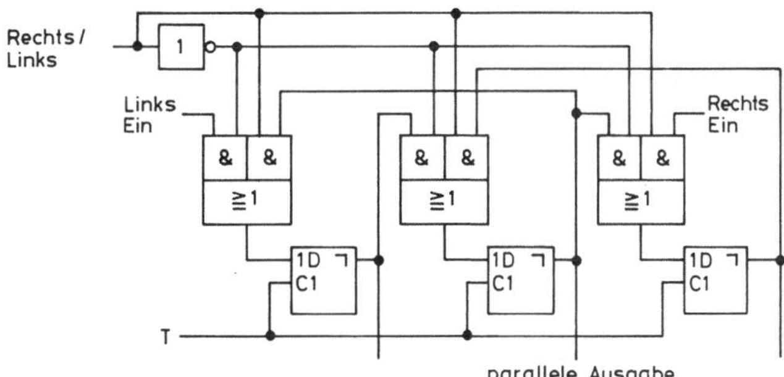

Bild 5.29
Schieberegister für Rechts/Links
Verschiebung

Hierbei wird das Ende des Schieberegisters mit dem Registeranfang verbunden. Die gespeicherte Information geht also nicht verloren, sie wird nur zyklisch verschoben.

5.4.2 Vergleiche von Datenworten

Eine Arithmetisch-Logische Einheit verknüpft und verändert die an sie herangeführten Datenworte und gibt sie danach wieder aus. Es ist daher naheliegend, in der ALU auch einen Vergleich zwischen zwei Datenworten zu ermöglichen, zumal die Datenworte schon in den Operandenregistern der ALU vorliegen.

Mit einem Vergleicher kann daher geprüft werden, ob ein bestimmter, binärer Zahlenwert zu einem zweiten Zahlenwert gleich, größer oder kleiner ist. Das Vergleichsergebnis stellt eine wichtige Information als Entscheidungskriterium für einen bedingten Sprungbefehl dar.

5.4.2.1 Prüfung auf Gleichheit Die logische Funktionsgleichung eines Schaltnetzes für die Prüfung auf Gleichheit (Äquivalenz) zweier Binärwerte a und b kann sowohl in der disjunktiven als auch in der konjunktiven Normalform angegeben werden.

Disjunktive Normalform: $c = (a \wedge b) \vee (\overline{a} \wedge \overline{b}) = \overline{\overline{(a \wedge b)} \wedge \overline{(\overline{a} \wedge \overline{b})}}$ NAND-Logik

Konjunktive Normalform: $c = (\overline{a} \vee b) \wedge (a \vee \overline{b}) = \overline{\overline{(\overline{a} \vee b)} \vee \overline{(a \vee \overline{b})}}$ NOR-Logik

Eine weitere interessante Variante dieses Vergleichs ist gegeben, wenn Gatter mit offenem Kollektorausgang verwendet werden.

Diese Gatter bieten die Möglichkeit ein Verdrahtetes UND (Wired AND) zu bilden.

$$\text{Aus } c = \overline{\overline{(\overline{a} \vee b)}} \wedge \overline{\overline{(a \vee \overline{b})}} \qquad \text{wird} \qquad c = \overline{(a \wedge \overline{b})} \wedge \overline{(\overline{a} \wedge b)}$$

Mit dieser Funktionsgleichung und den oben beschriebenen Gattern verringert sich der Bauelementeaufwand des Äquivalenzgliedes (Bild 5.30).

Zwei n-stellige Binärworte A(n) und B(n) sind nur dann einander gleich, wenn alle Stellen a_0 .... a_{n-1} mit den entsprechenden Werten b_0 ... b_{n-1} übereinstimmen. Die Funktionsgleichung d für die Vergleichsschaltung von zwei n-stelligen Binärwörtern ist dann:

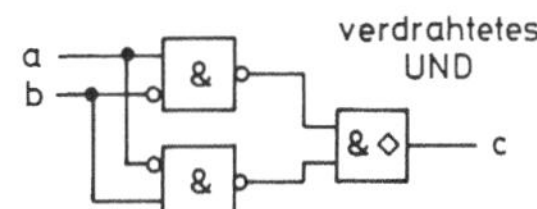

Bild 5.30 Vergleicher mit verdrahtetem UND

$$d = (a_0 \leftrightarrow b_0) \wedge (a_1 \leftrightarrow b_1) \wedge \ldots \wedge (a_{n-1} \leftrightarrow b_{n-1})$$

$$d = \overline{(a_0 \wedge \overline{b_0})} \wedge \overline{(\overline{a_0} \wedge b_0)} \wedge \overline{(\overline{a_1} \wedge b_1)} \wedge \ldots \wedge \overline{(a_{n-1} \wedge \overline{b_{n-1}})} \wedge \overline{(\overline{a_{n-1}} \wedge b_{n-1})}$$

Das Schaltnetz hierfür ist in Bild 5.31 dargestellt.

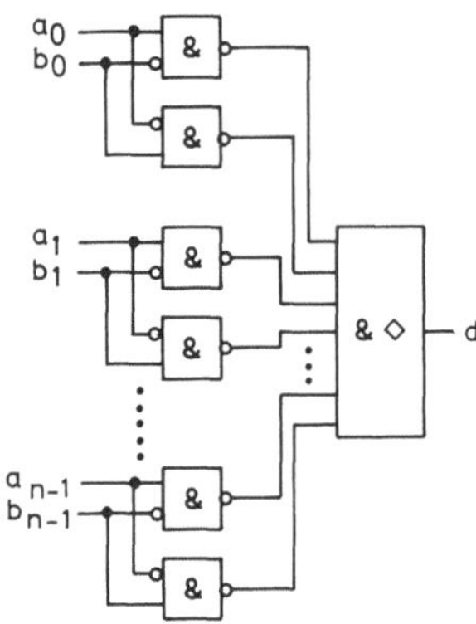

Bild 5.31 Äquivalenz-Schaltung für
zwei n-stellige Binärworte

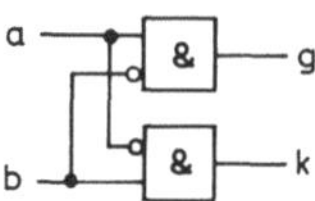

Bild 5.32 Größer/Kleiner-Vergleicher

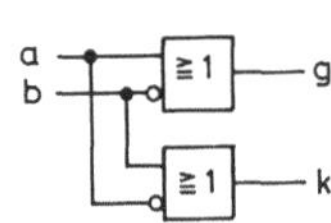

Bild 5.33 Größer-Gleich/Kleiner-Gleich-
Vergleicher

5.4.2.2 Größer-Kleiner-Vergleicher Mit den Methoden des Schaltnetzentwurfs kann ähnlich zur Prüfung auf Gleichheit ein Größer-Kleiner-Vergleicher aufgebaut werden. Wir betrachten zuerst ein Schaltnetz, welches zwei Eingänge für die zu vergleichenden Bits a und b hat sowie zwei Ausgänge g und k, an denen das Größer- und Kleiner-Signal ausgegeben werden soll. Immer dann, wenn a größer als b ist, wird eine „1" an dem Größer-Ausgang g ausgegeben und wenn a kleiner als b ist, soll eine „1" an dem Kleiner-Ausgang k anliegen.

Die Funktionsgleichungen lauten:

$$g = a \wedge \overline{b} \quad \text{und} \quad k = \overline{a} \wedge b$$

Das zugehörige Schaltnetz ist in Bild 5.32 angegeben.

Für den Vergleich Größer/Gleich und Kleiner/Gleich lauten die Funktionsgleichungen

$$g = a \vee \overline{b} \quad \text{und} \quad k = \overline{a} \vee b$$

Das zugehörige Schaltnetz für die Vergleiche $a \geqslant b$ und $b \leqslant a$ ist in Bild 5.33 dargestellt.

Die arithmetischen Vergleichsbeziehungen können für eine 1-Bit-Zahl in einfache Logikfunktionen umgeformt werden.

arithmetisch		logisch
$(a > b)$	$\rightarrow$	$(a \wedge \overline{b})$
$(a \geqslant b)$	$\rightarrow$	$(a \vee \overline{b})$
$(a = b)$	$\rightarrow$	$(a \leftrightarrow b)$

Mit diesen Beziehungen kann eine Erweiterung des Vergleiches für mehrstellige Binärzahlen durchgeführt werden.

Ein Lösungsvorschlag für dieses Problem soll am Beispiel eines Größer-Vergleichers für 3-Bit-Zahlen gegeben werden.

Eine Zahl $A = a_2 a_1 a_0$ ist größer als eine Zahl $B = b_2 b_1 b_0$, wenn die Bedingung

$$(a_2 > b_2) \vee (a_2 = b_2) \wedge [(a_1 > b_1) \vee (a_1 = b_1) \wedge (a_0 > b_0)]$$

erfüllt ist.

Nur mit den Logikverknüpfungen lautet die Funktionsgleichung:

$$g = (a_2 \wedge \overline{b}_2) \vee (a_2 \leftrightarrow b_2) \wedge [(a_1 \wedge \overline{b}_1) \vee (a_1 \leftrightarrow b_1) \wedge (a_0 \wedge \overline{b}_0)]$$

Alle Bitpositionen werden, beginnend mit der MSB-Stelle, auf „größer" untersucht. Ist diese Bedingung erfüllt, wird $g = 1$ gesetzt. Sind jedoch beide MSB gleich, wird die nächstniedrigere Bitstelle abgefragt.

Wenn jedoch für die MSB-Stelle weder „größer" noch „gleich" zutrifft, ist die „Kleiner"-Bedingung gegeben und g wird boolesch Null gesetzt. Die nächstniedrigere Bitstelle wird genauso ausgewertet usw.

Dieser Übertragsvergleicher in Bild 5.34 ist sehr langsam, denn der Eingang b_0 kann den Ausgang g nur über sechs Gatterfunktionen hinweg erreichen. Ein schnelleres Schaltnetz kann gefunden werden, wenn die Überträge zwischen den 1-Bit-Größer-Gleich-Vergleichern vermieden werden (Bild 5.35).

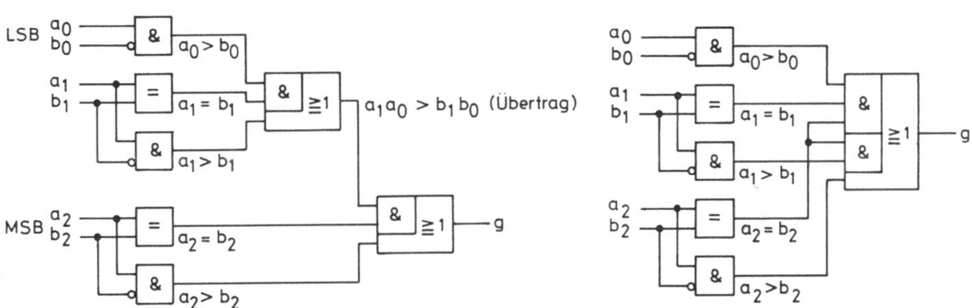

Bild 5.34 3-Bit-Übertrags-Vergleicher

Bild 5.35 3-Bit-Vergleicher mit gleichzeitigem Übertrag

Die Logikfunktion hierfür wird durch Beseitigung des rechteckigen Klammerausdrucks in voriger Gleichung erstellt.

$$g = (a_2 \wedge \overline{b}_2) \vee (a_2 \leftrightarrow b_2) \wedge (a_1 \wedge \overline{b}_1) \vee (a_2 \leftrightarrow b_2) \wedge (a_1 \leftrightarrow b_1) \wedge (a_0 \wedge \overline{b}_0)$$

Es sind Vergleichsbausteine für mehrere Bit auf einem Chip integriert worden. Vergleicher für größere Wortlängen lassen sich dann aus mehreren Chips dieser Art aufbauen.

Mit einem integrierten Größer-Vergleicher für 4 Bit in Bild 5.36 läßt sich auf diese Weise mit 3 Bausteinen ein 10-Bit-Größer-Vergleicher realisieren (Bild 5.37).

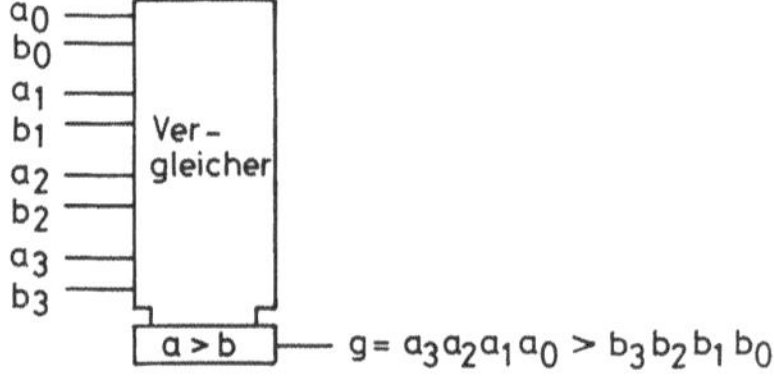

Bild 5.36 Integrierter Größer-Vergleicher
für 4 Bit

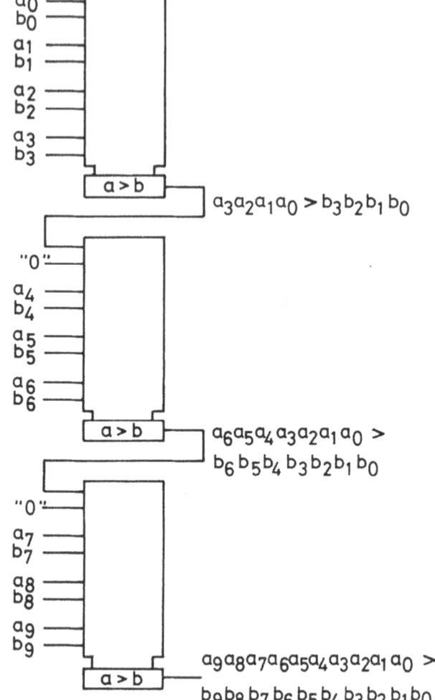

Bild 5.37
10-Bit-Vergleicher aus drei integrierten 4-Bit-Vergleichern

5.5 Zusammenfassung

Die Arithmetisch-Logischen Einheiten sind ein wesentlicher Bestandteil der digitalen Rechner,
sowie einer Vielzahl spezieller Rechen- oder Steuereinheiten. Sie sind die eigentlich verarbeitenden Einheiten, im Gegensatz zu den speichernden oder datenübertragenden Einheiten. Die Entwicklung dieser Einheiten stellt daher ein besonderes Anliegen der modernen Technologie und
Schaltkreistechnik dar. In diesem Kapitel haben wir uns auf die grundlegenden Prinzipien und
Techniken der Addition, Subtraktion, Multiplikation und einiger organisatorischer Operationen
beschränkt.

Bei allen diesen Operationen sind die Auflösung, die Operationsgeschwindigkeit, die Schaltkreis-
komplexität und der Leistungsverbrauch entscheidende Entwurfskriterien. Da die Genauigkeit von
der Datenwortlänge abhängt, besteht im allgemeinen eine Unvereinbarkeit zwischen hoher Genauigkeit und geringem Schaltkreisaufwand. Eine technische Realisierung dieser Komponenten
stellt daher immer einen Kompromiß dar, wobei die Begrenzung durch die zur Verfügung stehende
Technologie und durch Wirtschaftlichkeitsaspekte gegeben ist. Wenn alle Hardwareeinheiten ihre
Operationen durch Nachschlagen in einer elektronischen Wertetabelle ausführen, ist die kleinste
Operationszeit erreichbar, es ist nur die Zugriffszeit zur Wertetabelle erforderlich. Dieses Konzept
benötigt hingegen sehr viel Speicherplatz und findet daher nur für Sonderzwecke eine Anwendung.

Nicht dargestellt wurden in diesem Kapitel Hardwareeinheiten zur Verknüpfung von Gleitkommazahlen. In kleineren Rechnern gibt es diese Einheiten nicht, denn dort werden alle Gleitkomma-
operationen durch eine Abfolge von Steuerbefehlen (Funktionsunterprogramm) erzeugt. Diese
Befehle steuern eine ALU, die nur Festkommazahlen verarbeiten kann. Die vorhandene Hardwarestruktur wird also für diese Aufgabe mit zusätzlicher Software (Programme für Gleitkomma-
arithmetik) vervollständigt.

6 Codierer und Datenwegschaltungen

In diesem Kapitel wird eine Klasse von Schaltnetzen beschrieben, die eine bestimmte Anzahl von
Eingangsleitungen nach einer gegebenen Vorschrift auf eine größere Anzahl von Ausgangsleitungen
verteilt. Ebenso wird das Auswählen — das Gegenteil zur Verteilung — beschrieben. Diese Operation wird notwendig, wenn eine bestimmte Anzahl von Eingangsleitungen nach einer gegebenen
Vorschrift für eine kleinere Anzahl von Ausgangsleitungen ausgewählt werden (Bild 6.1).

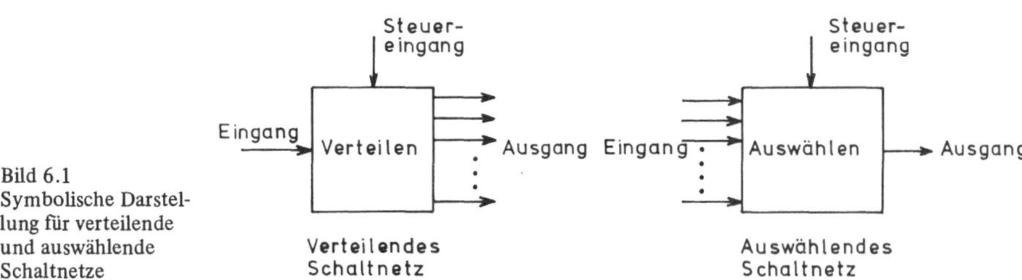

Bild 6.1
Symbolische Darstel-
lung für verteilende
und auswählende
Schaltnetze

Verteilende Schaltnetze sind sowohl der Decoder als auch der Demultiplexer. (Ebenso wie das
englische Wort für Verteilung: Distribution, beginnen beide Begriffe mit dem Buchstaben D, was
als Gedächtnisstütze empfohlen sei.) Die Decoderbausteine, welche anschließend dargestellt werden, wandeln den Dualcode von der Wortlänge $i = ld(n)$ in den 1-aus-n-Code von der Wortlänge n
um. Der Demultiplexer dient zur Verteilung von Eingangsdatenworten (x) auf eine Anzahl (m)
von Ausgangsdatenworten $(y = mx)$. Zusätzliche Steuerdaten geben an, welche Ausgangsdatenlei-
tungen das Eingangsdatenwort übernehmen sollen.

Auswählende Schaltnetze sind der Encoder und der Multiplexer. Das nachfolgend beschriebene
Encoder-Schaltnetz ist das Gegenstück zum Decoder-Schaltnetz; mit ihm läßt sich der 1 aus n-
Code in den Dualcode umwandeln. Der Multiplexer dient zur Auswahl einer Anzahl (m) von

Eingangsdatenworten (x) auf ein Ausgangsdatenwort $(y = \frac{x}{m})$. Auch hier wählen zusätzliche

Steuerdaten das Eingangsdatenwort aus, welches dem Ausgang zugeführt werden soll.

6.1 Binäre Codierschaltnetze

Im Schaltungsentwurf besteht oft die Aufgabe, binärcodierte Datenworte in einen anderen Code
umzuformen (bzw. auch zurückzuformen). Mit der bekannten Schaltlogik lassen sich derartige
Codeumformer als Schaltnetze entwerfen. Das zu entwerfende Codierschaltnetz muß demnach
eine vorgegebene eindeutige Zuordnungsvorschrift von den Zeichen eines Zeichenvorrats zu den
Zeichen eines anderen Vorrats realisieren. Zeichenmengen, die in der Schaltlogik zur Anwendung
kommen, werden Binärcodes genannt. Gebräuchliche Binärcodes sind z.B. der Dualcode, der
BCD-Code (**B**inärcode für **D**ezimalziffern), der Gray-Code und der 1-aus-n-Code. Es wird nun der

Entwurf von Codeumsetzern vom Dualcode in den 1-aus-n-Code (Decoder-Schaltnetz) und umgekehrt – vom 1-aus-n-Code in den Dualcode (Encoder-Schaltnetz) – dargestellt (Bild 6.2).

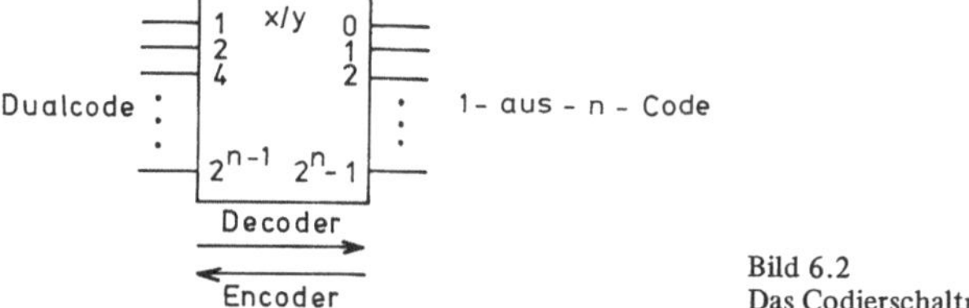

Bild 6.2
Das Codierschaltnetz

Anhand der Tafel 6.1 wird die Zuordnungsvorschrift zwischen dem Dualcode und dem 1-aus-n-Code gezeigt.

Tafel 6.1 Zuordnungsvorschrift zwischen Dual- und 1-aus-n-Code

Dezimalzahl	Dualcode	1-aus-n-Code 5 4 3 2 1 0	
0	0 0 0	...0 0 0 0 0 1	
1	0 0 1	...0 0 0 0 1 0	
2	0 1 0	...0 0 0 1 0 0	
3	0 1 1	...0 0 1 0 0 0	
4	1 0 0	...0 1 0 0 0 0	
5	1 0 1	...1 0 0 0 0 0	$n = 6$
.	.	.	
.	.	.	
.	.	.	

Der 1-aus-n-Code kann durch zwei Eigenschaften beschrieben werden:

1. Die Anzahl der Binärstellen ist gleich der Anzahl der darzustellenden Zahlenwerte n.
2. Es ist nur jeweils eine Bitstelle des Codewortes dem Logikwert 1 (bzw. 0) zugeordnet, alle anderen Bitstellen haben den Logikwert 0 (bzw. 1).

Dieser Code wird überall dort eingesetzt, wo einem dualcodierten Datenwort ein einziger exklusiver Logikwert zugeordnet werden muß, wie es z.B. für die Adressierung von Speichermatrizen gegeben ist.

Dort wird zur Reduzierung der Speicherchipanschlüsse ein Adreßdecoder mit auf das Speicherchip integriert [vgl. Kap. 8.1].

6.1.1 Der Decoder (Codeentschlüssler)

Anhand eines Beispiels soll der Entwurf eines Decodierschaltnetzes gezeigt werden. Der gesuchte Decoder soll die 2-stellige Dualzahl an seinem Eingang zur Aktivierung eines der vier exklusiv auswählbaren Ausgänge heranziehen (Bild 6.3).

Eingangs-variable		Ausgangs-variable			
y	x	a	b	c	d
0	0	1	0	0	0
0	1	0	1	0	0
1	0	0	0	1	0
1	1	0	0	0	1

Bild 6.3
Ein 2 zu 4 Decoder mit Wertetabelle

Zum Entwurf dieses Schaltnetzes werden die Logikfunktionen für die einzelnen Ausgänge (a, b, c, d) nach dem Veitch-Karnaugh-Verfahren ermittelt (Bild 6.4).

Mit den gefundenen Logikfunktionen entsteht das Decodierschaltnetz von Bild 6.5.

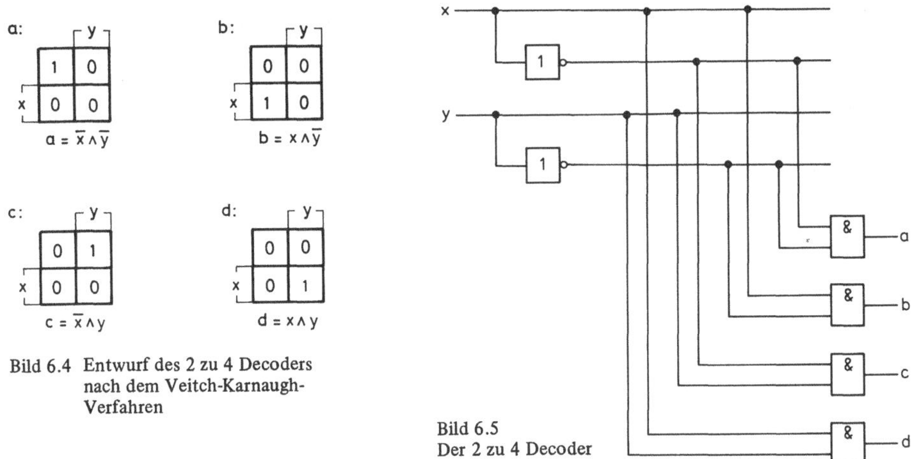

Bild 6.4 Entwurf des 2 zu 4 Decoders
nach dem Veitch-Karnaugh-
Verfahren

Bild 6.5
Der 2 zu 4 Decoder

Nach gleichem Verfahren können auch größere Decodierschaltnetze entworfen werden wie.z.B. der 3 zu 8 Decoder.

Die Schaltnetzrealisierung ist in Bild 6.6 dargestellt.

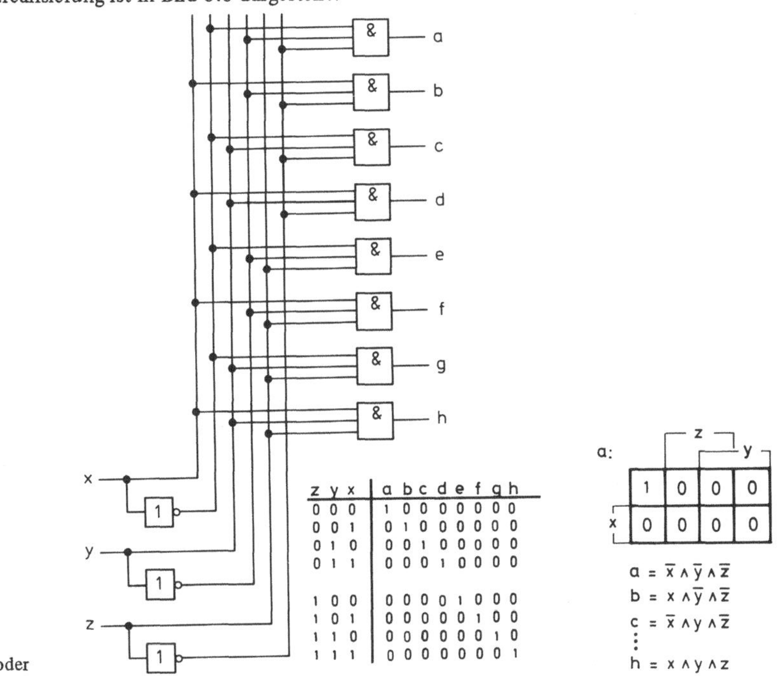

Bild 6.6
Der 3 zu 8 Decoder

z y x	a b c d e f g h
0 0 0	1 0 0 0 0 0 0 0
0 0 1	0 1 0 0 0 0 0 0
0 1 0	0 0 1 0 0 0 0 0
0 1 1	0 0 0 1 0 0 0 0
1 0 0	0 0 0 0 1 0 0 0
1 0 1	0 0 0 0 0 1 0 0
1 1 0	0 0 0 0 0 0 1 0
1 1 1	0 0 0 0 0 0 0 1

$a = \overline{x} \wedge \overline{y} \wedge \overline{z}$

$b = x \wedge \overline{y} \wedge \overline{z}$

$c = \overline{x} \wedge y \wedge \overline{z}$

⋮

$h = x \wedge y \wedge z$

Eine weitere, wichtige Eigenschaft von Decodern ist die modulare Expandierbarkeit, d.h. das Zusammensetzen eines Decoders aus kleineren Decodierbausteinen. Ein Decodierbaustein muß, um sich in einer Gruppe gleichartiger Bausteine zu einer größeren Einheit ergänzen zu können, noch mit einem Aktivierungseingang E (engl. Enable = ermöglichen) ausgestattet werden. Diese Maßnahme wird als Ergänzung zum 2 zu 4 Decoder von Bild 6.5 in Bild 6.7 gezeigt.

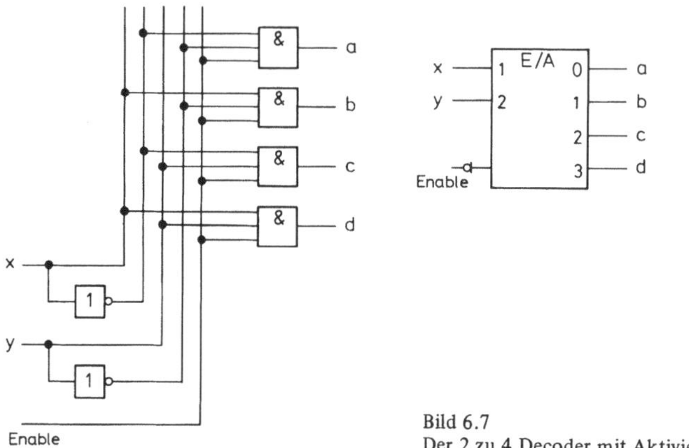

Bild 6.7
Der 2 zu 4 Decoder mit Aktivierungseingang

Durch den Aktivierungseingang ist der Decoder zu einem modularen Baustein geworden, mit dem z.B. ein 3 zu 8 Decoder aufgebaut werden kann (Bild 6.8).

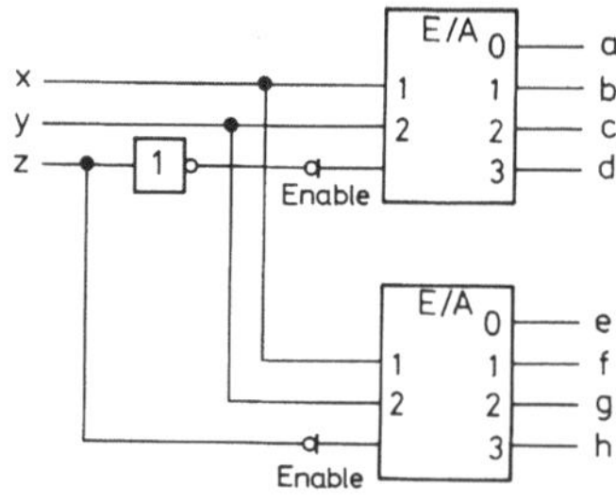

Bild 6.8
Ein 3 zu 8 Decoder aus zwei 2 zu 4 Decodern

6.1.2 Der Encoder (Codeverschlüssler)

Der Encoder ist ein Schaltnetz, in dem die Schaltfunktionen realisiert sind, die eine Umkehrung gegenüber der Decoderschaltfunktion darstellen (vgl. Bild 6.2). Zum Entwurf eines 4 zu 2 Encoderschaltnetzes wird die Wertetabelle von Bild 6.3 übernommen, nur mit dem Unterschied, daß die Eingangs- und Ausgangsvariablen vertauscht werden.

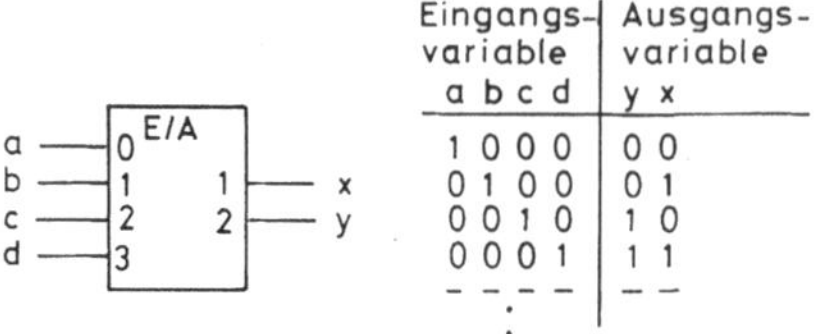

Eingangs-variable				Ausgangs-variable	
a	b	c	d	y	x
1	0	0	0	0	0
0	1	0	0	0	1
0	0	1	0	1	0
0	0	0	1	1	1

Bild 6.9
Ein 4 zu 2 Encoder mit Wertetabelle

Nun werden die Logikfunktionen für die einzelnen Ausgänge (x, y) nach dem Veitch-Karnaugh-Verfahren ermittelt (Bild 6.10):

Mit den gefundenen Logikfunktionen entsteht das Schaltnetz in Bild 6.11.

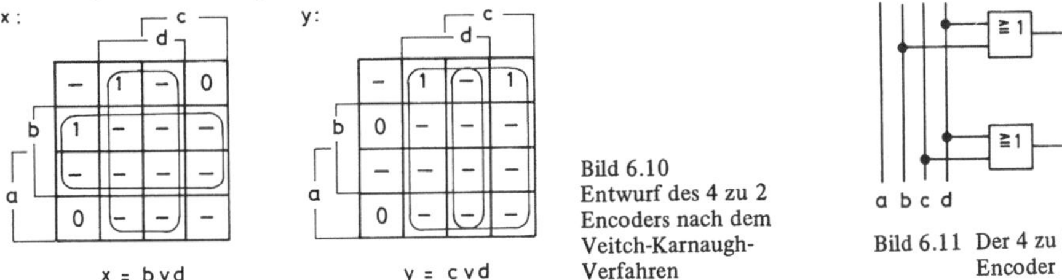

$x = b \vee d$

$y = c \vee d$

Bild 6.10
Entwurf des 4 zu 2
Encoders nach dem
Veitch-Karnaugh-
Verfahren

Bild 6.11 Der 4 zu 2
Encoder

Für die gefundene Schaltung muß gesichert sein, daß nur der 1-aus-n-Code als Eingangsbitkombination auftreten kann. Die große Anzahl der freien Plätze (–) in der Veitch-Karnaugh-Tafel zeigt an, daß der Encoder nur dann richtig arbeitet, wenn der 1-aus-n-Code am Eingang des Schaltnetzes anliegt. Liegt z.B. (a, b, c, d) = (0101) an, dann entsteht am Ausgang (x, y) = (1, 1) was bedeutet, daß keine eindeutige Zuordnung zwischen Eingangs- und Ausgangscode existiert.

Hierzu ein Beispiel: Es soll von dem Tastenfeld eines Taschenrechners die dezimale Zifferninformation mit einem Encoder in den Dualcode umgeformt werden. Die Ziffern 0 bis 9 werden durch Tastenschalter, die an den Encoder-Eingängen angeschlossen sind, erzeugt (Bild 6.12).

Die Logikfunktionen des Encoders lauten:

$a_3 = e_9 \vee e_8$

$a_2 = e_7 \vee e_6 \vee e_5 \vee e_4$

$a_1 = e_7 \vee e_6 \vee e_3 \vee e_2$

$a_0 = e_9 \vee e_7 \vee e_5 \vee e_3 \vee e_1$

Der Encoder arbeitet nur dann zuverlässig, wenn stets nur eine Taste gedrückt wird, was der Exklusivbedingung des 1-aus-n-Codes entspricht. Da es jedoch nicht sicher ist, daß immer nur eine Taste gedrückt wird, kann die Exklusivbedingung z.B. durch eine mechanische Tastenverriegelung erfüllt

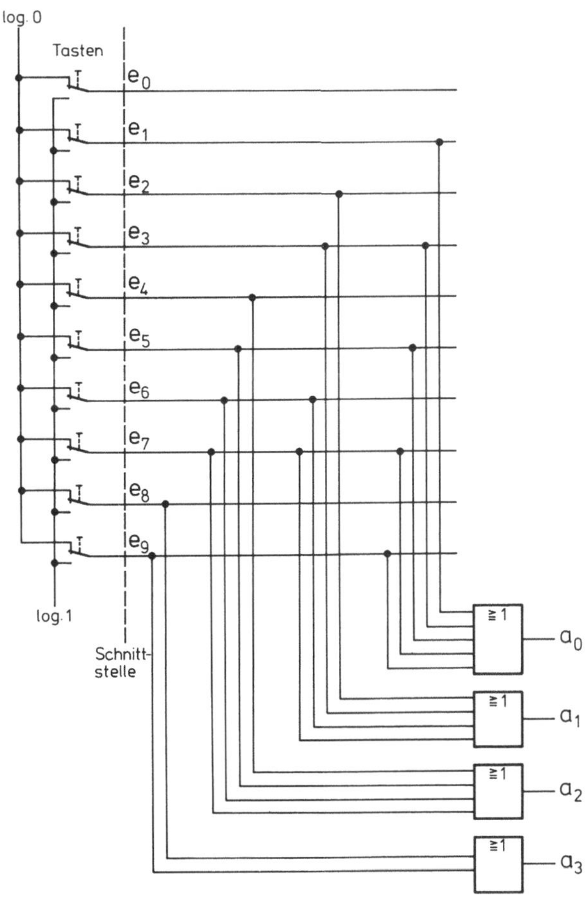

Bild 6.12 Ein Dezimalziffern-Encoder

werden. Diese Verriegelung sperrt die anderen Tasten, sobald eine Taste betätigt ist. Die bessere, elektronische Behandlung dieser Bedingung kann durch eine Prioritätenschaltkette erfolgen, die bei gleichzeitiger mehrfacher Schalterbetätigung nur eine Tasteninformation passieren läßt. Diese Schaltkette gewährt immer dem Eingang mit dem höchsten Rang den Durchlaß zum Ausgang (Bild 6.13).

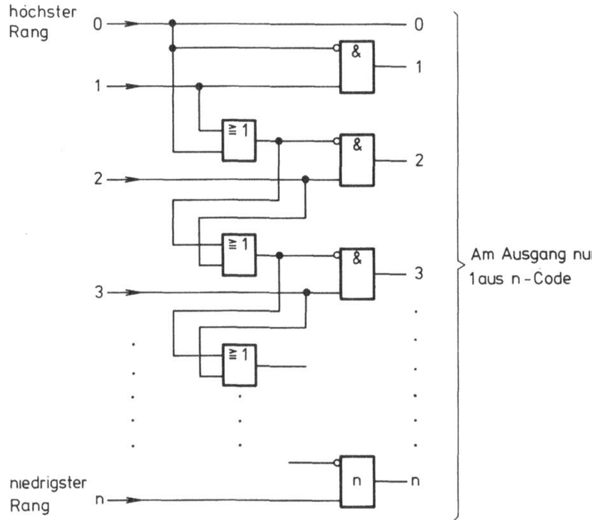

Bild 6.13 Eine Prioritätenschaltkette

Wird die Prioritätenschaltkette von Bild 6.13 in die Schnittstelle von Bild 6.12 eingefügt, so ist der 1-aus-n-Code für den nachgeordneten Encoder gesichert. Die Tasten des Taschenrechners werden jedoch, um Anschlüsse zum Rechnerbaustein zu sparen, bei jeder Eingabe von Tasteninformationen nacheinander abgefragt. Das Beispiel in Bild 6.12 soll nur zeigen, wie der geforderte 1-aus-n-Code sicher erzeugt werden kann. Der Encoder kann, wie auch der Decoder, mit einem Aktivierungseingang versehen werden. Dieser Aktivierungseingang ist jedoch nicht zur modularen Expansion des Encoders verwendbar, sondern dient nur als Eingang, mit dem man die Inbetriebnahme des Encoders steuern kann. Ausgehend vom Encoder in Bild 6.11 wird diese Möglichkeit in Bild 6.14 angegeben.

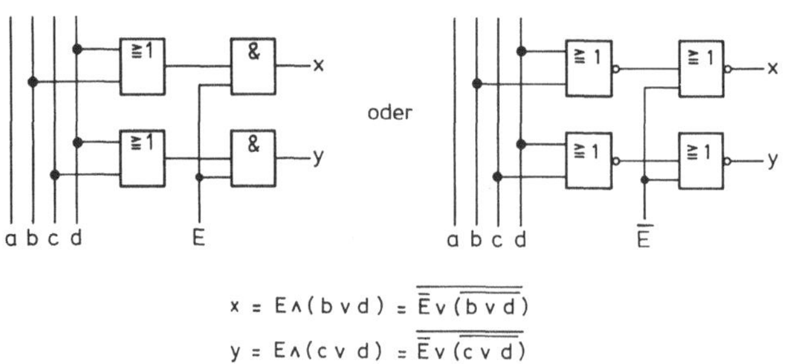

$$x = E \wedge (b \vee d) = \overline{\overline{E} \vee \overline{(b \vee d)}}$$
$$y = E \wedge (c \vee d) = \overline{\overline{E} \vee \overline{(c \vee d)}}$$

Bild 6.14 Der 4 zu 2 Encoder mit Aktivierungseingang

6.2 Datenwegschaltungen

Die verschiedenen digitalen Funktionseinheiten eines Rechners wie Leitwerk, ALU, Register, Datenbus usw., korrespondieren mit zwei grundsätzlichen Datentypen: den Steuersignaldaten und den zu verarbeitenden Rechendaten. Die Steuersignale werden von einem Leitwerk (Steuerwerk) erzeugt und unmittelbar zur Aktivierung der Funktionseinheiten an diese herangeführt. Die Rechendaten werden entsprechend der vorgegebenen Programmvorschrift nacheinander den verschiedenen Funktionseinheiten zur Bearbeitung über die hierfür vorgesehenen Datenwegschaltungen zugeführt. Für diese Aufgabe sind Schaltnetze, wie der Datenverteiler (Demultiplexer) und der Datenauswähler (Multiplexer), entwickelt worden (Bild 6.15).

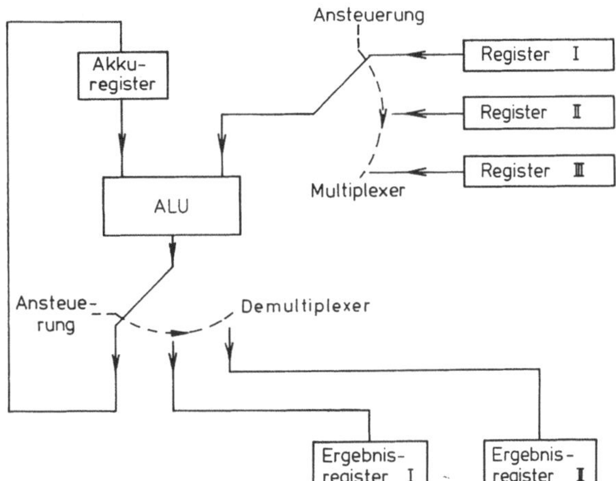

Bild 6.15
Beispiel eines Einsatzes für einen
Multiplexer und Demultiplexer an
einer ALU

Eine weitere wichtige Datenwegschaltung ist der Datenbus, an welchen die verschiedenen Funktionseinheiten mit aktivierbaren Bus-Treibern oder MOS-Transmission Gates angeschlossen werden (Bild 6.16).

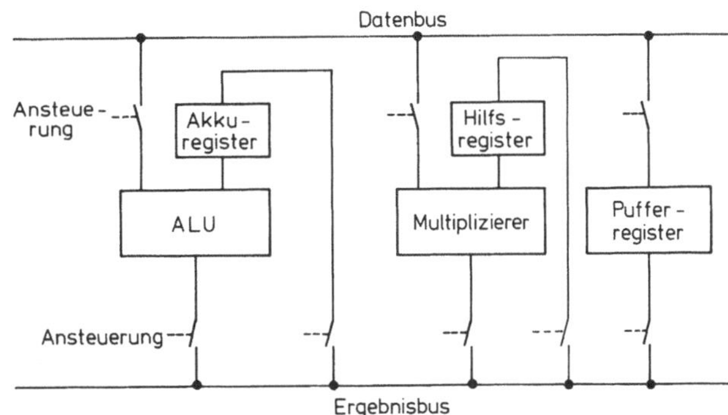

Bild 6.16
Bustreiber als Datenwegschalter

6.2.1 Multiplexer (Datenauswähler)

Für den Entwurf eines 2 zu 1 Multiplexers kann das Multiplexersymbol aus Bild 6.15 zur Festlegung des Ein/Ausgabeverhaltens in einer Wertetabelle dienen (Bild 6.17).

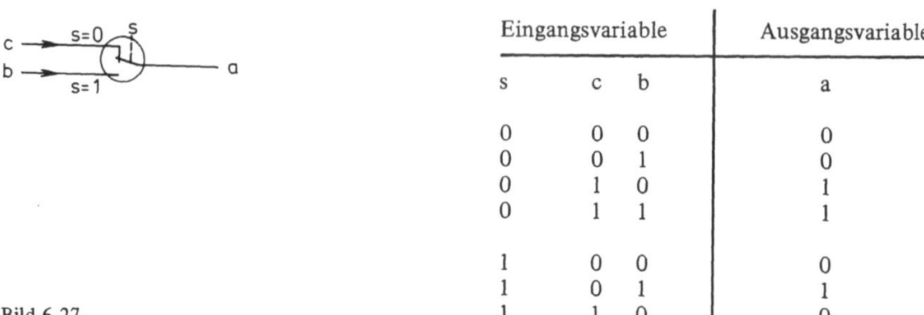

Eingangsvariable			Ausgangsvariable
s	c	b	a
0	0	0	0
0	0	1	0
0	1	0	1
0	1	1	1
1	0	0	0
1	0	1	1
1	1	0	0
1	1	1	1

Bild 6.27
Ein 2 zu 1 Multiplexer mit Wertetabelle

Um diesen Multiplexer durch elektronische Schaltkreise ersetzen zu können, muß die minimale
Logikfunktion $a = f(s, c, b)$ gefunden werden.

Nach dem Veitch-Karnaugh-Verfahren erhält man das Schaltnetz in Bild 6.18.

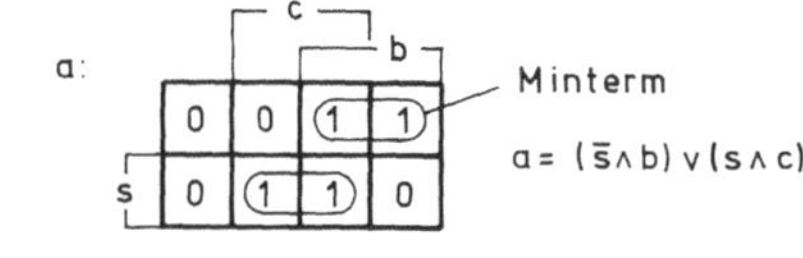

Schaltbild:

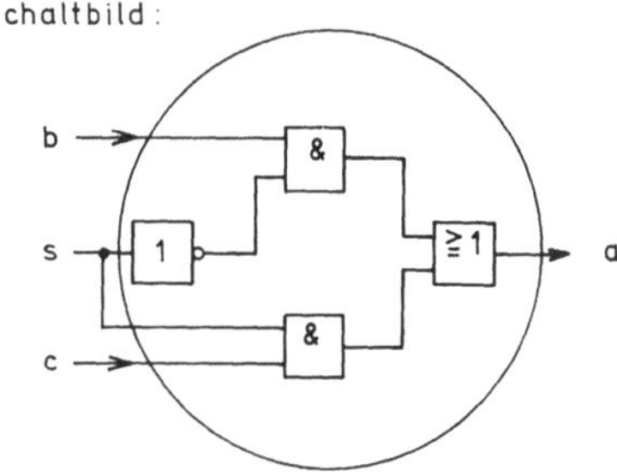

Bild 6.18
Der 2 zu 1 Multiplexer in minimaler disjunktiver Normalform

Das Schaltbild des 2 zu 1 Multiplexers zeigt alle prinzipiellen Bestandteile eines Multiplexers.
Die UND-Gatter dienen zur Datenwegauswahl, das ODER-Gatter nur zur rückwirkungsfreien Vereinigung der beiden Datenwege. Der Inverter dient zur Entschlüsselung (bzw. Decodierung) des
Steuerbits vom Dualcode in den 1-aus-n-Code (hier $n = 2$). Dieses Konzept kann zur Entwicklung
größerer Multiplexer herangezogen werden, indem man die beiden Funktionseinheiten des Multiplexers, den Decoder und die Datenwegschaltung, getrennt entwirft und danach zusammenfügt
(Bild 6.19).

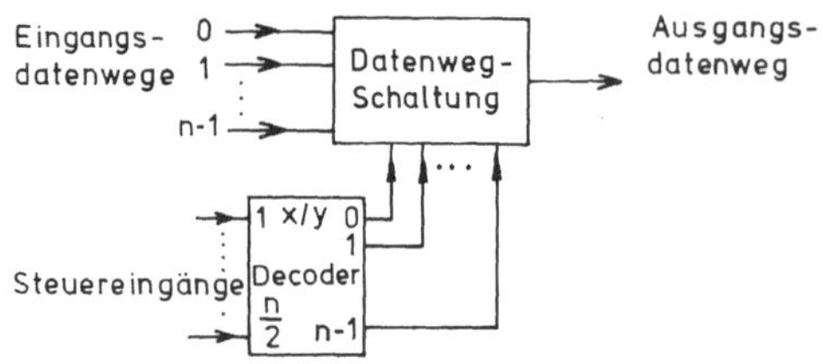

Bild 6.19
Die Blockstruktur eines Multiplexers

Der Entwurf eines 4 zu 1 Multiplexers kann nun analog durchgeführt werden (Bild 6.20).

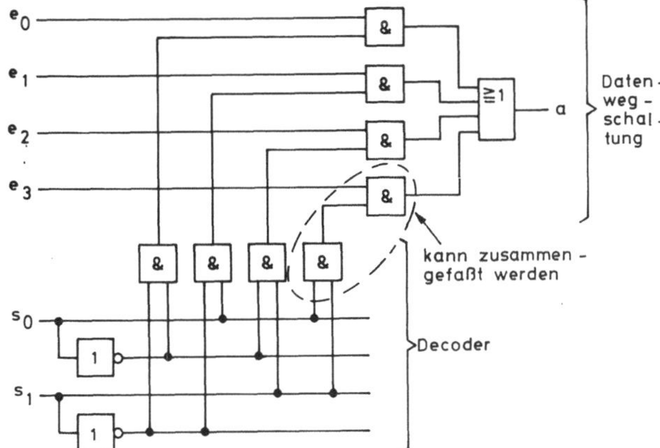

Bild 6.20
Ein 4 zu 1 Multiplexer

Obiger Multiplexer läßt sich noch vereinfachen; wie in Bild 6.20 angedeutet, kann jeweils ein UND-Gatter aus dem Decoder und der Datenwegschaltung zusammengefaßt werden, was eine Einsparung an Schaltlogik erbringt. In Bild 6.21 wird ein 4 zu 1 Multiplexer mit dieser Verbesserung und einem zusätzlichen Aktivierungseingang gezeigt. Der Aktivierungseingang E (engl. Enable = Ermöglichen) erlaubt die Verwendung des 4 zu 1 Multiplexers als modularen Baustein für den Aufbau eines größeren, zusammengesetzten Multiplexers.

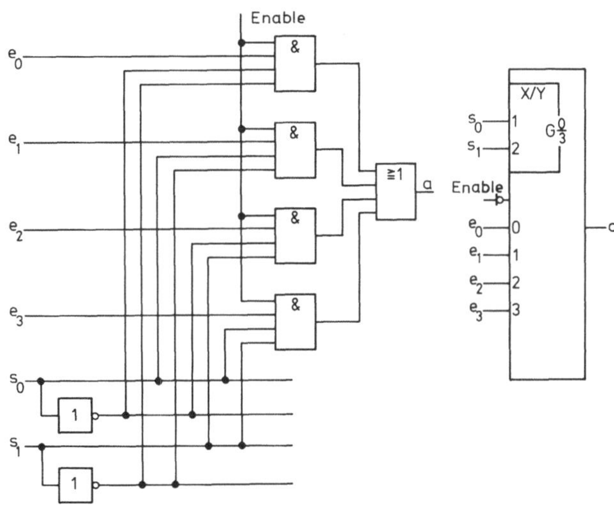

Bild 6.21
Der 4 zu 1 Multiplexer mit
Aktivierungseingang

Der in Bild 6.21 dargestellte 4 zu 1 Multiplexer ist als Grundbaustein für jeden 4 · n zu 1 Multiplexer zu verwenden. Als Beispiel ist ein 8 zu 1 Multiplexer in Bild 6.22 angegeben.

Eine weitere Variation eines Multiplexerschaltnetzes ist durch die Parallelschaltung von Multiplexern gegeben (Bild 6.23).

Der Multiplexer in Bild 6.23 kann als parallele Kombination von vier 2 zu 1 Multiplexern (Bild 6.18) angesehen werden (Bild 6.24).

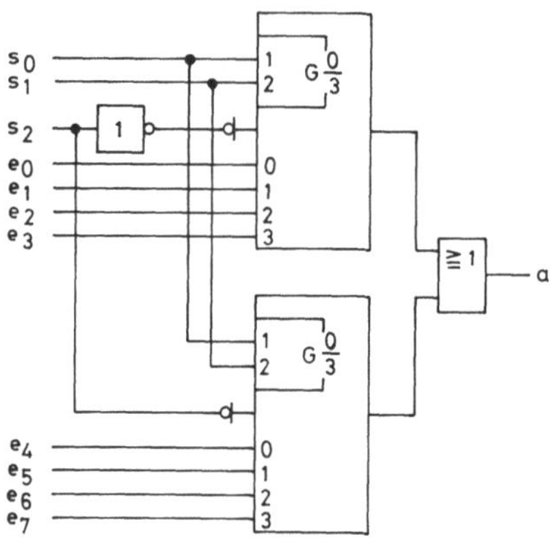

Bild 6.22 Ein 8 zu 1 Multiplexer

Bild 6.23
Das Blockschaltbild
eines 4 × 2 zu 4 × 1
Multiplexers

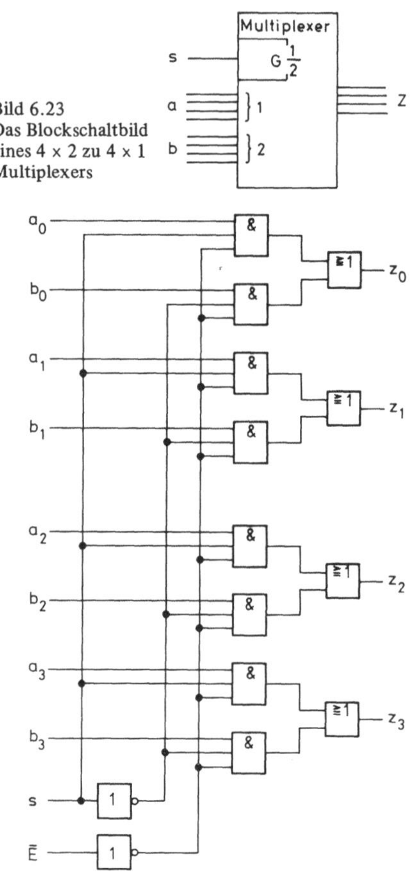

Bild 6.24
Das Schaltnetz des 4 × 2 zu 4 × 1 Multiplexers

6.2.2 Demultiplexer (Datenverteiler)

Das Gegenstück zum Multiplexer ist der Demultiplexer, der die Verteilung von Eingabedaten auf mehrere Ausgabeleitungen ermöglicht (Bild 6.25). Mit dem Demultiplexersymbol von Bild 6.15 kann das Ein/Ausgabeverhalten in einer Wertetabelle festgelegt werden.

Eingang		Ausgang	
s	a	b	c
0	0	0	*
0	1	1	*
1	0	*	0
1	1	*	1

* = offener Ausgang, ohne logischen Spannungspegel

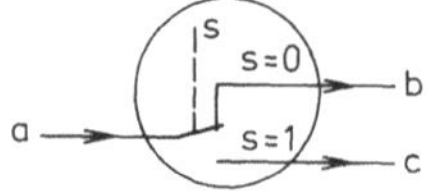

Bild 6.25 Ein 1 zu 2 Demultiplexer

Der Demultiplexer in Bild 6.25 ist für den Einsatz als Baustein nicht brauchbar, da sich an den offenen Ausgängen kein eindeutiger logischer Spannungspegel einstellt. Ist die diesem Demultiplexer nachgeordnete Funktionseinheit z.B. in MOS-Technik realisiert, kann sich ein beliebiger Spannungspegel einstellen, da die Eingänge dieser Logikfamilie sehr hochohmig sind. Dies hat ein undefiniertes Arbeiten der Gesamtschaltung zur Folge. Ist die nachgeordnete Schaltung hingegen in TTL-Technik realisiert, so kann davon ausgegangen werden, daß der offene TTL-Eingang einen eindeutigen Zustand am Ausgang erzeugt.

Für Demultiplexer in TTL-Technik wird dem „offenen" Demultiplexerausgang der Wert boolesch 1 zugeordnet. Dies ist, wie in Bild 6.26 dargestellt, für den Entwurf des Demultiplexers mithilfe von Gattern eine sinnvolle Zuordnung (* = boolesch 1)

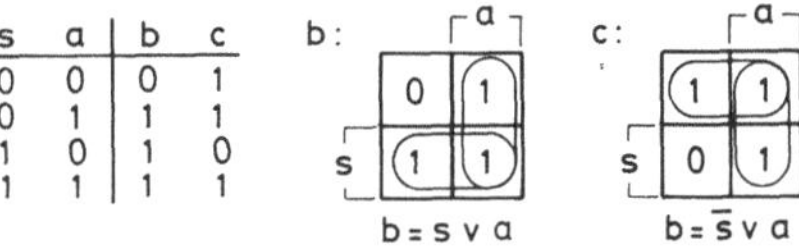

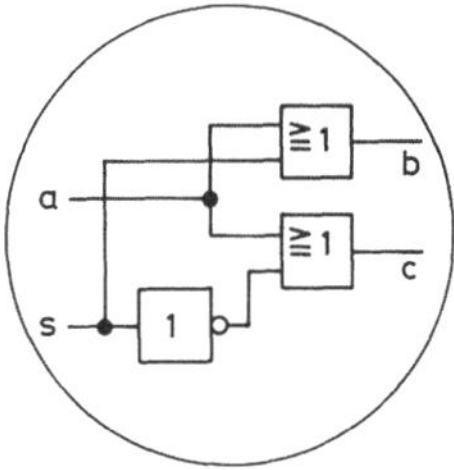

Bild 6.26
Ein 1 zu 2 Demultiplexer für TTL-Schaltlogik

Genau wie der Multiplexer, kann auch der Demultiplexer in Bestandteile zerlegt werden. Die beiden ODER-Gatter haben in Bild 6.26 die Aufgaben, den Datenweg zu schalten, während der Inverter als Decoder angesehen werden kann (Bild 6.27).

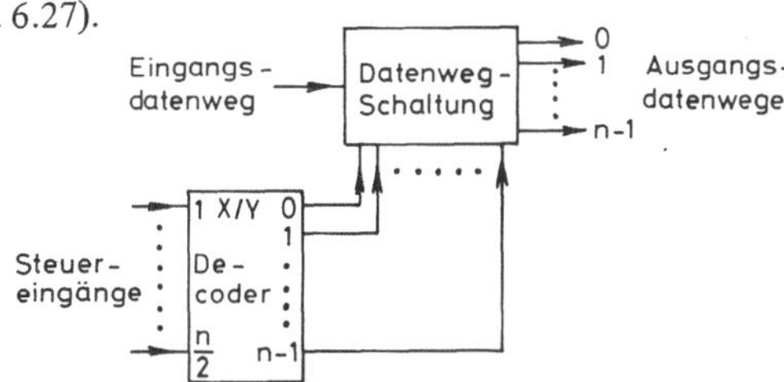

Bild 6.27
Die Blockstruktur eines Demultiplexers

Nach diesem Konzept wird nun ein 2×1 zu 2×4 Demultiplexer entworfen.

Der in Bild 6.28 gezeigte Demultiplexer läßt sich noch vereinfachen. Hierfür werden, wie bereits angedeutet, zwei ODER-Gatter zusammengefaßt. Auch ist es ohne zusätzlichen Schaltungsaufwand möglich, die gesamte Schaltung mit dem einfachsten TTL-Grundgatter, dem NAND-Gatter, aufzubauen.

Da $\quad a \vee b = \overline{\overline{a \vee b}} = \overline{\overline{a} \wedge \overline{b}}$ ist,

können alle ODER-Gatter durch NAND-Gatter ersetzt werden. Auch sind keine zusätzlichen Inverter notwendig, da die Adreßinformation (s_0, s_1) sowohl direkt als auch invertiert bereitsteht. In Bild 6.29 wird dieser vereinfachte 2×1 zu 2×4 Decoder mit zusätzlichem Aktivierungseingang E dargestellt.

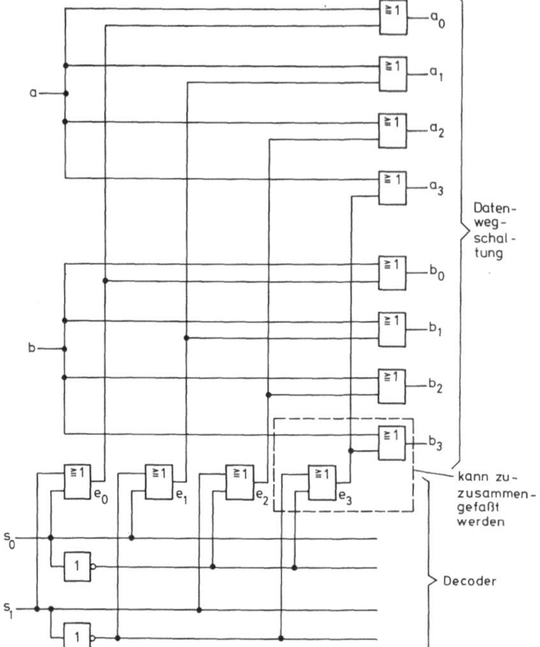

Bild 6.28
Ein 2 × 1 zu 2 × 4 Demultiplexer
für TTL Logik

Decoder – Wertetabelle:

s_0	s_1	e_0	e_1	e_2	e_3
0	0	0	1	1	1
0	1	1	0	1	1
1	0	1	1	0	1
1	1	1	1	1	0

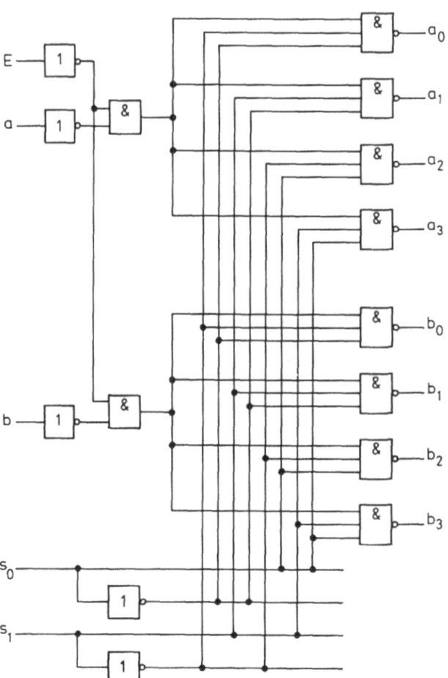

Bild 6.29
Der 2 × 1 zu 2 × 4 Demultiplexer mit
Aktivierungseingang für TTL Logik

Die gezeigten Demultiplexer wurden unter der Vereinbarung entworfen, daß alle Ausgänge, die aufgrund der Ansteuerung des Demultiplexers nicht mit dem Eingang verbunden sind, boolesch 1 ausgeben. Diese Vereinbarung ist jedoch keineswegs für den Demultiplexerentwurf verbindlich; gleichwohl kann auch den unverbundenen Ausgängen der Wert boolesch 0 zugeordnet werden.

6.2.3 Datenbus

Eine weitere Datenwegschaltung zur Verbindung mehrerer Funktionseinheiten ist der Datenbus (vgl. Bild 6.16).

Der Datenbus wird besonders häufig in Prozessoren von Rechenanlagen verwendet. Dort sind die verschiedenen arithmetischen Verknüpfungseinheiten, Speichereinheiten und Ein/Ausgabeeinheiten — je nach Programmvorschrift — nacheinander zu verbinden.

Für die Ankopplung der Funktionseinheiten an den Datenbus haben sich zwei Bausteine bewährt:

1. Der Bustreiber
2. Das MOS-Transmission-Gate

Anhand einiger Beispiele werden die Einsatzmöglichkeiten dieser Bauelemente beschrieben.

6.2.3.1 Bustreiber Der Bustreiber ist ein einfaches logisches Gatter mit einem Tri-State-Ausgang (Bild 6.30).

Der Ausgang des Gatters kann drei Zustände annehmen.

i	e	a
0	0	0
0	1	1
1	0	offen
1	1	offen

Wertetafel des Bustreibers

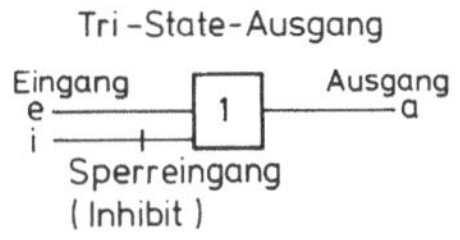

Bild 6.30 Das Tri-State-Gatter

Liegt am Unterdrückungseingang i (oft auch als Control Eingang bezeichnet) der Wert boolesch 0 an, dann wird das Eingangssignal e auf den Ausgang a durchgeschaltet; liegt dagegen der Wert boolesch 1 an, dann wird der Ausgang a abgeschaltet. In diesem Zustand sind alle mit dem Ausgang verbundenen Transistoren gesperrt und nachgeordnete Logikschaltungen können nicht mehr beeinflußt werden. Der Ausgang kann in diesem Betriebszustand als ein sehr hochohmiger Widerstand betrachtet werden. Genau diese Eigenschaft ermöglicht das Ankoppeln mehrerer Funktionseinheiten an einen Datenbus.

Eine übergeordnete Steuerlogik muß allerdings dafür sorgen, daß nicht zwei (oder mehr) Funktionseinheiten gleichzeitig Daten auf einen Bus senden wollen. Der Datenverkehr zwischen den verschiedenen Einheiten muß zeitlich versetzt erfolgen (Bild 6.31).

Für viele Funktionseinheiten ist es jedoch notwendig, Daten auf den Bus zu übertragen (senden) und Daten vom Bus zu erhalten (empfangen). Für diese Aufgabe wurde ein bidirektionaler Bustreiber (Zweiwegrichtung) entwickelt (Bild 6.32).

Der Ausgang a und der Eingang e des bidirektionalen Bustreibers können auch zusammengelegt werden; dadurch entsteht ein symmetrisches Element, welches bidirektional nach beiden Seiten ist (Bild 6.33).

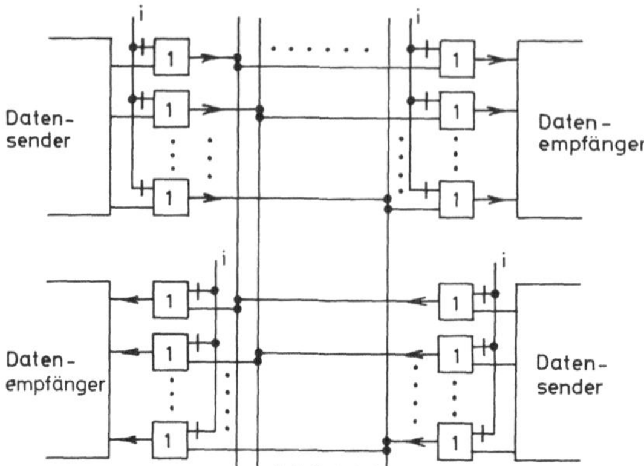

Bild 6.31
Der monodirektionale Datenbus

Ansteuerung i	r	Übertragungsweg
0	0	e → d (senden)
0	1	d → a (empfangen)
1	0	offen
1	1	offen

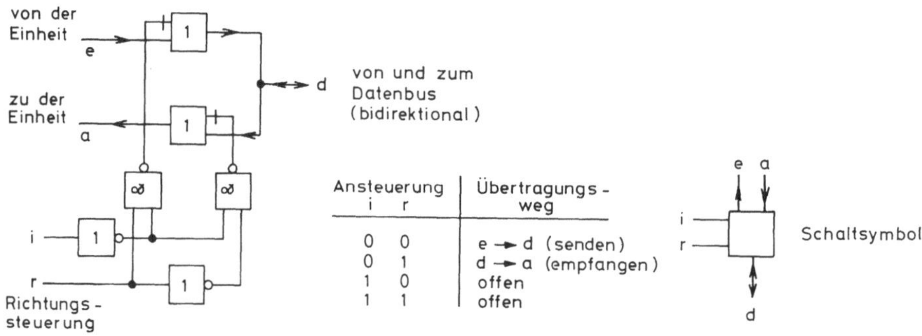

Bild 6.32 Ein bidirektionaler Bustreiber

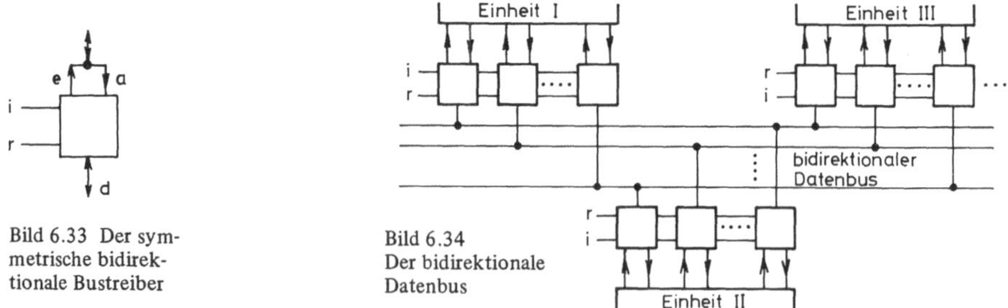

Bild 6.33 Der symmetrische bidirektionale Bustreiber

Bild 6.34
Der bidirektionale Datenbus

Der bidirektionale Bustreiber wird sehr oft zur Ankopplung von Operationswerken und Registern an einen universellen Datenbus verwendet (Bild 6.34). Natürlich dürfen nicht gleichzeitig mehrere Einheiten auf den Datenbus senden; denn wie bei einer sachlichen Diskussion zwei Teilnehmer nicht gleichzeitig reden sollten, darf auch nur eine Einheit zu einem bestimmten Zeitpunkt senden. (Problem des wechselseitigen Ausschlusses).

Die in Bild 6.34 dargestellte Datenwegschaltung erfüllt, je nach Ansteuerung der bidirektionalen Bustreiber, sowohl Multiplexer- als auch Demultiplexerfunktionen.

Der bidirektionale Datenbus kann daher als universeller Datenverteiler und Datenauswähler angesehen werden.

Auch kann sowohl mit dem Bustreiber jeder gewünschte Multiplexer als auch Demultiplexer „nach Maß", d.h. in passender Datenwortlänge, aufgebaut werden.

6.2.3.2 CMOS-Transmission Gate Das Transmission Gate ist bereits in Kapitel 3.2.4.2 als ein wichtiges Grundelement der CMOS-Technik behandelt worden. Dieses Bauelement hat eine Eigenschaft die es in der bipolaren Schaltungstechnik nicht gibt:

Es erlaubt, wenn es aktiviert ist, einen bidirektionalen Datenfluß. Es benötigt nicht, wie der bidirektionale Bustreiber in Bild 6.33 einen Eingang zur Richtungssteuerung. Ähnlich zum mechanischen Schalter ist im durchgeschalteten Fall ein bidirektionaler Datenfluß möglich. Eine geringe Einschränkung ist nur dadurch gegeben, daß im Durchlaßfall der Übergangswiderstand je nach Bauelementetyp $100\,\Omega - 1\,k\Omega$ beträgt während im gesperrten Fall der Übergangswiderstand größer $10^9\,\Omega$ ist.

Dieses Bauelement bietet, ebenso wie der Bustreiber, die Möglichkeit sowohl Datenbussysteme, als auch Multiplexer und Demultiplexer passend aufzubauen. Beim Entwurf von Demultiplexern mit Transmission Gates ist (wie auch bei Bustreibern) darauf zu achten, daß offene Ausgänge eindeutig einem Logikpegel zugeordnet werden, da sonst in der nachgeordneten Schaltung undefinierte Zustände auftreten können. In Bild 6.35 ist ein 1 zu 2 Demultiplexer mit CMOS-Transmission Gates durch zusätzliche Pull-Down-Widerstände für nachfolgende CMOS-Logik zur Vermeidung offener Ausgänge dargestellt.

Die Pull-Down-Widerstände bestimmen somit einen „0"-Pegel bei gesperrten Transmission Gates.

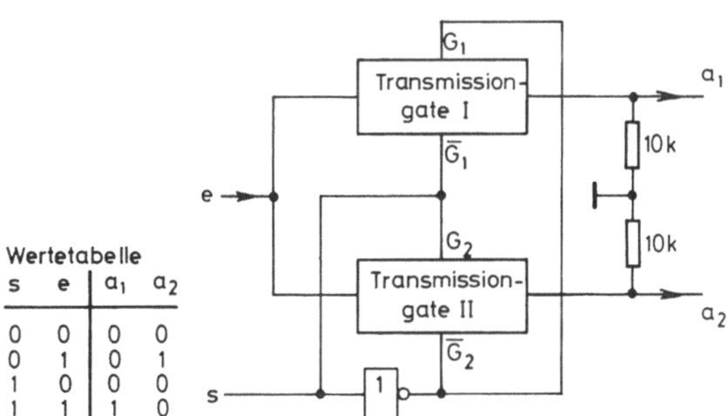

	Wertetabelle		
s	e	a_1	a_2
0	0	0	0
0	1	0	1
1	0	0	0
1	1	1	0

Bild 6.35
Ein 1 zu 2 Demultiplexer aus Transmission-Gates

7 Realisierungskonzepte für digitale Steuerwerke

Die technische Realisierung digitaler Steuerwerke kann hinsichtlich der Organisation in vier Gruppen unterteilt werden.

a) das festverdrahtete Steuerwerk
b) das Steuerwerk auf der Basis von programmierbaren logischen Einheiten (PLA)
c) das Steuerwerk auf der Basis von Halbleiterspeichern
d) das Steuerwerk auf der Basis von Mikroprozessoren

Von den genannten Gruppen sind die Steuerwerke b), c) und d) programmierbar.

Die zuletzt genannten Formen der Realisierung für digitale Steuerwerke sind erst in den letzten Jahren für den digitalen Steuerwerksentwurf äußerst interessant geworden, da die Halbleiterspeicher mit hoher Speicherkapazität kostengünstig verfügbar geworden sind.

7.1 Das festverdrahtete Steuerwerk

In der festverdrahteten Form wird eine aufgabenentsprechende Verdrahtung von Verknüpfungsgliedern und Flipflops zur Bildung der Ausgangs- und Zustandsvariablen aus den Eingangs- und Zustandsvariablen durchgeführt. Diese Form der Steuerwerksrealisierung kann als klassische Lösung angesehen werden.

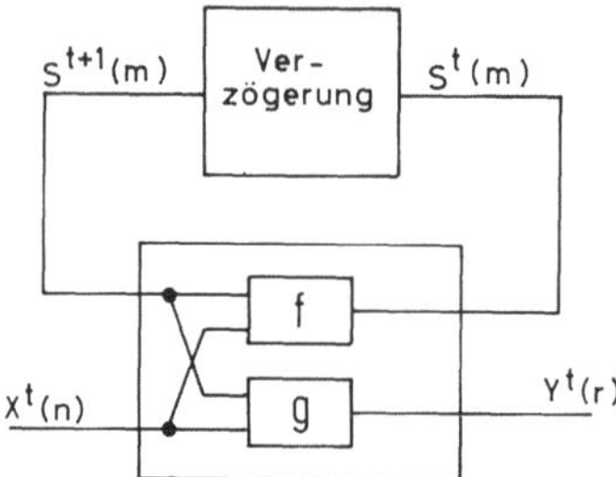

Bild 7.1
Zustandsmodell eines dynamischen Systems

Die technische Realisierung der Schaltnetzfunktionen g und f in Bild 7.1 sowie der Verzögerung erfolgt beim festverdrahteten Steuerwerk — wie der Name schon sagt — durch eine feste Verdrahtung diskreter Bauelemente.

Diese Schaltkreise, welche die logischen Verknüpfungen und die Speicherelemente repräsentieren, stehen heute überwiegend als integrierte Schaltungen zur Verfügung.

Der übliche Weg für den Aufbau eines festverdrahteten Steuerwerkes ist es, aus dem Angebot einer integrierten Schaltkreisfamilie zu wählen und die ausgewählten integrierten Schaltungen zu einem Schaltnetz oder Schaltwerk zu verbinden.

Die wichtigsten Schaltkreisfamilien sind:

— Dioden-Transistor-Logik   (DTL)
— Transistor-Transistor-Logik   (TTL)
— Emittergekoppelte-Logik   (ECL)
— Integrierte Injektions-Logik   (I^2L)
— Einkanal-MOS-FET-Logik   (PMOS) (NMOS)
— Komplementär-MOS-FET-Logik   (CMOS)

Die Vielseitigkeit des Angebotes an Verknüpfungselementen, Speicherbausteinen, Registern und
spezieller Schaltwerke innerhalb einer „Familie" ist unterschiedlich.

Die Verknüpfung der integrierten Schaltungen zu einem festverdrahteten Steuerwerk erfolgt dann
durch Verdrahtung (Lötverbindungen oder wire wrap) auf einer Trägerplatte oder mittels geätzter
Leiterplatten.

Der Komplexitätsgrad der Steueraufgabe ist durch die Zahl der unterschiedlichen Zustände und
erforderlichen Verknüpfungsfunktionen gekennzeichnet. Das festverdrahtete Steuerwerk ist sehr
inflexibel. Wird später einmal der Steueralgorithmus geändert, dann erfordert selbst eine geringfü-
gige Änderung der ursprünglichen Aufgabenstellung häufig einen neuen Entwurf der Steuerung.

7.2 Das Steuerwerk auf der Basis von programmierbaren logischen Einheiten (PLA)

Die Abkürzung PLA steht für „Programmable Logic Array". Eine derartige programmierbare
logische Anordnung besteht aus zwei integrierten logischen Verknüpfungsmatrizen, Invertern
und Flipflops. Diese Schaltungselemente sind im ursprünglichen Zustand des Halbleiterbausteins
nicht miteinander verknüpft.

In Bild 7.2 ist die Blockstruktur einer verknüpften programmierbaren logischen Anordnung dargestellt. Die Verknüpfung entsprechend der Steueraufgabe erfolgt mittels Maskenprogrammierung.

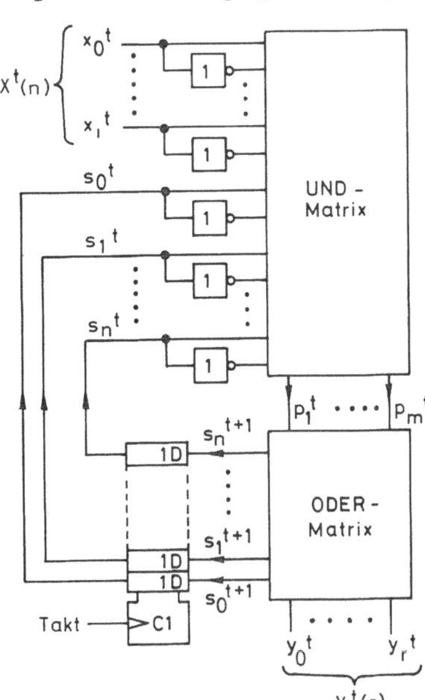

Bild 7.2
Blockstruktur einer programmierbaren
logischen Anordnung (PLA)

Die wesentlichen Komponenten der PLA bilden die beiden Verknüpfungsmatrizen.

Die erste Verknüpfungsmatrix ist eine UND-Matrix. Sie besteht aus NAND-Gattern, die jeweils maximal so viele Eingänge besitzen, wie Signale an die UND-Matrix herangeführt werden. Die Ausgangssignale P stellen somit NAND-Funktionen der Eingangssignale X, der Flipflopsignale S sowie deren Negationen dar.

Für ein willkürliches Beispiel erhält man einen Ausdruck der Form:

$$\mathbf{P}^t = \overline{x_0^t \wedge \bar{x}_1^t \wedge x_2^t \wedge \ldots x_i^t \wedge \bar{s}_0^t \wedge \ldots s_n^t}$$

Die Ausgangssignale P führen auf eine zweite Matrix, die ebenfalls aus NAND-Gattern besteht. Die Ausgangssignale Y stellen somit auch NAND-Funktionen dar. Die zweite Matrix wird als ODER-Matrix bezeichnet, denn die Verknüpfung von zwei NAND-Matrizen entspricht logisch der Verknüpfung einer UND- und einer ODER-Matrix. Für ein Ausgangssignal Y ergibt sich folgende Struktur:

$$\mathbf{Y}^t = \overline{p_1^t \wedge p_2^t \wedge p_3^t \wedge \ldots p_m^t}$$

Ebenso ergibt sich für einen Folgezustand:

$$\mathbf{S}^{t+1} = \overline{p_2^t \wedge p_2^t \wedge p_3^t \wedge \ldots p_m^t}$$

Mit Hilfe von PLA's lassen sich also besonders gut Schaltnetzfunktionen in disjunktiver Normalform realisieren.

Mit der Zwischenspeicherung der Folgezustände in Flipflops entsteht dann das Steuerwerk.

Vergleichen wir die Anordnung in Bild 7.1 und Bild 7.2, dann sehen wir, daß im Falle des PLA-Steuerwerkes die Realisierung der Schaltnetzfunktionen g und f durch eine programmierbare UND/ODER Matrix erfolgt.

7.3 Das Steuerwerk auf der Basis von Halbleiterspeichern

Die Möglichkeiten der Halbleitertechnologie zur Großintegration haben in starkem Maße den Systementwurf für digitale Steuerwerke beeinflußt.

Ähnlich wie für die programmierbaren logischen Einheiten (PLA) gilt dies auch für die Halbleiterspeicher.

Bei einem Steuerwerk auf der Basis von Halbleiterspeichern wird für den Algorithmus, der der Steuerwerksfunktion zugrunde liegt, ein Mikroprogramm geschrieben. Das Mikroprogramm wird anschließend in einen Speicher (Halbleiterspeicher) eingelesen (Bild 7.3).

$$\begin{aligned}
\text{Eingangsvariable} \quad & X^t(n) = x_n^t x_{n-1}^t \ldots x_1^t x_0^t \\
\text{Ausgangsvariable} \quad & Y^t(r) = y_r^t y_{r-1}^t \ldots y_1^t y_0^t \\
\text{Zustandsvariable} \quad & S^t(m) = s_m^t s_{m-1}^t \ldots s_1^t s_0^t
\end{aligned}$$

Bei einem derartigen mikroprogrammgesteuerten Schaltwerk steuert ein Taktgenerator die Übernahme der Eingangsvariablen $X^t(n)$ und Zustandsvariablen $S^{t+1}(m)$ in die zugehörigen Register. Die bei einem festverdrahteten Schaltwerk erforderlichen Verknüpfungsglieder sind dabei durch einen Speicher ersetzt.

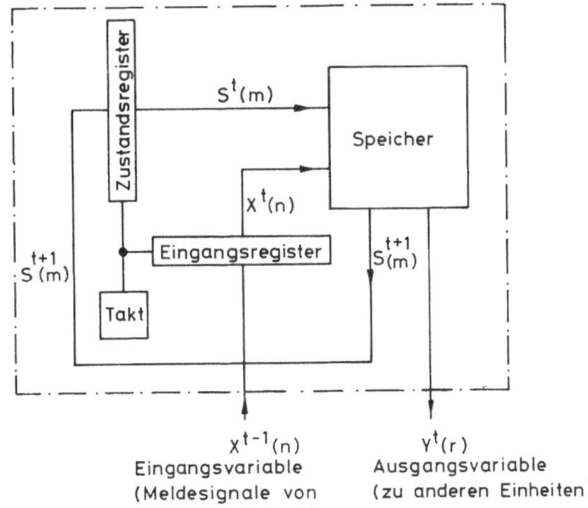

Bild 7.3
Blockstruktur eines Mikroprogramm-
Steuerwerkes mit Speicher

Eine Mikroprogramm-Steuerung enthält im wesentlichen einen programmierbaren, meistens wort-organisierten Speicher, in welchem die für den Ablauf der Steuerung einer digitalen Schaltung notwendige spezifische Information als Speicherinhalt festgelegt wird. Zu diesem Zweck definiert man verschiedene Elementarbefehlstypen, die sogenannten Mikrobefehle. Das Mikrobefehlswort besteht aus der Zustandsvariablen $S^{t+1}(m)$ und der Ausgangsvariablen $Y^t(r)$. Die Zustandsvariable bildet zusammen mit der Eingangsvariablen die Adresse für den nächstfolgenden Mikrobefehl.

Eine Änderung der Eingangsvariablen bedingt einen Sprung in eine andere Mikrobefehlssequenz.

Eine geordnete Folge von Mikrobefehlen, die den gesamten Steuerungsablauf kontrolliert, wird als Mikroprogramm bezeichnet. Wir wollen daher im folgenden das Steuerwerk auf der Basis eines Halbleiterspeichers als Mikroprogramm-Steuerwerk (MPST) bezeichnen. Das Schaltnetz des Mikroprogrammsteuerwerks besteht also nicht mehr aus einem festverdrahteten Logikgatter-Schaltnetz, sondern aus einem Speicher. Die bei einem festverdrahteten Steuerwerk erforderlichen Verknüpfungsglieder sind damit durch diesen Speicher ersetzt.

Das ursprüngliche Konzept einer Mikroprogrammspeicherung in einem Festwertspeicher als sequentielles Steuerwerk wurde zuerst von M. V. Wilkes[1][2][3] vorgeschlagen. Die eigentliche Bedeutung für universelle Steuerwerksanwendungen erlangte das Mikroprogramm-Steuerwerk jedoch erst durch die Entwicklung größerer wiederprogrammierbarer Halbleiterspeicher.

Die Entwicklung mikroprogrammierter sequentieller Schaltwerke für komplexere Steueraufgaben ist daher eng mit der technologischen Entwicklung der Halbleiterspeicher verknüpft.

---

1) W i l k e s, M. V.: The Best Way to Design an Automatic calculating Machine. Report of Manchester University. Inaugural Conference (July 1951)

2) W i l k e s, M. V.; S t r i n g e r, J. B.: Micro-programming and the Design of the Control Circuits in an Electronic Digital Computer. Proc. Cam. Phil. Soc. 49, 1953

3) W i l k e s, M. V.; R e n w i c k, W.; W e e h l e r, D. J.: The Design of the Control Unit of an Electronic Digital Computer. Proc. IEE, 105 B, 1958

7.4 Das Steuerwerk auf der Basis von Mikroprozessoren

Das programmgesteuerte Schaltwerk auf der Basis eines Mikroprozessors stellt die flexibelste
Lösung der Steuerwerksrealisierung dar. Der Mikroprozessor ist insofern eine Erweiterung des
Mikroprogramm-Steuerwerks als er zusätzliche Arbeitsregister und eine Arithmetisch-Logische
Einheit (ALU) enthält (Bild 7.4 und 7.5).

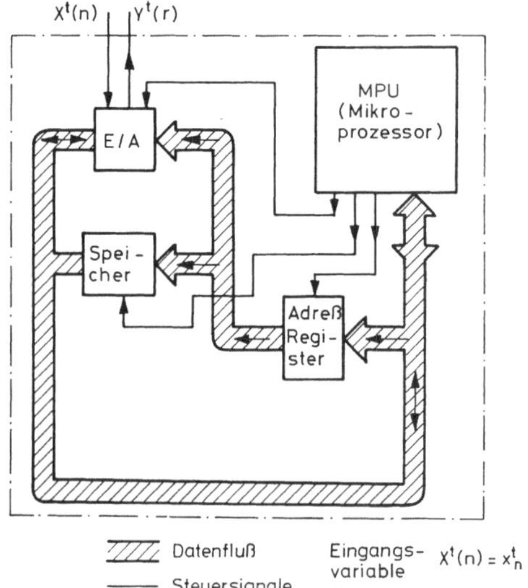

Bild 7.4
Blockstruktur eines programmge-
steuerten Schaltwerkes auf der
Basis eines Mikroprozessors

Bei einem Mikroprogramm-Steuerwerk steht für die Zwischenspeicherung der Schaltwerkszustände
nur ein Register zur Verfügung. Bei einem Mikroprozessor dagegen stehen mehrere adressierbare
Register bereit. Damit können die Schaltwerkszustände in verschiedenen Registern abgespeichert
werden und mit einer Einheit, die arithmetisch-logische Operationen durchführt, verknüpft werden. Dadurch erhält man mehr Freiheitsgrade und somit auch eine größere Flexibilität im Steuerwerksentwurf.

Unter einem Mikroprozessor wird eine einzelne integrierte Schaltung verstanden, die die Arithmetisch-Logische Einheit (ALU), verschiedene Arbeitsregister und ein internes Steuerwerk für die Ablaufsteuerung enthält (Bild 7.5).

Ergänzt man einen Mikroprozessor mit einem Arbeitsspeicher und einer Ein-/Ausgabeeinheit,
so entsteht ein Mikrocomputer. Er ist die Minimalkonfiguration eines arbeitsfähigen Systems.

Das Programmieren eines Mikrocomputers geschieht im Gegensatz zum Mikroprogramm-Steuerwerk meistens auf einer höheren Ebene von Befehlen.

Diese Befehle werden als Makrobefehle bezeichnet und stellen eine Sequenz von Mikrobefehlen
dar.

Der Satz der möglichen Befehlstypen ist bei jedem System speziell vorgegeben. Das Anwender-
programm, bestehend aus Makrobefehlen wird von dem Mikroprozessor als eine Folge von Mikro-

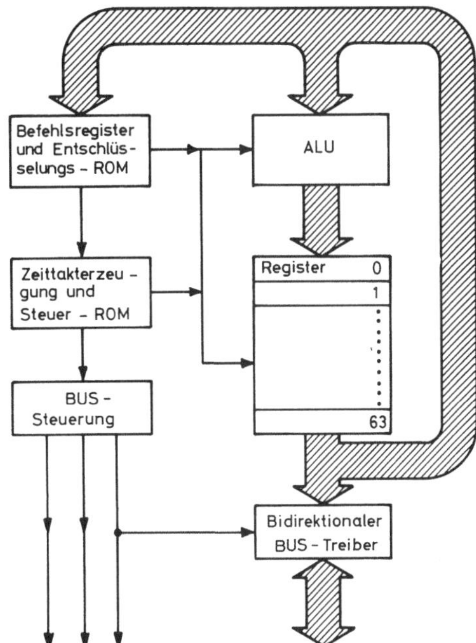

Bild 7.5
Strukturbild eines Mikroprozessors

befehlen schrittweise ausgeführt, wodurch die Verknüpfung der Eingangs- und Zustandsvariablen erzeugt wird. Die Anwenderprogramme und die Zustandsdaten sind in einem Speicher abgelegt, den man sich als Programm- und als Zustandsspeicher denken kann. Bei entsprechend übersichtlicher Organisation der Anwenderprogramme lassen sich mit einem Schaltwerk auf der Basis von Mikroprozessoren auch große steuerungstechnische Komplexitätsgrade realisieren.

7.5 Zusammenfassung

Für die technische Realisierung von Steuerwerken haben wir vier grundlegende Konzepte kennengelernt:

a) das festverdrahtete Steuerwerk
b) das Steuerwerk auf der Basis von programmierbaren logischen Einheiten (PLA)
c) das Steuerwerk auf der Basis von Halbleiterspeichern
d) das Steuerwerk auf der Basis von Mikroprozessoren

Eine eindeutige Antwort, welche der vier Möglichkeiten die beste Lösung für die Realisierung eines Steuerwerks ist, kann nicht gegeben werden.

Die Auswahl des Realisierungskonzeptes muß sich vielmehr am konkreten Steuerwerksproblem orientieren. Wichtige Entscheidungskriterien sind:

– Flexibilität des Steuerwerks bezüglich späterer Änderungen
– Arbeitsgeschwindigkeit des Steuerwerks (Taktfrequenz)
– Größe und Komplexität des Steuerwerks, gegeben durch die Anzahl der Zustände und Eingangs-
  funktionen
– Anzahl der erforderlichen Gatterfunktionen

Durch die Entwicklung der Großintegration und der damit heute zur Verfügung stehenden integrierten Bausteine, wie Register, programmierbare logische Einheiten (PLA), Halbleiterspeicher
und Mikroprozessoren wird die Zukunft jedoch den programmgesteuerten Konzepten gehören.

Von diesen Konzepten werden es insbesondere das Mikroprogramm-Steuerwerk und das Steuerwerk auf der Basis von Mikroprozessoren sein, die in den überwiegenden Fällen als günstigste
Realisierungsform in Frage kommen.

Das Mikroprogramm-Steuerwerk hat den Vorteil eines strukturell sehr einfachen Aufbaus, hoher
Arbeitsgeschwindigkeit und einfacher Änderungsmöglichkeit im Programm durch Verwendung
wiederprogrammierbarer Halbleiterspeicher.

Das Steuerwerk auf der Basis von Mikroprozessoren ist demgegenüber in vielen Fällen zu langsam,
zu speicherintensiv und zu aufwendig. Es gewinnt erst bei komplexeren Steuerungsaufgaben an
Bedeutung und bei Algorithmen, die sich günstig durch arithmetisch-logische Operationen realisieren lassen.

Wir werden daher in den folgenden Kapiteln die wichtigsten theoretischen Grundlagen, System-
aspekte und Komponenten für die Realisierung eines programmgesteuerten Schaltwerkes besprechen.

8 Halbleiterspeicher

Die Entwicklung der Halbleitertechnologie in Richtung zur Großintegration hat in starkem Maße auch auf dem Gebiet der Halbleiterspeicher Früchte getragen. Durch die Bereitstellung von Festwert- und freiprogrammierbaren Halbleiterspeichern genügender Speicherkapazität wurde der Schaltwerksentwurf in wenigen Jahren grundlegend verändert. Die in Kapitel 4 behandelten Flipflops sowie die schaltungstechnischen Realisierungen von Registerspeichern (Schieberegistern) sind nicht Gegenstand dieses Kapitels. Diese Formen der Speicherorganisation (Flipflopspeicher, Serien- und Parallelspeicher) werden innerhalb der digitalen Schaltkreistechnik vorwiegend zum Speichern von Steuersignalen und kleinen Datenmengen verwendet. Zum Einsatz als Daten- und Programmspeicher in Verbindung mit Rechenanlagen bzw. Mikroprozessoren oder in einem mikroprogrammierbaren Steuerwerk sind diese Speicherorganisationsformen für große Datenmengen zu aufwendig (Ein-Bit-Flipflop) oder weisen eine lange Zugriffszeit auf (Serienspeicher). Für Daten- bzw. Programmspeicher in Form von Halbleiterspeichern werden deshalb Organisationsformen gewählt, die bei der Auswahl aus einer Vielzahl von Speicherzellen eine kurze Zugriffszeit ermöglichen und außerdem einen geringen Schaltungsaufwand pro Speicherzelle erfordern. Der geringe Schaltungsaufwand pro Speicherzelle ist für die technologische Herstellung als großintegrierter Baustein erforderlich. Als Technologie für großintegrierte Halbleiterspeicher wird heute hauptsächlich die MOS-Technik (Metal Oxid Semiconductor) eingesetzt.

Zur Reduzierung des Schaltungsaufwandes wird eine den technischen Möglichkeiten entsprechende Anzahl von Speicherzellen zu einem Speicherbaustein zusammengefaßt und mit einer gemeinsamen Datenein- und Datenausgabeschaltung versehen. Die Auswahl der Speicherzellen zur Datenein- und Datenausgabe wird mittels einer Adressierlogik vorgenommen, die ebenfalls mit auf dem Speicherbaustein integriert ist. Bezüglich der Adressierungsarten unterscheidet man zwischen

— ortsadressierbaren Speichern
— inhaltsadressierbaren Speichern.

Innerhalb der Halbleitertechnik dominieren die ortsadressierbaren Speicher, während die inhaltsadressierbaren Speicher bislang nur für spezielle Anwendungen eingesetzt werden.

Ein weiteres Unterscheidungsmerkmal ist durch den Verwendungszweck des Speicherbausteins gegeben. Hierbei wird unterteilt in

— Schreib-/Lesespeicher
— Festwertspeicher.

In einem Schreib/Lesespeicher (RAM. . . Random Access Memory) können Daten sowohl eingeschrieben als auch ausgelesen werden. Dieser Speichertyp eignet sich deshalb besonders als Datenspeicher.

Festwertspeicher (ROM. . . Read Only Memory) enthalten einen fest vorgegebenen Speicherinhalt, der entweder bereits bei der Produktion bestimmt oder durch einen speziellen Programmiervorgang eingegeben wird. Bei einem Festwertspeicher ist nur das Lesen von Daten möglich, er wird deshalb hauptsächlich als Programmspeicher eingesetzt. Die Festwertspeicher werden unterschieden in reversible und irreversible Festwertspeicher.

Bei den irreversiblen Festwertspeichern ist die einmal eingegebene Information nicht mehr veränderbar. Bei den reversiblen Festwertspeichern (RePROM ... Reprogrammable Read Only Memory) läßt sich die Information im Festwertspeicher durch einen speziellen Programmiervorgang verändern. Gebräuchlich ist daher auch die Bezeichnung EPROM (Erasable Programmable Read Only Memory). Schreib-/Lesespeicher und Festwertspeicher werden vorwiegend als ortsadressierbare Speicher mit wahlfreiem Zugriff realisiert. Wahlfreier Zugriff bedeutet, daß jede Speicherzelle in einer beliebigen Reihenfolge ausgewählt werden kann.

8.1 Ortsadressierbare Speicher

Im Gegensatz zu den Registerspeichern (Schieberegistern) wird bei ortsadressierbaren Speichern die Speicherinformation durch ein Adreßwort ausgewählt. Das Adreßwort bestimmt die Speicherplätze innerhalb einer Speichermatrix, die zum Schreiben oder Lesen von Informationen aktiviert werden sollen. Zur Verringerung des schaltungstechnischen Aufwands der Adressierlogik wird in den meisten Fällen der Zugang zum Schreiben und der Zugriff zum Lesen der Speicherzellen über eine gemeinsame Adressierschaltung vorgenommen (Bild 8.1).

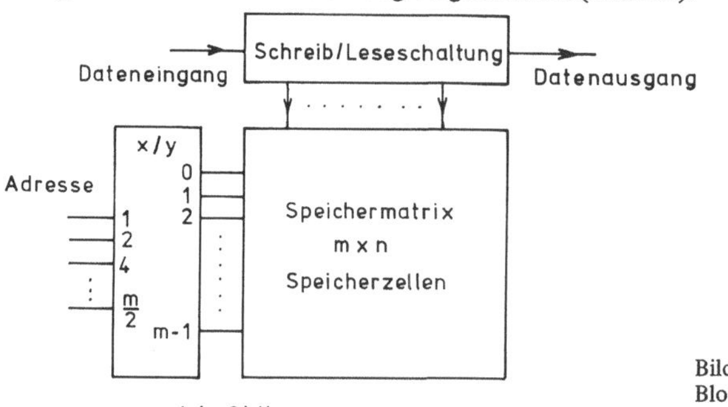

Bild 8.1
Blockschaltbild eines ortsadressierbaren Speichers

Die dargestellte Struktur eines ortsadressierbaren Speichers besteht aus einem Adreßdecodierer, einer Speichermatrix und einer Schreib-/Leseschaltung. Die Speichermatrix setzt sich aus m · n Speicherzellen zusammen, die in der Regel aus fertigungstechnischen Gründen zu einer quadratischen Matrix angeordnet sind.

Der Adreßdecodierer formt die angelegte Adresse derart um, daß nur bestimmte Speicherzellen zum Schreiben oder Lesen aktiviert werden.

Die Schreib-/Leseschaltung dient zur Datenein- und -ausgabe.

Die vereinfachte Struktur einer Speicherzelle, die sich zum Lesen und Schreiben von Daten eignet, ist in Bild 8.2 dargestellt.

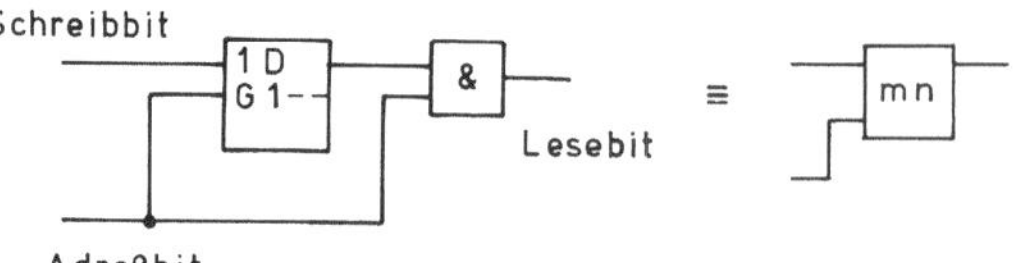

Bild 8.2
Struktur einer Speicherzelle für Schreiben und Lesen

Mit dem Adreßbit wird sowohl die Dateneingabe als auch die Datenausgabe für die Speicherzelle freigegeben.

8.1.1 Adressierverfahren ortsadressierbarer Halbleiterspeicher

Die Speicherzellen innerhalb einer Speichermatrix können:

— bitweise
— wortweise

organisiert sein.

Die bitweise Organisation der Speichermatrix bedeutet, daß pro Speicherbaustein nur zu jeweils einer Speicherzelle zugegriffen werden kann.

Bei wortweise organisierten Bausteinen können mehrere Speicherzellen gleichzeitig adressiert werden. In der Praxis werden wortorganisierte Speicher vorwiegend mit einer Wortlänge von 4 bzw. 8 Bit angeboten.

8.1.1.1 Wortweise Adressierung Ein einfaches Verfahren zur Auswahl der Speicherzellen innerhalb einer Speichermatrix ist die wortweise Adressierung. Wird die Speichermatrix so aufgebaut, daß zu jeweils allen Zellen einer Zeile gleichzeitig zugegriffen werden kann, dann entfällt eine Spaltenadressierung. Die Schaltungsstruktur für eine wortweise Adressierung ist in Bild 8.3 dargestellt.

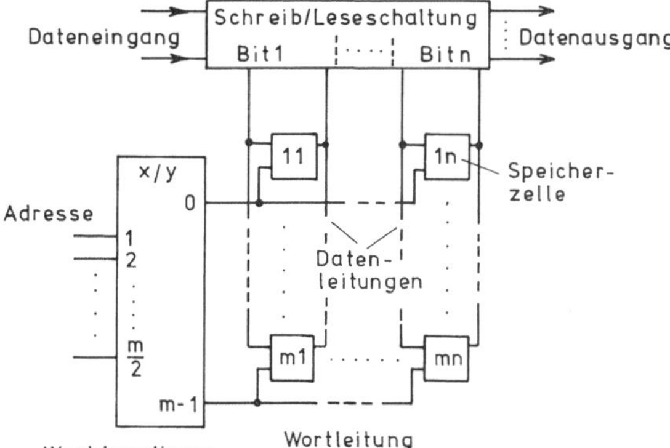

Bild 8.3
Blockschaltbild eines ortsadressierbaren Speichers mit wortweiser Auswahl der Speicherzellen

Mit jedem Adreßwort werden über eine der m Wortleitungen n Speicherzellen gleichzeitig ausgewählt. Der Vorteil der wortweisen Organisation ist, daß nur ein Adreßdecodierer (Wortdecodierer) notwendig ist. Nachteilig ist, daß für jedes Bit des Datenwortes eine getrennte Schreib-/Leseschaltung vorhanden sein muß. Ein weiterer Nachteil ergibt sich bei der Realisierung eines Speicherbausteins mit mehreren kBit Speicherkapazität. Bei kleinen Wortlängen (z.B. 4 Bits) würde sich eine nicht quadratische Speichermatrix ergeben, die aus fertigungstechnischer Sicht ungünstig ist.

8.1.1.2 Bitweise Adressierung Bei einer bitweisen Adressierung der Speichermatrix unterscheidet man zwischen der Auswahl durch Koinzidenz und der Auswahl über die Datenleitungen.

Im Falle der koinzidenten Adressierung wird jede Speicherzelle durch zwei Adreßsignale aufgerufen. Ein Adreßsignal wird der Zeile (x-Adreßleitung) und das andere der Spalte (y-Adreßleitung) der Speichermatrix zugeordnet. Damit wird immer die Speicherzelle aufgerufen, die sich im Schnittpunkt der beiden aktivierten Adreßleitungen befindet.

Das Prinzip der Ansteuerung durch Koinzidenz wird in Bild 8.4 veranschaulicht.

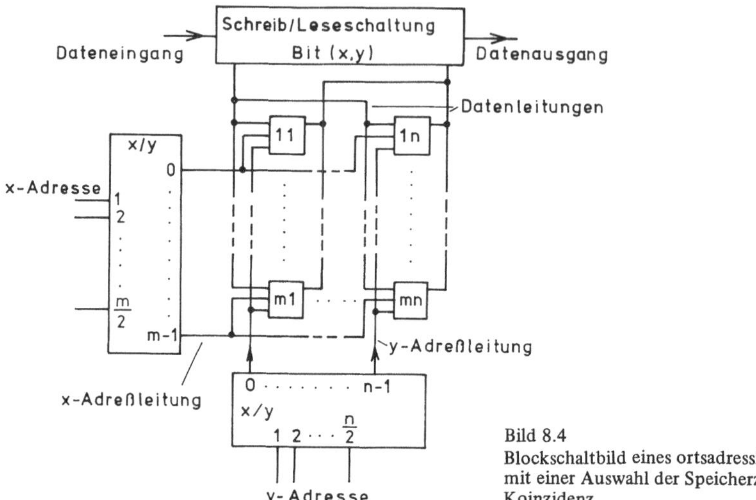

Bild 8.4
Blockschaltbild eines ortsadressierbaren Speichers
mit einer Auswahl der Speicherzellen durch
Koinzidenz

Die Speicherorganisation mit koinzidenter Adressierung erfordert nur noch eine für alle Speicherzellen gemeinsame Schreib-/Leseschaltung. Der Nachteil dieses Adressierungsverfahrens ist durch die zwei Adreßleitungen bedingt, die schaltungstechnisch eine aufwendigere Speicherzelle erfordern. Dieser zusätzliche Schaltungsaufwand für die Speicherzelle wird vermieden, wenn die Datenleitungen zur Adressierung mitbenutzt werden.

Während die Zeilen der Speichermatrix mit der x-Adresse in der bereits beschriebenen Weise ausgewählt werden, erfolgt die Auswahl der Spalten (y-Adresse) über die Datenleitungen.

Das Adressierverfahren zur Auswahl der Speicherzellen über die Datenleitungen ist in Bild 8.5 dargestellt.

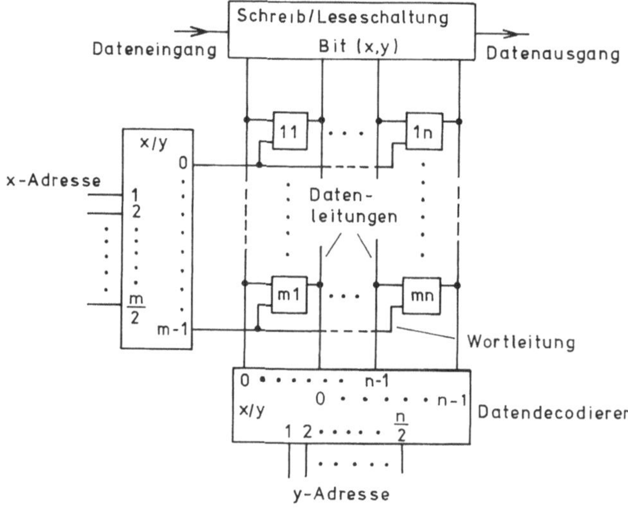

Bild 8.5
Blockschaltbild eines ortsadressierbaren Speichers
mit Auswahl der Speicher-
zellen über die Datenleitungen

In der Praxis wird für Speicherbausteine mit großer Speicherkapazität ($>$ 1 kBit) vorwiegend das zuletzt beschriebene Adressierverfahren mit bitweiser Adressierung angewendet. Bei wortorganisierten Speichern ordnet man entsprechend der Wortlänge mehrere Speichermatrizen parallel an, die dann jede für sich bitweise adressiert werden.

8.1.2 Schreib-/Lesespeicher (RAM. . . . Random Access Memory)

Mit dem Schreib-/Lesespeicher ist sowohl das Einschreiben, als auch das Lesen von Daten möglich. RAM-Speicher werden in bipolarer und in MOS-Technologie hergestellt. Während bipolare Speicher eine höhere Funktionsgeschwindigkeit aufweisen, ist mit der MOS-Technologie eine höhere Integrationsdichte möglich, d.h. es sind mehr Speicherzellen pro Speicherbaustein realisierbar.

Bipolare RAM-Speicher werden ausschließlich mit statischen Speicherzellen hergestellt. MOS-Schreib-/Lesespeicher werden sowohl mit statischen als auch mit dynamischen Speicherzellen aufgebaut.

Im folgenden soll der Aufbau und die Funktionsweise der gebräuchlichsten Speicherzellenarten für Schreib-/Lesespeicher in bipolarer und MOS-Technologie behandelt werden.

Die Grundelemente für die Speicherzellen bilden die bistabilen Kippstufen (statische Speicherung) und der dynamische Inverter (dynamische Speicherung). Der Unterschied zu den 1-Bit-Speichern besteht im wesentlichen in der Ansteuerung zur Ein- und Ausgabe der Daten.

8.1.2.1 TTL-Speicherzelle (TTL $\triangleq$ Transistor-Transistor-Logik) Die TTL-Speicherzelle für eine bitweise Adressierung ist in Bild 8.6 dargestellt.

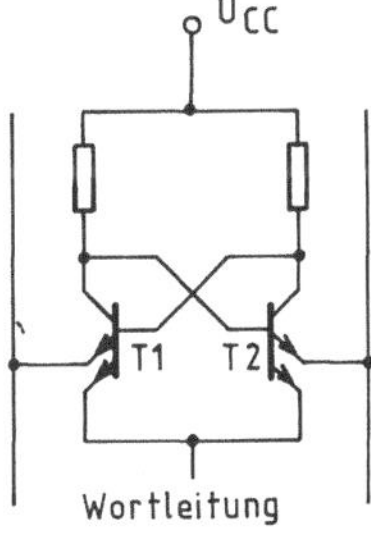

Bild 8.6
Speicherzelle für bitweise Adressierung in TTL-Technik

Die TTL-Speicherzelle besteht aus zwei Multi-Emitter-Transistoren, wobei jeweils ein Emitter zur Ein- und Ausgabe der Daten benötigt wird.

Im Ruhezustand liegt auf der Wortleitung „0"-Potential und einer der beiden Transistoren ist leitend. Nach der Schaltung in Bild 8.6 gilt, daß eine „0" gespeichert ist, wenn T1 leitend ist, und eine „1", wenn T2 leitend ist. Zum Lesen werden die Wortleitung auf „1"-Potential und die beiden Datenleitungen auf „0"-Potential gelegt.

Der Emitterstrom des vorher leitenden Transistors, der in die Wortleitung floß, wird nun in die ihm zugeordnete Datenleitung umgeschaltet. Der Stromfluß auf der Datenleitung wird von einem Leseverstärker zu der entsprechenden Information ausgewertet. Während des Lesevorgangs wird der Zustand der Speicherzelle nicht verändert. Der Speicherinhalt kann deshalb zerstörungsfrei ausgelesen werden.

Für das Schreiben werden die Wortleitungen und eine der beiden Datenleitungen auf „1"-Potential gelegt. Soll zum Beispiel eine „1" eingeschrieben werden, dann wird mit „0"-Potential auf der „1"-Datenleitung T2 leitend und mit „1"-Potential auf der „0"-Datenleitung T1 gesperrt. Zum Schreiben einer „0" führt die „1"-Datenleitung „1"-Potential und die „0"-Datenleitung „0"-Potential.

Die beschriebene Speicherzelle wird über die Wortleitung und die Datenleitung zum Schreiben und Lesen ausgewählt.

Für eine koinzidente Ansteuerung der Speicherzelle dagegen müssen die beiden Transistoren in Bild 8.6 um jeweils einen zusätzlichen Emitter erweitert werden. Den Aufbau dieser Speicherzelle zeigt Bild 8.7.

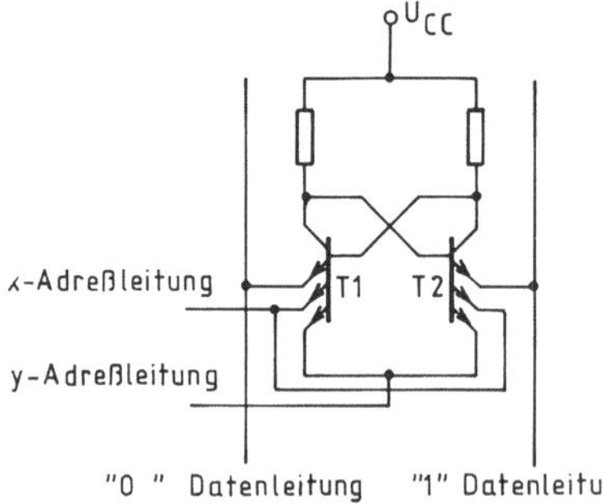

Bild 8.7
Speicherzelle für koinzidente Adressierung in TTL-Technik

Die Aufgabe der Wortleitung wird jetzt von den beiden Adreßleitungen übernommen. Im Ruhezustand führen die x- und y-Adreßleitung „0"-Potential, so daß die Speicherzelle über die UND-Verknüpfung der Multi-Emitter-Transistoren gesperrt ist.

Erst wenn beide Adreßleitungen „1" Potential führen, ist das Einschreiben oder Auslesen einer Speicherinformation möglich.

8.1.2.2 Statische MOS-Speicherzelle Schreib-/Lesespeicher in MOS-Technologie werden sowohl mit statischen als auch dynamischen Speicherzellen aufgebaut. Während bei dynamischen Speicherbausteinen eine höhere Speicherkapazität pro Chip durch den einfachen Aufbau der Speicherzelle möglich ist, entfällt bei den statischen Speicherzellen die Notwendigkeit in zeitlichen Abständen die gespeicherte Information zu regenerieren (refreshing).

Die statische MOS-Speicherzelle besteht aus einer bistabilen Kippstufe, die über zwei Transistoren an die Datenleitungen gekoppelt ist.

Die Schaltung einer statischen Speicherzelle für Einkanal-MOS-Technik ist in Bild 8.8 dargestellt. Zum Lesen oder Schreiben der Speicherzelle wird die Wortleitung auf „1"-Potential (U_{DD}) gelegt, so daß die beiden Koppeltransistoren T1 und T2 zu den Datenleitungen leitend werden. Die Datenleitungen liegen im Ruhezustand an „1"-Potential.

Beim Schreiben einer „1" führt die „0"-Datenleitung „0"-Potential und der Transistor T4 wird gesperrt. Die „1"-Datenleitung führt „1"-Potential.

Am Ausgang des Inverters aus T4 und T6 liegt dann eine „1" an. Das Schreiben einer „0" erfolgt über die „1"-Datenleitung, die dann „0"-Potential führt und somit den Transistor T3 sperrt. Die „0"-Datenleitung behält „1"-Potential.

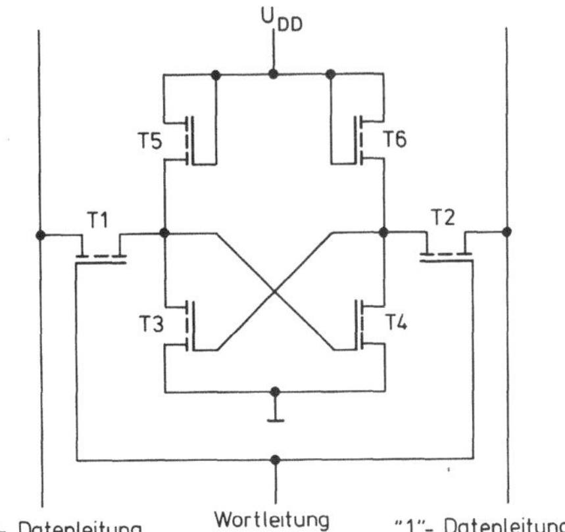

Bild 8.8
Speicherzelle in statischer MOS-Technik

Während des Lesevorgangs der Speicherinformation kann nur über die Datenleitung ein Strom
fließen, an der der angekoppelte Inverterausgang auf „0"-Potential liegt. Dieser Stromfluß erzeugt
einen Spannungsabfall, der von einem Leseverstärker zum entsprechenden Speicherinhalt ausgewertet wird. Fließt z.B. über die „1"-Datenleitung ein Strom, dann bedeutet das eine gespeicherte
„0". Für eine gespeicherte „1" gelten die gleichen Spannungsverhältnisse auf der „0"-Datenleitung.
Die beschriebene statische Einkanal-MOS-Speicherzelle kann auch in CMOS-Technik (CMOS =
Complementary Metal Oxid Semiconductor) realisiert werden. Schreib-/Lesespeicher in CMOS-
Technologie bieten den Vorteil eines geringeren Leistungsbedarfs pro Speicherzelle gegenüber
denen in Einkanal-MOS-Technologie (N-Kanal: 0,1 mW/Bit; CMOS: 0,02 mW/Bit). Der Nachteil
der CMOS-Speicher ist durch die aufwendige CMOS-Technologie bedingt, die einen geringeren
Integrationsgrad (Bit/Chip) gegenüber der Einkanal-Technik ergibt. In N-Kanal-Technik werden
zur Zeit statische Schreib/Lesespeicher mit einer Speicherkapazität bis zu 8 kBit angeboten, in
CMOS-Technik dagegen nur bis 1 kBit pro Speicherbaustein.

Bild 8.9 zeigt die Schaltung einer statischen CMOS-Speicherzelle.

Der Schreib- und Lesevorgang entspricht dem der statischen Einkanal-MOS-Speicherzelle.

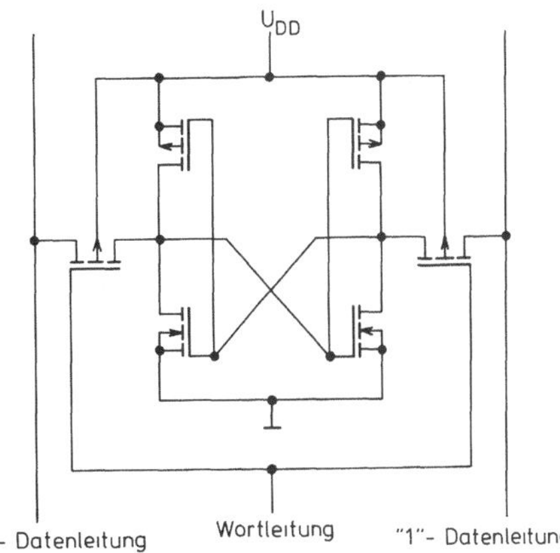

Bild 8.9
Speicherzelle in statischer CMOS-Technik

8.1.2.3 Dynamische MOS-Speicherzelle Zur Erhöhung der Integrationsdichte der Speicherbausteine kann für Schreib-/Lesespeicher das dynamische Speicherungsprinzip angewendet werden. Mit der dynamischen Speicherung läßt sich sowohl die Zahl der erforderlichen Transistoren pro Speicherzelle als auch der Leistungsbedarf herabsetzen, was für eine höhere Speicherkapazität gegenüber den statischen Schreib-/Lesespeichern ausgenutzt werden kann. Von den verschiedenen Schaltungsmöglichkeiten dynamischer MOS-Speicherzellen haben sich hauptsächlich die 3-Transistorzelle und die 1-Transistorzelle durchgesetzt, wobei für höchste Integrationsdichten die 1-Transistor-Zelle angewendet wird. In näherer Zukunft sind dynamische Speicherbausteine mit einer Kapazität bis zu 64 kBit zu erwarten.

Eine statische MOS-Speicherzelle läßt sich als dynamische Speicherzelle betreiben, wenn die Versorgungsspannung der Speicherzellen nur taktweise angelegt wird. Während der Zeit, in der die Versorgungsspannung abgeschaltet ist, bleibt die gespeicherte Information in den Gate-Source-Kapazitäten der Transistoren T3 und T4 in Bild 8.8 erhalten. Diese Betriebsart erlaubt zwar eine Reduzierung der Verlustleistung, bietet jedoch keinerlei Vorteile bezüglich des Schaltungsaufwands. Eine schaltungstechnische Vereinfachung der Speicherzelle wird durch den Fortfall der beiden Lasttransistoren in Bild 8.8 möglich und man erhält eine 4-Transistor-Zelle. Bei dieser Schaltung liegt, wie bei der statischen Zelle, die Speicherinformation in der invertierten und nichtinvertierten Form vor. Wird auf die Kreuzkopplung verzichtet, kann die Schaltung noch um einen der beiden Schalttransistoren (T3 oder T4) reduziert werden und man erhält die dynamische 3-Transistor-Zelle.

Diese Zelle ist in Bild 8.10 dargestellt.

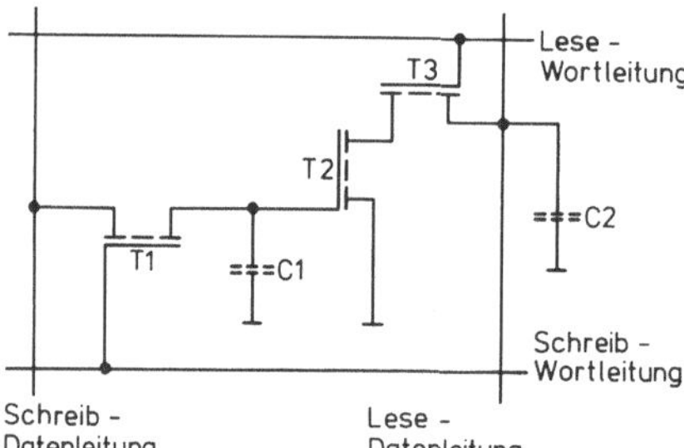

Bild 8.10
Dynamische 3-Transistor Speicherzelle

Die dynamische 3-Transistor-Speicherzelle besteht nur noch aus den beiden Koppeltransistoren T1 und T3, sowie dem als Impedanzwandler wirkenden Transistor T2. Zum Speichern der Information dient die Gate-Source-Kapazität C1 des Transistors T2.

Zum Schreiben der Information wird die Schreib-Wortleitung auf „1"-Potential gelegt und damit der Transistor T1 leitend.

Die Gate-Source-Kapazität C1 von T2 lädt sich nun auf das Potential der Schreib-Datenleitung auf. Zum Lesen wird die parasitäre Kapazität C2 der Lese-Datenleitung auf „1"-Potential geladen. Danach wird mit einer „1" auf der Lese-Wortleitung der Transistor T3 leitend. War in C1 eine „1" gespeichert, dann ist T2 leitend und die Kapazität der Lese-Datenleitung wird über T3 und T2 nach 0V(„0") entladen.Bei einer gespeicherten „0" ist T2 gesperrt und die Lese-Datenleitung bleibt auf „1"-Potential.

Die Information der Speicherzelle wird durch den Inverter T2, T3 invertiert.

Da die Kapazität C1 in Richtung der Lese-Datenleitung durch den Transistor T2 entkoppelt ist, erfolgt das Lesen zerstörungsfrei.

Die dynamische 3-Transistor-Speicherzelle läßt sich weiter vereinfachen, wenn man auf die Eigenschaft des zerstörungsfreien Lesens verzichtet. In diesem Fall können die Transistoren T2 und T3 in der Schaltung nach Bild 8.10 entfallen. Das Schreiben und Lesen erfolgt nur noch über einen einzigen Transistor.

Bild 8.11 zeigt die Schaltung einer 1-Transistor-Speicherzelle.

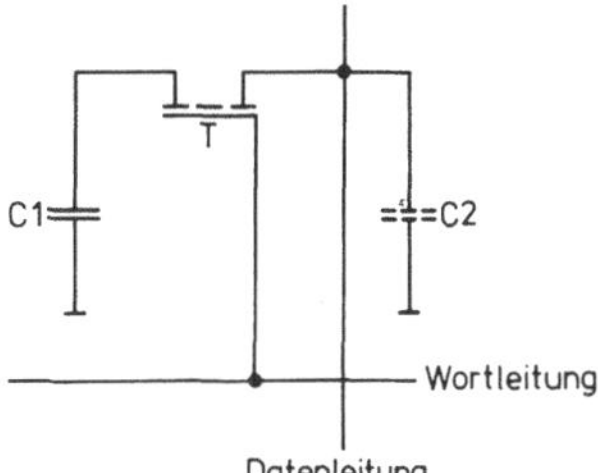

Bild 8.11
Dynamische 1-Transistor Speicherzelle

Zum Schreiben wird der Transistor T mit einer „1" auf der Wortleitung leitend und die Kapazität C1 auf den „0"- oder „1"-Pegel der Datenleitung aufgeladen.

Beim Lesen findet über den leitenden Transistor T ein Ladungsausgleich zwischen der Kapazität C1 und der parasitären Datenleitungskapazität C2 statt. Zu Beginn des Lesezyklus wird C2 auf „1"-Potential aufgeladen. War in C1 eine „0" (0V) gespeichert, wird C2 teilweise entladen. Diese Spannungsänderung auf der Datenleitung wird von einem Leseverstärker ausgewertet. Bei einer gespeicherten „1" bleibt C2 auf „1"-Potential.

Wir sehen, daß beim Lesezyklus die gespeicherte Information durch den Ladungsausgleich mit der Datenleitungskapazität C2 zerstört wird. Es muß daher nach jedem Lesezyklus die ausgelesene Information neu eingeschrieben werden.

8.1.2.4 Speicherorganisation von Schreib-/Lesespeichern In den vorangehenden Kapiteln haben wir die Adressierverfahren ortsadressierbarer Halbleiterspeicher sowie den Speicherzellenaufbau von bipolaren und MOS-Speicherzellen für Schreib-/Lesespeicher behandelt. Bei der Funktionsbeschreibung der verschiedenen Speicherzellenarten wurde deutlich, daß zum Lesen und Schreiben dieser Zellen noch eine Reihe peripherer Funktionseinheiten erforderlich sind, die den Datenfluß organisieren. Diese zusätzlichen Funktionseinheiten sind mit in den Speicherbaustein integriert. Dadurch wird die Zahl der Anschlüsse pro Speicherbaustein reduziert und außerdem ist ein einfacher modularer Aufbau zu größeren Speichersystemen möglich.

Die Organisationsformen der Schreib-/Lesespeicher variieren je nach Speicherhersteller. Es soll aus diesem Grund nur eine Blockstruktur in allgemeiner Form besprochen werden. Für Einzelheiten sei auf die Datenblätter der Hersteller verwiesen.

In einem Beispiel soll die Organisationsform eines statischen 1k · 1 Bit-Schreib-/Lese-Speichers besprochen werden.

Die Angabe 1k · 1 Bit bedeutet, daß unter 1024 Adressen jeweils 1 Bit zum Schreiben bzw. Lesen zur Verfügung steht.

Das Blockschaltbild 8.12 zeigt die Organisation eines 1k · 1 Bit-Speicherbausteins.

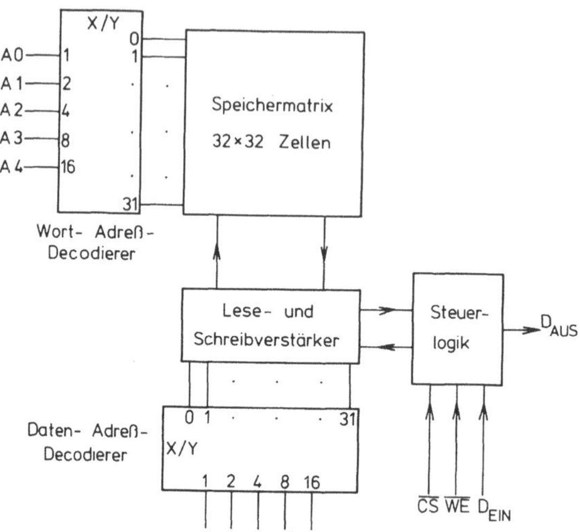

Bild 8.12
Blockschaltbild eines statischen 1024 × 1
Bit Schreib-/Lese-Speicherbausteins

Das Adreßwort mit einer Länge von 10 Bit wird in zwei Hälften aufgeteilt. Die Adreßbits A0. . .A4 wählen über einen Decodierer eine von 32 Wortleitungen aus. Mit den Adreßbits A5. . .A9 wird eins von 32 Datenleitungspaaren zur Datenein- oder -ausgabe über die Signalleitungen D_{EIN} bzw. D_{AUS} aktiviert. Die Steuerlogik organisiert die Datenein- und -ausgabe des Speicherbausteins. Mit dem Signal $\overline{CS}$ (chip select) wird der Speicherbaustein aktiviert, und damit zum Schreiben oder Lesen freigegeben. Dieses Signal ermöglicht eine einfache Verknüpfung von mehreren Speicherbausteinen zu einem Speichersystem.

Das Steuersignal $\overline{WE}$ (write enable) gibt den Dateneingang D_{EIN} zur Dateneingabe frei.

Die Verknüpfung einer Speicherzelle des Schreib-/Lesespeichers mit den Funktionseinheiten der Decodierung, des Leseverstärkers und des Dateneingangs ist im folgenden Bild 8.13 dargestellt.

Die 32 Datenleitungspaare werden parallel an einen gemeinsamen Leseverstärker geführt. Beim Lesen oder Schreiben der Daten wird über den y-Decodierer eines der 32 Datenleitungspaare durchgeschaltet. Mit dem Signal $\overline{WE}$ wird der hochohmig entkoppelte Dateneingang (Tri-State-Gatter) zum Einschreiben freigegeben. Bei dynamischen Speicherbausteinen muß die Speicherinformation aufgrund des Ladungsverlustes der Speicherkondensatoren in gewissen Abständen erneuert werden.

Die maximale Auffrischperiode der meisten auf dem Markt befindlichen dynamischen Speicherbausteine liegt in der Größenordnung von 2 ms. Die Auffrischlogik befindet sich in der Regel nicht mit auf dem Speicherbaustein und muß deshalb als externe Funktionseinheit aufgebaut werden. Sie kann jedoch innerhalb eines Speichersystems für mehrere Speicherbausteine gleichzeitig mitbenutzt werden.

In Bild 8.14 ist das Blockschaltbild einer derartigen Auffrischlogik für einen dynamischen Speicher dargestellt.

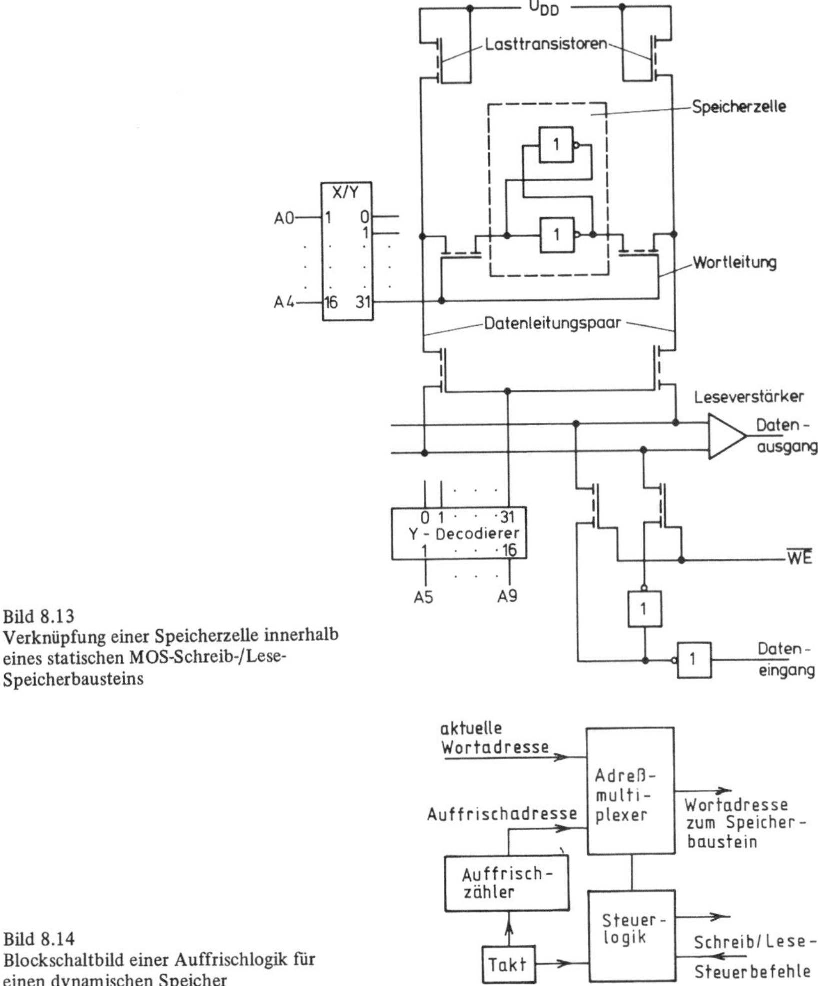

Bild 8.13
Verknüpfung einer Speicherzelle innerhalb
eines statischen MOS-Schreib-/Lese-
Speicherbausteins

Bild 8.14
Blockschaltbild einer Auffrischlogik für
einen dynamischen Speicher

Die meisten dynamischen Schreib-/Lesespeicher sind so organisiert, daß für jedes Datenleitungs-
paar eine eigene Schreib-/Leseschaltung existiert. Ein derart organisierter Speicherbaustein kann
zeilenweise aufgefrischt werden. Das Auffrischen erfolgt mit einem Lesezyklus. Die gelesene
Information wird über den Leseverstärker wieder neu eingeschrieben. Die Auffrischlogik enthält
einen Adreßmultiplexer, der die Wortadresse zwischen der Arbeitsadresse und der Auffrischadresse
umschaltet. Die Auffrischadresse wird durch einen Zähler erzeugt, der kontinuierlich getaktet
wird. Eine Steuerlogik sorgt dafür, daß ein Auffrischzyklus nicht während des Schreib- und Lesebe-
triebs des Speicherbausteins anläuft. Andererseits sperrt sie den Speicherbaustein für die Datenein-
und Datenausgabe während eines Auffrischzyklus.

Aus diesem Grund ist die Zykluszeit von dynamischen Speicherbausteinen größer als die Zugriffszeit, da die Zeiten für das Auffrischen mit berücksichtigt werden müssen.

8.1.3 Festwertspeicher (ROM... Read Only Memory)

Festwertspeicher unterscheiden sich von den Schreib-/Lesespeichern durch einen fest vorgegebenen Speicherinhalt, der während des Einsatzes des Speichers in einer Schaltung nicht veränderbar ist. Der Festwertspeicher besitzt somit nur eine Lesefunktion, das Einschreiben von Daten entfällt. Die Grundstruktur eines Festwertspeichers entspricht der des Schreib-/Lesespeichers. Er besteht aus den Baugruppen Adreßdecodierer, Speichermatrix und Ausgabeeinheit.

Eine Eingabeeinheit wird nicht benötigt, so daß sich die Schaltungsstruktur vereinfacht.

Der Aufbau von Speicherzellen für Festwertspeicher ist in der Regel relativ einfach und es ist deshalb gegenüber den Schreib-/Lesespeichern eine höhere Integrationsdichte und damit auch ein geringerer Kostenfaktor möglich.

Festwertspeicher lassen sich unterteilen in

— irreversible Festwertspeicher
— reversible Festwertspeicher.

Irreversible Festwertspeicher werden entweder direkt beim Hersteller durch eine Maskenprogrammierung bei der Fabrikation oder durch einen speziellen Programmierablauf beim Anwender programmiert. Zur Programmierung der Festwertspeicher durch den Anwender werden besondere Programmiergeräte benötigt.

Die reversiblen Festwertspeicher können vom Anwender wieder gelöscht und neu programmiert werden. Für diesen Vorgang muß der Speicherbaustein jedoch aus seiner Beschaltung genommen und einem speziellen Lösch- und Programmiergerät zugeführt werden.

8.1.3.1 Irreversible Festwertspeicher Ein einfaches Verfahren zur Festwertspeicherung stellt das Prinzip eines Festwertspeichers mit Widerstandskopplung dar. Die Herstellung großintegrierter Festwertspeicher erfolgt nicht nach diesem Prinzip. Wir wollen dieses Verfahren lediglich zur Erklärung der grundlegenden Eigenschaften des Festwertspeichers heranziehen. Bei einem Festwertspeicher mit Widerstandskopplung werden die Kreuzungspunkte zwischen den Wortleitungen und Datenleitungen entsprechend der Speicherinformation durch Widerstände verbunden. An den Speicherplätzen, an denen eine „1" programmiert sein soll, befindet sich ein Widerstand. Bei einer „0" fehlt der Widerstand.

Im Bild 8.15 ist das Schema eines Festwertspeichers mit Widerstandskopplung dargestellt. Im Ruhezustand liegen die Datenleitungen und die Wortleitungen über die Widerstände R_D bzw. R_W auf „0"-Potential.

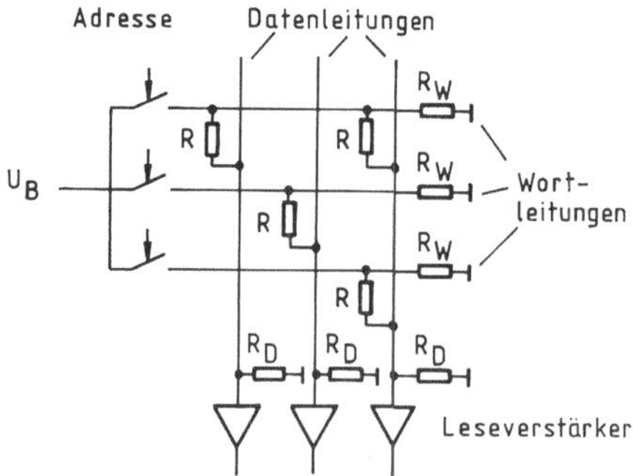

Bild 8.15
Prinzipieller Aufbau eines Festwertspeichers mit Widerstandskopplung

Die Leseverstärker zeigen somit eine „0" an ihren Ausgängen. Wird nun infolge einer Adressierung eine Wortleitung auf „1"-Potential (U_B) geschaltet, dann führen die Datenleitungen eine Spannung, die über einen Kopplungswiderstand R mit der ausgewählten Wortleitung verbunden sind. Der Spannungshub auf den Datenleitungen wird von den Leseverstärkern als eine „1" erkannt.

Zur vereinfachten graphischen Darstellung von Festwertspeichermatrizen zeichnet man lediglich die Wort- und Datenleitungen und kennzeichnet jede Kopplung durch einen Punkt.

Das Beispiel in Bild 8.15 nimmt dann die in Bild 8.16 dargestellte Form an:

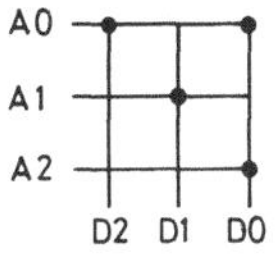

Bild 8.16
Festwertspeichermatrix in schematischer Darstellung

Das Festwertspeicherungsprinzip mit Widerstandskopplung läßt sich auch mit anderen Kopplungselementen realisieren.

So bietet die Kopplung mit Dioden einen besseren Störabstand als die Spannungsteilung mit Widerständen (Bild 8.17).

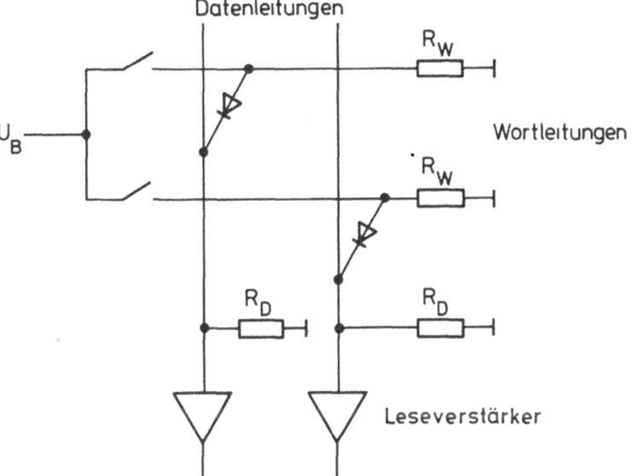

Bild 8.17
Prinzipieller Aufbau eines Festwertspeichers mit Diodenkopplung

Eine weitere Kopplungsart bei der Festwertspeicherung ist mit MOS-Transistoren möglich.

Das Prinzip eines Festwertspeichers mit MOS-Transistoren ist in Bild 8.18 dargestellt.

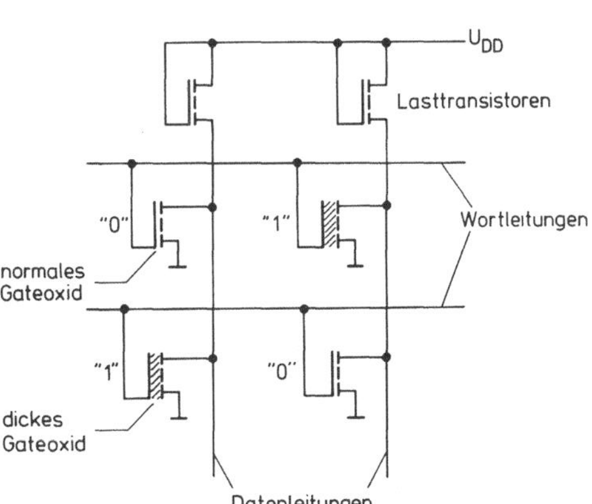

Bild 8.18
Prinzipieller Aufbau eines Festwertspeichers mit MOS-Transistoren

An den Kopplungspunkten, an denen eine „1" programmiert werden soll, wird bei den Koppeltransistoren eine wesentlich dickere Gateoxidschicht vorgesehen, als bei normalen Transistoren.
Das dicke Gateoxid verschiebt die Schwellspannung U_{TH} dieser Transistoren so, daß sie mit dem
„1"-Potential nicht mehr geschaltet werden können. Wird eine Wortleitung auf „1"-Potential
(U_{DD}) gelegt, dann schalten die Transistoren mit normalem Gateoxid durch und legen „0"-
Potential auf die entsprechende Datenleitung. Die Transistoren mit dem dicken Gateoxid können
nicht durchschalten, so daß die zugehörige Datenleitung auf „1"-Potential bleibt.

Bei den bisher beschriebenen Arten der Festwertspeicherung wird die Programmierung der Spei-
cherbausteine beim Hersteller durchgeführt. Der Anwender muß dem Hersteller eine Tabelle des
gewünschten Speicherinhalts liefern, die dann durch eine Maskenprogrammierung erstellt wird.
Dieses Programmierverfahren ist aufwendig und nur bei hohen Stückzahlen wirtschaftlich. Für
Laborzwecke und kleine Stückzahlen eignen sich deshalb besonders Festwertspeicher, die beim
Anwender programmiert werden können (PROM. . . . Programmable Read Only Memory).

Eine Möglichkeit zur Herstellung von programmierbaren Festwertspeichern ist dadurch gegeben,
daß man an allen Kreuzungspunkten der Speichermatrix eine Kopplungsdiode vorsieht. In Reihe
mit der Diode wird außerdem ein Nickel-Chrom-Widerstand geschaltet, der die Aufgabe einer
Schmelzsicherung (fusible link) hat (Bild 8.19).

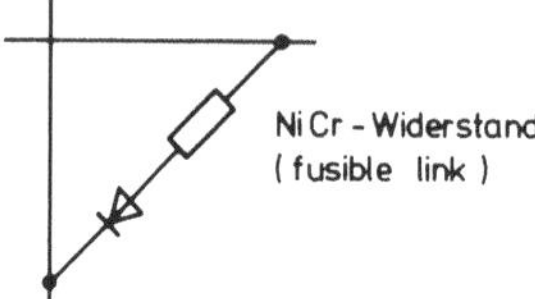

Bild 8.19
Prinzip einer Schmelzverbindung

In einem speziellen Programmiervorgang werden an den Kreuzungspunkten, an denen eine „0"
programmiert werden soll, die NiCr-Widerstände zerstört. Zu diesem Zweck wird während des
Programmierens ein Überstrom ($\approx 10\,\text{mA}$) über die Kreuzkopplung geleitet, der den Widerstand
zum Schmelzen bringt und damit die Verbindung unterbricht.

8.1.3.2 Reversible Festwertspeicher Für Laborzwecke und speziell während der Entwicklungs-
phase einer Schaltung sind irreversible Festwertspeicher ungeeignet bzw. zu teuer, da sie nach einer
Fehlprogrammierung wertlos sind. Aus diesem Grund wurden Festwertspeicher entwickelt, die
vom Anwender gelöscht und wieder neu programmiert werden können. Von dieser Eigenschaft
wird ganz besonders beim Entwurf eines mikroprogrammierten Steuerwerkes Gebrauch gemacht.
Der zentrale Bestandteil des mikroprogrammierten Steuerwerkes stellt der Festwertspeicher dar.

Bei einer späteren Änderung des Steueralgorithmus kann dies durch ein einfaches Umprogrammie-
ren des im Festwertspeicher stehenden Mikroprogramms erfolgen. Auch beim Steuerwerksentwurf
ist diese Eigenschaft sehr hilfreich, da Fehler im Mikroprogramm leicht korrigiert werden können.

Zur Konstruktion dieser wiederprogrammierbaren Festwertspeicher (RePROM . . . Reprogrammable
Read Only Memory) sind verschiedene Halbleitertechniken entwickelt worden. Eine Art der Festwertspeicherung läßt sich durch Ladungsspeicherung in isolierten Gateelektroden von MOS-Transistoren realisieren. Wird die Gateelektrode des MOS-Transistors vollständig isoliert und elektrisch
nicht angeschlossen (floating gate), dann kann durch eine Ladung auf dem potentialmäßig
„schwimmenden" Gate bestimmt werden, ob der Transistor leitet oder sperrt. Das Bild 8.20 zeigt
den prinzipiellen Aufbau eines Floating-Gate MOS-Transistors.

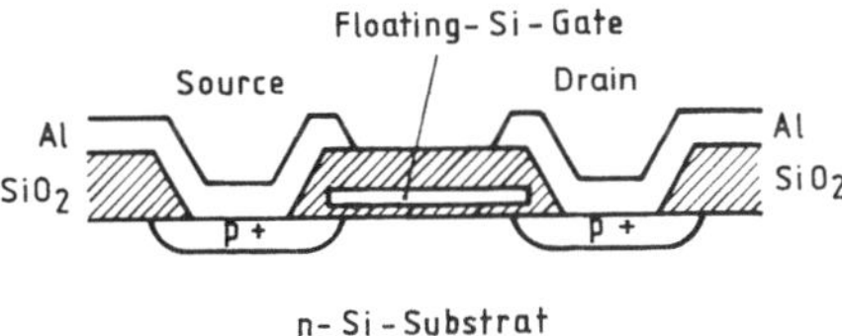

Bild 8.20
Vereinfachte Struktur eines Floating-Gate
MOS-Transistors

Befindet sich auf dem Floating-Gate eine negative Ladung, dann ist der Transistor leitend. Ein ladungsfreies Gate sperrt den Transistor. Das Programmieren und damit das Aufbringen einer Ladung auf das Gate erfolgt mit Hilfe eines Lawinendurchbruchs. Dazu legt man an das Drain des Transistors eine hohe Spannung von etwa -50 V. Infolge eines Lawinendurchbruchs können Elektronen durch die dünne Oxidschicht (SiO_2) auf das schwimmende Gate gelangen. Nach einigen Millisekunden reicht die Ladung aus, den Transistor durchzuschalten. Diese gespeicherte Information soll nach Angaben der Hersteller über mehrere Jahre erhalten bleiben. Die Ladung der Transistoren kann elektrisch oder durch Bestrahlung mit UV-Licht gelöscht werden. Die Verknüpfung eines Floating-Gate-Transistors innerhalb der Speichermatrix ist im folgenden Bild 8.21 dargestellt.

Bei adressierter Wortleitung wird der Auswahltransistor T1 leitend. Befindet sich auf dem schwimmenden Gate des Transistors T2 eine negative Ladung, dann ist T2 durchgeschaltet und die Datenleitung führt „0"-Potential. Ist T2 gesperrt, liegt über dem Lasttransistor „1"-Potential (U_{DD}) auf der Datenleitung.

Festwertspeicher haben gegenüber den Schreib-/Lesespeichern den Vorteil, daß ihre Speicherinformation nach Abschalten der Versorgungsspannung nicht zerstört wird. Sie eignen sich deshalb besonders als Mikroprogrammspeicher in programmierbaren Schaltwerken, in Rechenanlagen oder in Verbindung mit Mikroprozessoren.

Eine weitere Anwendung finden die Festwertspeicher in dem Einsatz als Funktionstabellen für arithmetische Operationen oder zur Funktionsgenerierung (table look up).

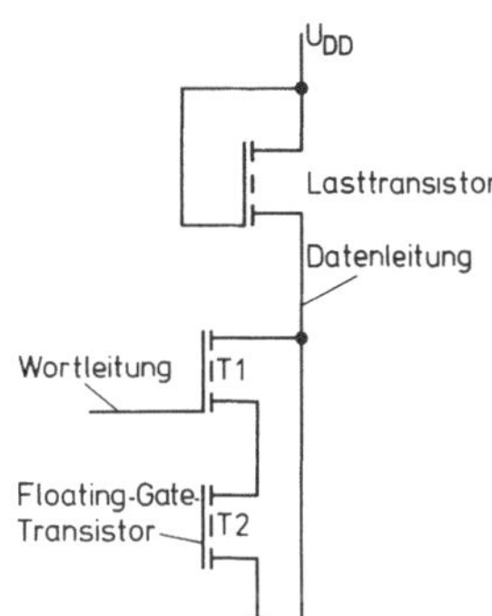

Bild 8.21 Prinzipieller Aufbau
einer Festwertspeicher-
Zelle mit Floating-
Gate Transistor

8.2 Inhaltsadressierbare Speicher (CAM. . . Content Addressable Memory)

Bei einem inhaltsadressierbaren Speicher, auch Assoziativspeicher genannt, werden nicht, wie bei einem ortsadressierbaren Speicher, gezielt durch Adressen bestimmte Speicherplätze abgefragt.

Der Assoziativspeicher wird mit Hilfe eines vorgegebenen Suchwortes auf seinen Speicherinhalt verglichen. Zu diesem Zweck ist jede Speicherzelle eines Assoziativspeichers mit einer zusätzlichen Logik versehen. Man unterscheidet drei Betriebsarten:

— Lesen
— Schreiben
— Vergleichen.

Der Lese- und Schreibvorgang verläuft ebenso wie bei einem ortsadressierbaren Schreib-/Lesespeicher. Beim Vergleichen wird ein an den Assoziativspeicher angelegtes Suchwort, oder ein Teil davon, mit dem Inhalt aller Speicherzellen verglichen.

In einem Ergebnisregister werden dann die Speicherworte angezeigt, deren Inhalt mit dem Suchwort übereinstimmen (Bild 8.22).

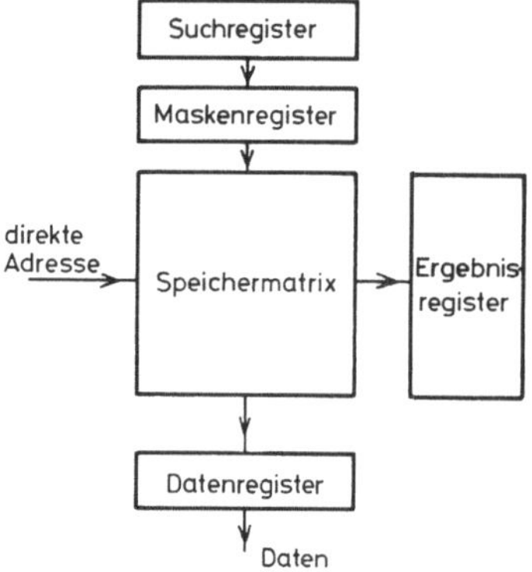

Bild 8.22 Blockschaltbild eines inhaltsadressierbaren Speichers

Der Assoziativspeicher besteht aus einem Suchregister, einem Maskenregister, einem Ergebnisregister, einem Datenregister und einer Speichermatrix. Ein Adreßdecodierer kann entfallen, wenn die Speicherzellen direkt über ihre Wortleitungen adressiert werden.

Zu Beginn des Vergleichsvorgangs wird das mit dem Speicherinhalt zu vergleichende Suchwort in das Suchregister geschrieben. Mit dem Maskenregister können Teile des Suchwortes bestimmt werden, auf die der Vergleich beschränkt werden soll. Beim Vergleich werden alle Speicherwörter parallel in einem Speicherzyklus abgefragt.

Im Ergebnisregister wird an den Zeilen eine „1" gesetzt, deren Speicherwort mit dem Inhalt des Suchregisters in den Bits übereinstimmt, die durch das Maskenregister vorgegeben sind.

Die mit „1" markierten Stellen im Ergebnisregister werden auch „Treffer" genannt.

Im Lesevorgang können mit Hilfe einer zusätzlichen Wortauswahllogik die Speicherworte, deren Ergebnisbit „1" ist, nacheinander und direkt adressiert werden.

Die logischen Zusammenhänge innerhalb des Assoziativspeichers sollen anhand des Blockdiagramms in Bild 8.23 verdeutlicht werden.

Im Maskenregister sind die letzten vier Bits gesetzt, so daß vom Suchwort nur die zweite Worthälfte zum Vergleich herangezogen wird. Im Bild 8.23 stimmt der Vergleich bei den Speicherwörtern 0, 2 und n − 1, wodurch das entsprechende Ergebnisbit „1" gesetzt wird.

		Suchregister
	1 0 1 1 0 1 1 0	Suchregister
	0 0 0 0 1 1 1 1	Maskenregister
		Ergebnisregister
0	1 0 0 1 0 1 1 0	1
1	1 0 1 1 1 0 1 0	0
2	0 0 1 1 0 1 1 0	1
3	1 0 0 0 1 1 0 0	0
.	.	.
n − 1	0 0 1 1 0 1 1 0	1

n Speicherwörter

Bild 8.23 Blockdiagramm eines inhaltsadressierbaren Speichers

Die Speicherzelle eines inhaltsadressierbaren Speichers ist aufwendiger als eine vergleichbare Schreib-/Lesespeicherzelle, da die Abfrage parallel erfolgt. In Bild 8.24 ist die prinzipielle Schaltung einer assoziativen Speicherzelle dargestellt.

Alle Zellen eines Wortes sind durch ein „Wired-AND" miteinander verknüpft. Der maskierte Vergleich findet ständig statt, wird jedoch erst mit einem Suchbefehl in das Ergebnisregister übernommen. Die Daten werden über ein „Wired-OR" mit der Wortauswahl ausgelesen. Das Suchwortregister dient bei diesem Speicher auch als Dateneingaberegister. Der Assoziativspeicher eignet

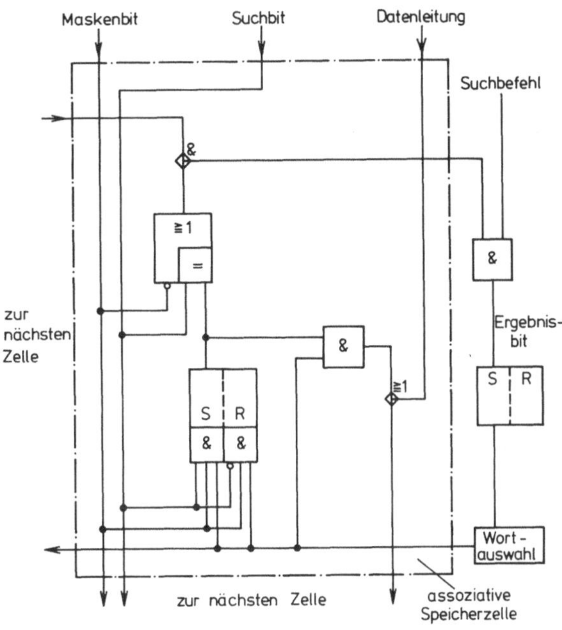

Bild 8.24
Prinzipieller Aufbau einer assoziativen
Speicherzelle

sich besonders für Suchvorgänge in Tabellen, da der gesamte Speicherinhalt gleichzeitig mit dem
Suchwort verglichen wird. Ein Nachteil des Assoziativspeichers ist durch den Umstand bedingt, daß
der Leistungsbedarf mit der Anzahl der gefundenen Ergebnisse wächst. Außerdem nimmt, wenn
alle Ergebnisregisterausgänge aus dem Speicherbaustein herausgeführt werden, die Anzahl der Anschlüsse direkt mit der Anzahl der Ergebnisregisterzellen zu.
Dies sind u.a. Gründe, aus denen bisher Assoziativspeicher nur mit geringen Speicherkapazitäten
gebaut wurden.

8.3 Zusammenfassung

Die Halbleiterspeicher stellen heute für den modernen Schaltwerksentwurf einen wesentlichen
Bestandteil dar. In ihrer hohen Speicherkapazität wurden sie erst durch die heute zur Verfügung
stehende Großintegration der Halbleitertechnologie realisierbar. Insbesondere die Einführung der
wiederprogrammierbaren Festwertspeicher (RePROMS) hat für den mikroprogrammierten Steuerwerksentwurf entscheidende Impulse gebracht. Dadurch ist der Entwickler heute in der Lage, ein
im Halbleiterspeicher stehendes Mikroprogramm jederzeit zu löschen und korrigiert wieder einzu-
schreiben.

Auch die Zugriffszeiten der modernen großintegrierten Halbleiterspeicher sind so stark reduziert
worden, daß sie für den schnellen Steuerwerksentwurf immer geeigneter werden. So hat ein großintegrierter MOS-Einkanal-Halbleiterspeicher eine Zugriffszeit von ca. 250 ns. Nicht zuletzt ist es
auch der stark reduzierte Preis der Halbleiterspeicher, der einem mikroprogrammierten Steuerwerk
auf der Basis eines Halbleiterspeichers in vielen Fällen den Vorzug gegenüber dem festverdrahteten
Steuerwerk gibt.

9 Mikroprogrammierte Schaltwerke

Die grundlegende Struktur des mikroprogrammierten Schaltwerkes auf der Basis eines Halbleiterspeichers haben wir bereits im Kapitel 7 kennengelernt. Mit mikroprogrammierten Schaltwerken lassen sich dieselben Schaltfunktionen realisieren, die mit Schaltwerken aus verknüpften Logikgattern und Flipflops möglich sind (Festverdrahtetes Schaltwerk).

Das Schaltwerk (engl.: sequential circuit) besteht, wie wir schon erfahren haben, aus einem Schaltnetz (Zuordner, kombinatorisches Netzwerk) und einem Gedächtnis (Speicher).

Je nachdem, wie diese Gedächtnisfunktion verwirklicht ist, unterscheiden wir:

— asynchrone Schaltwerke, deren Gedächtnis durch ein Verzögerungsglied verwirklicht ist, oder

— synchrone Schaltwerke, deren Gedächtnis durch einen zeitäquidistant getakteten Zwischenspeicher (Pufferspeicher; engl.: latch) verwirklicht ist.

9.1 Synchrone Schaltwerke

Für weitere Betrachtungen wird vom synchronen Schaltwerk ausgegangen, da es häufiger als das asynchrone Schaltwerk verwendet wird und der Entwurf übersichtlicher ist.

Der Unterschied zum festverdrahteten Schaltwerk besteht darin, daß das Schaltnetz des mikroprogrammierten Schaltwerkes nicht mehr aus einem verdrahteten Logikgatter-Schaltnetz sondern aus einem Speicher besteht. An einem sehr einfachen Beispiel wollen wir zeigen, wie ein verdrahtetes Schaltnetz durch einen Speicher ersetzt werden kann.

Das Schaltnetz eines Halbaddierers wird einmal mit verdrahteten Logikgattern und zum anderen durch einen Festwertspeicher dargestellt (Bild 9.1).

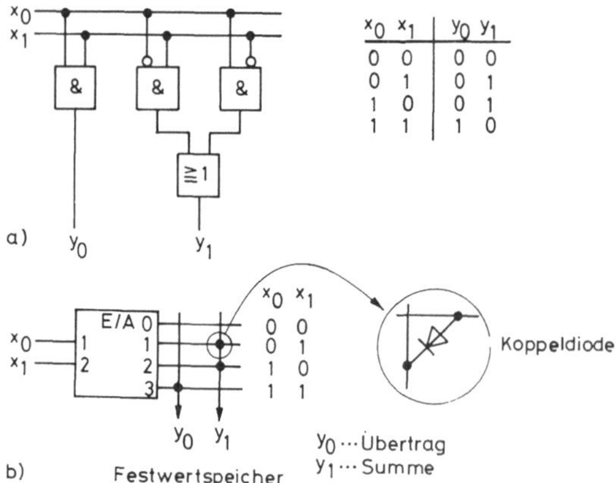

Bild 9.1
Schaltnetz eines Halbaddierers
a) mit verdrahteten Logikgattern
b) mit Festwertspeicher

Die Eingangsvariablen $x_0 x_1$ (Adressen des Festwertspeichers) werden von einem 2 zu 4-Decoder
aufgeschlüsselt, so daß für jede binäre Kombination eine horizontale Leitung (Wortleitung) bereitsteht. Das Spannungspotential der jeweils aktivierten Wortleitung wird über die vorgegebenen
(bzw. vorprogrammierten) Koppeldioden auf die vertikalen Leitungen (Bit-Leitungen) weitergegeben. Von diesen Bit-Leitungen können die Ausgangsvariablen $y_0 y_1$ abgegriffen werden.

Die Realisierung eines Schaltnetzes durch einen Festwertspeicher gewinnt insbesondere dann an
Vorteil, wenn aus einer gegebenen Anzahl von Eingangsvariablen mehrere Ausgangsvariable erzeugt
werden sollen. Werden die Variablen sowie die Schaltfunktionen als Vektorkomponenten aufge-
faßt, so kann das Schaltnetz in Form einer Vektorfunktion notiert werden:

$$\mathbf{y} = \mathbf{f}\,(\mathbf{x})$$

wobei: $\mathbf{x} = (x_1 x_2 \ldots x_n)$ Eingangsvektor

$\mathbf{y} = (y_1 y_2 \ldots y_m)$ Ausgangsvektor

$\mathbf{f} = (f_1\, f_2\, \ldots f_r)$ Funktionsvektor

Ein Schaltnetz mit z.B. 8 Eingangsvariablen $x_1 x_2 \ldots x_8$ und 15 Ausgangsvariablen $y_1 y_2 \ldots y_{15}$
kann durch ein Bündel von 15 Schaltfunktionen $f_1 f_2 \ldots f_{15}$ dargestellt werden.

Ist jede Schaltfunktion ein längerer, nicht mehr zu vereinfachender boolescher Ausdruck, so wird
der Schaltnetzaufbau mit elementaren Logikgattern schon sehr aufwendig und unübersichtlich. Für
jede einzelne Schaltfunktion werden mehrere Logikbausteine nötig. Auch wird die Fehlersuche umständlich.

Wird das Gesamtschaltnetz jedoch durch einen wortadressierten Festwertspeicher realisiert, so muß
der Speicher nur einmal programmiert werden. Die Fehlersuche hingegen kann durch eine sequentielle Wortüberprüfung vorgenommen werden.

Auch ist es, falls der Speicher wiederprogrammierbar ist, sehr einfach, erwünschte Veränderungen
des Speicherinhalts vorzunehmen. Die Programmierung von booleschen Funktionen in Speichern
ist somit eine systematische, schrittweise geordnete und klar zu übersehende Entwurfsmethode.

Diese Vorteile sind noch eindrucksvoller, wenn mit einem Festwertspeicher-Schaltnetz und getakteten Zwischenspeichern ein Schaltwerk aufgebaut wird. Jeder Schaltwerkzustand kann dann
einem Speicherwort im Festwertspeicher zugeordnet werden, was den Aufbau, die Fehlersuche
und nachträgliche Veränderungen erleichtert.

9.2 Zusammenhang zwischen festverdrahteten Steuerwerken aus Logikgattern und mikroprogrammierten Steuerwerken

In dem Begriff des Schaltwerks sind die beiden gebräuchlichen Unterbegriffe Steuerwerk und
Operationswerk mit enthalten.

Schaltwerke, die programmierbar sind, eignen sich jedoch vorzugsweise für Steueraufgaben, da alle
Steuerfunktionen durch einen Algorithmus darstellbar sind. In den nachfolgenden Darstellungen
wird daher nur noch der Begriff Mikroprogrammsteuerwerk verwendet.

Beispiel eines 2-Bit-Vorwärts-Rückwärtszählers Am Beispiel eines 2-Bit-Vorwärts-Rückwärtszählers
soll die Realisierung eines Steuerwerks in zwei gebräuchlichen Versionen, die beide das gleiche
Steuerverhalten aufweisen, vorgeführt werden.

Zuerst wird ein Steuerwerk aus festverdrahteten Logikgattern und Flipflopspeichern entworfen, danach wird gezeigt, wie die gleiche Steuerfunktion in einem Halbleiterspeicher mikroprogrammiert werden kann.

Zu Beginn des Steuerwerkentwurfs wird der Steueralgorithmus durch die Erstellung eines Zustandsgraphen oder eines Programmlaufplans festgelegt (Bild 9.2).

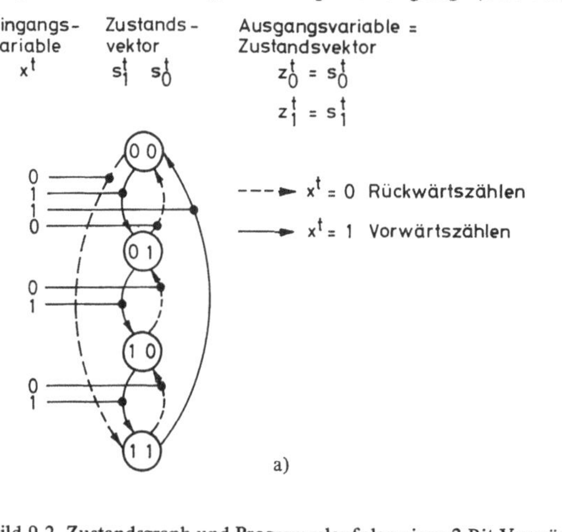

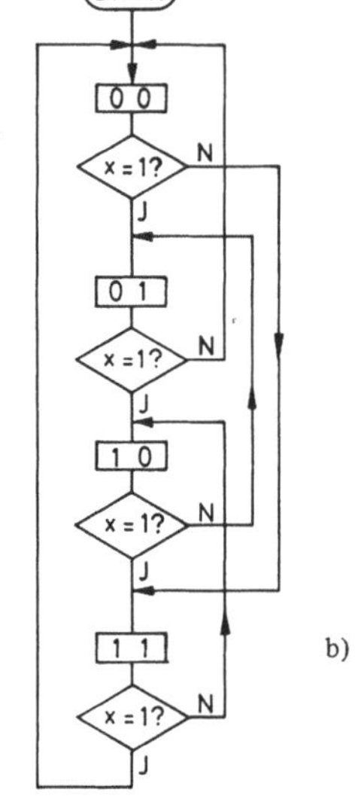

Bild 9.2 Zustandsgraph und Programmlaufplan eines 2-Bit-Vorwärts-
Rückwärtszählers
a) Zustandsgraph, b) Programmlaufplan

Die in diesem Graphen enthaltenen Informationen über die nacheinander auftretenden Zustände (s_1^t, s_0^t), den dazugehörigen Eingangsvariablen x^t und den Ausgangsvariablen z^t werden nun in der Zustandstabelle aufgelistet. Diese Zustandstabelle kann direkt als eine Wertetabelle für das Schaltnetz zur Ermittlung der:

$$\text{Übergangsfunktion}\quad s^{t+1} = g(x^t, s^t)$$

und der Ausgangsfunktion $z^t \quad = f(s^t)$

betrachtet werden.

Die Zustandstabelle ist besonders dann vorteilhaft, wenn das Steuerwerk aus Flipfloptypen bestehen soll, bei denen besondere Setz- und Rücksetzbedingungen zu beachten sind, wie z.B. beim:

– RS-Auffangflipflop
– JK-Master-Slave-Flipflop
– T-Flipflop

Für diese Flipfloptypen kann die Zustandstabelle durch die für den jeweiligen Typ notwendigen Logikpegel zur Ansteuerung ergänzt werden (siehe hierzu Kap. 4.2.3).

In der Tabelle des Bildes 9.3 sind zwei Spalten mit den Ansteuerbedingungen für D-Auffangflipflops angegeben.

Diese Flipflops benötigen keine typenspezifischen Ansteuersignale, d.h. sie sind direkt mit den Logikpegeln der Folgezustandsvariablen s_0^{t+1} und s_1^{t+1} ansteuerbar.

Mit der Zustandstabelle in Bild 9.3 wird nun das Schaltnetz zur Ansteuerung von D-Auffangflipflops entworfen. Überall dort, wo die Ansteuervariablen D_1 und D_0 in der Zustandstabelle boolesch 1 sind, werden die Eingangs- und Zustandsvariablen x^t, s_1^t, s_0^t entsprechend ihres booleschen Wertes konjunktiv verknüpft. Die so entstandenen Konjunktionsterme werden danach disjunktiv verknüpft.

		x^t	s_1^t	s_0^t	s_1^{t+1}	s_0^{t+1}	z_1^t	z_0^t	Ansteuerungssignale falls der Zähler mit D-Flipflops realisiert wird	
									D_1	D_0
	Vorwärts-	1	0	0	0	1	0	0	0	1
	zählen	1	0	1	1	0	0	1	1	0
		1	1	0	1	1	1	0	1	1
		1	1	1	0	0	1	1	0	0
		0	1	1	1	0	1	1	1	0
Bild 9.3	Rückwärts-	0	1	0	0	1	1	0	0	1
Zustandstabelle	zählen	0	0	1	0	0	0	1	0	0
des Vorwärts-		0	0	0	1	1	0	0	1	1

Bild 9.3
Zustandstabelle
des Vorwärts-
Rückwärtszählers

Es ergibt sich für:

$$D_0 = f(x^t, s_1^t, s_0^t) = (x^t \wedge \overline{s_1^t} \wedge \overline{s_0^t}) \vee (x^t \wedge s_1^t \wedge \overline{s_0^t}) \vee$$
$$(\overline{x^t} \wedge s_1^t \wedge \overline{s_0^t}) \vee (\overline{x^t} \wedge \overline{s_1^t} \wedge \overline{s_0^t})$$

und für:

$$D_1 = f(x^t, s_1^t, s_0^t) = (x^t \wedge \overline{s_1^t} \wedge s_0^t) \vee (x^t \wedge s_1^t \wedge \overline{s_0^t}) \vee$$
$$(\overline{x^t} \wedge s_1^t \wedge s_0^t) \vee (\overline{x^t} \wedge \overline{s_1^t} \wedge \overline{s_0^t})$$
$$= (x^t \leftrightarrow s_0^t) \leftrightarrow s_1^t$$

Damit möglichst wenig Gatter für die Übergangsfunktion und die Ausgangsfunktion aufgewendet werden müssen, sollte untersucht werden, ob sich die Funktionen noch auf einen kleineren Term reduzieren lassen. In Bild 9.4 wird dies mit Hilfe der Veitch-Karnaugh-Methode versucht.

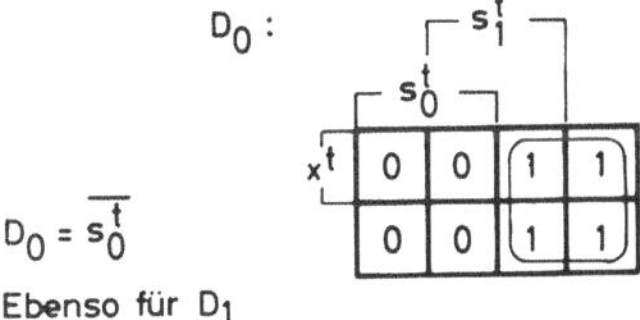

$D_0 = \overline{s_0^t}$

Ebenso für D_1

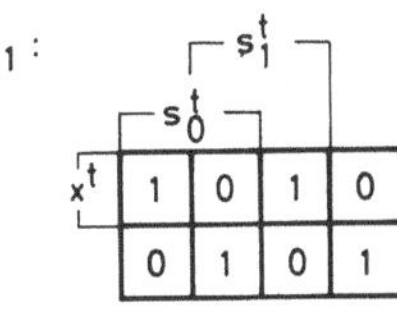

Bild 9.4
Veitch-Karnaugh-Tafel zur Minimierung der
Übergangsfunktion des Vorwärts-
Rückwärtszählers

Hier zeigt sich, daß sich nur D_0 reduzieren läßt. D_1 läßt sich nicht weiter vereinfachen. Für die Ausgangsfunktionen dieses Zählers wird kein Schaltnetz benötigt, da die Ausgangsvariablen gleich den Schaltzuständen gesetzt werden können.

$$z_0^t = s_0^t$$
$$z_1^t = s_1^t$$

In Bild 9.5a wird das Schaltbild des festverdrahteten Vorwärts-Rückwärtszählers angegeben.

Zum Aufbau des Vorwärts-Rückwärts-Zählers in Form eines mikroprogrammierten Steuerwerks muß nur die Folgezustandsvariable s_0^{t+1} und s_1^{t+1} in den Festwertspeicher des Mikroprogrammsteuerwerks

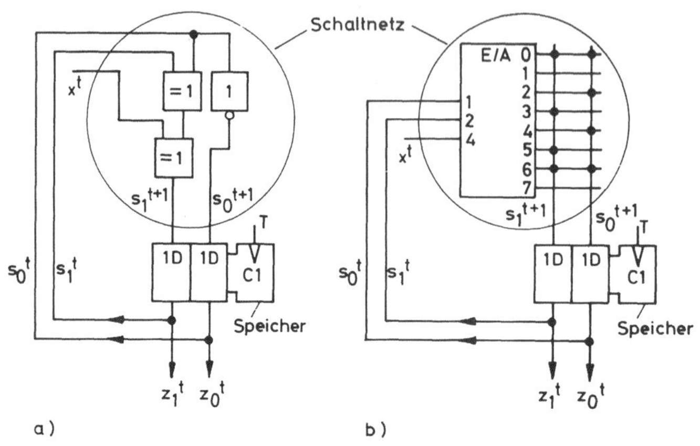

Bild 9.5
Vorwärts-Rückwärtszähler
als festverdrahtetes
Schaltwerk und als mikro-
programmiertes Schalt-
werk
a) festverdrahtetes Schaltwerk
b) mikroprogrammiertes
Schaltwerk

eingetragen werden. Alle binären Kombinationen der Eingangs- und Zustandsvariablen werden von dem 3 zu 8 Adreßdecoder des Speichers aufgeschlüsselt (Bild 9.5 b).

9.2.1 Das allgemeine Modell des synchronen Steuerwerks

Bei der Darstellung des Vorwärts-Rückwärtszählers sind bereits alle wesentlichen booleschen Variablen, die im Zusammenhang mit Steuerwerken vorkommen, genannt worden. Diese Variablen sind:

— die Eingangsvariablen $x_0^t, x_1^t \ldots x_n^t$

— die Zustandsvariablen $s_0^t, s_1^t \ldots s_m^t$

— die Ausgangsvariablen $z_0^t, z_1^t \ldots z_k^t$

In den weiteren Betrachtungen werden die Variablen gleichen Typs zu einem Vektor zusammengefaßt. So kann z.B. der Eingangsvektor geschrieben werden als:

$$x^t = (x_0^t, x_1^t \ldots x_n^t)$$

Das in Bild 9.6 gezeigte Modell eines synchronen Steuerwerks wird durch einen speicherlosen Teil (Schaltnetz) und einen speichernden Teil, dem Zustands- und Ergebnisregister, dargestellt.

Die Ausgänge des Zustandsregisters werden in dem Zustandsvektor $s^t = (s_0^t, s_1^t \ldots s_m^t)$ zusammengefaßt. Der Zustandsvektor liefert zusammen mit dem Eingangsvektor x^t die Information für das zukünftige Verhalten des Systems.

Die Verknüpfung des Eingangsvektors und des Zustandsvektors kann auch durch die Vektorfunktionen g und f beschrieben werden (Bild 9.6).

Die Vektorfunktion g erzeugt bei vorgegebenem Eingangsvektor x^t und dem Zustandsvektor s^t den Folgezustandsvektor s^{t+1}. Die Vektorfunktion f erzeugt mit den gleichen Vektoren x^t und s^t den Ausgangsvektor z^t

$$s^{t+1} = g(x^t, s^t) \quad \text{Übergangsfunktion}$$
$$z^t = f(x^t, s^t) \quad \text{Ausgangsfunktion}$$

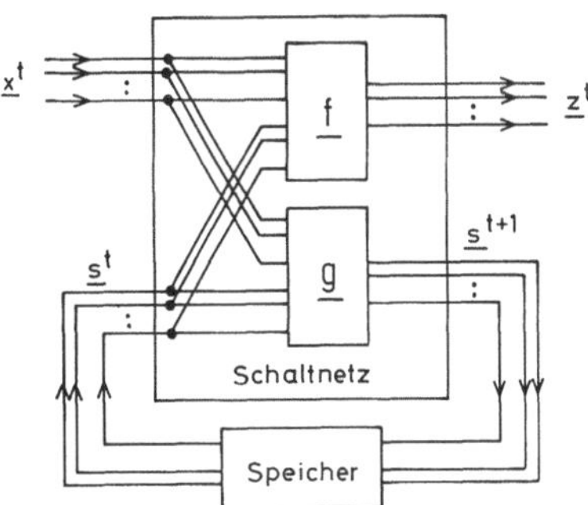

Bild 9.6
Modell des synchronen Steuerwerks

Ein Vergleich mit den Vektorfunktionen des Vorwärts-Rückwärtszählers zeigt, daß die Ausgangsfunktion des Zählers nur den Zustandsvektor s^t als Argument enthält. Der vorgeführte Vorwärts-Rückwärtszähler gehört deshalb zu einer Klasse von Steuerwerken, deren Ausgangsvektor z^t nicht unmittelbar von dem Eingangsvektor x^t abhängig ist. In Kapitel 9.3.3 wird ausführlich auf diese Klasse eingegangen.

9.2.2 Das Modell des mikroprogrammierten Steuerwerks

Bei einem mikroprogrammierten Steuerwerk wird im Gegensatz zum festverdrahteten Steuerwerk kein Schaltnetz aus Logikgattern zur Erzeugung des Ausgangs- und Folgezustandsvektors eingesetzt, sondern ein programmierbarer Festwertspeicher. Der grundsätzliche Aufbau eines Mikroprogrammsteuerwerks wird in Bild 9.7 dargestellt:

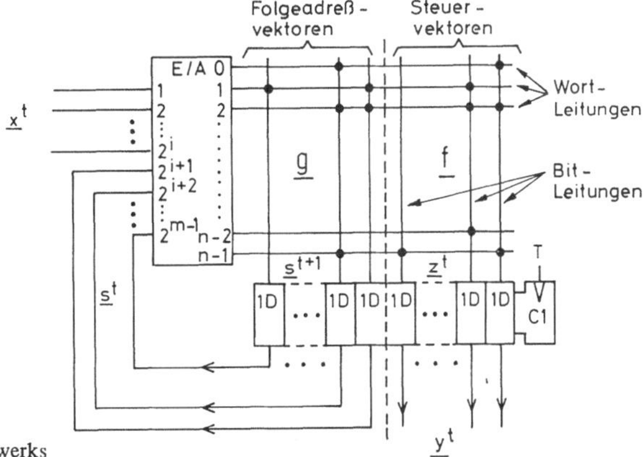

Bild 9.7
Grundmodell des Mikroprogrammsteuerwerks

Die Eingänge des Festwertspeichers sind die Adreßleitungen, die von einem Dualdecoder so aufgeschlüsselt werden, daß jedes angelegte Adreßwort eine Wortleitung des Speichers aktiviert. Die Festwertspeicheradresse wird aus dem Eingangsvektor und dem Zustandsvektor gebildet.

Die Ausgangsleitungen des Festwertspeichers werden in die Variablen des Folgezustandsvektors s^{t+1} und des Ergebnisvektors z^t unterteilt. Ebenso ist die Speichermatrix in zwei Bereiche zur Programmierung der Übergangsfunktion g und der Ausgangsfunktion f unterteilt. In den Speicher kann direkt die Wertetabelle für die jeweilige Vektorfunktion einprogrammiert werden.

Da das Mikroprogrammsteuerwerk aus einem Speicher mit Ausgaberegister besteht, sind die einzelnen Steuerwerksvektoren x^t, s^t und z^t mit Begriffen aus der Speicherorganisation belegt worden.

So wird der

— Folgezustandsvektor s^{t+1} auch Folgeadreßteil
und der
— Ergebnisvektor z^t auch Steuerwort

genannt.

Beide Vektoren werden bei jedem Steuerschritt vom Speicher in das Ausgaberegister übernommen. Die im Festwertspeicher eingeschriebenen Daten werden insgesamt als Mikroprogramm bezeichnet, da sie gleich einem Programm nacheinander an die Speicherperipherie ausgegeben werden. Das Datenwort im Ausgaberegister wird demzufolge auch Mikrobefehl genannt.

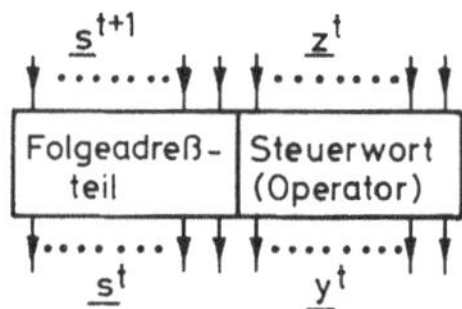

Bild 9.8
Format des Mikrobefehls

Der Begriff Mikrobefehl ist gewählt worden, da sein Steuerwort eine Operation steuert, die aus einem einzigen Schritt besteht. Diese Mikrooperation ist eine elementare Hardwareoperation wie Addieren oder Verschieben, also keine Operation bestehend aus einer Folge von Mikrooperationen. Eine derartige Folge von Mikrooperationen wäre z.B. eine Gleitkommamultiplikation, welche durch ein Operationswerk, das nur elementare Hardwareoperationen ausführen kann, erzeugt wird.

Zur sequentiellen Aktivierung dieser elementaren Hardwareoperationen eignet sich besonders das Mikroprogrammsteuerwerk. Es muß jedoch ein Mikroprogramm eingeschrieben werden, welches eine Folge von passenden Steuersignalen (bzw. Steuerwörter) bereitstellt. Dient dieses Mikroprogramm zur Erzeugung von Operationen, z.B. Multiplikationen, Division, Radizieren..., die sich aus den Elementaroperationen zusammensetzen, so wird dieses Mikroprogramm von einem Makrobefehl ausgelöst.

In Bild 9.9 ist ein Steuerwerk zur Ausführung dieser Makrobefehle dargestellt.

Die Mikroprogrammsteuerwerke in Bild 9.8 und 9.9 sind von einer allgemeinen, exemplarischen Struktur. Will man jedoch ein gegebenes Steuerungsproblem durch den Aufbau eines Mikroprogrammsteuerwerks lösen, kann oft eine gegenüber der allgemeinen Mikroprogrammsteuerwerkstruktur dem Probleme angepaßte optimalere Lösung gefunden werden. Optimierungskriterien, die hierbei erwogen werden können, sind:

— der minimale Speicherplatzbedarf
— die Geschwindigkeit der Steuerworterzeugung
— die Größe des zusätzlichen Hardwareaufwands, der neben dem Programmspeicher und den Registern eingesetzt wird
— die Flexibilität der Mikroprogramme bei Programmänderungen.

Versuche, diese Kriterien für gegebene Anwendungen möglichst vorteilhaft miteinander abzustimmen, haben zu vielen Konzepten von Mikroprogrammsteuerwerken geführt, die sich wiederum

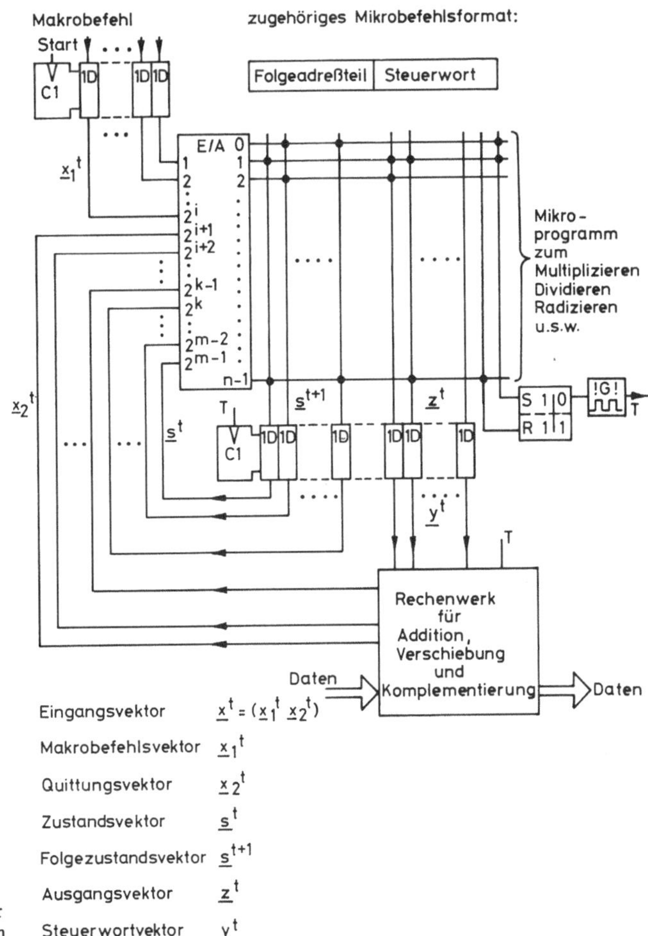

Eingangsvektor $\quad \underline{x}^t = (\underline{x}_1^t\ \underline{x}_2^t)$

Makrobefehlsvektor $\quad \underline{x}_1^t$

Quittungsvektor $\quad \underline{x}_2^t$

Zustandsvektor $\quad \underline{s}^t$

Folgezustandsvektor $\quad \underline{s}^{t+1}$

Ausgangsvektor $\quad \underline{z}^t$

Steuerwortvektor $\quad \underline{y}^t$

Bild 9.9
Mikroprogrammsteuerwerk zur
Ausführung von Makrobefehlen

nach zwei Hauptmerkmalen einteilen lassen:

– Die Art der Folgeadreßbildung
– Die Art der Steuerwortauswertung

In den folgenden Kapiteln wird auf diese Merkmale ausführlich eingegangen.

9.3 Methoden der Folgeadreßerzeugung

In diesem Abschnitt werden einige grundlegende Schaltungskonzepte zur Adreßbildung für Mikroprogrammspeicher vorgestellt. Beginnend mit der Adressierung eines Mikroprogrammspeichers durch einen Adreßzähler werden gebräuchliche Methoden, in der Reihenfolge ihres Komplexitätsgrades, angegeben. [39]

9.3.1 Folgeadreßerzeugung durch einen Binärzähler

Die einfachste Struktur eines Mikroprogrammsteuerwerkes kann mit einem Festwertspeicher, der von einem Binärzähler adressiert wird, realisiert werden (Bild 9.10). Die Einfachheit dieser Adressierungsart bildet zugleich auch die größte Einschränkung für die Mikroprogrammierung. Da die einzelnen Steuerwortsignale nur örtlich aufeinanderfolgend ausgelesen werden können, erlaubt diese Adressierung nur den Ablauf von starren, sich nicht verzweigenden Programmen. Vergleichbar ist dieses Prinzip mit einer Nockenwalze in einer Spieluhr; es kann stets nur dieselbe Melodie — ohne Variation des Themas — abgespielt werden. Dieses Steuerwerk ist, abgesehen vom Taktsignal, nicht von außen beeinflußbar; es wird daher auch „autonomes Steuerwerk" genannt.

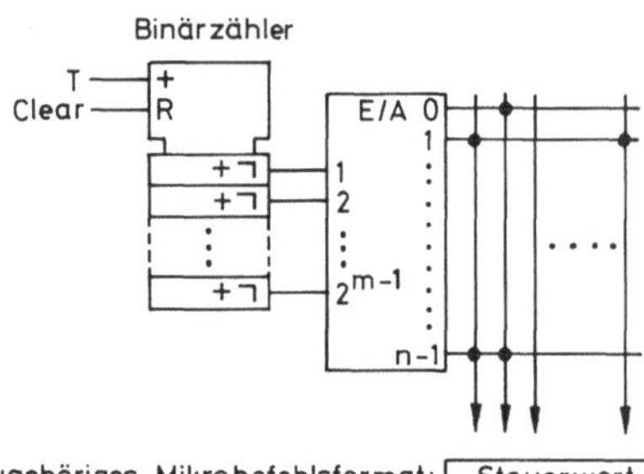

zugehöriges Mikrobefehlsformat: | Steuerwort |

Bild 9.10
Mikroprogrammsteuerwerk mit Zähleradressierung

Solange das Taktsignal den Adreßzähler aktiviert, werden alle Zählerzustände immer wieder vom Anfang- bis Endzustand durchlaufen, d.h. das Mikroprogrammsteuerwerk in Bild 9.10 kann nicht durch Programmierungsmaßnahme innerhalb des Festwertspeichers zum Anhalten gebracht werden. In Bild 9.11 und 9.12 werden Mikroprogrammsteuerwerke angegeben, die eine Programmierung von Haltebefehlen erlauben.

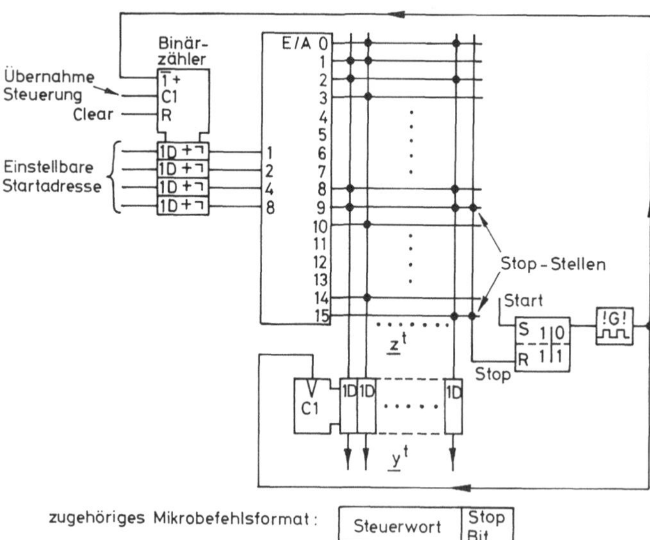

zugehöriges Mikrobefehlsformat : | Steuerwort | Stop Bit |

Bild 9.11
Mikroprogrammsteuerwerk mit Zähleradressierung und programmierbarer Unterbrechung

In Bild 9.11 wird gezeigt, wie durch Programmierung einer Speichermatrixspalte ein Haltesignal zur Unterbrechung des Taktsignals erzeugt werden kann. Diese Methode eignet sich nur dann, wenn die Wortlänge des Festwertspeichers nicht voll für den Steuervektor ausgenutzt wird.

Der Adreßzähler in Bild 9.11 und 9.12 verfügt noch über Ladeeingänge, deren Signale zum Überschreiben des aktuellen Zählerstandes herangezogen werden können. In dieses Mikroprogrammsteuerwerk können mehrere unterschiedliche verzweigungsfreie Programme eingeschrieben werden. Für Mikroprogramme, die jedes Steuerwortbit als Aktivierungssignal benötigen, kann eine andere Haltesignalerzeugung vorgenommen werden. (Bild 9.12).

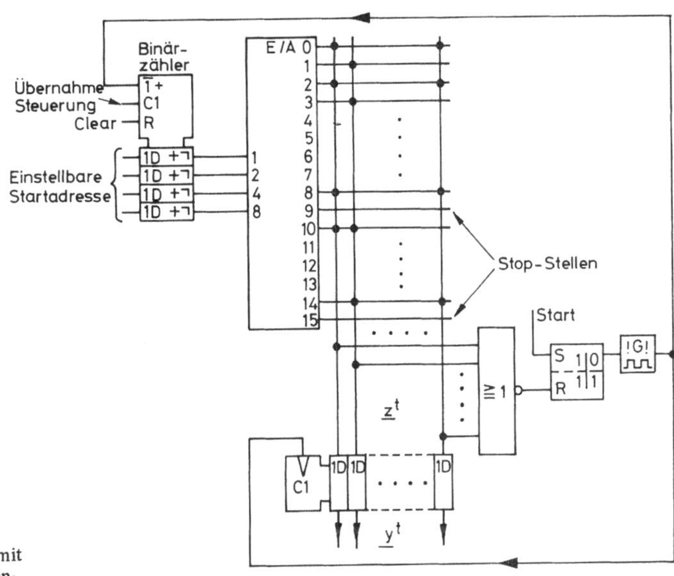

Bild 9.12
Mikroprogrammsteuerwerk mit
Zähleradressierung und Erkennung von Unterbrechungen

Die in Bild 9.12 gezeigte Schaltung verfügt über einen zusätzlichen Decoder, der ein bestimmtes Wort im Speicher (hier ein Null-Wort) erkennt und damit ein Haltesignal erzeugt. Für jede Haltemarke wird hier ein Speicherwort benötigt. Das Haltewort wird vom Steuervektorregister nicht übernommen, da dieses Register auch den von dem Haltesignal unterbrechbaren Übernahmetakt erhält.

9.3.2 Erzeugung der Folgeadresse durch das Mikroprogramm

In Kapitel 9.2 wurde gezeigt, daß ein Zähler mit einer Mikroprogrammsteuerwerk-Struktur aus Festwertspeicher und Register aufgebaut werden kann. Wird, wie in Bild 9.7 angegeben, der Festwertspeicher in einen Folgeadreßvektorbereich und in einen Steuervektorbereich aufgeteilt, so können beliebige Zählfolgen neben jedem Steuervektor programmiert werden.

Der Folgeadreßvektor ist bei dem Steuerwerk in Bild 9.13 doppelt nutzbar, da die Folgeadreßinformation auch als Steuerwortinformation mitverwendet werden kann. Da die Folgeadresse nur von dem Programm im Festwertspeicher bestimmt wird, müssen die Adressen nicht wie bei einem

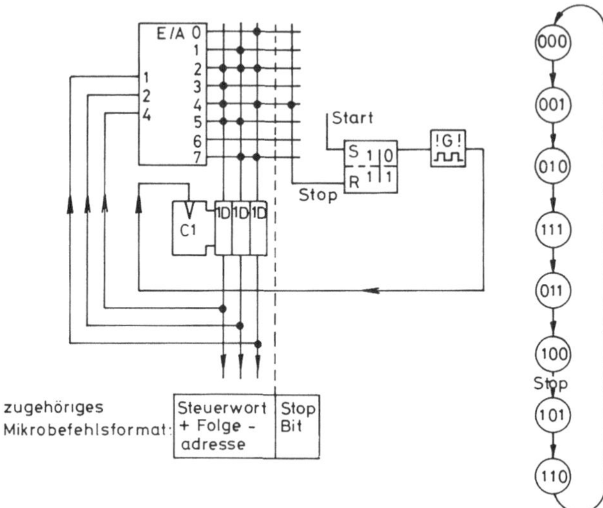

Bild 9.13
Mikroprogrammsteuerwerk mit
programmierbarer Folgeadresse

Binärzähler wertemäßig aufeinanderfolgen. Die Adreßwerte können also in jeder beliebigen Reihenfolge programmiert werden. Auch in dieser Anordnung ist die Möglichkeit, Anhaltebefehle zu programmieren, vorgesehen.

9.3.3 Folgeadreßerzeugung durch interne Verknüpfung von Eingangsvektor und Zustandsvektor

In Kapitel 9.3 wurden nur solche Mikroprogrammsteuerwerke dargestellt, die von außen nur durch das Start- und Taktsignal beeinflußbar waren. Da diese Signale keine Verzweigung innerhalb des ablaufenden Steueralgorithmus auslösen können, gehören sie nicht zu den Eingangssignalen, bzw. Eingangsvektoren. Die im Folgenden dargestellten Mikroprogrammsteuerwerke können auf die Eingangsvektoren reagieren, d.h. sie sind in der Lage, ihr Steuerverhalten durch bedingte Sprünge innerhalb des Mikroprogramms zu verändern. Das Grundmodell dieses Mikroprogrammsteuerwerks wurde bereits in Bild 9.7 angegeben.

In der Automatentheorie wird dieses Steuerwerkmodell auch als MEALY-Automat bezeichnet. Der Begriff „Automat" ist ein Sammelbegriff, zu dem auch der Begriff „Steuerwerk" gehört.

Das MEALY-Steuerwerk kann durch zwei Vektorfunktionen (g und f) beschrieben werden.

$$\text{Übergangsfunktion:}\quad s^{t+1} = g(s^t, x^t)$$
$$\text{Ausgangsfunktion:}\quad z^t = f(s^t, x^t)$$

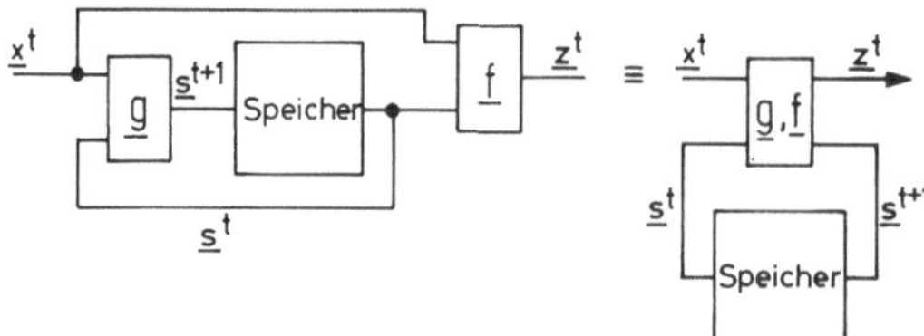

Bild 9.14
MEALY-Steuerwerk

Das MEALY-Steuerwerk wird auch übergangsorientiertes Steuerwerk genannt. Damit soll ausgedrückt werden, daß der Ausgangsvektor z^t wie auch die Übergangsfunktion s^{t+1} aus den Vektoren x^t und s^t gebildet werden.

Dieser Steuerwerkstyp wird durch den Übergangsgraphen dargestellt, wobei der Ausgangsvektor z^t den Übergangspfeilen zugeordnet wird (Bild 9.15).

Obwohl nur zwei Schaltzustände (0 und 1) vorhanden sind, können in diesem Beispiel bis zu max. vier Ausgangskombinationen erzeugt werden. In dem Steuerwerk des Bildes 9.15 werden hiervon jedoch nur drei Ausgangsvektoren genutzt. Die Zahl der Ausgangsvektoren ist gleich der Anzahl aller Paare (Mengenprodukt) der Werte der Eingangsvektoren und Zustandsvektoren.

In dem Beispiel des Bildes 9.15 haben Eingangs- und Zustandsvektor nur eine binäre Komponente, mit der sich jeweils zwei Werte darstellen lassen.

Mit $X^t = \{0, 1\}$ = Menge der Werte aller Eingangsvektoren x^t

und $S^t = \{0, 1\}$ = Menge der Werte aller Zustandsvektoren s^t

läßt sich maximal die Menge aller Paare aus X^t und S^t bilden.

$$X^t \times S^t = \{[0, 0], [0, 1], [1, 0], [1, 1]\}$$

Insgesamt lassen sich damit vier Paare bilden. Aus dem Übergangsgraphen in Bild 9.15 können wir ersehen, daß vier Übergänge existieren, von denen zwei Übergänge identisch sind. Den beiden identischen Übergängen kann jedoch nur ein eindeutiger Ausgangsvektorwert zugeordnet werden.

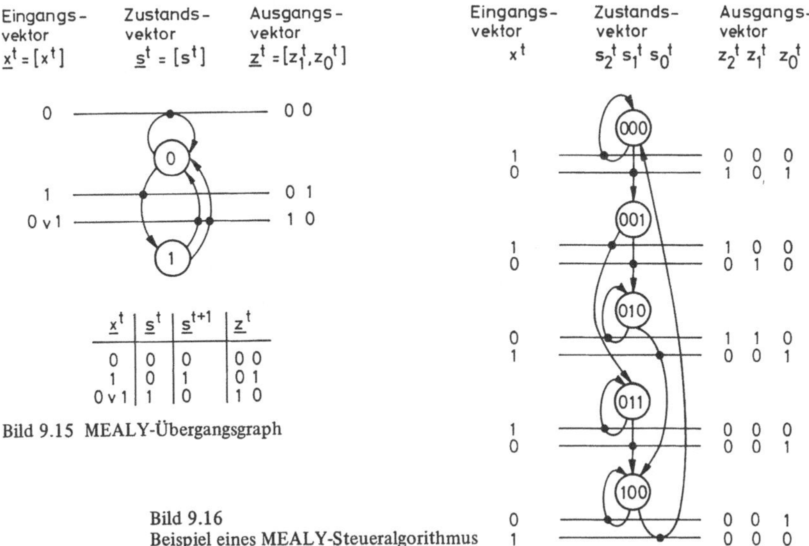

Bild 9.15 MEALY-Übergangsgraph

Bild 9.16
Beispiel eines MEALY-Steueralgorithmus

Um einen Einblick in die Programmierung eines MEALY-Mikroprogrammsteuerwerkes zu gewinnen, wird ein Übergangsgraph (Bild 9.16) vorgegeben, aus dem schrittweise der Programmcode entwickelt wird.

Der Graph in Bild 9.16 zeigt, wie das Zusammenwirken von Eingangsvektor x^t und Zustandsvektor s^t den Folgezustand s^{t+1} sowie den Ausgangsvektor z^t beeinflussen. Für die Programmierung dieses Graphen in einem Festwertspeicher muß dieser Graph in eine Übergangstabelle umgeformt werden. Zuerst soll jedoch der Graph noch in eine andere Darstellungsweise, an der die typischen Merkmale eines MEALY-Mikrobefehls erkennbar sind (Bild 9.17), umgeformt werden.

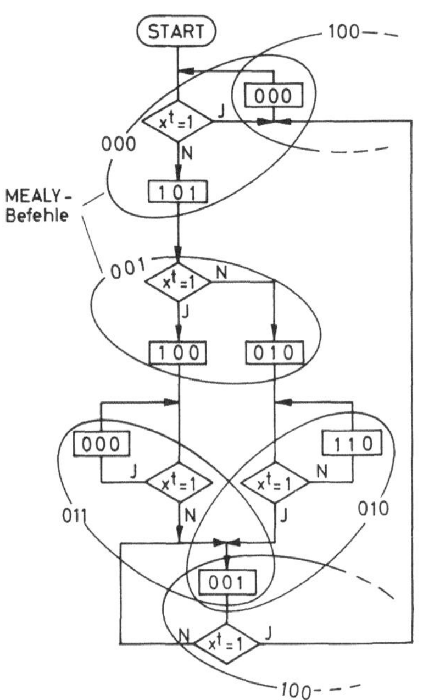

Bild 9.17 Programmlaufplan eines
MEALY-Steueralgorithmus

Der Programmlaufplan zeigt, wie der MEALY-Befehl in zwei Funktionsphasen unterteilbar ist, obwohl beide gleichzeitig ausgeführt werden:

1. Entscheidung (Programmverzweigung) über den nächstfolgenden Adreßvektor (s^t, x^t)
2. Ausgabe des Ausgangsvektors z^t

Die Übergangstabelle (Bild 9.18) wird aufgestellt, indem zuerst alle nötigen Binärkombinationen für den Eingangs- und Zustandsvektor in den dafür vorgesehenen Spalten aufgelistet werden. Danach wird für jede vorgegebene Binärkombination aus dem Graphen der zugehörige Folgezustands- und Ausgangsvektor ermittelt und in die dafür vorgesehenen Spalten eingetragen.

Mit dieser Tabelle kann nun direkt der Festwertspeicher des MEALY-Mikroprogrammsteuerwerks programmiert werden (Bild 9.19). Da jedoch die Wortleitungen des Festwertspeichers direkt vom Eingangs- und Folgezustandsvektor adressiert werden, muß in den Speicher an dieser Stelle nur die Binärkombination für den Folgezustands- und Ausgangsvektor programmiert werden.

Ein weiterer sehr verbreiteter Automatentyp ist der MOORE-Automat, der in Form eines MOORE-Steuerwerks aufgebaut werden kann.

Die Folgeadresse wird beim MOORE-Steuerwerk genau wie beim MEALY-Steuerwerk gebildet, d.h. die Übergangsfunktion ist mit der des MELAY-Steuerwerks identisch. Die Ausgangsfunktion hängt jedoch beim MOORE-Steuerwerk nur vom Zustandsvektor ab.

Eingangs-vektor	Zustandsvektor		Ausgangs-vektor
x^t	$s_2^t\, s_1^t\, s_0^t$	$s_2^{t+1}\, s_1^{t+1}\, s_0^{t+1}$	$z_2^t\, z_1^t\, z_0^t$
0	0 0 0	0 0 1	1 0 1
1	0 0 0	0 0 0	0 0 0
0	0 0 1	0 1 0	0 1 0
1	0 0 1	0 1 1	1 0 0
0	0 1 0	0 1 0	1 1 0
1	0 1 0	1 0 0	0 0 1
0	0 1 1	1 0 0	0 0 1
1	0 1 1	0 1 1	0 0 0
0	1 0 0	1 0 0	0 0 1
1	1 0 0	0 0 0	0 0 0

Bild 9.18 Übergangstabelle des MEALY-
Steueralgorithmus

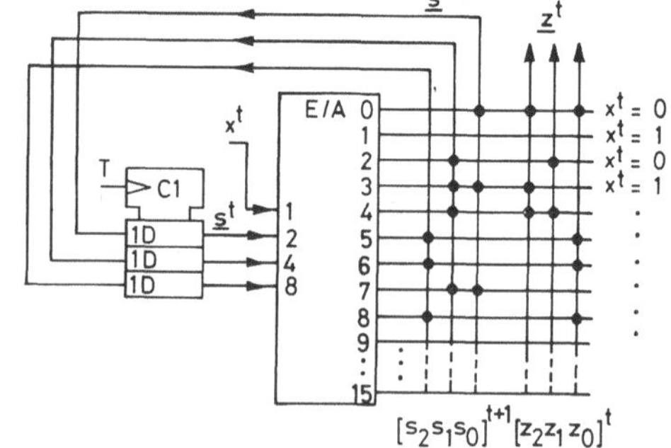

Bild 9.19
MEALY-Mikroprogrammsteuerwerk

Für dieses Steuerwerk gelten folgende Beziehungen:

$$\text{Übergangsfunktion:}\quad s^{t+1} = g(s^t, x^t)$$
$$\text{Ausgangsfunktion:}\quad z^t = f(s^t)$$

Das MOORE-Steuerwerk wird auch zustandsorientiertes Steuerwerk genannt, da nur der Zustandsvektor s^t den aktuellen Ausgangsvektor z^t erzeugt. Der Eingangsvektor x^t hat keinen unmittelbaren (zeitgleichen) Einfluß auf den Ausgangsvektor z^t (Bild 9.20). Er beeinflußt den Ausgangsvektor z^t lediglich um eine Taktperiode verzögert.

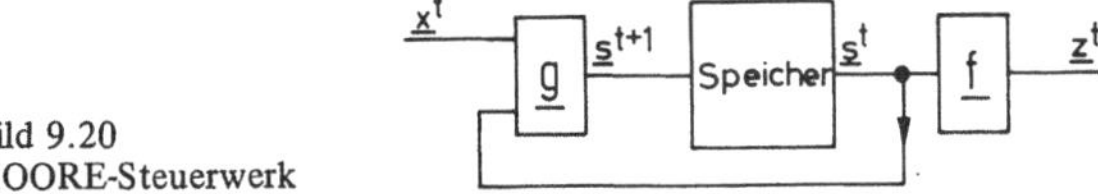

Bild 9.20
MOORE-Steuerwerk

Wir erkennen dies, indem wir die Ausgangsfunktion **f** des MOORE-Steuerwerkes für den zeitlich nachfolgenden Ausgangsvektor z^{t+1} bilden.

$$z^{t+1} = f(s^{t+1})$$

Die Beziehung kann in die Übergangsfunktion eingesetzt werden

$$z^{t+1} = f[g(s^t, x^t)]$$

Damit ist die zeitliche, um ein Taktintervall nachlaufende Abhängigkeit zwischen Ausgangsvektor z^{t+1} und Eingangsvektor x^t aufgezeigt.

In Bild 9.21 ist der Zustandsgraph eines MOORE-Steuerwerks, welches das gleiche Steuerverhalten wie das MEALY-Steuerwerk in Bild 9.15 aufweist, dargestellt.

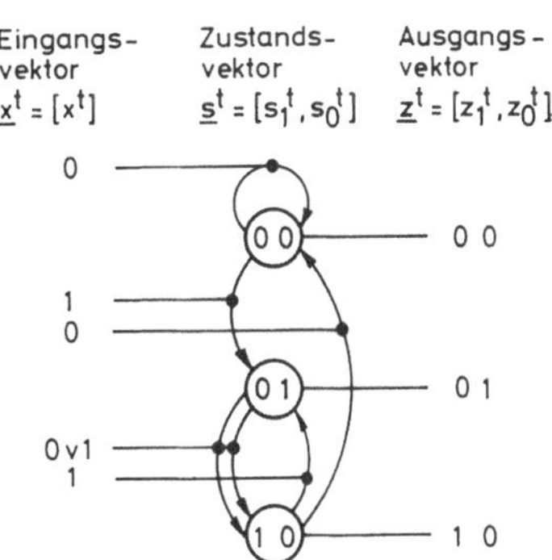

Bild 9.21
MOORE-Zustandsgraph

Ausgehend von einem vorgegebenen Zustandsgraphen (Bild 9.22) wird nun schrittweise der Programmcode für ein MOORE-Steuerwerk entwickelt. Der hier angegebene Zustandsgraph zeigt das gleiche Steuerverhalten wie der Übergangsgraph in Bild 9.16, da er aus diesem Graphen durch Umformung ermittelt wurde. Bei dieser sog. MEALY-MOORE-Umformung wird von der Überlegung ausgegangen, daß für alle sich unterscheidenden Werte eines Ausgangsvektors des MEALY-Steuerwerks $z^t = f(s^t, x^t)$ mindestens ein Zustandsvektorwert des MOORE-Steuerwerks zugeordnet werden muß. Diese Zuordnung ist notwendig, da beim MOORE-Steuerwerk eine feste Wertzuweisung zwischen Zustandsvektorwert und Ausgangsvektorwert besteht $z^t = f(s^t)$. Eine weitergehende Darstellung der MEALY-MOORE-Transformation kann in [44] gefunden werden.

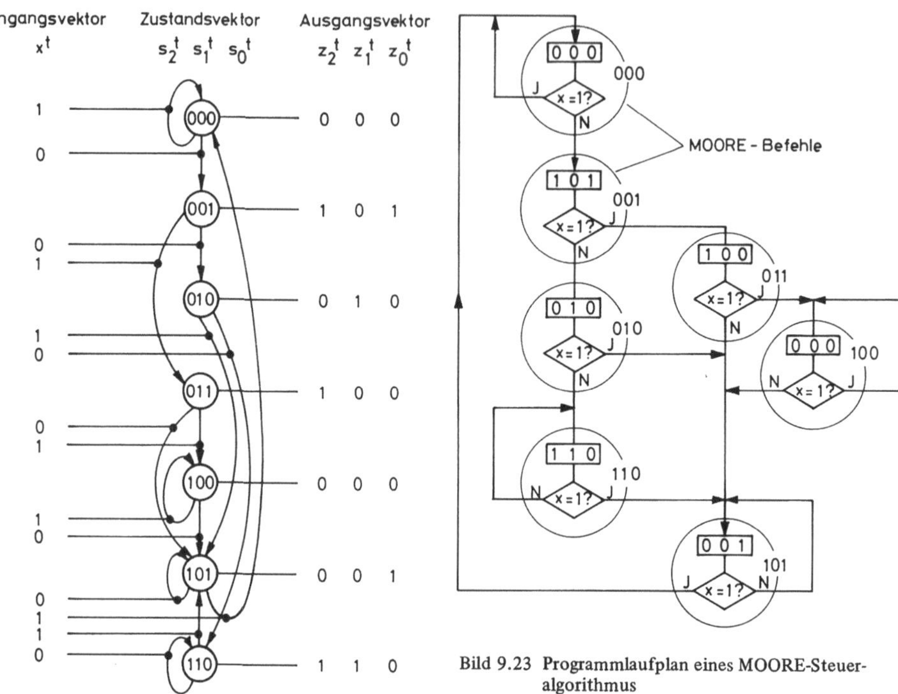

Bild 9.23 Programmlaufplan eines MOORE-Steueralgorithmus

Bild 9.22 Beispiel eines MOORE-Steueralgorithmus

Der Graph in Bild 9.22 zeigt, wie das Zusammenwirken von Eingangsvektor x^t und Zustandsvektor s^t nur den Folgezustand s^{t+1} beeinflußt. Der Ausgangsvektor z^t ist wiederum nur von dem jeweilig erreichten Zustand abhängig. Wird dieser Graph in Form eines Programmlaufplans (Bild 9.23) dargestellt, so können zwei Funktionsphasen des MOORE-Befehls unterschieden werden, die jedoch zeitgleich ausgeführt werden:

1. Ausgabe des Ausgangsvektors z^t
2. Vorentscheidung für den nächsten Adreßvektor (s^t, x^t)

Die Zustandstabelle in Bild 9.24 wird gefunden, indem zuerst alle benötigten Binärkombinationen

Eingangsvektor x^t	Zustandsvektor $s_2^t\ s_1^t\ s_0^t$			$s_2^{t+1}\ s_1^{t+1}\ s_0^{t+1}$			Ausgangsvektor $z_2^t\ z_1^t\ z_0^t$		
0	0	0	0	0	0	1	0	0	0
1	0	0	0	0	0	0	0	0	0
0	0	0	1	0	1	0	1	0	1
1	0	0	1	0	1	1	1	0	1
0	0	1	0	1	1	0	0	1	0
1	0	1	0	1	0	1	0	1	0
0	0	1	1	1	0	1	1	0	0
1	0	1	1	1	0	0	1	0	0
0	1	0	0	1	0	1	0	0	0
1	1	0	0	1	0	0	0	0	0
0	1	0	1	1	0	1	0	0	1
1	1	0	1	0	0	0	0	0	1
0	1	1	0	1	1	0	1	1	0
1	1	1	0	1	0	1	1	1	0

Bild 9.24
Zustandstabelle des MOORE-Steueralgorithmus

für den Eingangs- und Zustandsvektor aufgelistet werden. Danach wird die für den Folgezustandsvektor vorgesehene Binärkombination den jeweiligen Eingangs- und Zustandsvektorwerten zugeordnet. Die Ausgangsvektorwerte werden in einem letzten Schritt ausschließlich den Werten in der Spalte der Zustandsvektorwerte zugeordnet.

Mit dieser Tabelle kann nun direkt der Festwertspeicher des MOORE-Mikroprogrammsteuerwerks programmiert werden (Bild 9.25).

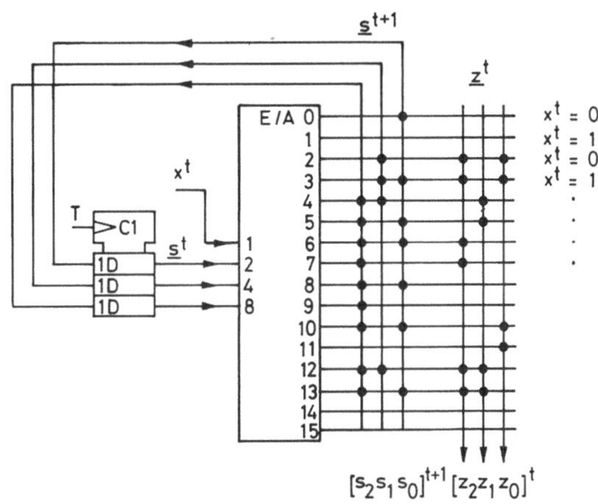

Bild 9.25
MOORE-Mikroprogrammsteuerwerk

zugehöriges
Mikrobefehlsformat: | Folgeadresse | Steuerwort |

Neben den Grundformen der MEALY- und MOORE-Steuerwerke sind noch Mischformen denkbar.

Eine dieser Mischformen ist das verzögerte MEALY-Steuerwerk, dessen Ausgangsfunktion **f** MOORE-Verhalten aufweist (Bild 9.26).

Übergangsfunktion: $s^{t+1} = g(s^t, x^t)$

Ausgangsfunktion: $z^{t+1} = f(s^t, x^t)$

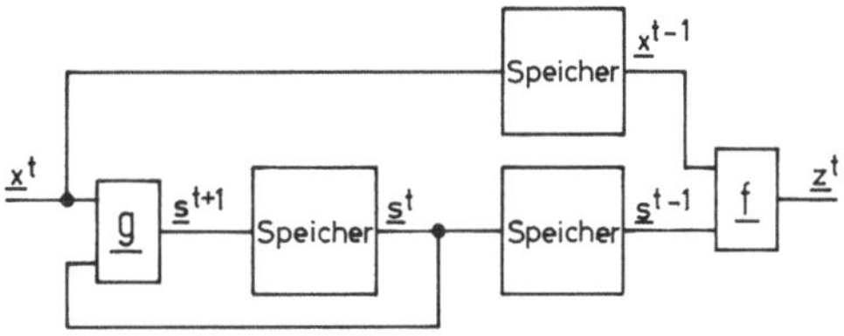

Bild 9.26
Struktur eines verzögerten MEALY-Steuerwerks

Eine andere Mischform ist das vorauslaufende MOORE-Steuerwerk, mit einer Ausgangsfunktion, die MEALY-Verhalten zeigt (Bild 9.27).

Übergangsfunktion: $s^{t+1} = g(s^t, x^t)$

Ausgangsfunktion: $z^t = f(s^{t+1})$

$z^t = f[g(s^t, x^t)]$

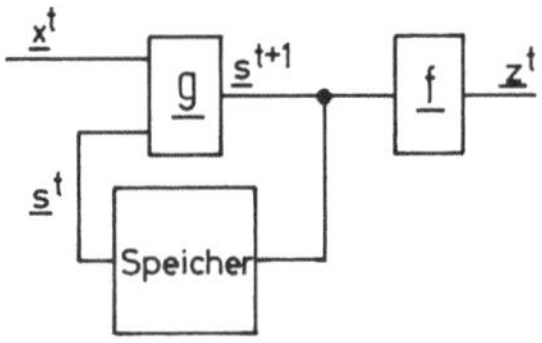

Bild 9.27
Struktur eines vorauslaufenden MOORE-Steuerwerks

9.3.4 Folgeadreßerzeugung bei reagierenden Mikroprogrammsteuerwerken mit Hilfe externer Funktionseinheiten

Mit den bisher gezeigten reagierenden Steuerwerken kann zwar jedes Steuerungsproblem gelöst werden, es ist jedoch selten zugleich die optimalste, dem gegebenen Steueralgorithmus am besten angepaßte Lösung.

Die Gründe hierfür sind:

- nicht von jedem Mikrobefehl aus muß jeder andere Mikrobefehl erreichbar sein, d.h. Programmverzweigungen treten oft erst nach einer größeren Anzahl von fortlaufend adressierbaren Steuervektoren auf.
- die Sprungweite bei einer Programmverzweigung erstreckt sich selten über den ganzen verfügbaren Adreßraum des Mikroprogrammspeichers.

Es soll nun gezeigt werden, wie durch zusätzliche einfache Logikbausteine die Grundstruktur eines Mikroprogrammsteuerwerks an die Erfordernisse eines vorgegebenen Mikroprogramms angepaßt werden kann.

9.3.4.1 Folgeadreßerzeugung mit einem Binärzähler Für alle größeren Mikroprogramme, bei denen das Verhältnis von verzweigungsfreien Befehlen zu Sprungbefehlen groß ist (z.B. in der Größenordnung 8 : 1), lohnt es sich, über den Einsatz eines Binärzählers zur Adressengenerierung nachzudenken. Da der Zähler für die verzweigungsfreien Programmteile die Adressen liefert, brauchen diese Adressen nicht im Festwertspeicher programmiert werden. Es muß also nur noch jede Sprungadresse programmiert werden.

In Bild 9.28 wird für einen 8 x 8 Bit Festwertspeicher die Struktur eines Steuerwerks mit Zähleradressierung angegeben. Das Verhalten des Zählers kann durch zwei Eingänge beeinflußt werden:

- den Taktsignaleingang
- den Ladeeingang.

Ist der Ladeeingang mit boolesch 1 belegt, so inkrementiert der Zähler mit jedem eintreffenden Taktsignal; ist hingegen der Ladeeingang boolesch 0, so übernimmt der Zähler die an seinem Eingang anstehende Information in ein Auffangregister. In diesem Mikroprogrammsteuerwerk wird der linke Teil des Speichers nur für die Programmierung der Sprungadressen verwendet. Daneben werden noch zwei Spalten des Speichers ausschließlich für folgende Aufgaben benötigt:

- zur Programmierung der Ausblendung bzw. Durchsetzung des Eingangssignals x^t, d.h. für eine Abfrage nach einem b e d i n g t e n S p r u n g
- zur Programmierung eines vom Eingangssignal x^t unabhängigen Ladesignals, d.h. für das Auslösen eines u n b e d i n g t e n S p r u n g s.

Der Speicherbedarf F_1 für die Folgeadreßerzeugung ist somit das Produkt aus Wortlänge m der Sprungadresse, vermehrt um zwei Bit für die Sprunganzeige und der Anzahl der Speicherwörter k.

$$F_1 = (m + 2) \cdot k$$

Dieses Steuerwerk ist für lange Programme mit wenigen Verzweigungen ungeeignet. Da nur Sprungzieladressen abgespeichert werden, bleiben viele Speicherstellen ungenutzt. Im nächsten Beispiel wird eine bessere Lösung angegeben.

In Bild 9.29 wird gezeigt, wie durch einen zusätzlichen Sprungadressenspeicher der Speicherbedarf für den Steueralgorithmus von Bild 9.26 reduziert werden kann. Der Speicherbedarf für den

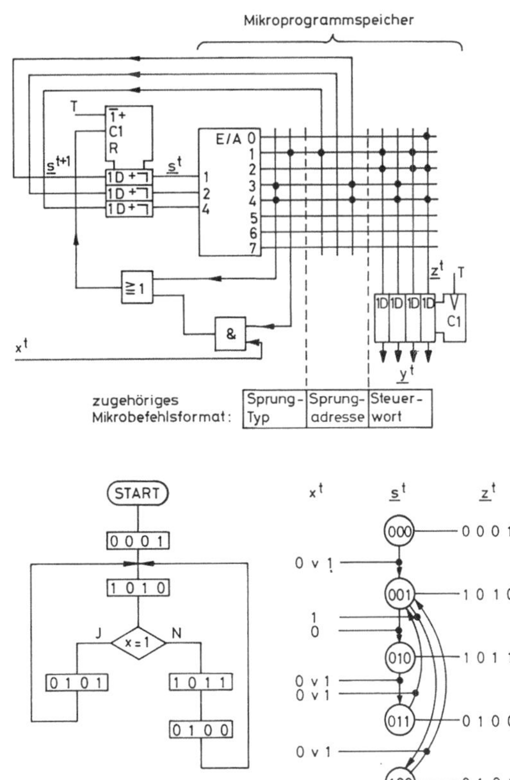

Bild 9.28
Reagierendes Mikroprogrammsteuerwerk
mit Zähleradressierung

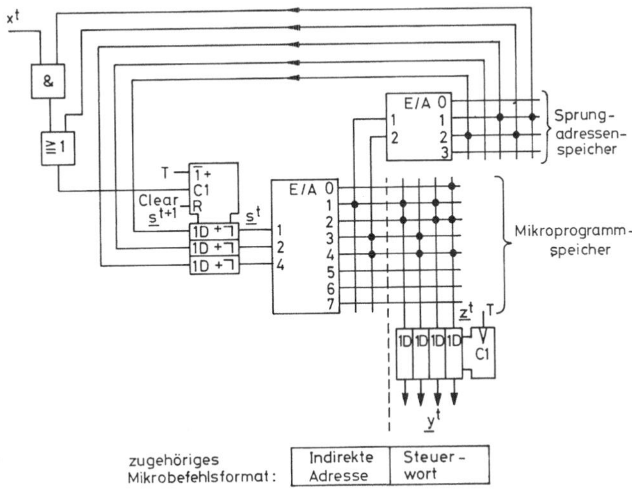

Bild 9.29
Reagierendes Mikroprogramm-
steuerwerk mit Sprungadressenspeicher

Sprungadressenspeicher ist das Produkt aus der Anzahl der Sprungadressen n und deren Wortlänge m, vermehrt um zwei. Zur Ansteuerung des Sprungadreßspeichers werden noch $ld(n) \cdot k$ Speicherplätze im Mikroprogrammspeicher benötigt. Der gesamte Speicherplatzbedarf F_2 für die Folgeadreßerzeugung mit Sprungadreßspeicher beträgt somit:

$$F_2 = n(m + 2) + ld(n) \cdot k$$

Diese Struktur ist immer dann vorteilhaft, wenn F_2 kleiner als F_1 ist, bzw.:

$$(m + 2)k > n(m + 2) + ld(n)k$$

Für Probleme, bei denen es unkritisch ist, wenn an einer Programmverzweigungsstelle ein Steuerwort um eine Taktphase verzögert ausgegeben wird, kann eine noch günstigere Speicherplatzausnutzung getroffen werden (Bild 9.30)

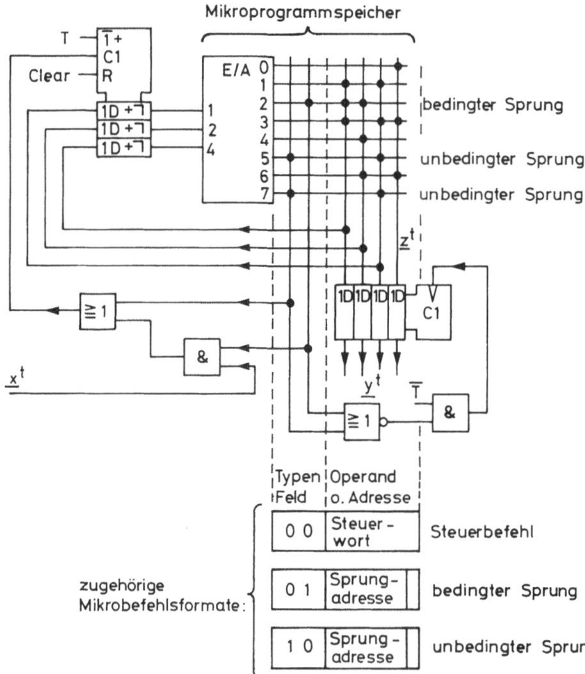

Bild 9.30
Reagierendes Mikroprogrammsteuerwerk mit doppelter Auswertung des Steuerwortes

Das Mikroprogrammsteuerwerk in Bild 9.30 verfügt über keinen gesonderten Adressenspeicherteil. Jede bedingte oder unbedingte Sprungadresse ist zwischen die jeweiligen Steuerwörter eingefügt.

Immer dann, wenn ein Sprung ausgeführt werden soll, wird die Sprungadresse vom Adreßzähler übernommen. Eine Zusatzlogik sorgt dafür, daß bei jedem Adressensprung das Steuerwortübernahmeregister keinen Taktimpuls erhält und somit kein neues Steuerwort ausgegeben wird.

Der Speicherplatz für die Folgeadreßerzeugung F_3 hängt bei dieser Struktur hauptsächlich von der Zahl der Sprungadressen (n) ab.

$$F_3 = n \cdot m + 2 \cdot k$$

9.3.4.2 Auswahl des Eingangsvektors mit einem Multiplexer Stellen wir uns ein reagierendes Mikroprogrammsteuerwerk vor, das in der Lage ist, einen Eingangsvektor, bestehend aus vier Variablen, $\mathbf{x}^t = (x_3^t x_2^t x_1^t x_0^t)$, zu verarbeiten. Bei Verwendung eines MEALY-Steuerwerkes können insgesamt von jedem Zustand $2^4 = 16$ Übergänge ausgehen (Bild 9.31).

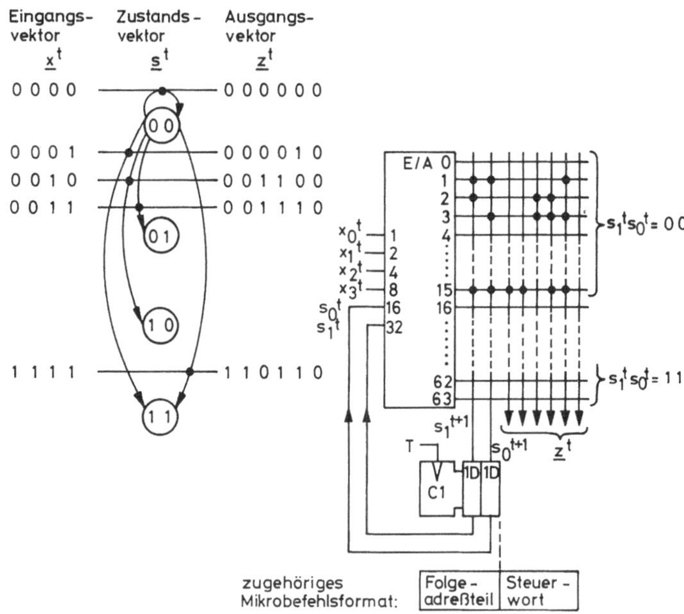

Bild 9.31 Beispiel eines reagierenden Mikroprogrammsteuerwerks mit 16 möglichen Übergängen

Wenn das Steuerwerk mit einem Zustandsvektor $\mathbf{s}^t = (s_1^t s_0^t)$ auskommt, der aus zwei Variablen besteht, können vier Zustände durchlaufen werden (Bild 9.31). Der Speicherplatzbedarf, der bei diesem Steuerwerk allein für die Folgeadreßerzeugung F_1 nötig ist, beträgt somit:

$$2^{4+2} \cdot 2 = 128 \text{ Bit}$$

oder allgemein mit: n... Zahl der Eingangsvariablen

m...Zahl der Zustandsvariablen

$$F_1 = 2^{n+m} \cdot \text{ld(m)}$$

Die meisten Mikroprogrammsteuerwerke müssen jedoch oft noch mehr als vier Eingangsvariable verarbeiten, obgleich die Steueralgorithmen kaum mehr als zwei bis vier unterschiedliche Übergänge (bzw. Verzweigungen) benötigen.

In dieser Situation würde der Mikroprogrammspeicher nur ein bis zwei Eingangsvariable zur Adreßbildung brauchen, z.B.:

— für 2 Übergänge: ld(2) = 1 Variable
— für 4 Übergänge: ld(4) = 2 Variable.

Das Mikroprogrammsteuerwerk müßte also um eine Funktionseinheit zum Auswählen der jeweils aktuellen Eingangsvariablen ergänzt werden (Bild 9.32).

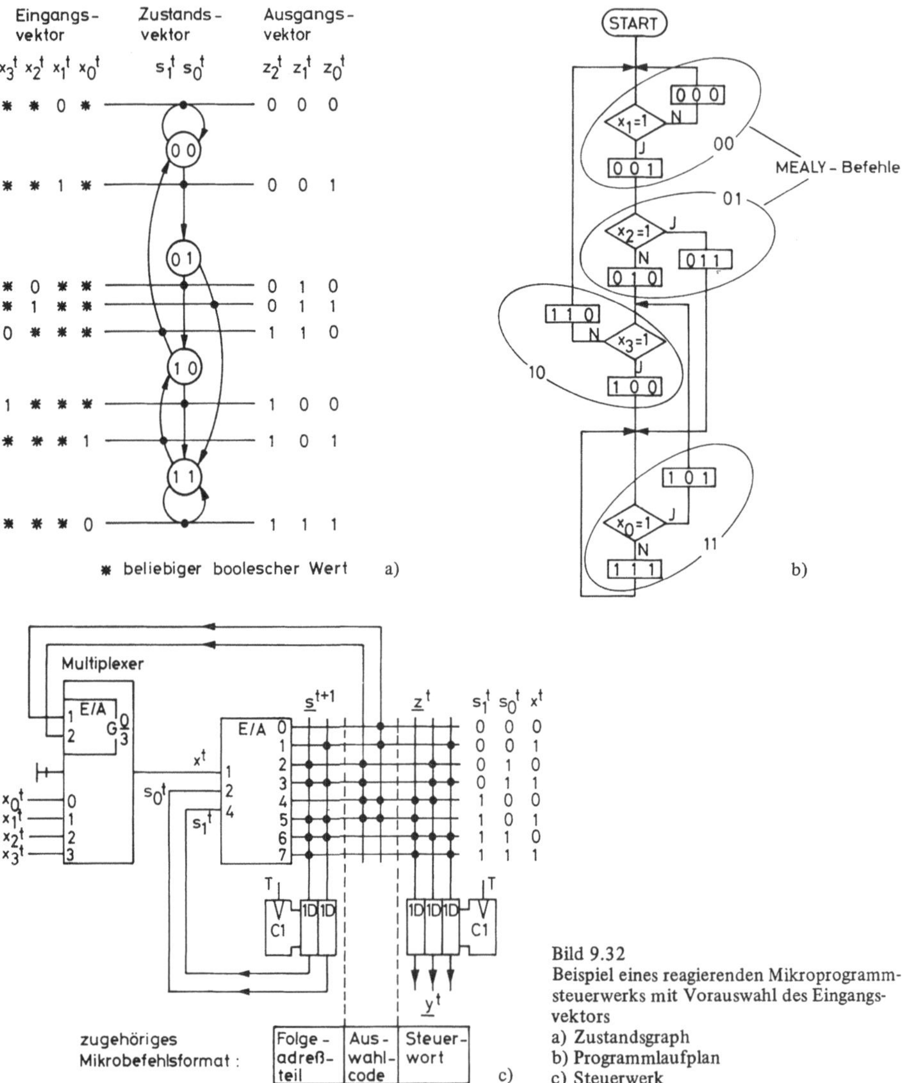

Bild 9.32
Beispiel eines reagierenden Mikroprogramm-steuerwerks mit Vorauswahl des Eingangs-vektors
a) Zustandsgraph
b) Programmlaufplan
c) Steuerwerk

In Bild 9.32 wird eine Schaltung zur Verarbeitung von vier Eingangsvariablen angegeben. Da der Steueralgorithmus nur zwei Übergänge pro Zustand benötigt, können die Eingangsvariablen mit Hilfe eines Multiplexers auf eine Eingangsvariable reduziert werden. Zwei Spalten des Speichers müssen allerdings noch zur Ansteuerung des Multiplexers zusätzlich programmiert werden. Der Speicherplatzbedarf F_2 beträgt allein für die Folgeadreßerzeugung in diesem Beispiel (Bild 9.32):

$$F_2 = 2^{ld(2)+2}(2 + ld(4)) = 32 \text{ Bit}$$

oder allgemein mit: n . . . Zahl der Eingangsvariablen

m . . Zahl der Zustandsvariablen

k . . . Zahl der Übergänge pro Zustand

$$F_2 = 2^{ld(k)+m} \cdot (m + ld(n))$$

Ein weiteres, ganz anderes Verfahren zur Verringerung des Speicherplatzbedarfs ist beim MOORE-Steuerwerk gegeben.

Wenn wir uns das MOORE-Steuerwerk in Bild 9.25 anschauen, können wir sehen, daß die Codierung der Steuerwörter für die beiden Zustände der Eingangsvariablen $x^t = 0$ und $x^t = 1$ gleich ist.

In Bild 9.33 wird nun gezeigt, wie durch eine andere Speicherorganisation und einen Multiplexer der Speicherplatzbedarf für die Steuerworte halbiert werden kann.

Wir können sehen, wie die Folgeadreßbereiche für $x^t = 0$ und $x^t = 1$ nicht mehr untereinander, sondern nebeneinander angeordnet sind. Dadurch verringert sich die Anzahl der Speicherwörter insgesamt, obgleich die Wortlänge um die Anzahl der Folgeadreßbits anwächst. Die Eingangsvariable wird nur noch zur Ansteuerung des Multiplexers verwendet, der nun die Auswahl der Folgeadresse übernimmt. Diese Methode wird häufig in mikroprogrammierbaren Rechnern verwendet.

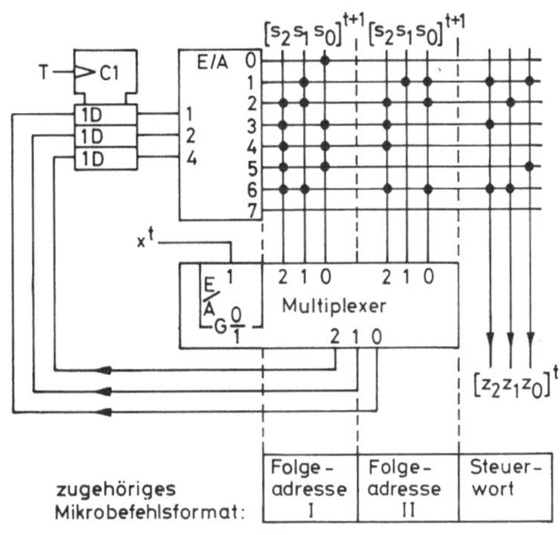

Bild 9.33 Beispiel eines reagierenden Mikroprogrammsteuerwerks mit Auswahl der Folgeadresse

9.3.4.3 Folgeadreßerzeugung durch Addition von Zweikomplementzahlen Wird der Folgezu-
standsvektor wie in Bild 9.19 und 9.25 durch den Mikroprogrammspeicher selbst erzeugt, so errechnet sich die Wortlänge n des zu programmierenden Folgeadreßteils aus:

n = ld (Befehlszahl) – Wortlänge des Eingangsvektors.

Da im allgemeinen die Wortlänge des Eingangsvektors wesentlich geringer ist als die Wortlänge des Zustandsvektors, wird der Hauptanteil der Folgeadresse durch den Mikroprogrammspeicher erzeugt. Die Wortlänge der Folgeadresse bestimmt aber auch, wie weit innerhalb des Mikroprogramms zwischen den Mikrobefehlen gesprungen werden kann. In längeren Mikroprogrammen werden jedoch selten Sprünge benötigt, die sich über den gesamten Adressenbereich erstrecken. Wenn nun die Folgeadresse relativ zur gegenwärtigen Adresse berechnet wird, kann Speicherplatz eingespart werden. In dem Steuerwerk von Bild 9.34 übernimmt ein 5-Bit-Addierer die Folgeadreßerzeugung.

Die Folgeadresse wird durch Addition von dem aktuellen Zustandsvektorwert und einem relativen Folgeadreßwert gebildet. Zur Darstellung des relativen Folgeadreßwertes eignet sich am besten das Zweikomplementzahlen-System (s. Kap. 5.13). Mit der Zweikomplementzahl kann die gesamte Folgeadresse um einen gegebenen Wert erhöht oder vermindert werden. In der Praxis wird dieses

Verfahren jedoch mit anderen schon vorher beschriebenen Verfahren kombiniert. Auch ist das angegebene Beispiel nur ein Ausschnitt aus einem Algorithmus der mit dem gezeigten Steuerwerk programmierbar ist.

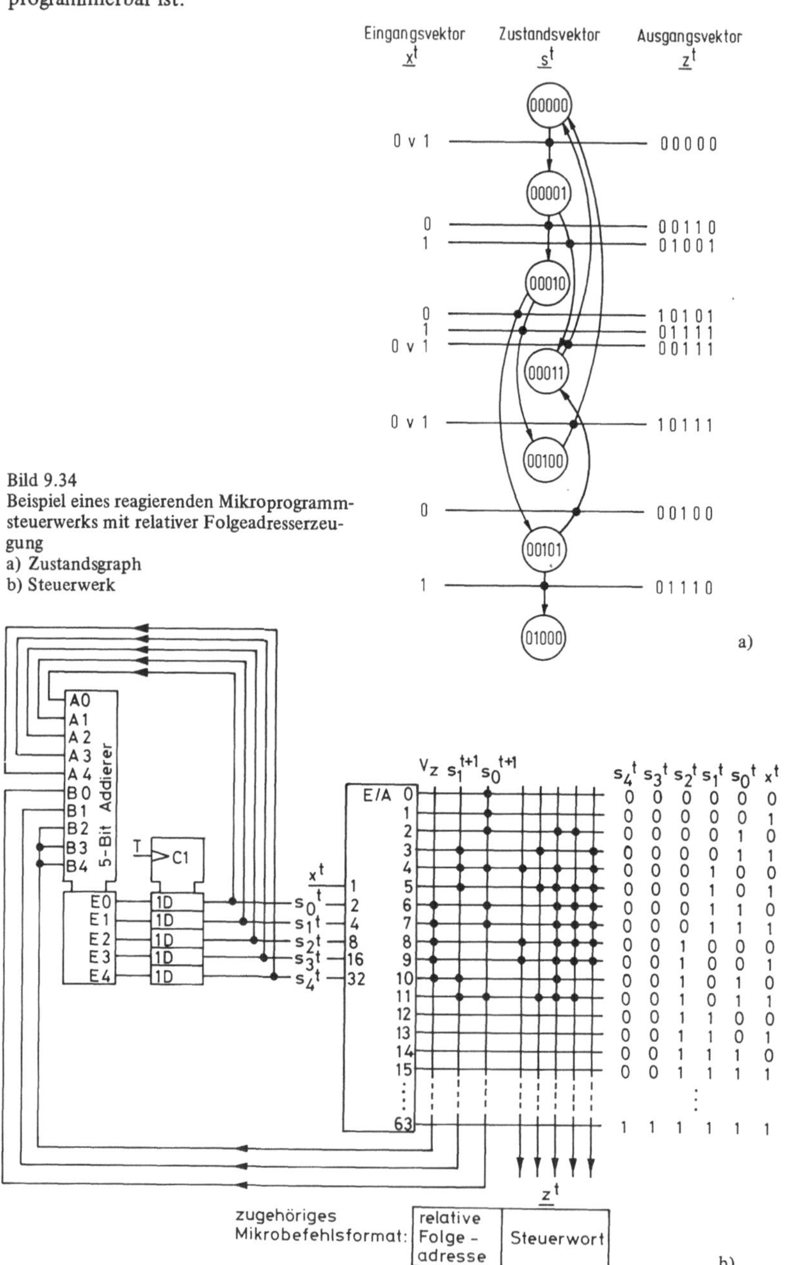

Bild 9.34
Beispiel eines reagierenden Mikroprogramm-steuerwerks mit relativer Folgeadresserzeugung
a) Zustandsgraph
b) Steuerwerk

9.3.4.4 Kombinationen der verschiedenen Folgeadreßerzeugungsverfahren Der Speicherplatzbedarf für das Mikroprogramm kann, wie gezeigt, durch die Art der Gewinnung der Folgeadresse verringert werden. Wir haben hierzu nur einige grundlegende Verfahren angedeutet, die in der Praxis oft kombiniert angewendet werden.

Der mit den angegebenen Verfahren erreichte Vorteil wird durch zusätzliche Logik (Zähler, Multiplexer, Addierer), Veränderung der Befehlswortlänge (Auswahlcode) und längeren Zykluszeiten erkauft.

Um einen Anwendungsfall für den kombinierten Einsatz der Speicherplatzreduzierungsverfahren anzugeben, sei ein Mikroprogramm-Steuerwerk zur Steuerung eines Rechners angegeben.

In Bild 9.35 werden drei Arten zur Bildung der Folgeadresse unterschieden:

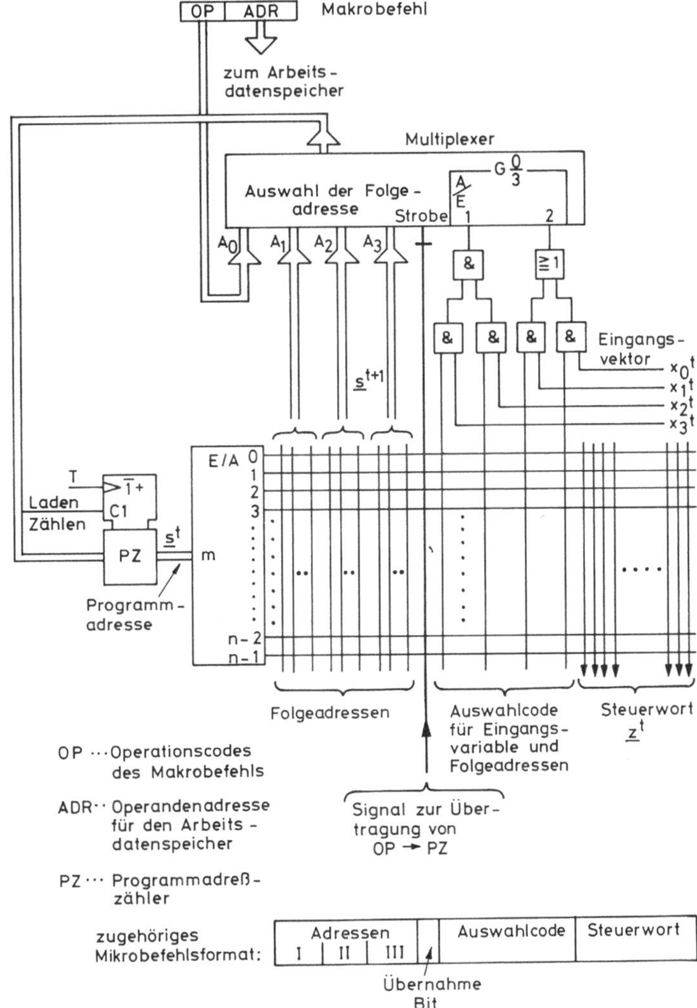

Bild 9.35
Beispiel eines Mikroprogrammsteuerwerks für
einen Rechner

1. mit einem Programmzähler: $PZ \leftarrow PZ + 1$
2. durch die Beschränkung der möglichen Programmverzweigungen und Auswahl der Folgeadresse mit einem Multiplexer

   $if(x_0 \wedge x_1 \ldots)$ then do: $PZ \leftarrow A_i$; $i = 0, 1, 2, 3$
3. durch Überschreiben (paralleles Laden) des Programmzählers mit den ausgewählten Folgeadressen (siehe Punkt 2) oder dem Operationscode des Makrobefehls: $PZ \leftarrow OP$

Der Operationscode des Makrobefehls wird zu Beginn des Mikroprogramms in den Programmzähler geladen. Mit dieser Startadresse beginnt nun das Hochzählen, wobei der Zählerausgang zur Adressierung des Mikroprogrammspeichers herangezogen wird.

Sobald ein Sprungbefehl auftritt, werden die Eingangssignale x^t mit Hilfe des Auswahlcodes und einer Logik ausgewählt. Die so bewerteten Eingangssignale bilden wiederum die Steuersignale für den Multiplexer zur Auswahl einer Folgeadresse.

Auch das Verfahren der relativen Adressierung kann mit der Auswahl der Eingangsvariablen kombiniert werden. Diese Möglichkeit wird in Bild 9.36 aufgezeigt.

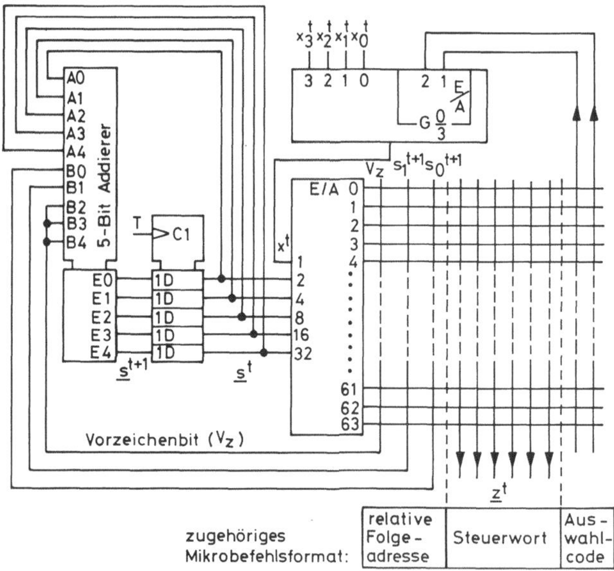

Bild 9.36 Beispiel eines Mikroprogrammsteuerwerks mit relativer Folgeadresserzeugung und Vorauswahl des Eingangsvektors

9.4 Methoden der Steuerwortauswertung

In diesem Abschnitt sollen einige Methoden der Steuerwortauswertung einander gegenübergestellt werden. Es wird gezeigt, welchen Einfluß die einzelnen Verfahren auf die Programmierung, den Speicherplatzbedarf und die Ausführungsgeschwindigkeit eines Mikroprogramms haben.

9.4.1 Horizontale und vertikale Auswertung des Steuerwortes

Die horizontale Steuerwortauswertung (Bild 9.37) ist, vom Standpunkt des Hardwareentwurfs
aus gesehen, die einfachste Art der Auswertung. Jedes Steuersignal des Ausgangsvektors eines
Steuerwerks wird direkt zur Aktivierung einer elementaren Hardwareoperation in einem nachgeordneten Operationswerk herangezogen.

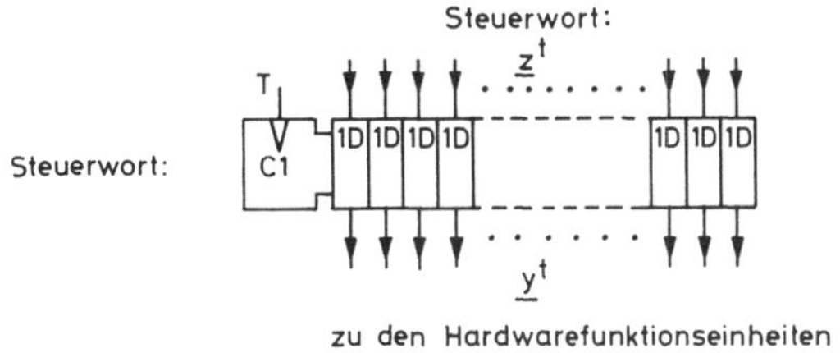

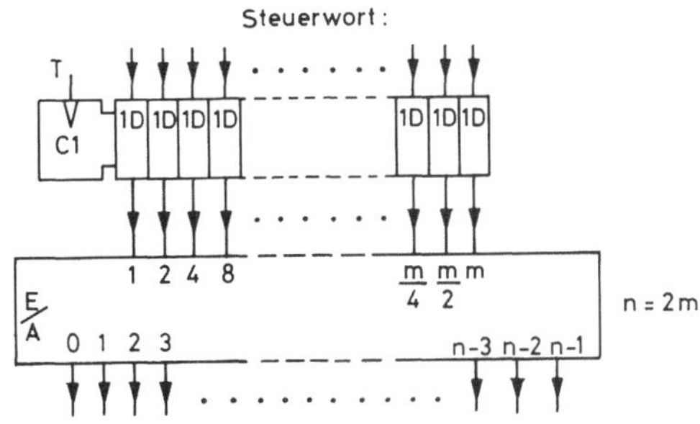

Bild 9.37
Horizontales Steuerwort

In der Einfachheit dieser Methode liegt jedoch eine Gefahr. Es können alle gesteuerten Funktionseinheiten gleichzeitig aktiviert werden, was zu Parallelkonflikten führen kann, da es Operationen
gibt, die sich gegenseitig ausschließen. So kann z.B. eine Speicherzelle gleichzeitig gesetzt und zurückgesetzt werden, was zu einem undefinierbaren Verhalten der Zelle führen kann.

Die Vorteile der horizontalen Steuerwortauswertung sind die hohe Flexibilität beim Programmieren und die schnelle, direkte Steuerungsmöglichkeit. Nachteilig ist dagegen der große Speicherplatzbedarf, der entsteht, da keinerlei redundanzvermeidende Codierung eingesetzt wird.

Eine sichere Methode, welche die Parallelkonflikte ausschließt, ist die vertikale Steuerwortauswertung. Jedes Steuerwort ist bei dieser Auswertungsart binärcodiert, so daß ein Decoder zur Entschlüsselung der Steuersignale eingesetzt werden muß. Der Dualdecoder in Bild 9.38 formt den
Binärcode in einen 1-aus-n-Code um (s. Kap. 6.1). Damit ist es ausgeschlossen, daß mehr als eine
elementare Hardwareoperation ausgelöst wird. Von dem Steuerwort können nun keine Parallelkonflikte mehr ausgehen. Auch wird der Informationsgehalt des Steuerwortes bestmöglich ausgenutzt, da es binär codiert ist.

Bild 9.38
Vertikales Steuerwort

Dafür entfällt jedoch die Möglichkeit, mehrere Elementaroperationen gleichzeitig auszuführen. Der
Mikrobefehl mit vertikaler Steuerwortauswertung ist also nicht so „mächtig" wie der horizontal
ausgewertete Mikrobefehl. Um die Steueraufgabe eines horizontalen Steuerwortes auszuführen,
müssen bei der vertikalen Auswertung mehrere Steuerwörter nacheinander programmiert werden,
was eine längere Ausführungszeit nach sich zieht.

Dem Nachteil des vertikalen Steuerwortes steht jedoch der Vorteil, der in dem geringeren Speicherplatzbedarf besteht, gegenüber. Diese Einsparung läßt sich veranschaulichen, wenn die Steuerwort-

längen der beiden Auswertungsarten verglichen werden. Für die gleiche Anzahl k von unterschiedlichen Befehlen wird für das

– horizontale Steuerwort k Bit
– vertikale Steuerwort nur ld(k) Bit

benötigt.

Obwohl das horizontale Steuerwort gleichzeitig mehrere Operationen aktivieren kann, ist die vertikale Steuerwortauswertung speicherplatzsparender, da die parallele Ausführbarkeit von der Struktur des zu steuernden Operationswerkes abhängig ist. Operationswerke lassen im allgemeinen nur eine beschränkte Anzahl von gleichzeitig verträglichen und sinnvoll ausführbaren Teilfunktionen zu.

In den nächsten Abschnitten werden einige sehr gebräuchliche Mischformen beider Steuerwortauswertungsarten dargestellt, die eine weitgehende Vereinigung der Vorteile beider Konzepte anstreben.

9.4.2 Aufteilung eines Steuerwortes in Wortfelder

Mikroprogrammsteuerwerke werden vorzugsweise zur Aktivierung des Operationswerkes in Datenverarbeitungsanlagen eingesetzt. Diese Operationswerke sind komplexe Hardwareanordnungen, die aus vielen Funktionseinheiten wie z.B.: ALU's, Datenbusweichen, schnelle Zwischenspeicherregister usw. zusammengesetzt sind. Da alle Funktionseinheiten von einem Steuerwort aktivierbar sein müssen, wird jeder Funktionseinheit ein Wortfeld innerhalb eines Steuerwortes zugeordnet. In jedes Wortfeld kann nun mit einem vorgegebenen Binärcode das Bitmuster der gewünschten Operation eingetragen werden. Allen Wortfeldern sind Dualdecoder (Bild 9.39) nachgeordnet,

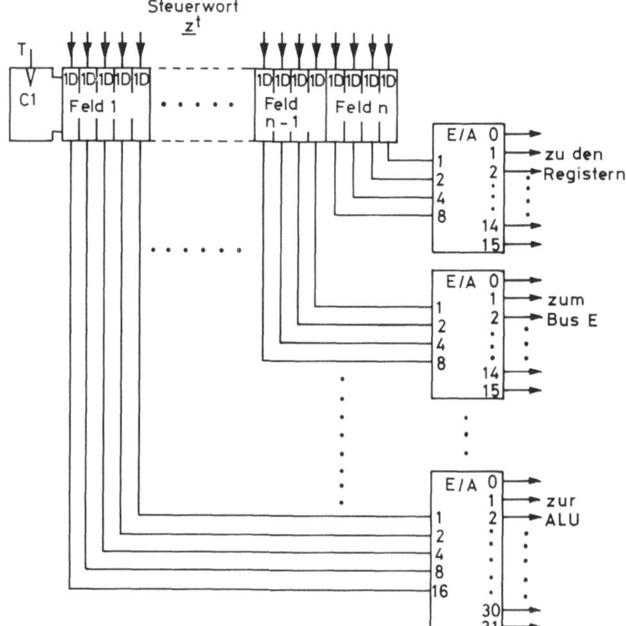

Bild 9.39
In Wortfelder aufgeteiltes Steuerwort

die den Binärcode der einzelnen Wortfelder in den 1-aus-n-Code umwandeln. Der 1-aus-n-Code wird nun, genau wie bei der vertikalen Steuerwortauswertung, direkt den Hardwareeinheiten zugeführt. Die einzelnen Wortfelder werden dagegen alle zusammen, wie bei der horizontalen Steuerwortauswertung aus dem Mikroprogrammspeicher ausgelesen.

Die in Bild 9.39 gezeigte Steuerwortaufteilung ist gegenüber der rein horizontalen Steuerwortauswertung speicherplatzsparender und bietet dem Programmierer eine gute Übersicht über alle von einem Steuerwort ausgelösten Operationen.

Das Steuerwortaufteilungsprinzip kann noch weiter verfeinert werden, indem jedes Wortfeld mehrfach decodiert wird (Bild 9.40). Bei dieser Organisation steuert jedes Wortfeld mehrere unterschiedliche Funktionseinheiten. Der Entwerfer derartiger Steuerwerke muß sich Klarheit verschaffen, inwieweit bestimmte Funktionseinheiten nicht zeitgleich mit anderen Funktionseinheiten aktiviert werden können. Erst wenn diese Überlegungen zu einer sinnvollen Zusammenfassung von wechselseitig verträglichen Operationen in Gruppen geführt haben, können Mikrobefehlsworttypen festgelegt werden. Das Steuerwort wird daher noch um ein Wortfeld zur Aufnahme der Befehlstypkennung erweitert. Aus diesem Typenfeld wird die Information zur Auswahl des jeweiligen Decoders der Mehrfachdecoderanordnung entnommen.

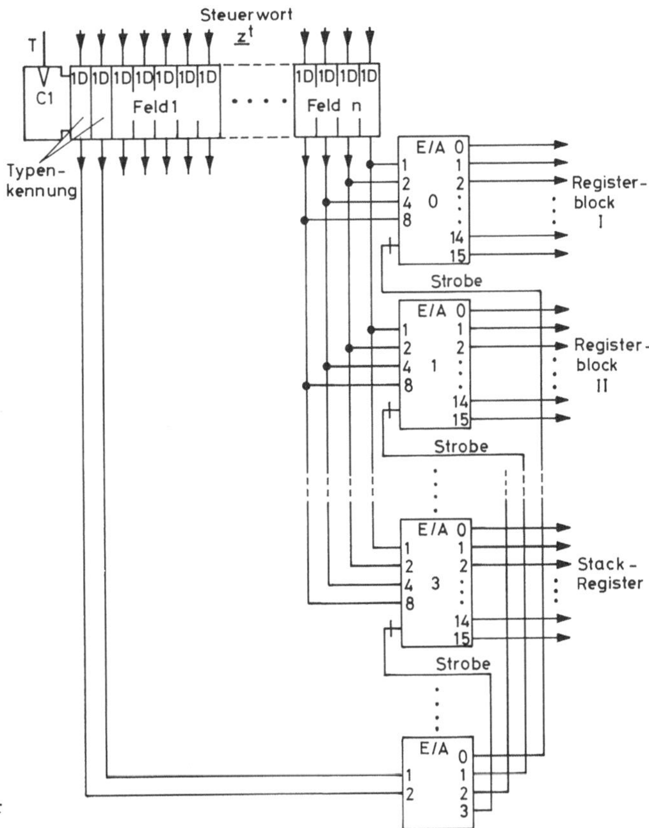

Bild 9.40
Mehrfache Entschlüsselung der
Steuerwortfelder

Da jedes Wortfeld des Steuerwortes mehrfach entschlüsselt werden kann, braucht die Gesamtwortlänge sich nicht mehr aus der Summe aller nötigen Wortfelder zusammensetzen, was sich wiederum speicherplatzsparend auswirkt.

9.4.3 Der Nanoprogrammspeicher

Die Ergänzung eines Mikroprogrammspeichers durch einen Nanoprogrammspeicher ist eine weitere interessante Vereinigung der Vorteile der horizontalen und vertikalen Steuerwortauswertung.

Der Nanoprogrammspeicher ist ein zusätzlicher Speicher, der dem Mikroprogrammspeicher nachgeordnet ist und ausschließlich zur Aufnahme von langen horizontalen Steuerworten dient.

Die Grundlage für den Einsatz eines Nanoprogrammspeichers bilden zwei Voraussetzungen:

— das zu steuernde Operationswerk benötigt ein langes rein horizontal auszuwertendes Steuerwort
— die Gesamtmenge der benötigten horizontal auswertbaren Steuerworte ist gering.

Wenn der Entwerfer den Einsatz eines Nanoprogrammspeichers erwägt, muß er sein vorliegendes Mikroprogramm daraufhin untersuchen, wie oft die Steuerwörter des gegebenen Programms identisch sind. Gelingt es ihm, die Steuerwörter des Programms in wenige Klassen, bestehend aus vollständig gleichen Steuerwörtern, zu unterteilen, so ist der Einsatz des Nanoprogrammspeichers sinnvoll. In Bild 9.41 wird ein derartiges Beispiel angegeben.

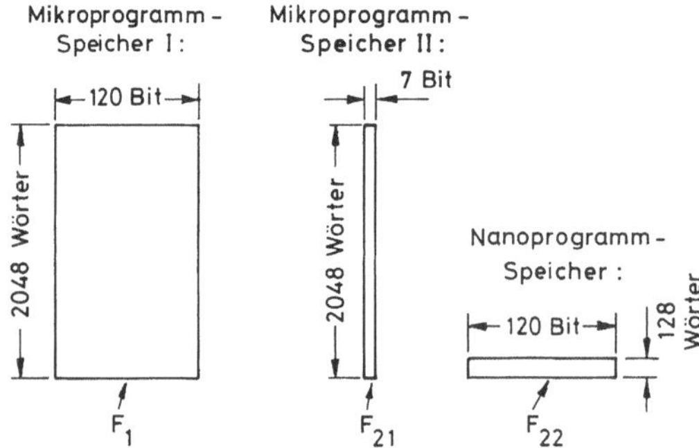

Bild 9.41
Speicherplatzbilanz zwischen Mikroprogramm- und Nanoprogrammspeicher

Der Mikroprogrammspeicher in Bild 9.41 besteht aus 2048 Speicherwörtern von jeweils 120 Bit. Die große Wortlänge von 120 Bit möge für die horizontale, direkte Steuerung eines Operationswerkes ausreichen. Das Mikroprogramm selbst möge sich aus 2048 Befehlen zusammensetzen. Eine sorgfältige Überprüfung des Mikroprogrammes habe jedoch ergeben, daß nur maximal 128 voneinander verschiedene Steuerwörter im Programm koexistieren.

Für diese 128 Steuerworte lohnt es sich, einen separaten Nanoprogrammspeicher zur Ergänzung bzw. „Entlastung" des Mikroprogrammspeichers vorzusehen. Im Mikroprogrammspeicher müssen nun anstatt 120 Bit pro Steuerwort nur noch 7 Bit für die Adresse zur Auswahl eines horizontalen Steuerwortes im Nanoprogrammspeicher eingeschrieben werden. Die Gesamteinsparung E beträgt unter den bereits genannten Bedingungen:

$$E = \frac{F_1 - (F_{21} + F_{22})}{F_1} \cdot 100\,\%$$

wobei: F_1 ... Speicherbedarf für die Steuerwörter des Mikroprogrammspeichers

F_{21} .. Speicherbedarf für die Steuerwortadressen des „entlasteten" Mikroprogrammspeichers

F_{22} .. Speicherbedarf für den Nanoprogrammspeicher.

Für das angegebene Beispiel beträgt die Einsparung nahezu 88 %.

Der Nanospeicher gewährt also unter den zuvor beschriebenen Voraussetzungen alle Vorteile
der horizontalen Steuerwortauswertung. Der einzige Nachteil dieser Anordnung besteht in der
Vergrößerung der Speicherzugriffszeit, da sich für jede Steuerwortausgabe zwei Speicherzugriffs-
zeiten addieren.

9.5 Der Zeitablauf im synchronen Mikroprogrammsteuerwerk

Die binärcodierte Information, die einen aktuellen Schaltwerkzustand in einem Mikroprogramm-
steuerwerk darstellt, wird in einem Register zwischengespeichert. Vor jeder Zustandsspeicherzelle
ist ein logisches Tor (Gatter) angeordnet, welches zum vorgegebenen Taktzeitpunkt, meist durch
die positive Taktflanke definiert, die neue Information passieren läßt. Damit die Zustandsspei-
cherung sicher abläuft, ist es ratsam, Vorspeicherflipflops (Master-Slave-FF) bzw. flankengetrig-
gerte Flipflops zu verwenden.

Einige charakteristische Zeitintervalle sind:

Zeitintervall t_{hold} (hold time) Es ist diejenige Zeit, während der die Information nach dem Eintreffen des Taktimpulses am Eingang des Flipflops bestehen bleiben muß, damit sie sicher übernommen wird. Sie wird daher auch als Haltezeit bezeichnet.

Zeitintervall t_{pd} (propagation delay time) Es ist diejenige Zeit, die die Information für den Weg
von dem Eingang zum Ausgang des Flipflops benötigt. Sie wird daher auch als Verzögerungszeit
bezeichnet.

Zeitintervall $t_{set\ up}$ (set up time) Es ist diejenige Zeit, während der die Information stabil am Flip-
flopeingang anliegen muß, damit sie beim Eintreffen des Taktimpulses sicher übernommen wird.

In dem Impulsplan in Bild 9.42 ist eine Taktperiode für ein synchrones Mikroprogrammsteuerwerk
dargestellt.

Die Zeiten und Spannungswerte gelten für TTL-Logik (Transistor-Transistor-Logik).

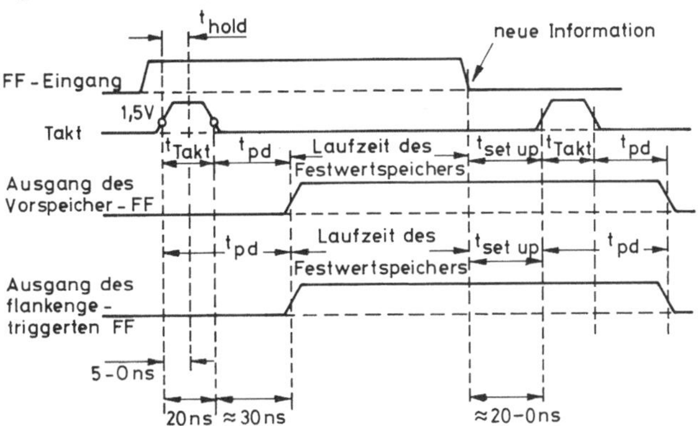

Bild 9.42
Impulsplan eines synchronen
Mikroprogrammsteuerwerks

Sowohl das Vorspeicher-Flipflop, als auch das flankengesteuerte Flipflop übernehmen die Eingangsinformation nach spätestens t_{hold} = 5 ns, sobald der Taktimpuls den Wert von 1,5 V an der positiven Flanke erreicht hat.

Das Vorspeicher-Flipflop reicht die Eingangsinformation erst mit der negativen Taktflanke an das nachgeordnete Slave-Flipflop weiter; daher wird die Durchlaufverzögerung t_{pd} erst von diesem Zeitpunkt an gerechnet. Die Laufzeit des Festwertspeichers ist die Zeitdauer, welche vom Anlegen der neuen Folgeadresse bis zur Ausgabe des Mikrobefehls verstreicht (Einschwingdauer).

9.6 Mikroprogrammierbarer Rechner

Neben der Realisierung spezieller Steuerwerke liegt ein wichtiger Anwendungsbereich der Mikroprogrammsteuerwerke auf dem Gebiet des Rechnerentwurfs. Schon im Jahre 1951 wurde von Wilkes [45] eine Realisierung eines Synchronschaltwerkes mit besserer Hardwarezuverlässigkeit vorgeschlagen. Er ersetzte die konventionelle, sequentielle Hardwaresteuerung aus festverdrahteter Schaltlogik eines Rechners durch ein Mikroprogrammsteuerwerk. Dabei ging er von der Erkenntnis aus, daß jedes sequentielle Steuerproblem in eine Folge von unteilbaren elementaren Steuerbefehlen, den Mikrobefehlen aufgeteilt werden kann. Gebräuchliche mikroprogrammierbare Rechner haben etwa eine Struktur, wie sie in Bild 9.43 angegeben ist.

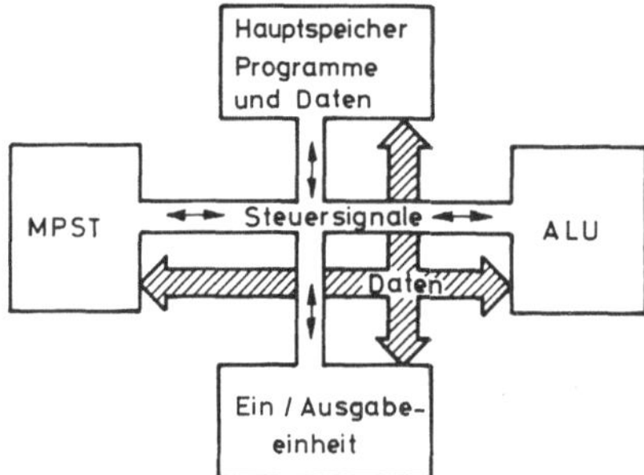

Bild 9.43
Struktur eines mikroprogrammierbaren Rechners

Das Zusammenwirken des Mikroprogrammsteuerwerks mit dem Hauptspeicher ist in Bild 9.44 dargestellt.

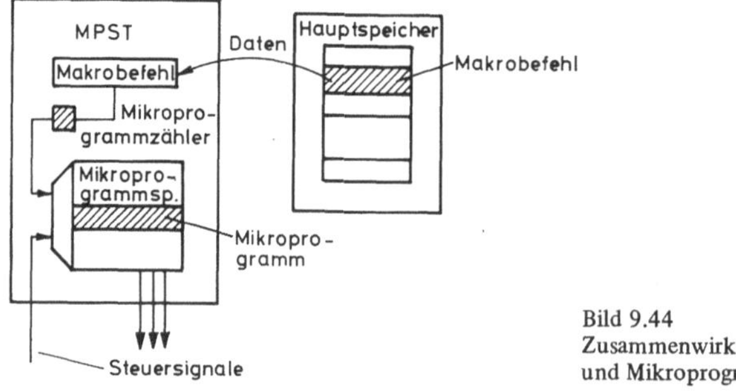

Bild 9.44
Zusammenwirkung von Hauptspeicher
und Mikroprogrammspeicher

Durch das Mikroprogrammsteuerwerk wurde nicht nur der Hardware-Entwurf von Rechnern einfacher, auch wurde der Rechner hinsichtlich seiner Software-Architektur kompatibler. Die Mikroprogrammierung bot die Möglichkeit den ganzen Befehlssatz des Rechners zu verändern, ohne die Hardware zu verändern. Die atomare Eigenschaft des Mikrobefehls erfordert direkten Zugriff der Steuerleitungen eines Steuerwortes zu den elementaren Hardwarefunktionen in einem Operationswerk. Der Datenfluß, der zur Ausführung von Operationen an Addierer, Komplementierer, Register, Zähler usw. gelangt, wird durch die Steuerung der Datenwege (Multiplexer, Bustreiber) von dem Mikroprogrammsteuerwerk geleitet. Die Information zur Ausführung dieser Operationen steht im Mikroprogrammspeicher.

Alle Datenwege in einem Rechner werden synchron zum Steuertakt geöffnet oder gesperrt.

Beim Rechnerentwurf findet die Mikroprogrammierung viele Anwendungen:

— Entwurf von Betriebssystemen
— Compilerbau
— Emulation (Nachbildung)
— Fehlererkennung und Fehlerbehandlung
— Mikrodiagnose

Auch für den Rechnerbenutzer bietet die Mikroprogrammierung Vorteile:

— Erweiterung des Befehlssatzes (Makrobefehle)
— Schnellere Prozessdatenverarbeitung (Echtzeitverarbeitung)
— Beschleunigung des bestehenden Systems, durch Hinzufügen von neuen Makrobefehlen
— Nachbildung (Emulation) von Hardwarefähigkeiten anderer Rechnerstrukturen

Die Mikroprogrammierung nimmt also eine Mittelstellung zwischen Hardware- und Software-Entwurf ein. Sie wird daher auch „Firmware" genannt.

9.7 Zusammenfassung

In diesem Kapitel wurde das Mikroprogrammsteuerwerk als alleinstehende Einheit dargestellt. Es wurde nicht auf das Operationswerk eingegangen, das von dem Mikroprogrammsteuerwerk aktiviert wird und welches rückwirkend mit Quittungssignalen den Ablauf des Mikroprogramms beeinflussen kann.

Das Mikroprogrammsteuerwerk läßt sich übersichtlich strukturieren und hat den Vorteil, daß es einfach in seinem Steuerverhalten veränderbar'ist. Dies kann durch Neueinschreiben in den Mikroprogrammspeicher erzeugt werden.

Man spricht von:

— statischer Mikroprogrammierung, wenn der Mikroprogrammspeicher ein Festwertspeicher ist
  (ROM)
— dynamischer Mikroprogrammierung, wenn der Mikroprogrammspeicher ein Schreib-/Lese-
  Speicher (RAM) ist.

In diesem Kontext sind noch die PLA's (Programmable Logic Arrays) zu nennen. Mit ihnen lassen sich boolesche Funktionen (Schaltnetze) optimal in disjunktiver Normalform programmieren. Diese Bauelemente können auch für die Mikroprogrammierung von Schaltwerken herangezogen werden.

10 Struktur und Organisation eines Mikroprozessors

10.1 Einleitung

Unter einem Mikroprozessor wird eine vollständige Prozessor-Funktionseinheit verstanden, die in großintegrierter Technik (LSI) auf einem Halbleiterchip integriert ist.

Der Prozessor ist ein komplexes Schaltwerk zur Verarbeitung von Daten. Die Art, wie diese Daten verarbeitet werden sollen, kann dem Prozessor durch eine kohärente, logische Folge von Daten (Programmbefehlen) eingegeben werden. Den Prozessor erreichen demnach zwei unterschiedliche Arten von Datenmengen:

1. Die Rechendaten, welche verarbeitet werden sollen.
2. Die Programmdaten, welche die Art der Verarbeitung der Rechendaten festlegen.

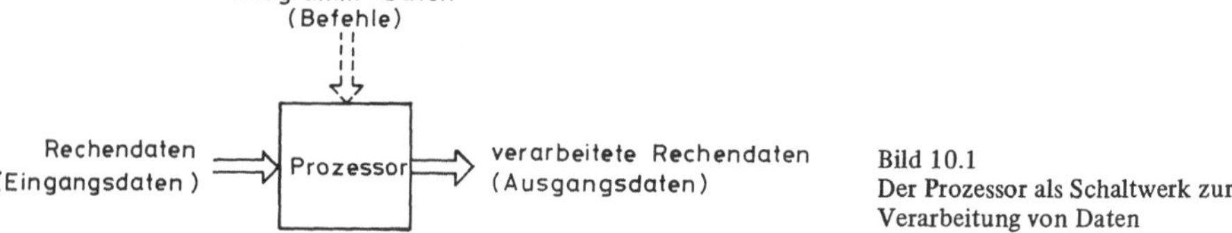

Bild 10.1
Der Prozessor als Schaltwerk zur Verarbeitung von Daten

Damit der Prozessor zur Verarbeitung der Rechendaten flexibel programmiert werden kann, muß er z.B. folgende Elementaroperationen ausführen können:

1. binäre Addition,
2. die booleschen Operationen UND, ODER, NEGATION und EXCLUSIV-ODER,
3. Verschieben von Datenwörtern (z.B. 1 byte = 8 bit),
   a) Rechts-Links-Shift
   b) zyklischer Shift (Rotieren)
4. Speichern von Zwischen- und Endergebnissen (Notizblockspeicher),
5. Übertragen von Daten zwischen den verschiedenen Funktionseinheiten innerhalb des Prozessors.

Mit einem derartigen Prozessor können die meisten Rechenoperationen ausgeführt werden, es muß nur die zugehörige Programmstruktur in der vorgegebenen Reihenfolge durchlaufen werden.

Der Mikroprozessor wird überwiegend nach der bekannten „von Neumann"-Struktur, bestehend aus Rechenwerk oder Operationswerk, Steuerwerk und Speicher, realisiert. Trotz dieser strukturellen Einheitlichkeit unterscheiden sich die auf dem Markt befindlichen Prozessoren der einzelnen Hersteller in der Feinstruktur und ihrem Befehlssatz.

Es ist nicht das Ziel dieses Kapitels, einzelne auf dem Markt erhältliche spezielle Prozessoren zu erläutern, zu bewerten und zu vergleichen. Wir wollen den Mikroprozessor vielmehr als möglichen Bestandteil zur Realisierung programmgesteuerter Logik-Schaltwerke betrachten. Wir werden daher nur bestimmte, wesentliche Hardwareeigenschaften des Prozessors erläutern, deren Verständnis für die Verwendung in einem digitalen Steuerwerk wesentlich sind.

Dazu werden wir uns gewissermaßen einen eigenen Mikroprozessor konstruieren, der die wesentlichsten Eigenschaften beinhaltet. Auf der Basis dieser Erkenntnisse können dann bestehende Prozessorrealisierungen mit Verständnis für den Einsatz in Steuerwerken herangezogen werden.

Für ein tieferes und weitergehendes Verständnis des Bausteins „Mikroprozessor" sowie hinsichtlich seiner typenspezifischen Eigenschaften sei auf die umfangreiche Spezialliteratur verwiesen.

10.2 Die Struktur eines Mikroprozessors

Zur Ausführung der Programmschritte (Mikrooperationen) ist unter anderem das Operationswerk erforderlich, das aus einer ALU und mehreren Registern besteht. Zwischen diesen Funktionseinheiten müssen Datenwege existieren, die aus Multiplexern und/oder Datenbussystemen bestehen. Für jede Rechenoperation ist ein bestimmter Teil der Funktionseinheiten gleichzeitig zu aktivieren. Diese Aktivierung muß schrittweise erfolgen und wird am einfachsten mit einem Mikroprogramm-Steuerwerk durchgeführt.

In dem Blockschaltbild 10.2 eines Mikroprozessors können wir das Zusammenwirken der Prozessorfunktionseinheiten ersehen. Die Programmdaten müssen schon vor dem Rechendaten-Verarbeitungsprozeß im Mikroprogrammspeicher abgelegt sein.

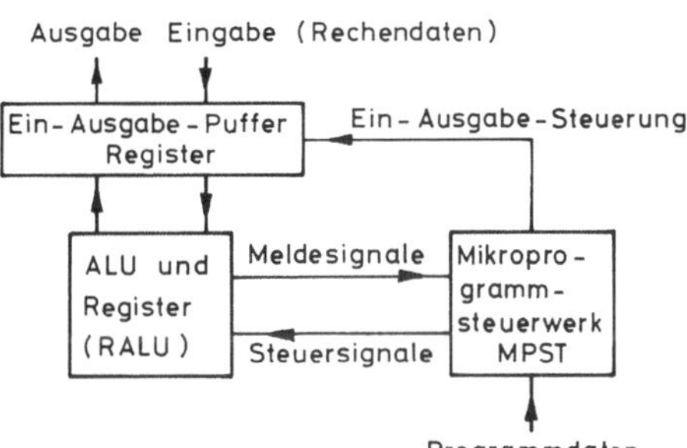

Bild 10.2
Blockstruktur eines Prozessors

Die Rechendaten sind hingegen entweder:

1. in einem externen Datenspeicher zum Abruf über das Ein-Ausgabe-Puffer-Register bereitgestellt oder
2. bereits in einem internen Register des Operationswerkes (RALU) eingeschrieben.

Die Prozessorstruktur in Bild 10.2 besteht aus drei Funktionseinheiten.

1. Die Register-ALU (RALU), welche die arithmetischen und logischen Operationen mit den Rechendaten vornimmt.
2. Das Mikroprogramm-Steuerwerk (MPST), das die Steuersignale bereitstellt, wodurch die Mikrooperationen ausgelöst werden.
Es empfängt aber auch die Meldesignale von der RALU, die anzeigen, daß ein bestimmtes Ergebnis, bedingt durch eine vorherige Operation, vorliegt. Durch dieses Meldesignal ist es dem Prozessor möglich, Sprünge in der Programm-Befehlsfolge durchzuführen (Sprung voraus oder zurück)
3. Das Ein-Ausgabe-Puffer-Register dient zur Übernahme von Rechendaten von und zu externen Daten-Quellen oder -Senken.

Die Weiterentwicklung von LSI-Techniken hat es ermöglicht, einen vollständigen Prozessor auf einem Chip zu integrieren — den sogenannten Mikroprozessor. Es sind in dieser Form Mikroprozessor-Bausteine von 4, 8 und 16 Bit Datenwortlänge verfügbar. Durch die Prozessorstruktur sind die Mikroprozessoren flexibel zu programmieren und können somit jedem Schaltwerksentwurfs-Problem angepaßt werden.

Der Mikroprozessor kann auch zu einem Kleinst-Rechner (Mikrocomputer) ausgebaut werden; es muß nur von der Hardwareperspektive aus gesehen für ausreichende Speicher- und Ein-Ausgabe-Medien gesorgt werden.

10.3 Das Konzept eines Mikroprozessors

In der folgenden Darstellung wird schrittweise das Konzept eines Mikroprozessors entworfen. Ausgehend von der Register-ALU wird in mehreren aufeinanderfolgenden Erweiterungen eine elementare, verallgemeinerte Mikroprozessorstruktur vorgestellt. Auf diese Weise werden die wichtigsten Funktionen des Mikroprozessors an Hand weniger Hardwarefunktionseinheiten erklärt, wodurch die Übersicht erhalten bleibt.

10.3.1 Die Register-ALU (RALU)

Die Register-ALU (RALU) dient zum Verarbeiten von Rechendatenworten. In Bild 10.3 ist eine RALU dargestellt:

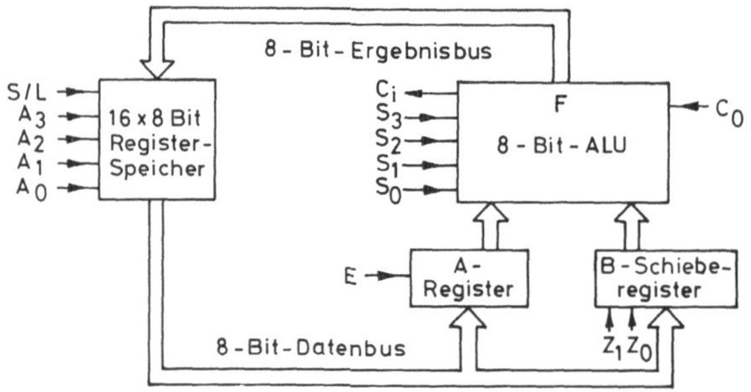

Bild 10.3
Blockstruktur einer Register-ALU
(RALU)

Steuereingänge:

A_0 bis A_3 .. Register-Adressen
S_0 bis S_3 ... Steuereingänge zur Auswahl von ALU-Operationen
E .... Übernahmesignal für A-Register
$Z_1 Z_0$ ..... Steuereingänge für das B-Schieberegister
S/L....... Schreib/Lese-Ansteuerung für den Registerspeicher
C_0 .... Übertragseingang für die ALU
C_i .... Übertragsausgang
A, B ...... ALU-Eingänge
F .... ALU-Ausgang

Alle Funktionseinheiten der RALU sollen mit einer 8-Bit-Wortlänge (8 bit = 1 byte) arbeiten. Zur Vereinfachung der angegebenen Struktur sei angenommen, daß bereits im Registerspeicher

Datenworte stehen. Von dort werden sie an die ALU-Eingänge A und B übertragen, von der ALU verknüpft und wieder in ein Register des Registerspeichers eingeschrieben. Für diese Vorgänge müssen die verschiedenen Steuersignale in einer vorgegebenen Reihenfolge aktiviert werden. Denken wir uns an jedem Steuereingang einen Schalter, so kann mit der RALU jede mögliche Operationsfolge ausgelöst werden. Wir müssen nur nacheinander jeweils eine Teilmenge dieser Schalter betätigen.

Natürlich benötigen wir für dieses Vorhaben Funktionstabellen, die uns angeben, welche Binärkombinationen die unterschiedlichen Operationen auslösen.

Tafel 10.1 Funktionstabelle der ALU und der Registerspeicher

S_3	S_2	S_1	S_0	$C_0 = 1$	$C_0 = 0$	
0	0	0	0	$F = 0$	$F = 1$	
0	0	0	1	$F = B - A$	$F = B - A - 1$	
0	0	1	0	$F = A - B$	$F = A - B - 1$	
0	0	1	1	$F = A + B + 1$	$F = A + B$	arithmetische
0	1	0	0	$F = B + 1$	$F = B$	Operationen
0	1	0	1	$F = \overline{B} + 1$	$F = \overline{B}$	
0	1	1	0	$F = A + 1$	$F = A$	
0	1	1	1	$F = \overline{A} + 1$	$F = \overline{A}$	
1	0	0	0	$F = A \wedge B$		
1	0	0	1	$F = A \nleftrightarrow B$		
1	0	1	0	$F = A \leftrightarrow B$		
1	0	1	1	$F = \overline{A} \wedge B$		logische
1	1	0	0	$F = A \wedge \overline{B}$		Operationen
1	1	0	1	$F = A \vee B$		
1	1	1	0	$F = \overline{A} \vee B$		
1	1	1	1	$F = A \vee \overline{B}$		

Die Funktionstabelle des B-Schieberegisters:

Z_1	Z_0	Funktion
0	0	Laden
0	1	Rechts-Shift um eine Stelle
1	0	Links-Shift um eine Stelle
1	1	Halten d. Information

Die Funktionstabelle des Registerspeichers:

S/L	Funktion
0	Auslesen
1	Einschreiben

Die Funktionstabelle des A-Registers:

E	Funktion
0	Halten d. Information
1	Übernehmen der Information

Mit diesen Funktionen kann ein Steuerwort gebildet werden:

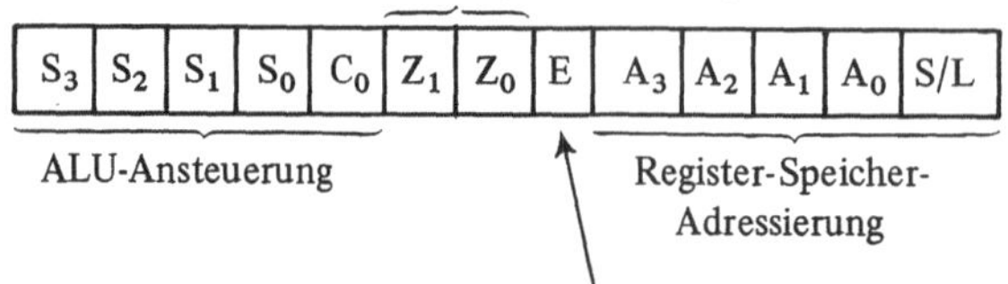

Mit dieser Minimalkonfiguration eines Mikroprozessors in Bild 10.3 können nur einfache verzweigungsfreie Programme ausgeführt werden.

Programme, die sich aufgrund einer eingetretenen Bedingung (z.B. MSB-Übertrag = 1) in ihrem Ablauf verzweigen, können nicht mit der vorgegebenen RALU ausgeführt werden. Für diese Anforderung müßte die RALU Meldesignale erzeugen können.

Im nächsten Abschnitt wird die dazu erforderliche Funktionseinheit vorgestellt.

10.3.2 Erweiterung der RALU mit einem Testmultiplexer

Gebräuchliche Verzweigungsbedingungen sind gegeben, wenn auf dem Ergebnisbus der RALU

1. alle Binärstellen Null sind,
2. das Vorzeichenbit (MSB) Eins ist oder
3. das LSB des Ergebnisbusses Null ist.

Es gilt also eine Schaltung zu entwickeln, die diese Zustände (Bedingungen) erkennt.

In Bild 10.4 wird eine mögliche Schaltungserweiterung für diesen Zweck dargestellt:

Für den neu hinzugekommenen Testmultiplexer mit den Steuereingängen T_1 und T_0 gilt folgende Funktionstabelle:

T_1	T_0	Funktion
0	0	Test = 0, Test-Signal nicht aktiv
0	1	Test = 1, wenn MSB vom Ergebnisbus = 1
1	0	Test = 1, wenn LSB vom Ergebnisbus = 0
1	1	Test = 1, wenn alle Bits vom Ergebnisbus = 0

Die Funktionstabelle für das F-Register mit dem Steuereingang D laute:

D	Funktion
0	Halten der Information
1	Übernahme der anstehenden Information

Durch die Auswertung der Ergebnisbus-Bits mit dem TEST-Multiplexer können berechnete Daten als Verzweigungskriterium innerhalb eines Programmlaufs ausgewertet werden.

Beim Entwurf eines geeigneten Mikroprogramm-Steuerwerks muß die Auswertung des TEST-Meldesignals vorgesehen werden.

In Bild 10.5 ist ein Mikroprogramm-Steuerwerk für die RALU nach Bild 10.4 dargestellt.
Das Mikroprogramm-Steuerwerk erzeugt alle Steuersignale für die RALU; es ist auch in der Lage

das Programm zu beenden, wenn das ST-Signal boolesch 0 ist. Das ST-Signal dient zum Anhalten
des Taktgenerators; es wird am Ende des Mikroprogramms auf boolesch „0" programmiert.

Das Mikroprogramm-Steuerwerk in Bild 10.5 erzeugt ein Steuerwort von 16 Bit Länge, woraus
maximal $2^{16} = 65536$ Mikrooperationen unterschieden werden können. Es ist jedoch nur ein geringer Teil dieser großen Anzahl von Steuerwort-Bitkombinationen sinnvoll. Es könnte an dieser
Stelle untersucht werden, wieviele sinnvolle Befehlswörter für die RALU möglich sind. Wenn wir
annehmen, daß nur 120 brauchbare Befehle existieren, so wird nur ein Steuerwort von 7 Bit Länge
benötigt.

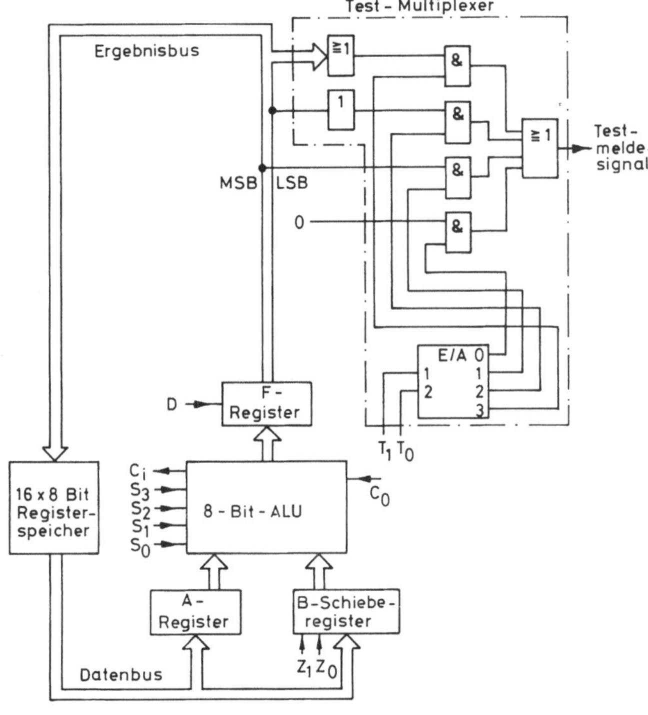

Bild 10.4
Register-ALU (RALU)
mit Testmultiplexer

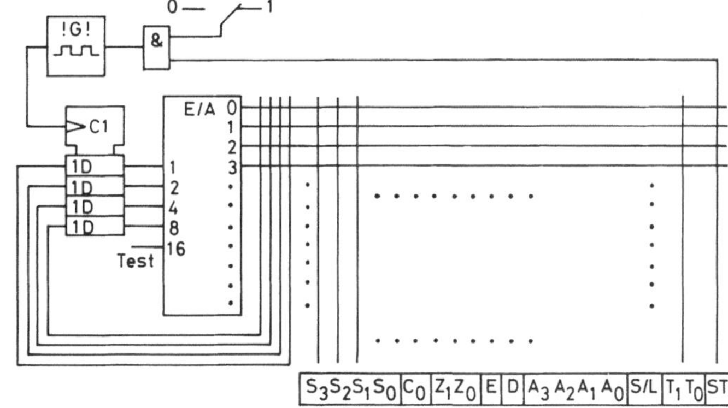

Bild 10.5
Mikroprogramm-Steuer-
werk für eine RALU (Vgl.
Kap. 9)

168   10 Struktur und Organisation eines Mikroprozessors

10.3.2.1 Beispiel einer Betragsmultiplikation Mit einem Rechenprogramm zur Betragsmultiplikation von zwei 4-Bit-Faktoren X(4) und Y(4) soll die Anwendung des TEST-Multiplexers erläutert werden. Die Multiplikation soll durch eine n-fache Addition des Multiplikanden X(4) ausgeführt werden. Die Zahl n bedeutet den Betrag des Multiplikators Y(4).
Der Programmlaufplan ist in Bild 10.6 dargestellt.

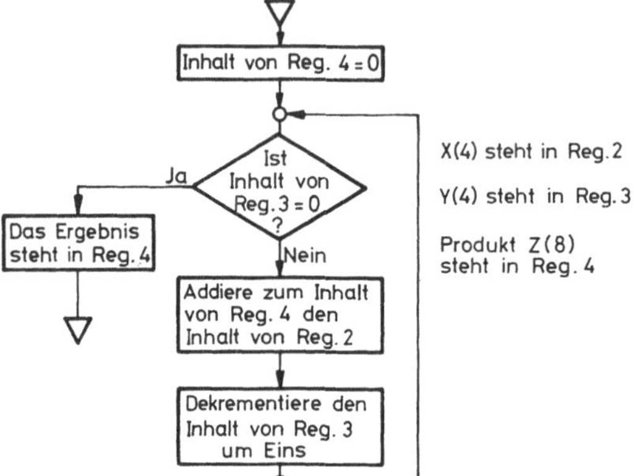

Bild 10.6
Programmlaufplan einer Multiplikation
mit RALU und Testmultiplexer

Die Operationen des Programmlaufplans nach Bild 10.6 können von der RALU in Bild 10.4 ausgeführt werden. Der im Programm enthaltene Abfragebefehl kann mit Hilfe des TEST-Multiplexers vorgenommen werden. Ein Mikroprogramm (Bild 10.7) zur Ausführung der Betragsmultiplikation mit dem in Bild 10.5 vorgegebenen Mikrobefehlswort lautet dann:

	TEST	Folge-adresse $S_3 S_2 S_1 S_0$	$S_3 S_2 S_1 S_0$	C_0	$Z_1 Z_0$	E	D	$A_3 A_2 A_1 A_0$	S/L	$T_1 T_0$	ST	Mikrobefehl
0	0	0 0 0 1	0 0 0 0	1	x x	x	1	x x x x	0	0 0	1	Null→F-Reg.
1	0	0 0 1 0	0 0 0 0	1	x x	x	0	0 1 0 0	1	0 0	1	F-Reg.→Reg. 4
2	0	0 0 1 1	0 0 0 0	1	x x	1	x	0 0 1 1	0	0 0	1	Reg. 3→A-Reg.
3	0	0 1 0 0	0 1 1 0	0	x x	0	1	x x x x	0	0 0	1	A-Reg.→F-Reg.
4	0	0 1 0 1	x x x x	x	x x	0	0	0 0 1 1	1	1 1	1	{F-Reg. = 00..0? / F-Reg.→Reg. 3} N
5	0	0 1 1 0	x x x x	x	x x	1	0	0 1 0 0	0	0 0	1	Reg. 4→A-Reg.
6	0	0 1 1 1	x x x x	x	0 0	0	x	0 0 1 0	0	0 0	1	Reg. 2→B.Reg.
7	0	1 0 0 0	0 0 1 1	0	1 1	0	1	x x x x	0	0 0	1	F-Reg. = Reg. 4+2
8	0	1 0 0 1	x x x x	x	x x	0	0	0 1 0 0	1	0 0	1	F-Reg.→Reg. 4
9	0	1 0 1 0	0 0 0 0	1	0 0	0	1	x x x x	0	0 0	1	Null→F-Reg.
10	0	1 0 1 1	x x x x	x	x x	x	0	0 1 0 1	1	0 0	1	F-Reg.→Reg. 5
11	0	1 1 0 0	x x x x	x	0 0	x	x	0 1 0 1	0	0 0	1	Reg. 5→B.Reg.
12	0	1 1 0 1	x x x x	x	1 1	1	0	0 0 1 1	0	0 0	1	Reg. 3→A-Reg.
13	0	0 1 0 0	0 0 1 0	0	1 1	0	1	x x x x	0	0 0	1	{F-Reg. = A-Reg. − B-Reg. − 1 / Rückspr. nach 4}
⋮											⋮	
21	1	0 0 0 0	x x x x	x	x x	x	x	x x x x	0	0 0	0	Stop, Ergebnis steht in Reg. 4

aktuelle
Adresse
(dezimal)

x....beliebiger boolescher Wert

Bild 10.7
Ein Mikroprogramm zur Ausführung einer
Betragsmultiplikation bei vorgegebenem
Mikrobefehlswort

10.3.3 Ergänzung der RALU durch eine Zwischenspeicherung der Übertragungs- und Shift-Register-Bits

Oft ist es erwünscht Datenwörter zu verarbeiten, deren Wortlänge größer als 8 Bit ist. Für diese Anforderung kann die RALU auf zwei Arten erweitert werden:

1. indem die gesamte RALU auf die Wortlänge des geforderten Datenformats erweitert wird (z.B. 16-Bit-ALU, 16-Bit-Register),
2. durch Ergänzung der RALU mit einer Logik, zur Zwischenspeicherung von Übertrags- und Shift-Bits. Diese Zwischenspeicherung erlaubt die Verarbeitung größerer Wortlängen (z.B. größer als 8 Bit) durch mehrfache Wiederholung derselben Operationen.

Eine zu Punkt 2 erforderliche Multiplexer-Logik ist in Bild 10.8 dargestellt.

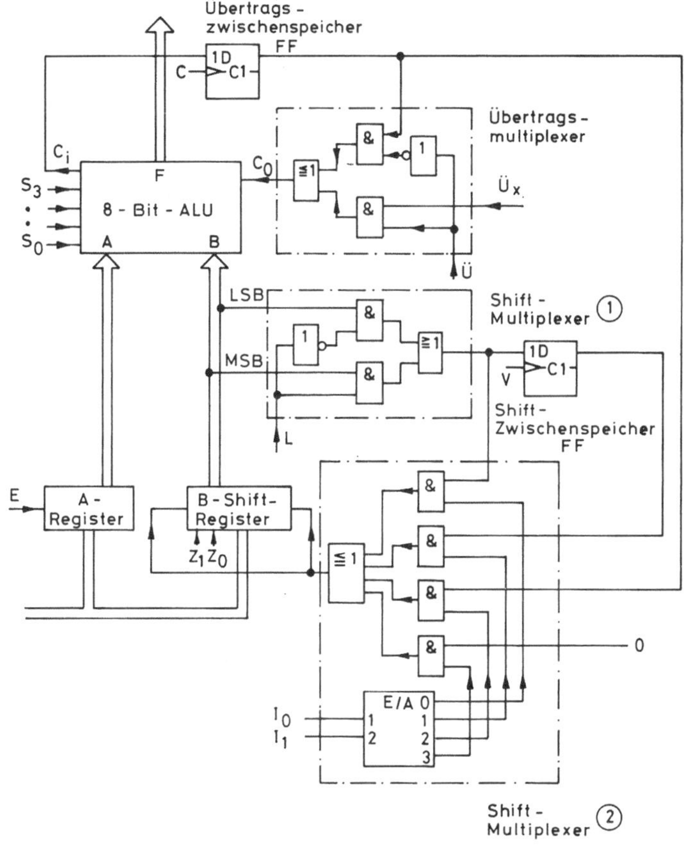

Bild 10.8 ALU mit Zwischenspeicherung der Übertrags- und Shift-Register-Bits

Für die neu hinzugekommenen Steuereingänge $I_1 I_0$, L und ü gelten folgende Funktionstabellen:

Shift-Multiplexer 2:

I_1	I_0	Funktion
0	0	Durchlaß von MSB oder LSB
0	1	Durchlaß des Shift-FF-Inhalts
1	0	Durchlaß des Übertrags-FF-Inhalts
1	1	Ausgabe von boolesch 0

Shift-Multiplexer 1:

L	Funktion
0	Durchlaß des LSB (für Rechtsshift)
1	Durchlaß des MSB (für Linksshift)

Übertragsmultiplexer:

ü	Funktion
0	Durchlaß des Übertrags-FF-Inhalts
1	Durchlaß von $ü_x$
	($ü_x$ ... möglicher externer Übertrag)

Durch die neu hinzugekommenen Flipflops und durch den Multiplexer wird es möglich, beliebig lange Datenworte zu verarbeiten — es muß nur genügend Speicherplatz für die Operandenwörter vorhanden sein.

Die Signale C und V dienen zur Aktivierung der Übernahmefunktion für die Flipflops und werden ebenfalls vom MPST erzeugt.

Soll beispielsweise eine Addition von zwei 16-Bit Summanden mit der beschriebenen RALU ausgeführt werden, so ist dieses in zwei Schritten möglich:

1. Addition der ersten acht LSB-Bits der Summanden und Zwischenspeicherung des Übertrags sowie Abspeicherung der 1. Teilsumme.
2. Addition der MSB-Summanden und des Übertrags aus der vorhergehenden Addition sowie Abspeicherung der 2. Teilsumme und des Übertrags.

Die gleiche Aufgabe hat das Shift-Zwischenspeicher-Flipflop (S-FF). Bei Ausführung einer Shift-Operation über mehrere Rechenschritte sind folgende Einzelschritte vorzunehmen:

1. Verschieben des B-Registerinhalts um eine Bitstelle nach rechts, wobei das „herausfallende" Bit vorher von dem Shift-Multiplexer 1 in das S-FF übergeben wurde,
2. Abspeichern des verschobenen B-Registerinhalts im 16×8-Bit-Registerspeicher,
3. Einschreiben eines neuen Datenwortes in das B-Register,
4. Verschieben des B-Registerinhalts nach rechts, wobei das vorher zwischengespeicherte Bit wieder zum „Nachziehen" an der linken Seite des B-Registers eingegeben wird.
   Das „herausfallende" Bit wird wiederum zwischengespeichert.

Bei der beschriebenen Operationsfolge müssen die entsprechenden Signalwege über die dafür vorgesehenen Multiplexer geschaltet werden.

10.3.3.1 Beispiel einer 16-Bit-Multiplikation Zur Erläuterung der Funktionsweise der Zwischenspeicherung wird eine Operationsfolge (Programm) für die Multiplikation von zwei 16-Bit-Faktoren angegeben.

Es soll das Produkt

$$P(32) = A(16) \cdot B(16)$$

gebildet werden.

Da die RALU mit einer Datenwortlänge von 8 Bit arbeitet, müssen die Faktoren und das Produkt der Multiplikation nach der Radixschreibweise in 8-Bit-Wörter aufgeteilt werden:

$$A(16) = 2^8 \cdot A_1 + A_0$$
$$B(16) = 2^8 \cdot B_1 + B_0$$
$$P(32) = 2^{24} \cdot P_3 + 2^{16} \cdot P_2 + 2^8 \cdot P_1 + P_0$$

Die Multiplikation erfolgt durch schrittweise Addition und Verschiebung der 8-Bit-Teilwörter. Bei der Erstellung des Programmlaufplans wird angenommen, daß die Register R1 bis R4 bereits die 16-Bit Faktoren A und B enthalten.

Es kann dann folgende Belegung des $16 \cdot$ 8-Bit-Registerspeichers vorgenommen werden:

R0	0 0 0 0 1 0 0 0 0		$= 16_{10}$ (Zählvariable)

R1	Multiplikator LSB	B_0
R2	Multiplikator MSB	B_1
R3	Multiplikand LSB	A_0
R4	Multiplikand MSB	A_1
R5	Produkt	P_0
R6	Produkt	P_1
R7	Produkt	P_2
R8	Produkt	P_3
R9	frei	
R10	frei	
R11	frei	
R12	frei	
R13	frei	
R14	frei	
R15	frei	

In Register R0 wird eine Zählvariable eingetragen. Sie erhält, da sich die Multiplikation aus 16 Teilschritten zusammensetzt, den Wert 16. Die Register R5 bis R8 sind für das Ergebnis vorgesehen; sie enthalten zu Beginn der Berechnung alle den Wert Null.

Der Programmlaufplan für eine 16-Bit-Multiplikation ist in Bild 10.9 angegeben.

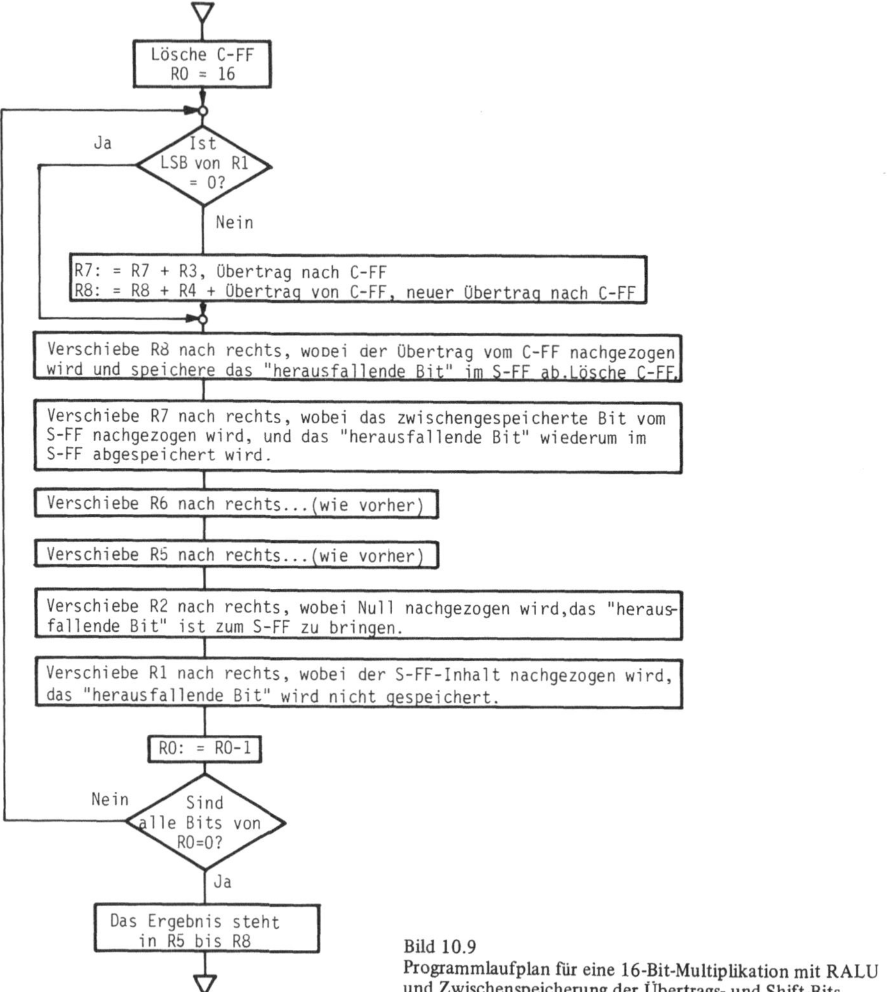

Bild 10.9
Programmlaufplan für eine 16-Bit-Multiplikation mit RALU und Zwischenspeicherung der Übertrags- und Shift-Bits

10.3.4 Ein-Ausgabe-Register zur Übergabe von Daten an periphere Geräte (Speicher, Datenstationen usw.)

In der bisher dargestellten Mikroprozessoreinheit wurde angenommen, daß die Rechendaten bereits in der 16 · 8-Bit Registereinheit eingeschrieben waren. Es soll nun gezeigt werden, wie durch weitere Register und Zähler Schnittstellen für die Datenübergabe an die Umwelt des Mikroprozessors geschaffen werden können.

Diese zusätzlichen Funktionseinheiten werden an die bestehenden Datenbusse angeschlossen und von dem Mikroprogramm-Steuerwerk des Mikroprozessors gemäß der Programmvorschrift aktiviert (Bild 10.10).

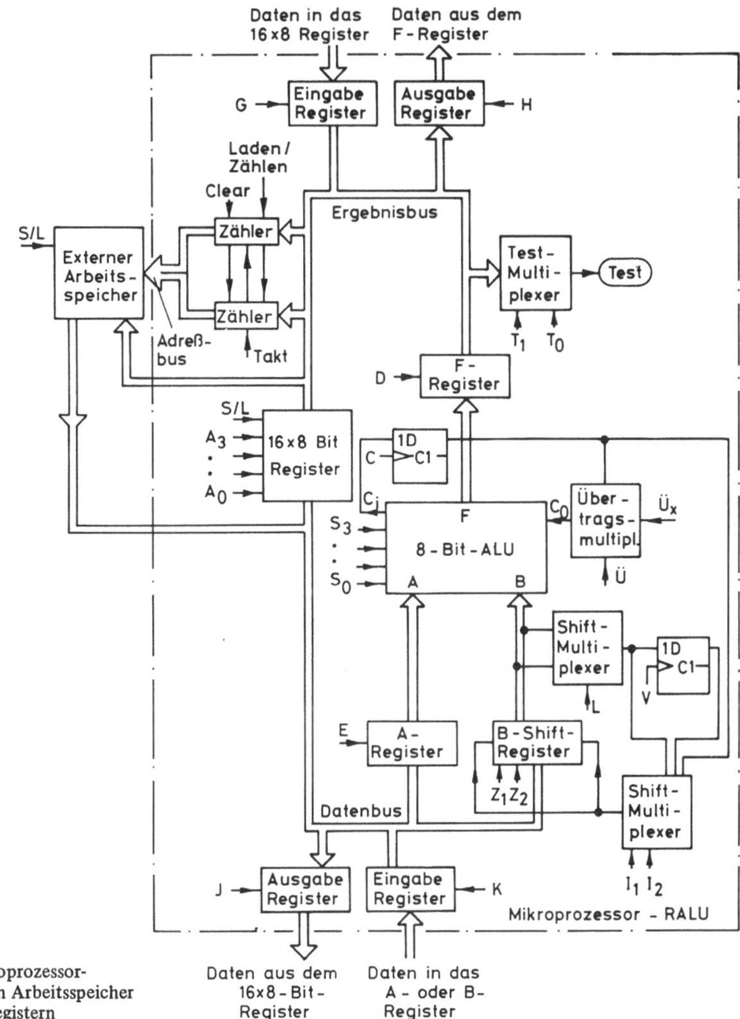

Bild 10.10
Struktur einer Mikroprozessor-
RALU mit externem Arbeitsspeicher
und Ein-Ausgabe-Registern

Die Registeraktivierung für die Ein/Ausgabe erfolgt über die Signale G, H, J und K. Der Befehl S/L stellt das Steuersignal für den externen Arbeitsspeicher dar. Werden die neu hinzugekommenen Ein-Ausgabe-Register vom Mikroprogramm-Steuerwerk aktiviert, so übernehmen sie das Datenwort welches gerade auf dem Daten- oder Ergebnisbus, bzw. Eingabemedium, anliegt. Sie müssen immer dann aktiviert werden, wenn ein Datenwort zur Übergabe von oder zu den internen Datenbussen des Mikroprozessors vorliegt. Ebenso ist es möglich, die beiden Zähler zur Adreßbildung vom Ergebnis-bus aus zu laden. Die Verwendung von Adreßzählern vereinfacht die Adreßbildung für den externen Arbeitsspeicher, da häufig Daten mit aufeinanderfolgenden Adreßwerten adressiert werden. In diesem Fall erzeugt das Mikroprogramm-Steuerwerk den dazugehörigen Zähltakt. Um zu verhindern, daß bei den internen Datenbussen des Mikroprozessors zwei Register gleichzeitig Daten auf einen Bus geben können, werden die Register, Speicher usw. am Ausgang meistens mit einer Tri-State-Logik versehen (Bild 10.11).

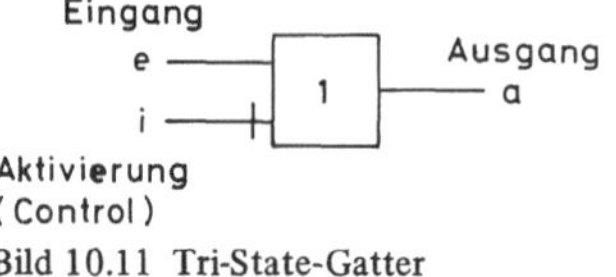

Bild 10.11 Tri-State-Gatter

Das Tri-State-Gatter wird durch einen zusätzlichen Control-Eingang aktiviert.

Durch das Mikroprogramm-Steuerwerk muß dann sichergestellt werden, daß niemals zwei oder mehr Register auf einen Datenbus gleichzeitig senden können.

10.4 Der mikroprogrammierbare und der nichtmikroprogrammierbare Mikroprozessor

Alle Hardware-Funktionseinheiten des Operationswerkes wurden in dem bisher vorgestellten Mikroprozessor von einem Mikroprogramm-Steuerwerk (MPST) aktiviert. Bei der Mikroprogrammierung mußten die Register, die ALU und die Multiplexer für jeden Programmschritt ausgewählt und für einen Mikrobefehl zusammengestellt werden.

Es muß also jeder Mikrobefehl für seinen Verwendungszweck optimal „zusammengebaut" werden. Das ist zwar beim Programmieren umständlich und zeitraubend, gibt aber dem Programmierer die Gelegenheit, seine Befehle selbst zusammenzusetzen. Dadurch sind zwei grundlegende Eigenschaften der Mikroprogrammierung möglich:

1. Erstellen von Programmen mit der geringsten Ausführungszeit und
2. Emulation (Nachbildung) jedes beliebigen Mikroprozessors.

Dagegen enthält der nichtmikroprogrammierbare Mikroprozessor anstelle des programmierbaren MPST einen festprogrammierten Mikroprogrammspeicher, der die Steuersignale für die RALU erzeugt (Bild 10.12).

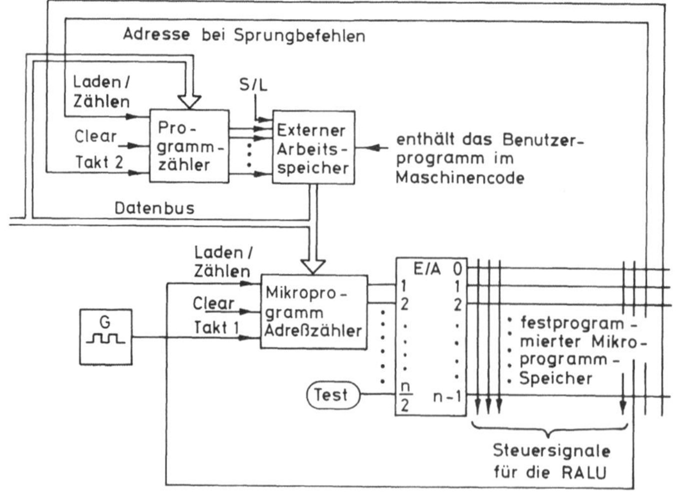

Bild 10.12
Struktur eines Steuerwerks für einen nichtmikroprogrammierbaren Mikroprozessor

Die Arbeitsweise des Steuerwerks ist zyklisch. Beim Start eines Programms wird ein Maschinenbefehl (Makrobefehl) aus dem Arbeitsspeicher geholt, die zugehörige Operation durch Auslösen eines Mikroprogramms ausgeführt und danach wieder der nächste Befehl geholt.

Das kombinierte Holen und Ausführen eines Maschinenbefehls wird auch als Maschinenzyklus (cycle time) bezeichnet. Jeder Maschinenbefehl setzt sich also aus Holphase und Ausführungsphase zusammen. Beide Phasen werden durch eine Folge von Mikrobefehlen realisiert.

Die meisten heute verfügbaren Mikroprozessoren sind nicht mikroprogrammierbar, obwohl sie ein Mikroprogrammsteuerwerk (MPST) enthalten. Diese Mikroprozessoren enthalten ein vom Hersteller fest programmiertes Steuerwerk. Zur Programmierung dieser Mikroprozessoren sind Makrobefehle nötig. Jeder Makrobefehl löst eine Sequenz von Mikrobefehlen aus. Da diese Sequenzen meist aus wenigen (2 bis 8) Mikrobefehlen bestehen, bedeutet dies, daß dem Programmierer maschinenorientierte Befehle (Maschinencode) zur Verfügung stehen.

Das Benutzerprogramm wird in einen externen Arbeitsspeicher abgelegt und während der Programmausführung wie ein Datenwort aus dem Arbeitsspeicher geholt.

10.4.1 Die Holphase

Das Mikroprogramm-Steuerwerk gibt ein Lese-Steuerwort aus, wodurch der Inhalt des Programmzählers als Adresse zum externen Arbeitsspeicher gesendet wird. Der Arbeitsspeicher antwortet mit der Ausgabe des nächsten Maschinenbefehls. Dieser Befehl dient als Startadresse für den Mikroprogrammzähler zur Ausführung des nächsten Makrobefehls.

10.4.2 Die Ausführungsphase

In dieser Phase wird das durch die Startadresse angegebene Mikroprogramm ausgelöst. Das Mikroprogramm-Steuerwerk sendet jetzt die zugehörige Steuersignalfolge aus. Am Ende dieser Phase geht das Mikroprogramm in die Holphase über, um den darauffolgenden Makrobefehl zu übernehmen usw. Die meisten Mikroprozessorhersteller bieten einen festen Befehlssatz im Maschinencode an. Dieser Befehlssatz besteht im allgemeinen aus 30–150 Befehlen und wird je nach Funktion der Befehle in Gruppen geordnet.

Zu diesen Gruppen gehören:

— arithmetisch-logische Operationen
— bedingte und unbedingte Sprungbefehle
— Zugriffsoperationen für externe Speicher
— Befehle zum Laden und Zwischenspeichern von Adressen, z.B. Programmzähleradressen für Programmsprünge und Unterprogrammaufrufe.
— Datenaustausch zwischen internen Registern
— Ein-Ausgabe-Befehle.

10.5 Bidirektionale Datenbussysteme

In der bisher dargestellten Mikroprozessorstruktur können die Dateninformationen nur in einer Richtung fließen. Eine bessere, flexiblere Nutzung der Funktionseinheiten des Mikroprozessors wäre erreichbar, wenn die Daten auf den Bussystemen in beiden Richtungen übertragen werden könnten.

Ein hierfür geeignetes Bauelement ist der bidirektionale Bustreiber. Er besteht aus zwei Tri-State-Gattern und einer Ansteuerlogik (Bild 10.13).

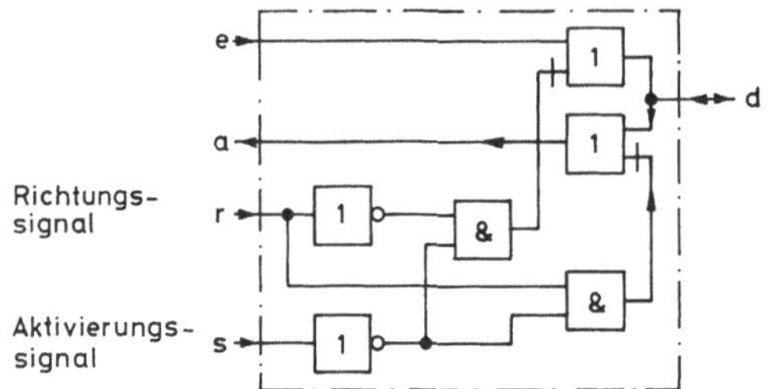

Die Funktionstabelle des Bustreibers lautet:

r	s	Funktion
0	1	alle Datenwege hochohmig
0	0	e → d
1	1	alle Datenwege hochohmig
1	0	a ← d

Bild 10.13 Bidirektionaler Bustreiber

Mit Hilfe des Bustreibers kann ein bidirektionales Datenbussystem aufgebaut werden, das in Bild 10.14 dargestellt ist.

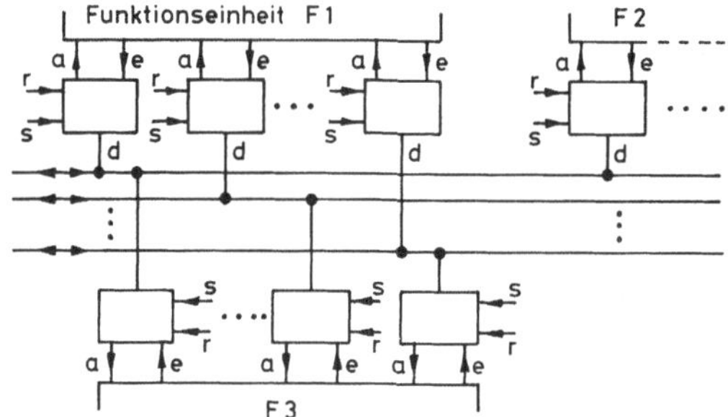

Bild 10.14
Funktionseinheiten über bidirektionale Bustreiber zu einem bidirektionalen Bussystem geschaltet

Ebenso ist es möglich, ein bidirektional zugängliches Speicherelement, das als Pufferspeicher innerhalb eines bidirektionalen Datenbussystems eingesetzt werden kann, zu realisieren (Bild 10.15).

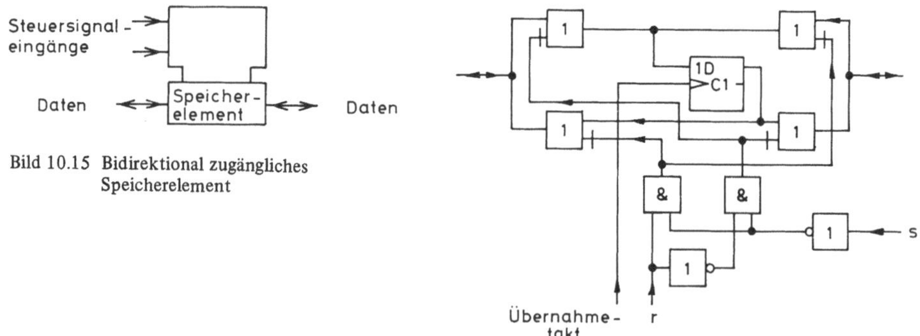

Bild 10.15 Bidirektional zugängliches
          Speicherelement

Bild 10.16 Realisierung des bidirektional zugänglichen
          Speicherelements

Der Aufbau der Schaltung kann mit Tri-State-Gattern und D-Vorspeicherflipflops erfolgen (Bild 10.16).

Das Prinzip des bidirektionalen Datenbussystems wird in fast allen gebräuchlichen Mikroprozessoren verwendet. Dadurch ist es möglich, viele Hardwareeinheiten an das Bussystem anzuschließen.

Das Strukturbild eines Operationswerkes eines Mikroprozessors mit bidirektionalem Bussystem ist in Bild 10.17 dargestellt.

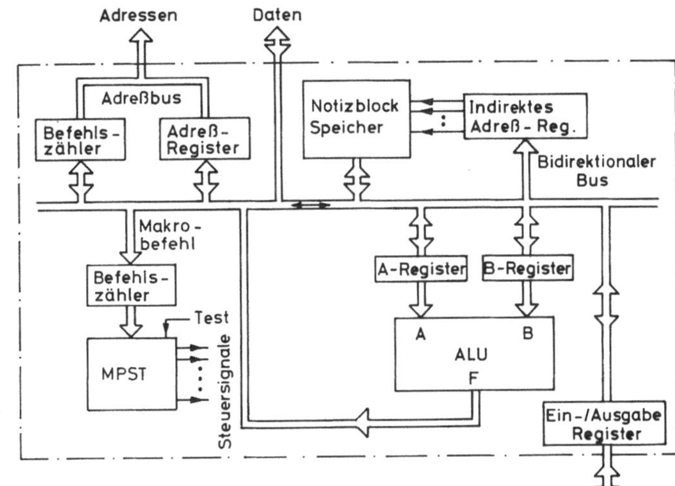

Bild 10.17
Struktur eines Mikroprozessors mit bidirektionalem Bussystem

10.6 Register für besondere Funktionen

Neben den bereits beschriebenen Registern in einem Mikroprozessor sind noch eine Reihe zusätzlicher Register möglich. Diese dienen vorwiegend zur Erleichterung der Programmierung.

10.6.1 Der Stapelspeicher (last in first out [LIFO])

Der Stapelspeicher wird auch oft als Kellerspeicher oder stack register bezeichnet. Er besteht aus mehreren, übereinander angeordneten Registern, die als eine lineare Liste verstanden werden können. Der Zugriff zu dieser Liste kann nur am oberen Ende erfolgen (Bild 10.18).

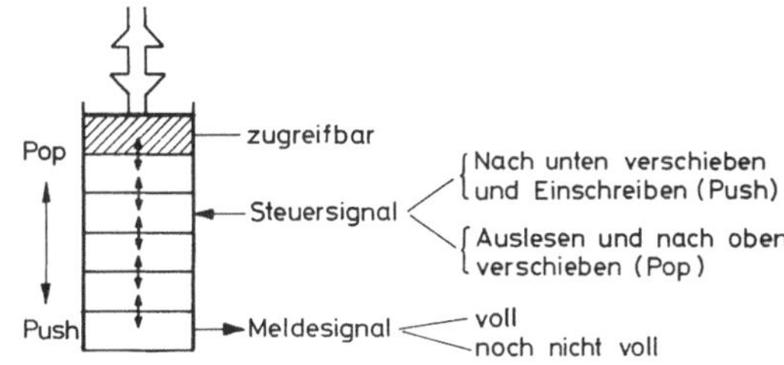

Bild 10.18
Der Stapelspeicher

Bevor ein neues Datenwort eingelesen werden soll, wird eine Verschiebung aller Registerinhalte nach unten vorgenommen (Push).

Umgekehrt erfolgt nach jedem Auslesevorgang ein Nachrücken der Registerinhalte nach oben (Pop). Innerhalb eines Mikroprozessors kann der Stapelspeicher folgende Funktionen erfüllen:

1. Zum Abspeichern von Rücksprungadressen bei einem Unterprogrammaufruf.
   Die Unterprogramme (Subroutines) können von beliebigen Stellen des Hauptprogramms aufgerufen werden. Dabei sind folgende Operationen auszuführen:
   a) Abspeichern der gegenwärtigen Programmzähleradresse (Hauptprogrammadresse) in den Stapelspeicher (Push).
   b) Laden des Programmzählers mit der Sprungadresse. Nach Ablauf des Unterprogramms kann wieder in das Hauptprogramm zurückgesprungen werden. Hierfür wird die in den Stapelspeicher „gerettete" Adresse ausgelesen (Pop) und in den Programmzähler geladen.
   Da innerhalb eines Unterprogramms wieder weitere Unterprogramme aufgerufen werden können, wird das Abspeichern von mehreren Rücksprungadressen erforderlich. Mit dem Stapelspeicher-Prinzip (Nesting, Verschachtelung) sind die Rücksprungadressen stets in der richtigen Reihenfolge zugreifbar.

2. Bei Unterbrechung (Interrupt) des aktuellen Programms durch ein außerhalb des Mikroprozessors erzeugtes Signal (vgl. auch Kap. 10.7.1.5).

3. Zur Zwischenspeicherung von Rechendaten oder Übergabe von Parametern.

10.6.2 Das Indexregister

Das Indexregister ist wie alle Register des Mikroprozessors an den Datenbus angeschlossen. Es kann wie das Adreßregister zum Adressieren von Rechendatenworten (Operanden) dienen, wobei die Adresse des Operanden aus der Summe des Indexregisterinhalts und des Adreßregisterinhalts gebildet wird. Diese Art der Adressierung wird als indizierte Adressierung bezeichnet.

Die Funktionsweise der indizierten Adressierung ist in Bild 10.19 für den Registertransferbefehl

LADE A-Register mit Inhalt von Speicherplatz 121

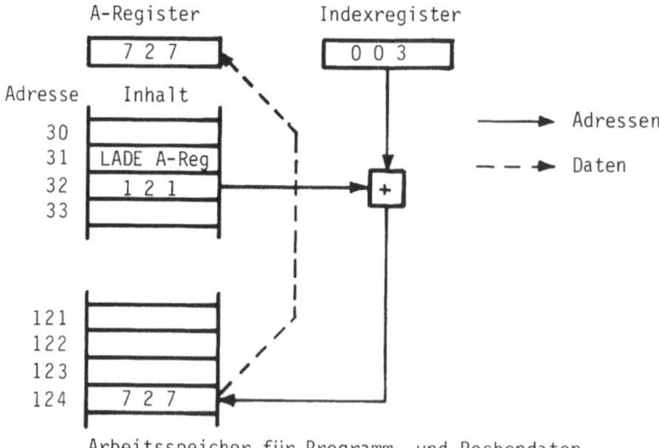

Bild 10.19
Funktionsweise eines Indexregisters

erläutert. Dabei ist zu beachten, daß bei der Adreßbildung der Inhalt des Indexregisters hinzuaddiert wird.

Eine weitere wichtige Eigenschaft des Indexregisters ist die Dekrementierbarkeit des Registerinhalts. Es eignet sich daher besonders zur Speicherung einer Zählvariablen. In Verbindung mit der indizierten Adressierung lassen sich somit Speicherblöcke einfach ein- und auslesen.

Beispiel für eine Anwendung des Indexregisters Es sei eine Summe aus 20 Summanden, die im Arbeitsspeicher in den Speicherplätzen mit der Adresse 70 bis 89 stehen, zu bilden. Der Ablauf ist in Bild 10.20 dargestellt.

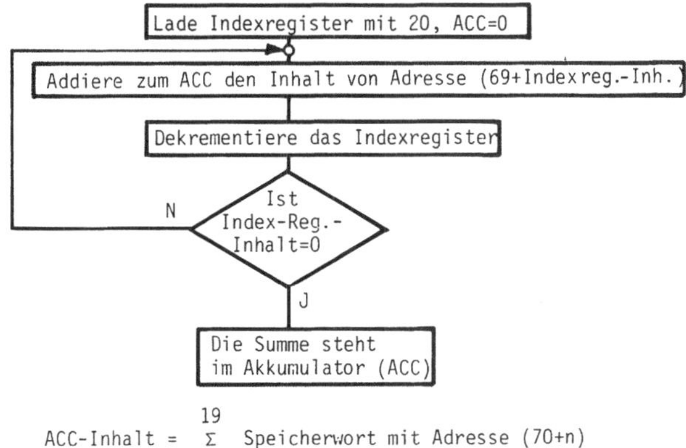

Bild 10.20
Programmlaufplan für eine
Summenbildung mit Hilfe des
Indexregisters

$$\text{ACC-Inhalt} = \sum_{n=0}^{19} \text{Speicherwort mit Adresse } (70+n)$$

10.7 Befehlstabelle für einen Mikroprozessor

Zur Programmierung eines 8-Bit Mikroprozessorsystems sowie für den Einsatz des Mikroprozessors in programmgesteuerten Schaltwerken wollen wir ein Ensemble an wichtigen Maschinencodebefehlen angeben. Wir werden hierzu die behandelten Funktionseinheiten noch einmal zusammenfassen und in einem Minimalsystem einer Mikroprozessorsystemstruktur darstellen.

Diese Struktur in Bild 10.21 soll uns lediglich als Orientierung für die Programmerstellung (programmer's roadmap) dienen. Sie hat exemplarischen Charakter und kann daher keine allgemein verbindliche, auf jedes System übertragbare, Struktur sein.

Zusätzlich zu den Funktionseinheiten des zentralen Mikroprozessors (CPU), die auf einem Halbleiterchip integriert sind, ist noch ein Speicherinterface angegeben (unterer Teil des Bildes).

Dieses Speicherinterface stellt einen gesonderten Baustein dar, der die Adressierung und Verbindung zu den externen Arbeitsspeichern darstellt.

In den Befehlstabellen wird neben dem Befehlscode und der Befehlsfunktion noch die Anzahl der Maschinenzyklen und die Anzahl der Bytes pro Befehl angegeben. Mit diesen Angaben kann der Zeitbedarf für die Ausführung eines Programms und der Speicherbedarf für die Programmdaten errechnet werden.

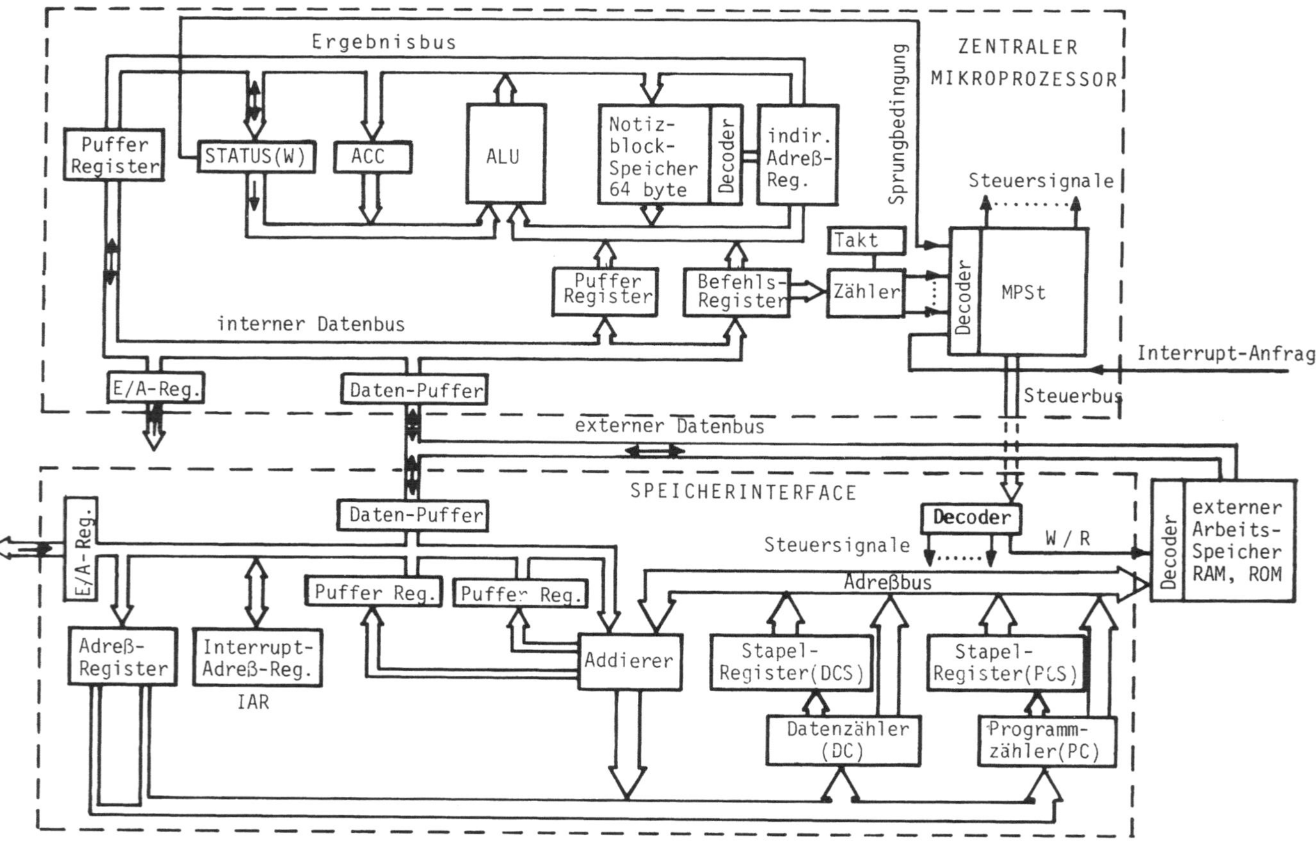

Bild 10.21 Blockschaltbild eines minimalen Mikroprozessorsystems

10.7.1 Eigenschaften der Mikroprozessorbefehle

Zur Beurteilung eines nichtmikroprogrammierbaren Mikroprozessors ist neben der Hardware-Architektur die Befehlsmenge im Maschinencode (Instruktionsset) von gleichrangiger Bedeutung.

Um eine aussagefähige Bewertung des Instruktionssets eines Mikroprozessors zu erhalten, werden sog. „Benchmarks" definiert. Bei dieser Methode werden charakteristische Standardaufgaben für eine bestimmte Anwendung mit verschiedenen Mikroprozessoren ausgeführt und hierbei der Speicherbedarf und die Ablaufzeit verglichen.

Bei den auf dem Markt verfügbaren Mikroprozessoren hat jeder Typ, abgesehen von der v. Neumann Grundstruktur, eine voneinander abweichende Hardwarestruktur und demzufolge auch einen voneinander unterschiedlichen Instruktionsset. Aus diesem Grund ist die vom Hersteller angegebene Zahl der Befehle (Instruktionen) nicht sehr aussagefähig.

Es werden nun die wichtigsten Funktionen der Mikroprozessorbefehle zu Funktionsklassen geordnet dargestellt.

10.7.1.1 Arithmetisch-Logische Befehle Ähnliche Befehle sind bereits von der ALU Funktionstabelle (Tafel 10.1) her bekannt.

Operation	Mnemonischer Code	Operand	Funktion	Zahl der Zyklen	Zahl der Bytes	Sedezimaler Masch.-Code
Addiere den Übertrag	LNK	/	$ACC \leftarrow ACC + C$	1	1	19
Addiere direkt	AI	I	$ACC \leftarrow ACC + I$	2	2	24 I
Direkte UND-Verknüpfung	UI	I	$ACC \leftarrow ACC \wedge I$	2	2	21 I
Löschen'	CLR	/	$ACC \leftarrow Null$	1	1	70
Vergleiche direkt	CI	I	$ACC \leftarrow \overline{ACC} + 1 + I$	2	2	25 I
Komplementiere	COM	/	$ACC \leftarrow ACC \leftrightarrow FF*$	1	1	18
Inkrementiere	INC		$ACC \leftarrow ACC + 1$	1	1	1F
Lade direkt	LI	I	$ACC \leftarrow I$	2	2	20 I
Linksverschiebung	SL	/	$ACC \cdot 2$	1	1	13
Rechtsverschiebung	SR	/	$ACC \cdot \frac{1}{2}$	1	1	12

*Sedezimale Zahl

Hierin bedeuten:

ACC . . . . .Akkumulator − Registerinhalt
C . . . . .Übertragsbit
I. 8-Bit-Direktoperand

In den meisten Mikroprozessoren sind fast alle obigen Funktionen eingebaut. Nur einige wenige Mikroprozessoren enthalten einen durch ein festprogrammiertes Mikroprogramm realisierten Maschinencodebefehl für die Multiplikation und Division. Diese letztgenannten Operationen müssen daher vom Mikroprozessor-Programmierer in Form von Unterprogrammen erstellt werden. Bei allen nichtmikroprogrammierbaren Mikroprozessoren ist eine Zwischenspeicherung der TEST-Abfrageergebnisse notwendig. Für diese Speicherung werden sog. Bedingungs-Flipflops (Flags) eingesetzt. Die Zwischenspeicherung ist erforderlich, da eine Programmverzweigung mit zwei Maschinencode-Befehlen programmiert werden muß:

1. Setzen des Bedingungsflipflops mit dem zugehörigen TEST-Signal
2. Abfragen des Bedingungsflipflop-Inhalts als Kriterium für eine Sprungentscheidung.

Nachfolgend angegebene TEST-Bedingungen werden am ALU-Ausgang auf diese Weise registriert.

1. Sind alle Bits gleich Null?
2. Ist das Vorzeichenbit gleich Eins?
3. Ist das Übertragsbit gleich Eins?
4. Ist das Überlaufbit gleich Eins?

Oft werden alle Bedingungsflipflops zu einem Statusregister zusammengefaßt. Diese Methode ist bei Programmunterbrechungen (Interrupts) vorteilhaft, wenn nach Durchlaufen der Interrupt-Service-Routine das Programm an der unterbrochenen Stelle weiterlaufen soll. In diesem Fall muß neben den aktuellen Rechenwerten nur noch der Inhalt des Statusregisters in ein freies Register (z.B. Stackregister) gerettet und von dort nach Beendigung der Interruptroutine wieder in das Statusregister zurücktransportiert werden.

10.7.1.2 Transfer-Befehle Die Transferbefehle dienen zum Übertragen eines Datenwortes von einer Sendestelle (Register, Zähler, Arbeitsspeicher) zu einer Empfangsstelle. Dabei wird der vorherige Inhalt der empfangenden Stelle überschrieben. Der Inhalt des sendenden Registers bleibt dagegen erhalten.

1. Befehle für den Zugriff zum Arbeitsspeicher

DC . . . .Inhalt des Datenzählers
(DC). . .Inhalt des vom Datenzähler adressierten Speicherplatzes

Operation	Mnemo-nischer Code	Operand	Funktion	Zahl der Zyklen	Zahl der Bytes	Sedezima-ler Masch.-Code
Addiere zum Datenzähler	AM	/	ACC ← ACC + DC	2	1	88
Vergleiche	CM	/	ACC ← DC + $\overline{\text{ACC}}$ + 1	2	1	8D
Lade ACC	LM	/	ACC ← (DC)	2	1	16
Speichere ab	ST	/	(DC) ← ACC	2	1	17

2. Befehle zum Zugriff in den Notizblockspeicher

R . . . . .4-Bit-Adresse für die ersten 16 Register des Notizblockspeichers
(R). . . .Inhalt des mit R adressierten Registers des Notizblockspeichers
ISAR . .Indirektes Notizblockspeicher-Adreßregister (indirect scratchpad address register)
(ISAR) .Inhalt des indirekt adressierten Notizblockspeicher-Registers
A . . . .Inhalt des Akkumulators
W . . . .Inhalt des Statusregisters

Operation	Mnemonischer Code	Operand	Funktion	Zahl der Zyklen	Zahl der Bytes	Sedezimaler Masch.-Code
Lade ACC	LR	A, R	ACC ← (R)	1	1	4R
Lade R	LR	R, A	(R) ← ACC	1	1	5R
Lade ISAR	LR	IS, A	ISAR ← ACC	1	1	0B
Speichere (ISAR)	LR	A, IS	ACC ← (ISAR)	1	1	0A
Addiere Registerinhalt	AS	R	ACC ← ACC + (R)	1	1	CR
Dekrementiere	DS	R	(R) ← (R) + FF*	1	1	3R
Speichere W nach Reg. 9	LR	J, W	(R9) ← W	1	1	1E
Lade W von Reg. 9	LR	W, J	W ← (R9)	1	1	1D

* sedezimale Zahl

Ein grundlegendes Bewertungskriterium für die Transferoperationen bildet die Adressierbarkeit der Register und Speicher. Die zur Zeit angebotenen Mikroprozessoren unterscheiden sich sehr in Bezug auf die Adressierungsart.

Folgende Adressierungsarten sind gebräuchlich:

Registeradressierung (implied adressing) Diese Adressierung ermöglicht den Zugriff auf die verschiedenen Register der Mikroprozessorzentraleinheit (Akkumulator, Indexregister, Notizblockregister, Stack, usw.).

Beispiel in Bild 10.22:
Lade Register 3 des Notizblockspeichers mit dem Akkumulatorinhalt.
LR A, 3 Load Register

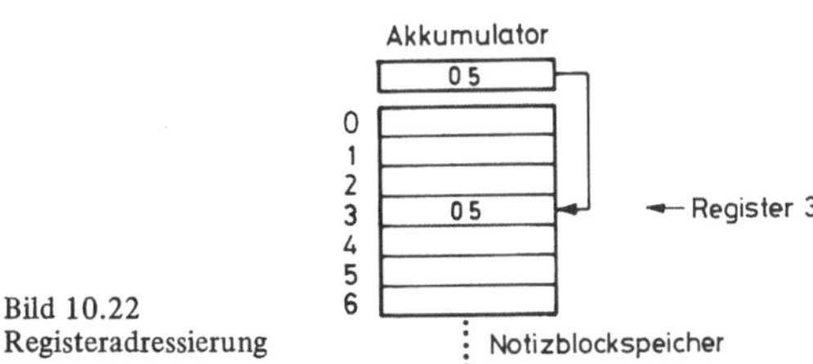

Bild 10.22
Registeradressierung

Die indirekte Registeradressierung kann bei einem großen Notizblockspeicher z.B.: 64 Byte verwendet werden. Zur Adressierung des Notizblockspeichers muß zuerst das indirekte Adreßregister des Notizblockspeichers mit einer 6 Bit-Adresse geladen werden.

Beispiel in Bild 10.23:
Lade den Inhalt des indirekt adressierten Notizblockspeichers in das Akku-Register
1, LR IS, A Lade den Akku-Inhalt in das indirekte Adreßregister des Notizblockspeichers. (indirect scratchpad register)
2, LR A, IS Speichere den Inhalt des indirekt adressierten Registers in den Akkumulator.

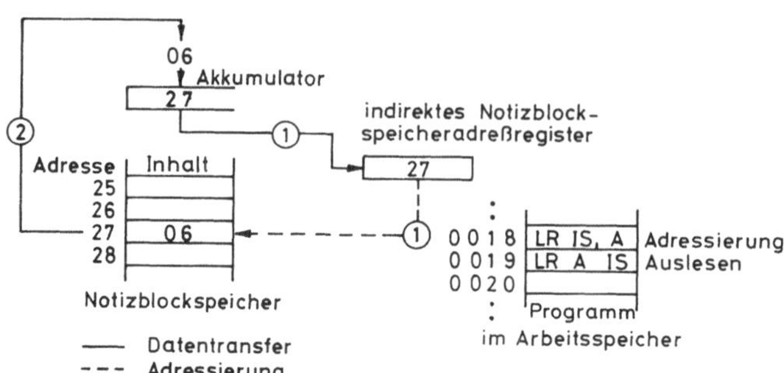

Bild 10.23
Indirekte Registeradres-
sierung

Absolute Adressierung (direct adressing) Die heute am häufigsten eingesetzten Mikroprozessoren haben eine 8-Bit-Wortstruktur. Die Programm- und Rechendaten werden in einem wortorganisierten (8-Bit) Arbeitsspeicher abgelegt. Der Arbeitsspeicher kann bei diesen Mikroprozessoren bis zu einer Speicherkapazität von 64 k ausgebaut werden, was eine absolute Adressenwortlänge von 16 Bit erfordert ($2^{16} = 64$ k). Zur absoluten Adressierung werden:

a) ein Byte für den Operationscode

und

b) zwei Byte für die Adresse

benötigt.

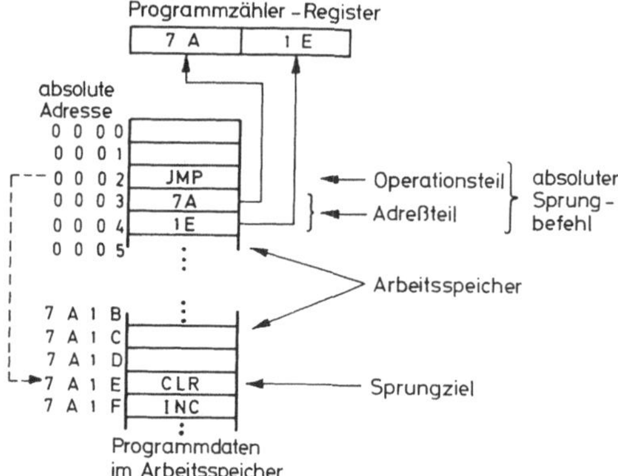

Beispiel in Bild 10.24:
Springe ohne Vorbedingung nach der
Speicheradresse 7A 1E$_{16}$; JMP 7A 1E

Bild 10.24
Absolute Adressierung

Unmittelbare Adressierung (Immediate adressing) Bei dieser Adressierungsart wird der Inhalt des Adreßteils des Maschinencodebefehls nicht als Adresse, sondern selbst als Operand verwendet.

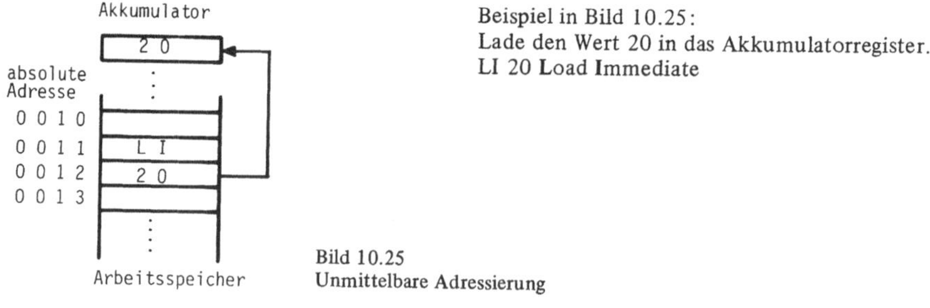

Beispiel in Bild 10.25:
Lade den Wert 20 in das Akkumulatorregister.
LI 20 Load Immediate

Bild 10.25
Unmittelbare Adressierung

Indizierte Adressierung In diesem Adressierungsmodus wird vor der Befehlsausführung des nächstfolgenden Befehls der Inhalt des Indexregisters zur Adresse des Folgebefehls addiert.

Relative Adressierung (relativ adressing) Viele Mikroprozessoren gestatten eine relative Adressierung bei Sprungbefehlen. Der Adreßteil des Befehls enthält dabei die Sprungweite zum Sprungziel.

Bei einem 8-Bit-Mikroprozessor ist bei Darstellung der Sprungweite im Zweikomplement ein Vorwärtssprung über $2^7 - 1 = 7\,F_{16} = 127_{10}$ Adressen – und ein Rückwärtssprung über $2^7 = 80_{16} = 128_{10}$ Adressen – möglich.

Beispiel in Bild 10.26:
Überspringe die nächsten 4 Programmschritte.
BR 4 Branch Relative

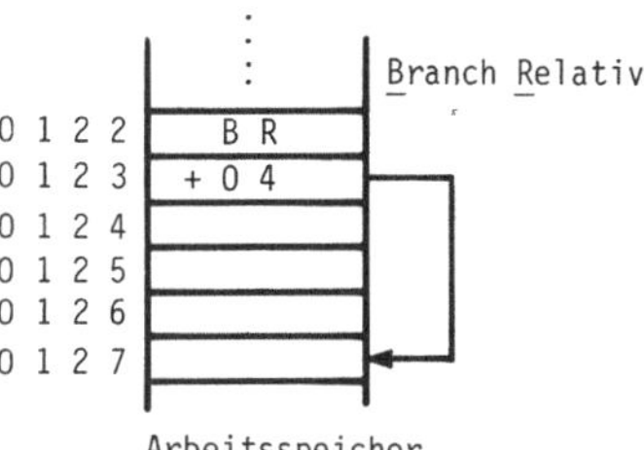

Bild 10.26
Relative Adressierung

10.7.1.3 Sprungbefehle Die Sprungbefehle ermöglichen einige der wesentlichen Fähigkeiten des Mikroprozessors, wie z.B. das wiederholbare Ausführen bestimmter Programmteile (Schleife) und das Verzweigen in verschiedene Programmabschnitte, in Abhängigkeit von gegebenen TEST-Bedingungen. Das Hochzählen des Befehlszählers steuert einen linearen Programmablauf (Geradeausprogramm). Dagegen laden Sprungbefehle den Befehlszähler mit einer neuen Adresse, wodurch das Programm an dieser neuen Adresse weiterläuft.

Es wird zwischen bedingten und unbedingten Sprüngen unterschieden. Bei bedingten Sprüngen wird eine bestimmte Kondition abgefragt, z.B. der Inhalt folgender Bedingungsflipflops (Flags):

a) Übertrag-FF
b) Überlauf-FF
c) Nullanzeige-FF (Akku-Inhalt)
d) Vorzeichen-FF
e) Identitätsanzeige-FF (Akku-Inhalt = Datenbuswort)

Bedingte Sprungbefehle

Operation	Mnemonischer Code	Operand	Funktion	Zahl der Zyklen	Zahl der Bytes	Sedezimaler Masch.-Code
Springe, falls C = 1 (Branch on Carry)	BC	X	PC ← (PC + 1) + X, if C = 1	3	2	82 X
Springe, falls S = 1	BS	X	PC ← (PC + 1) + X, if S = 1	3	2	81 X
Springe, falls Z = 1	BZ	X	PC ← (PC + 1) + X, if Z = 1	3	2	84 X
Springe, falls 0V = 1	BO	X	PC ← (PC + 1) + X, if OV = 1	3	2	86 X

PC . . . Inhalt des Programmzählers (Program Counter)
C . . . . Inhalt des Übertragsbit-Speichers (Carry)
S .   Inhalt des Vorzeichenbit-Speichers (Sign)
OV . . . .Inhalt des Überlaufbit-Speichers (Overflow)
Z . . . . Inhalt des „Akku-Inhalt = 0"-Anzeige-Speichers (Zero)
X 8-Bit-Adresse

Ist eine Sprungbedingung erfüllt, wird zu der neuen Adresse gesprungen. Die Effektivität der Sprungbefehle ist sehr von der Art der Sprungbedingung abhängig. Zur Ermittlung der Sprungadresse sind folgende Adressierungsverfahren üblich:
— absolute Adressierung
— relative Adressierung
— indirekte Adressierung

Unbedingte Sprungbefehle

Operation	Mnemo-nischer Code	Operand	Funktion	Zahl der Zyklen	Zahl der Bytes	Sedezimaler Masch.-Code
Relativer Sprung	BR	X	$PC \leftarrow (PC + 1) + X$	3	2	90 X
Absoluter Sprung	JMP	XX	$PC \leftarrow XX$	5	3	29 X X

Bei allen bedingten Sprüngen wird der Programmzähler auf $PC \leftarrow PC + 2$ gesetzt, wenn die Sprungbedingung nicht erfüllt ist.

10.7.1.4 Unterprogramm-Programmierungstechnik Beim Programmieren ist stets zu untersuchen, ob eine gleiche oder ähnliche Folge von Befehlen an mehreren Stellen eines Programms vorkommt. Ist dieser Fall gegeben, so kann diese Befehlsfolge als Unterprogramm organisiert werden.

Unterprogramme eignen sich auch zur Berechnung von Standardoperationen, die in verschiedenen Programmen einsetzbar sind. Einige Befehle, die für Unterprogrammaufrufe geeignet sind, lauten:

Operation	Mnemo-nischer Code	Operand	Funktion	Zahl der Zyklen	Zahl der Bytes	Sedezimaler Masch.-Code
Addiere zum DC	ADC		$DC \leftarrow DC + ACC$	2	1	8E
Unterprogramm-Sprung	JS	XX	$PCS \leftarrow PC(PUSH)$ $PC \leftarrow XX$	6	3	28 X X
Rücksprung aus dem Unterprogramm	POP	/	$PC \leftarrow PCS$	2	1	1C
Austausch des Datenzählers	XDC	/	$DC \rightleftarrows DCS$	2	1	2C
Direktes Laden des Datenzählers	DCI	XX	$DC \leftarrow XX$	6	3	2A X X

PCS . . Programmzähler-Stapelregister
DCS . . Datenzähler-Stapelregister

Mit einem Sprungbefehl kann das Hauptprogramm an jeder beliebigen Stelle verlassen werden. Es muß jedoch bei einem Unterprogrammsprung dafür gesorgt werden, daß vor dem Sprung die nächstfolgende Befehlsadresse des Hauptprogramms abgespeichert wird. Diese Adresse wird nach der Ausführung des Unterprogramms als Rücksprungadresse benötigt. Zur Abspeicherung der Rücksprungadresse wird das Stackregister verwendet (Bild 10.27).

Die Verschachtelung (Nesting) von Unterprogrammaufrufen ist durch die Abspeicherung der Rücksprungadressen im Stackregister (Bild 10.18) möglich, da die Rücksprungadressen immer in der Reihenfolge der Unterprogrammaufrufe in das Stackregister abgespeichert werden.

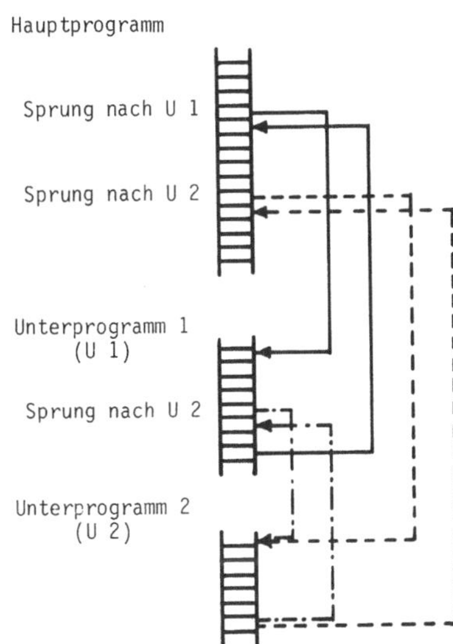

Bild 10.27
Verschachtelte Unterprogrammaufrufe

Ein Unterprogramm, welches von verschiedenen Stellen des Hauptprogramms beliebig oft „angesprungen" werden kann, muß immer die Rechendaten übernehmen und nach erfolgter Verarbeitung diese Daten wieder an die dafür vorgesehene Stelle ablegen. Hierfür gibt es verschiedene Möglichkeiten:

1. Bei wenigen Parametern sind diese in die Register des Notizblockspeichers zu übergeben.
2. Sind viele Parameter vorhanden, so werden entsprechende Plätze im Arbeitsspeicher reserviert. Das Hauptprogramm legt die Parameter dort ab und das Unterprogramm greift auf die abgelegten Werte zurück.
3. Günstig ist es, wenn die Parameter in vereinbarter Reihenfolge im Arbeitsspeicher stehen. Es genügt dann die Angabe der Anfangsadresse des Speicherbereichs.
4. Der Stapelspeicher kann auch Parameter für die Unterprogramme aufnehmen und weiterreichen (PUSH-POP-Befehle).
5. Bei Rechenanlagen wird häufig ein Speicherbereich in den Speicherplätzen nach dem Unterprogrammaufruf eingerichtet, in den die Parameter abgelegt werden können. Diese Methode läßt sich jedoch nicht realisieren, wenn die Programmdaten in einem ROM abgespeichert sind. Hierfür sind nur Schreib-/Lese-Speicher (z.B. RAM) geeignet.

Beispiel für den Aufruf des Unterprogramms „Subtrahiere" In diesem Beispiel soll von einem Hauptprogramm (Startadresse = 0400) ein Unterprogramm (Startadresse = 0500) aufgerufen werden. Die Programme führen die Subtraktion 08 — 03 = 05 aus.

	Adresse	Operation	Mnemonisch	Sedezimal
Haupt- programm	0 4 0 0	ACC ← 08 Lade direkt 08	LI 08	20
	0 4 0 1			08
	0 4 0 2	(RO) ← ACC Lade Reg. 0	LR, O, A	50
	0 4 0 3	ACC ← 03 Lade direkt 03	LI 03	20
	0 4 0 4			03
	0 4 0 5	(R1) ← ACC Lade Reg. 1	LR 1, A	51
	0 4 0 6	PCS ← PC; PC ← 0500	JS 0500	28
	0 4 0 7	Unterprogrammsprung		05
	0 4 0 8	nach Adresse 0500		00
	0 4 0 9	(R2) ← ACC	LR 2, A	52
Unter- programm „Subtrahiere"	0 5 0 0	ACC ← (R1)	LR A, 1	41
	0 5 0 1	ACC ← ACC ↔ FF	COM	18
	0 5 0 2	ACC ← ACC + 1	INC	1F
	0 5 0 3	ACC ← ACC + (R0)	AS	C0
	0 5 0 4	PC ← PCS	POP	1C

Im Hauptprogramm werden die Operanden 08 und 03 in die Notizblockspeicherregister R0 und R1 abgelegt, danach wird das Unterprogramm aufgerufen.

Der R1-Inhalt wird nun in das Akkumulator-Register gebracht, dort 2-komplementiert (COM, INC) und zum R0-Inhalt addiert. Mit einen POP-Befehl wird die im Stack-Register abgespeicherte Rücksprungadresse in den Programmzähler geladen. Da der Unterprogrammsprungbefehl aus 3 Byte besteht (Speicheradresse 0406 bis 0408), ist die im Stapelregister stehende Rücksprungadresse 0409.

10.7.1.5 Ein/Ausgabe-Programmierung (E/A Befehle) Die Ein-Ausgabe-Programmierung befaßt sich mit Programmschritten, die einen Datentransfer zwischen dem Mikroprozessorsystem und seiner Peripherie organisieren.

Befehle für Ein/Ausgabe

Operation	Mnemo- nischer Code	Operand	Funktion	Zahl der Zyklen	Zahl der Bytes	Sedezima- ler Masch.- Code
Eingabe	IN	P	ACC ← P(E/A)	4	1	AP
Ausgabe	OUT	P	P(E/A) ← ACC	4	1	BP
Eingabe in IAR$_H$	LR	A, C	IAR$_H$ ← ACC	4	1	BC
Eingabe in IAR$_L$	LR	A, D	IAR$_L$ ← ACC	4	1	BD

P 4-Bit-E/A-Registeradresse

P(E/A) . . . . . . von P adressiertes E/A-Register

IAR$_H$ . . . . MSB-Byte des Interruptadressregisters

IAR$_L$ . . . . LSB-Byte des Interruptadressregisters

Es gibt zwei verschiedene Arten der E/A-Programmierung:

1. die programmierte E/A
2. die E/A durch Interrupt.

Für die Ein-Ausgabe sind bei jedem Mikroprozessorsystem besondere E/A-Register vorgesehen (I/0-Ports), mit denen der Inhalt des Akkumulatorregisters direkt über den Datenbus zu diesen Registern übertragen werden kann. Die E/A-Übertragung wird demnach auf die gleiche Art durchgeführt, wie der Datentransfer zwischen den internen Registern. Die beiden E/A-Programmierungen sind Verfahren, welche zur Abstimmung der Datenübergabe mit externen Datenträgern dienen.

Die programmierte E/A besteht aus einem Programm zur Auslösung einer E/A-Übertragung für jeweils ein Datenwort. Die programmierte E/A ist demnach eine schrittweise Wort für Wort-Übertragung. Über ein weiteres E/A-Register sendet und empfängt der Mikroprozessor Statussignale, welche die Bedingungen anzeigen, mit denen der Mikroprozessor angibt, daß er:

1. zur Übergabe eines Wortes (Senden) oder
2. zur Übernahme eines Wortes (Empfangen)

bereit ist. Diese zusätzlichen Steuerleitungen werden auch als „sense lines" bezeichnet.

Programmierte Eingabe von einem externen Gerät Neben dem Datenübernahme-Register in Bild 10.28 ist ein zweites E/A-Register zur Abfrage des Übergabestatus vorgesehen (z.B. „Daten stehen zur Übergabe bereit"). Vor jeder Datenübernahme wird zuerst der Übergabestatus abgefragt (Bild 10.28).

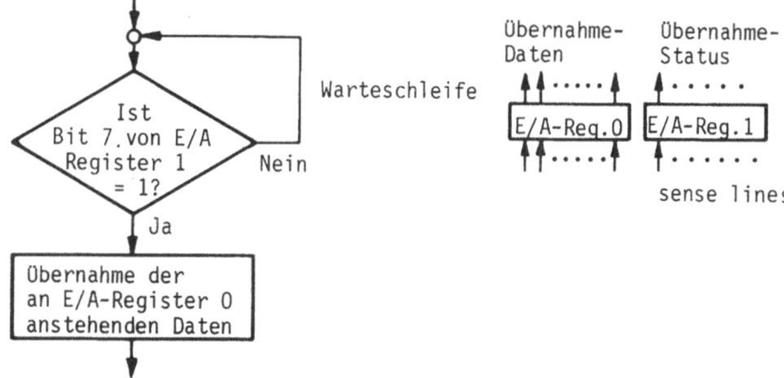

Bild 10.28
Programmlaufplan einer
programmierten Eingabe

Dieses Programmstück kann, falls als Unterprogramm definiert, als eine Ausgabeoperation in ein Programm eingefügt werden.

	Adresse	Operation	Mnemonische Befehle	Sedezimaler Masch.-Code
Unter-	0 4 0 0	ACC ← Null	CLR	70
programm	0 4 0 1	E/A-Tor 1 ← ACC	OUT 1	B1
„Eingabe"	0 4 0 2	ACC ← E/A-Tor 1	IN 1	A1
	0 4 0 3	PC ← (PC + 1) − 2, wenn Z = 1	BZ FE	81
	0 4 0 4			FE*
	0 4 0 5	ACC ← E/A-Tor 0	IN 0	A0
	0 4 0 6	(DC) ← ACC	ST	17
	0 4 0 7	PC ← PCS	POP	1C

* neg. 2k Zahl

Zuerst wird das E/A-Register 1 für den Empfang des Übernahmestatus durch das Löschen (CLR) des Registers vorbereitet. Die Warteschleife fragt Bit 7 von E/A-Register 1 solange ab, bis dort eine „Eins" eingegeben wird. Nun kann die am E/A-Register 0 anstehende Information in die Speicherzelle, die gerade vom Datenzähler adressiert wird, übernommen werden. Die Abstimmung durch die Abfrage des Übernahmestatus ist notwendig, da angenommen werden kann, daß das externe Gerät und das Mikroprozessorsystem mit unterschiedlichen Datenübertragungsgeschwindigkeiten arbeiten.

Die programmierte Ein/Ausgabe hat den Nachteil, daß der Mikroprozessor immer ungenutzt auf den Empfang des Übergabestatussignals warten muß.

Daher ist dieser E/A-Modus nur in Fällen brauchbar in denen:

1. keine großen Wartezeiten entstehen.
2. während der Wartezeit der Mikroprozessor nicht für andere Aufgaben genutzt wird.

Die Ein/Ausgabe durch Interrupt Diese Form der Ein/Ausgabe stellt bei der Übernahme von Daten aus dem E/A-Register Operationen bereit, die nötig sind, um den Mikroprozessor nicht ungenutzt warten zu lassen.

Eine sog. Interruptanfrage-Leitung gestattet durch ein von außen kommendes Interrupt-Signal:

1. das Unterbrechen des laufenden Programms und
2. das Laden des Programmzählers mit einer vorher festgelegten Adresse.

Diese Adresse hat die gleiche Funktion wie eine Unterprogramm-Startadresse, d.h. das unterbrochene Programm wird an dieser Stelle fortgesetzt. Mit dem Interrupt-Signal wird es möglich, immer nur dann das Übernahme-Unterprogramm aufzurufen, wenn Daten von einem externen Gerät bereitstehen.

Soll sich das externe Interruptsignal durchsetzen, muß vorher durch das laufende Programm das Interrupt Enable-Bit-**FF** gesetzt werden.

Zusammen mit dem Interruptsignal wird das laufende Programm gestoppt, die vorher durch einen Maschinenbefehl festgelegte Interruptadresse in den Programmzähler geladen und das IE-Bit zurückgesetzt. Das Programm in Bild 10.29 kann nun an der Stelle 0922 fortgesetzt werden.

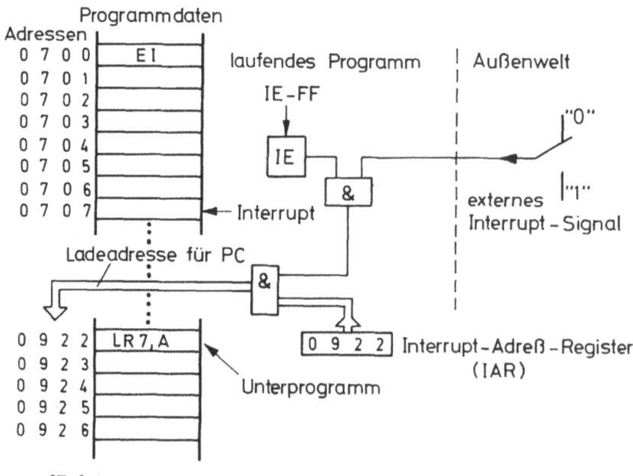

Bild 10.29
Auslösung eines Unterprogrammsprungs durch einen Interrupt

Die gegenwärtige Programmadresse des unterbrochenen Programms wird in das Stack-Register geladen (PUSH).

Beispiel für einen Interrupt-Unterprogramm-Sprung In diesem Beispiel soll eine Programmfolge die Phase des Interrupts durch ein externes Signal zeigen. Die Interrupt Adresse ist auf 0922 festgelegt.

	Adresse	Operation	Mnemonischer Code	Sedezimal
laufendes Programm	0 7 0 0	Setzen des IE-FFs	EI	1B
	0 7 0 1	ACC ← $\lceil$09$\rceil$	LI 09	20
Erzeugung	0 7 0 2			09
der	0 7 0 3	Einschreiben in das IAR_H	LR A, C	BC
Interrupt-	0 7 0 4	ACC ← $\lfloor$22$\rfloor$	LI 22	20
adresse	0 7 0 5			22
	0 7 0 6	Einschreiben in das IAR_L	LR A, D	BD

Sprung, falls externes Interruptsignal = 1

	Adresse	Operation	Mnemonischer Code	Sedezimal
	0 9 2 2	(RZ) ← ACC	LR 7, A	57
Retten der Daten des laufenden Programms	0 9 2 4	Speichere Statusreg. (R9) ← W	LR, J, W	1E

Unterprogramm

Herstellung des	0 9 5 1	ACC ← (R7)	LR, A, 7	47
Ausgangs- zustandes	0 9 5 2	Lade Statusreg. W ← (R9)	LR, W, J	1D
	0 9 5 3	Rücksprung	POP	1C

10.8 Zusammenfassung

In diesem Kapitel wurde ein minimales System, bestehend aus Mikroprozessor, Speicherinterface und Arbeitsspeicher entwickelt, das als Grundlage für den Einsatz als Steuerwerk dienen kann. Wir haben gesehen, wie die Hardwarestruktur eines Mikroprozessors die Leistungsfähigkeit des Befehlssatzes bestimmt. Die zur Zeit angebotenen Mikroprozessoren variieren, bedingt durch unterschiedliche innere Hardwarestrukturen als auch durch den Aufbau des gesamten Mikroprozessorsystems.

Jedes Minimalsystem kann mit Zusatzelementen ausgebaut werden. Diese Elemente werden an den externen Datenbus, den Steuerbus, oder je nach der Funktion, auch an den Adreßbus angeschlossen.

Die wichtigsten Zusatzelemente sind:

- Ein/Ausgabe-Bausteine (I/0-Ports)
- Bausteine für direkten Speicherzugriff
  (DMA **Direct Memory Access**)
- ROM-Bausteine mit festen Systemprogrammen
- Anpassungsschaltungen (Interface) für Fernschreiber, Floppy Disk, Displays, Lochstreifenstanzer, A/D und D/A Umsetzer, usw.

Die Festwertspeicher mit Systemprogrammen und die Fernschreiberanpassungsschaltungen sind eine große Unterstützung bei der Programmerstellung.

Eine weitere Programmierungshilfe ist der Assembler. Der Assembler ist ein Hilfsprogramm zur schrittweisen Umsetzung des mnemonischen Programmcodes in die binäre Form des Maschinencodes. Läuft der Assembler selbst auf einem Mikroprozessorsystem, so bezeichnet man ihn als resident. Wird er dagegen von einer Rechenanlage ausgeführt, spricht man von einem Cross-Assembler.

Die hohe Flexibilität beim Programmentwurf und die sich daraus ergebende Anwendungsvielfalt ist aus der Zusammenarbeit eines Steuerwerkes und eines Operationswerkes erklärbar. Das Operationswerk (RALU) des Mikroprozessors besteht aus einer Anzahl fest vorgegebener Hardwarefunktionen, die jedoch mit Hilfe des Mikroprozessorsteuerwerks variiert und kombiniert werden können. Diese Eigenschaft läßt bei dem Entwurf von Logikschaltungen für die Lösung eines gegebenen Problems einen großen Freiheitsgrad an Realisierungsmöglichkeiten zu.

Für die Herstellung der Mikroprozessoren kommen sowohl bipolare- als auch MOS-Technologien in Frage. Schnelle Mikroprozessoren werden in Schottky-TTL, I^2L- und ECL-Technologien angeboten. Der überwiegende Teil der heute erhältlichen Mikroprozessoren wird jedoch hauptsächlich in PMOS, NMOS oder neuerdings auch in CMOS angeboten.

11 Analog/Digital- und Digital/Analog-Umsetzung

11.1 Einleitung

In den vorangegangenen Kapiteln haben wir Konzepte und Bausteine zur Realisierung digitaler
Steuerwerke, Operationswerke und Prozessoren kennengelernt. In vielen Fällen dienen diese
Schaltwerke zur Verarbeitung von Meßwerten. Nun sind die in der Natur auftretenden physikalischen Größen (z.B. Druck, Spannung, Temperatur) in der Regel analoge Signale, die nicht direkt
von digital arbeitenden Systemen übernommen werden können. Die analogen Signale müssen daher
entweder zur Verarbeitung digitalisiert werden oder in umgekehrter Richtung wieder in analoge
Signale umgesetzt werden. Die digitale Darstellung analoger Meßwerte sowie ihre digitale Verarbeitung bieten in vielen Anwendungen eine Reihe wesentlicher Vorteile.

Digitale Meßwerte lassen sich:

— über lange Zeit ohne Informationsverlust speichern,
— direkt von digitalen Steuerwerken oder Prozessoren verarbeiten,
— störungsfrei übertragen,
— leicht von Digitalanzeigen ablesen.

Zur Digitalisierung der analogen physikalischen Größen (Bild 11.1) ist in den meisten Fällen zunächst eine Meßwertumformung erforderlich, die eine dem Meßwert äquivalente elektrische
Amplitude erzeugt. In einem zweiten Schritt erfolgt die eigentliche Umsetzung des Analogsignals
durch einen Analog/Digital-Umsetzer (A/D-Umsetzer).

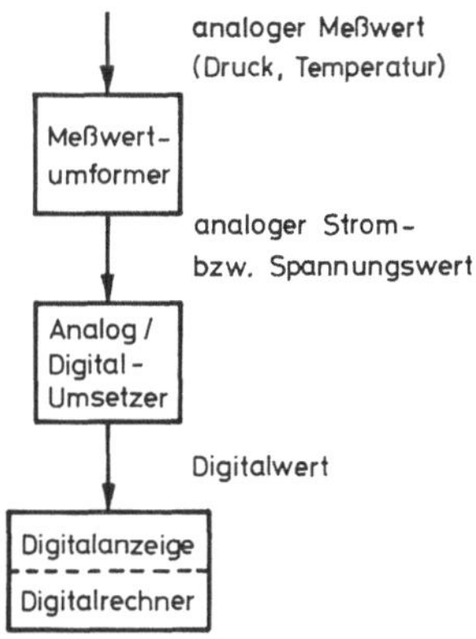

Bild 11.1
Funktionseinheiten zur Datenerfassung für ein
analoges Meßsystem mit digitaler Verarbeitung

Die Meßwertumformer werden speziell nach ihren Anwendungen konzipiert. Allgemeinere Konzepte liegen jedoch den Analog/Digital- und Digital/Analog-Umsetzern zugrunde, die auch als
eigentliche Schnittstelle zu einem digitalen System (z.B. Mikroprozessor) bei der digitalen Verarbeitung analoger Signale angesehen werden können. In einem rein elektrischen System, bei dem
der analoge Meßwert bereits in Form einer Spannung oder eines Stromes vorliegt, entfällt der Meßwertumformer ganz. Wir wollen uns daher in diesem Kapitel nur mit den Analog/Digital- und den
Digital/Analog-Umsetzern befassen.

Die umgekehrte Richtung vom Digital-Prozessor zur analogen Peripherie zeigt Bild 11.2.

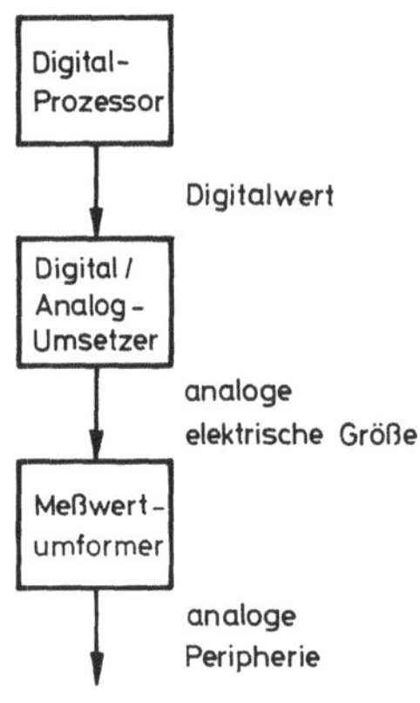

Bild 11.2 Funktionseinheiten zur Steuerung analoger Peripherie durch einen Digital-Prozessor

Hierbei wird ein Digital/Analog-Umsetzer (D/A Umsetzer) erforderlich.

Den Vorteilen der digitalen Verarbeitung analoger Signale stehen jedoch auch Nachteile gegenüber. So verursachen Meßwertumformung, A/D- und D/A-Umsetzung Abtast- und Quantisierungsfehler (s. Kap. 11.8.2). Außerdem ist ein Digital-Prozessor bei vielen Operationen langsamer als ein entsprechend analog arbeitendes System.

Die Vorteile der Digitalverarbeitung liegen in der beliebig hohen Rechengenauigkeit und der leichten Programmierbarkeit.

Demgegenüber sind der Auflösung analoger Systeme durch Temperaturschwankungen, Toleranzen der Bauteile und Rauschen Grenzen gesetzt.

Die Umsetzer verarbeiten sowohl analoge als auch digitale Signale und werden deshalb gemäß ihrer Funktion als hybride Schaltkreise bezeichnet. Außerdem bilden die Umsetzer die Schnittstelle zwischen Digitalsystemen und analoger Peripherie. Die Schnittstellenbedingungen werden im wesentlichen von der Güte der Umsetzer geprägt.

11.2 Umsetzer-Codes

Zur Darstellung digitalisierter Analogwerte werden in der Meßdatenverarbeitung hauptsächlich Binärcodes verwendet. Die Auswahl der Codes für die A/D- und D/A-Umsetzung richtet sich im wesentlichen nach folgenden Gesichtspunkten:

— Technische Realisierbarkeit
— Verarbeitungseignung
— Übertragungseignung
— Darstellung negativer Zahlen

Aufgrund der angeführten Anforderungen haben sich in der Umsetzertechnik nur wenige der sonst gebräuchlichen Binärcodes durchgesetzt.

Die beiden häufigsten Codes sind der 8-4-2-1-BCD-Code und der Dualcode.

Die Darstellung einer Dezimalzahl im Dualcode und BCD-Code ist für zwei Beispiele angegeben:

Dezimalzahl	Dualcode	BCD-Code
15	1111	0001.0101
123	1111011	0001.0010.0011

Die Umsetzung muß neben der Amplitude von Spannungen bzw. Strömen auch deren Vorzeichen berücksichtigen. Zur Darstellung des Vorzeichens werden positive und negative Zahlen der einzelnen Codes verwendet.

11.2.1 Vorzeichenzahl

Die einfachste Form der Darstellung positiver und negativer Zahlen ist die Vorzeichenzahl. Der Betragsdarstellung wird ein Vorzeichenbit vorangestellt, wobei Plus durch „0" und Minus durch „1" gekennzeichnet ist.

$$D = d_v d_n \ldots \ldots d_0 \quad \text{duale Zahl}$$
$$d_v \ldots \ldots \text{Vorzeichenbit}$$

Die Unterscheidung der positiven und negativen Zahlen durch ein Vorzeichenbit ist auf beliebige Codes anwendbar.

11.2.2 Offset-Binary-Code

Im Offset-Binary-Code entspricht die Bit-Folge $11 \ldots \ldots 1$ dem positiven und $00 \ldots \ldots 0$ dem negativen Endwert auf der Analogseite oder umgekehrt. Soll der Betrag beider analoger Endwerte gleich groß sein, kann der digitale Nullpunkt nicht eindeutig bestimmt werden. Er liegt zwischen den Bit-Folgen $01 \ldots \ldots 1$ und $10 \ldots \ldots 0$. Als Ausweg wird der analoge Nullpunkt durch $10 \ldots \ldots 0$ definiert und die analogen Endwerte um 1 Bit der niedrigsten Stelle unsymmetrisch gemacht.

Die Offset-Binary-Zahl wird durch eine $(n + 1)$-stellige Dualzahl $B(n + 1)$ dargestellt:

$$B(n + 1) = d_n \, d_{n-1} \ldots \ldots d_0$$

Die Umrechnung einer n-stelligen Dualzahl D in eine Offset-Binary-Zahl $B(n + 1)$ erfolgt nach der Beziehung:

$$B(n + 1) = 2^n \pm D \quad \text{mit} \quad D = d_{n-1} \, d_{n-2} \ldots \ldots d_0$$

Für die Rückrechnung gilt:

$$D = \pm B(n + 1) \mp 2^n$$

11.2.3 Zwei-Komplement-Zahl

Die Zwei-Komplement-Zahl wird durch die Dualzahl

$$K(n + 1) = d_n \, d_{n-1} \ldots \ldots d_0$$

dargestellt.

Für die Umrechnung einer Dualzahl $D(n)$ gelten im Definitionsbereich $-2^n \leqslant K < 2^n - 1$ die Beziehungen:

$$K(n + 1) = d_n \, D(n) \qquad \text{für positive Zahlen mit } d_n = 0$$
$$K(n + 1) = 2^{n+1} - D(n) \qquad \text{für negative Zahlen.}$$

Die Rückwandlung errechnet sich aus:

$$D(n) = K(n + 1) \qquad \text{für } d_n = 0$$
$$D(n) = 2^{n+1} - K(n + 1) \qquad \text{für } d_n = 1 \, .$$

Der Definitionsbereich ist für negative Zahlen um Eins größer, als der Bereich für positive Zahlen, weil der Wert -2^n noch dargestellt werden kann ($-2^n \leqslant K < 2^n - 1$).

Die verschiedenen Zahlendarstellungen sind in der Tafel 11.1 für $n = 2$ gegenübergestellt.

Tafel 11.1 Verschiedene Zahlendarstellungen für $n = 2$

Dezimalzahl	Vorzeichenzahl	Binary-Offsetzahl	2 K-Zahl
3	0.11	111	011
2	0.10	110	010
1	0.01	101	001
+ 0	0.00	100	000
− 0	1.00	−	−
− 1	1.01	011	111
− 2	1.10	010	110
− 3	1.11	001	101
− 4	−	000	100

11.3 Auflösung und Umsetzgeschwindigkeit

Bevor wir die Verfahren der D/A- und A/D-Umsetzung besprechen, wollen wir die prinzipiellen Zusammenhänge zwischen der Auflösung eines Umsetzers und der Umsetzgeschwindigkeit erläutern. Die Genauigkeit mit der ein Umsetzer das Analogsignal darstellen bzw. bewerten kann, hängt von der Länge des Digitalwortes ab, das ihm aufgrund seiner Konstruktion zur Verfügung steht. Die Anzahl der Stellen des Digitalwortes bestimmt, in wieviel Stufen der maximale Analogwert unterteilt werden kann.

Die Stelle oder auch Wertungsstufe eines Umsetzers wird als „Bit" bezeichnet. Bei einem n-Bit-Umsetzer enthält das Digitalwort n Stellen. Für den binären Dualcode errechnet sich die Zahl der Stufungen Z aus:

$$Z = 2^n \qquad n \ldots \ldots \text{Zahl der Bits.}$$

Mit Z kann der Analogwert bestimmt werden, der einer Stufe, bezogen auf eine analoge Referenzgröße U_{REF}, zugeordnet wird. Der Anteil einer Stufe entspricht auch gleichzeitig der Gewichtung des niedrigsten Bits das auch als „least significant bit (LSB)" bezeichnet wird. Für den Dualcode gilt:

$$LSB = \frac{U_{REF}}{2^n}$$

Das höchstwertigste Bit (MSB... most significant bit) stellt die erste Stelle des Digitalwortes dar, wobei ein eventuell vorhandenes Vorzeichenbit ausgenommen ist. Das MSB repräsentiert im Dualcode die Hälfte des zur Verfügung stehenden Analogwertes.

Die Umsetzer werden neben anderen später beschriebenen Kriterien in erster Linie nach der Zahl ihrer Unterscheidungsstufen bewertet. Den Zusammenhang zwischen Digitalwortlänge und Auflösung des LSB zeigt die Tafel 11.2.

Tafel 11.2 Auflösung bei verschiedenen Digitalwortlängen

Stellenzahl des Digitalwortes	Zahl der Stufen	Anteil des LSB in o/oo
6	64	16
8	256	4
10	1024	1
12	4096	0,24
14	16384	0,06
16	65536	0,015

In der Praxis werden die meisten Umsetzer mit einer Wortlänge zwischen 8 und 12 Bit eingesetzt. Während unter 8 Bit bei vielen Anwendungen die Zahl der Stufen nicht ausreicht, steigen für Umsetzer über 12 Bit die Kosten beträchtlich.

Unabhängig vom eigentlichen Umsetzverfahren stehen Digitalwortlänge (Zahl der Stufen) und Umsetzgeschwindigkeit zueinander in Relation, denn der darzustellende bzw. umzusetzende Analogwert muß bis auf den Anteil eines LSB genau eingeschwungen sein.

Der Einschwingvorgang wird durch Schalterkapazitäten und -widerstände (Transistoren) sowie durch Wichtungselemente (Widerstände oder Kapazitäten) hervorgerufen. Jeder Umsetzvorgang verursacht Auf- und Entladungen von Kapazitäten, die durch eine einfache Ersatzschaltung beschrieben werden können (Bild 11.3).

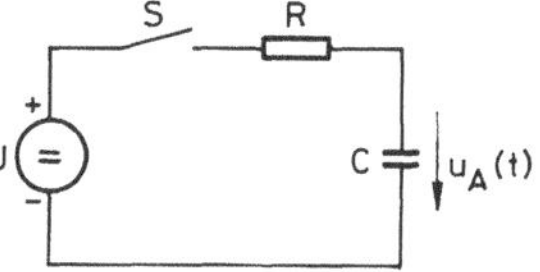

Bild 11.3
Vereinfachter Schaltkreis zur Berechnung des Einschwing-
vorganges

Für die Aufladung der Kapazität gilt:

$$u_A(t) = U\,(1 - e^{-\frac{t}{RC}})$$

Ein Umsetzer muß zur Einhaltung seiner vollen Auflösung bis zu 1 LSB genau auf seinen darzustellenden bzw. zu verarbeitenden Analogwert eingeschwungen sein. Diese Forderung gilt sowohl für D/A-Umsetzer bei der Darstellung ihres analogen Ausgangswertes als auch für interne Einschwingvorgänge bei A/D-Umsetzern während der Verarbeitung des Analogwertes.

In der Tafel 11.3 sind die Einschwingdauern eines RC-Gliedes bezogen auf die Auflösung eines Umsetzers als Vielfaches der Zeitkonstanten angegeben.

Tafel 11.3 Zusammenhang zwischen Auflösung und Einschwingdauer

Auflösung	Einschwingdauer
6 Bit	4,16 RC
8 Bit	5,55 RC
10 Bit	6,93 RC
12 Bit	8,32 RC
14 Bit	9,70 RC
16 Bit	11,09 RC

11.4 Theorie zur Digital/Analog- und Analog/Digital-Umsetzung

11.4.1 Digital/Analog-Umsetzung

Die Digital/Analog-Umsetzung läßt sich als die Multiplikation einer digitalen Zahl D mit einem Spannungs- oder Stromnormal darstellen (Bild 11.4).

Wir wollen uns im Folgenden nur auf Spannungsnormalien beziehen, was im Prinzip keine Einschränkung darstellt und nur aus Gründen der Übersichtlichkeit geschieht.

Das Normal errechnet sich aus der Division einer Referenzquelle U_{REF} durch die maximale Zahl der Umsetzstufen, die der Umsetzer darstellen kann.

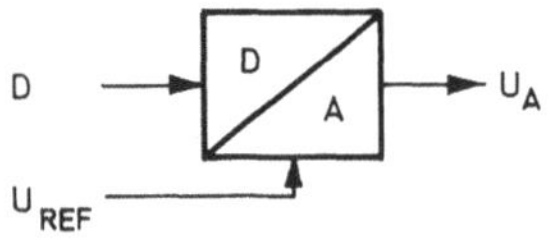

Der Wert des Normals entspricht dem LSB:

$$LSB = \frac{U_{REF}}{2^n} \quad n \ldots\ldots \text{Stellenzahl des Digitalwertes D}$$

Der Wert der Ausgangsspannung folgt aus der Beziehung:

$$U_A = D \cdot \frac{U_{REF}}{2^n}$$

Bild 11.4 Das Schaltungssymbol eines Digital/Analog-Umsetzers

wobei: D . . . . . digitale Eingangsgröße

U_{REF} . . analoge Referenzspannung

U_A . . . . analoge Ausgangsspannung

Eine Dualzahl innerhalb des Wertebereichs $0 \leqslant D < 2^n$ wird beschrieben durch:

$$D = d_{n-1}\, 2^{n-1} + \ldots d_1 2^1 + d_0 2^0$$

mit d_i . . . . . Koeffizienten der Stellen.

Wird nun D durch 2^n dividiert, dann gilt unter Berücksichtigung der Darstellung einer Dualzahl innerhalb des Bereichs $0 < D < 1$ für die Ausgangsspannung:

$$U_A = d_1\, 2^{-1}\, U_{REF} + d_2\, 2^{-2}\, U_{REF} + \ldots + d_n 2^{-n} U_{REF}$$

Der Wertebereich der Ausgangsspannung liegt zwischen:

$$0 \leqslant U_A < U_{REF}$$

Nach der Addition sämtlicher Terme im Falle $D = D_{max}$ fehlt ein LSB. Dieser Umstand ist bedingt durch die fortlaufende Halbierung der Stufen.

Die Ausgangsspannung U_A kann daher nur maximal den Wert

$$U_{A_{max}} = U_{REF} - LSB$$

annehmen.

11.4.2 Analog/Digital-Umsetzung

Ein Analog/Digital-Umsetzer vergleicht die unbekannte analoge Eingangsspannung U_X mit einer analogen Normalgröße und bildet aus diesen Werten den Quotienten. Dieser Vorgang entspricht einer Division. Das Ergebnis wird in der digitalen Darstellung D ausgegeben (Bild 11.5). Die analoge Normalgröße wird wie bei der D/A-Umsetzung aus der Division der Referenzquelle U_{REF} durch die Anzahl der Umsetzerstufen berechnet:

$$LSB = \frac{U_{REF}}{2^n} \qquad n \dots \text{Stellenzahl des Digitalwertes D}$$

Der Digitalwert D wird gebildet aus:

$$D = \frac{U_X}{U_{REF}} \cdot 2^n$$

wobei: D . . . . . digitale Ausgangsgröße
       U_{REF} . . analoge Referenzspannung
       U_X . . . . analoge umzusetzende Eingangsspannung

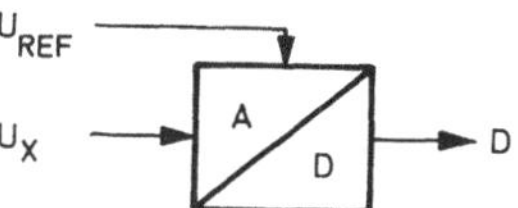

Bild 11.5 Das Schaltungssymbol eines Analog/Digital-Umsetzers

Das Vergleichsnormal $U_{REF}/2^n$ (. . . LSB) wird durch die endliche Zahl der Umsetzerstufen nicht beliebige kleine Werte annehmen können. Andererseits ist mit dem Digitalwert nur die Darstellung ganzer Zahlen möglich, so daß bei der Division der unbekannten Größe durch das Vergleichsnormal ein Rest entstehen kann. Dieser Rest, der durch das Digitalwort nicht mehr dargestellt werden kann, wird als Quantisierungsfehler ϵ_Q bezeichnet:

$$\epsilon_Q = U_X - D \cdot \frac{U_{REF}}{2^n}$$

Die Größe des Quantisierungsfehlers liegt in den Grenzen:

$$-\frac{1}{2} LSB \leqslant \epsilon_Q \leqslant +\frac{1}{2} LSB$$

11.5 Parameter der Analog/Digital- und Digital/Analog-Umsetzer

Die Parameter charakterisieren die Eigenschaften der Umsetzer. Nach ihren Kriterien wird hauptsächlich die Wahl des Umsetzverfahrens für einen speziellen Anwendungsfall bestimmt. Die meisten Parameter gelten für A/D- und D/A-Umsetzer gemeinsam und werden deshalb nicht gesondert beschrieben.

11.5.1 Auflösung (resolution)

Die maximale Auflösung der Umsetzer wird durch den kleinsten analogen Wert bestimmt, den das niedrigste Bit (LSB) bei einem A/D-Umsetzer unterscheiden bzw. bei einem D/A-Umsetzer darstellen kann.

Der Analogwert des LSB errechnet sich aus der Division der Referenzspannung U_{REF} durch den maximalen digitalen Wertebereich.

Die Wertigkeit des niedrigsten Bit beträgt

$$1\ LSB = \frac{U_{REF}}{2^n} \quad \text{bei } 2^n \text{ Stufen.}$$

Die Wertigkeit des höchstwertigsten Bit ist

$$1\ MSB = \frac{U_{REF}}{2} \quad .$$

In den Fällen, in denen der Umsetzer für beide Vorzeichen konzipiert ist, wird als Referenzgröße meistens der doppelte Betrag der Referenzspannung eingesetzt.

11.5.2 Genauigkeit (accuracy)

Die Genauigkeit gibt bei einem D/A-Umsetzer die maximale Abweichung der Ausgangsspannung von einer Geraden an, die den Nullpunkt und den analogen Maximalwert verbindet.

In der Genauigkeit sind alle möglichen Fehler enthalten.

Bei der A/D-Umsetzung wird die Genauigkeit als die Differenz definiert, die zwischen der anliegenden Eingangsspannung und dem entsprechenden Äquivalent des auf die Referenzspannung bezogenen Ausgangs-Digitalwertes besteht.

11.5.3 Nichtlinearität (nonlinearity)

Die Nichtlinearität ist die maximale Abweichung von einer idealen Übertragungskennlinie eines A/D- oder D/A-Umsetzers. Der Linearitätsfehler schließt keinen Steilheits-(Verstärkungs-) oder Nullpunktfehler ein (Bild 11.6). Die Nichtlinearität wird in Bruchteilen des LSB angegeben.

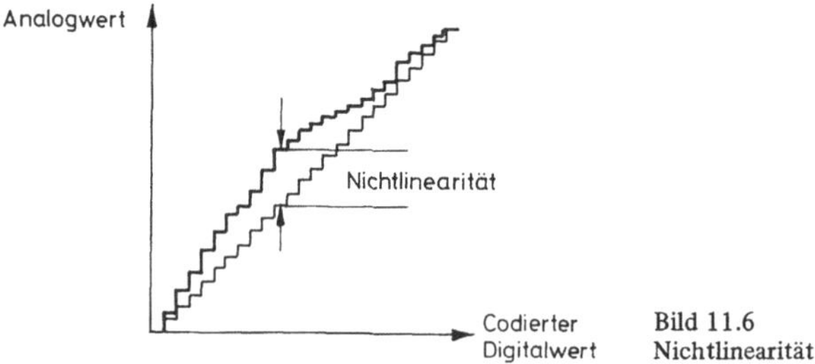

Bild 11.6
Nichtlinearität

11.5.4 Differentielle Nichtlinearität (differential nonlinearity)

Der differentielle Linearitätsfehler ist definiert als relative Abweichung einer Treppenstufe (Bild 11.7).

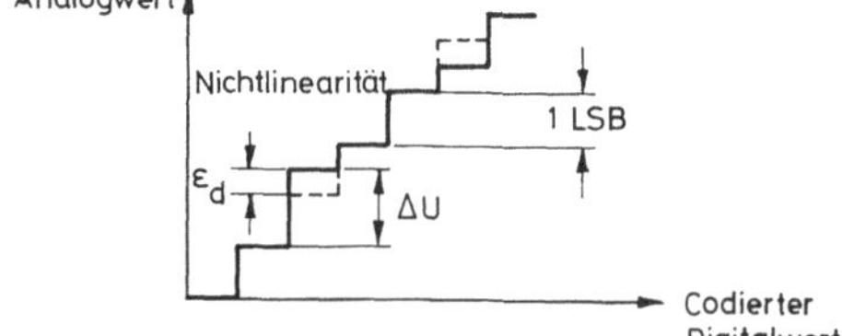

Bild 11.7 Differentielle Nichtlinearität

Gilt für die Höhe jeder Stufe:

$$LSB = \frac{U_{REF}}{2^n}$$

so errechnet sich der differentielle Linearitätsfehler ϵ_d mit dem tatsächlich gemessenen Wert ΔU einer Stufe aus:

$$\epsilon_d = \Delta U - LSB$$

Eine Nullpunktverschiebung beeinflußt ϵ_d nicht, da jede Stufe für sich betrachtet wird.

Ein differentieller Linearitätsfehler ϵ_d, der größer als ein LSB ist, führt zu einem nichtmonotonen D/A-Umsetzer oder hat bei A/D-Umsetzern zur Folge, daß bestimmte Ausgangscodes nie auftreten (missing codes).

11.5.5 Nicht-Monotonizität (non-monotonicity)

Ein Umsetzer gilt als monoton, wenn er aufgrund einer steigenden Eingangsfunktion mit steigenden Ausgangswerten antwortet.

Monotonizität erfordert einen differentiellen Linearitätsfehler, der kleiner als ein LSB ist (Bild 11.8).

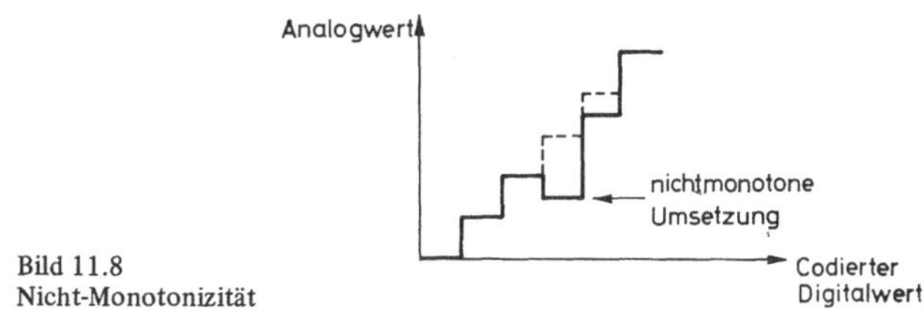

Bild 11.8
Nicht-Monotonizität

11.5.6 Nullpunktfehler (offset error)

Der Nullpunktfehler entsteht durch einen Kurvenverlauf, der nicht den analogen Nullpunkt schneidet.

11.5.7 Steilheitsfehler (gain error, scale factor error)

Ein Steilheitsfehler ergibt sich bei einer Abweichung der Treppenkurve von der Sollkurve (Bild 11.9).

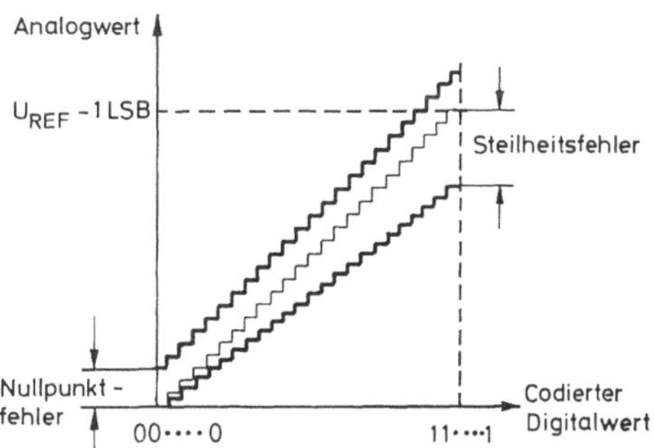

Bild 11.9
Nullpunkt- und Steilheitsfehler

11.5.8 Vorwärtskopplung (feedthrough)

Die Vorwärtskopplung tritt nur bei multiplizierenden D/A-Umsetzern auf. Der Digitalwert, der für den analogen Nullwert steht, muß am Ausgang des D/A-Umsetzers die Spannung $U_A = 0V$ erzeugen. Die angelegte variable Referenzspannung U_{REF} darf in diesem Fall nicht auf den Ausgang zurückgreifen, sondern muß stark gedämpft werden. Das Maß der Dämpfung wird in Dezibel (dB) oder in Bruchteilen des LSB angegeben.

$$\epsilon_v = 20\,\lg\,\frac{|\,U_A\,|}{|U_{REF}|}\ [dB]$$

11.5.9 Umsetzzeit (conversion time)

Die Umsetzzeit eines A/D-Umsetzers bestimmt den Zeitraum vom Anlegen eines Analogwertes bis zur Ausgabe des zugehörigen Digitalwertes. Je nach Umsetzverfahren ist die Umsetzzeit abhängig von der Amplitude der Eingangsspannung.

11.5.10 Umsetzgeschwindigkeit (conversion rate)

Die Umsetzgeschwindigkeit gibt die Zahl der Umsetzungen pro Sekunde an. Sie muß nicht reziprok zur Umsetzzeit sein, da je nach Umsetzverfahren zwischen den Umsetzvorgängen noch Zeiten für Steuerabläufe berücksichtigt werden müssen.

11.5.11 Verzögerungszeit t_d (delay time)

Die Verzögerungszeit definiert bei einem D/A-Umsetzer den Zeitraum zwischen der Änderung des digitalen Eingangssignals und dem Erreichen des 0,1-fachen Endwertes, bezogen auf den betreffenden Spannungssprung (Stromsprung).

11.5.12 Anstiegszeit t_r (rise time)

Die Anstiegszeit bezeichnet den Zeitraum, der vom 0,1-fachen analogen Endwert bis zum Erreichen des 0,9-fachen Endwertes benötigt wird.

11.5.13 Schaltzeit t_{sw} (switching time)

Die Schaltzeit ist die Summe aus der Verzögerungszeit und der Anstiegszeit:

$$t_{sw} = t_d + t_r$$

11.5.14 Einschwingzeit t_{set} (settling time)

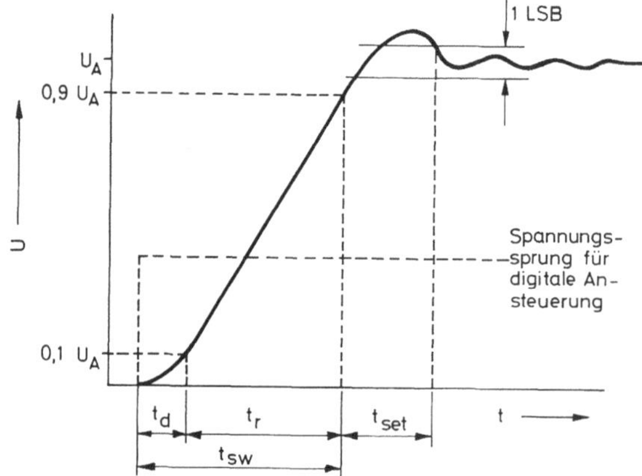

Bild 11.10 Einschwingzeiten

Die Einschwingzeit definiert die Zeitspanne zwischen dem 0,9-fachen Endwert der Ausgangsspannung (bei einem vollen Spannungssprung) und dem Zeitpunkt, ab dem die Spannungsschwankungen innerhalb eines vorgegebenen Fehlerbereichs liegen.

Der Fehlerbereich beträgt für D/A-Umsetzer gewöhnlich $\pm\frac{1}{2}$ LSB.

In Bild 11.10 sind die Verzögerungszeit t_d, die Anstiegszeit t_r, die Schaltzeit t_{sw} und die Einschwingzeit t_{set} am Ausgangssignal eines Umsetzers dargestellt.

11.6 Konzepte zur Digital/Analog-Umsetzung

Aufgrund der zahlreichen Anwendungsfälle und der damit verbundenen vielfältigen Anforderungen gegenüber den hybriden Bauelementen sind bisher sehr unterschiedliche Umsetzverfahren entwickelt worden, die alle durch spezifische Eigenschaften charakterisiert werden können.

Die Auswahl eines geeigneten Umsetzerprinzips wird sich im wesentlichen nach den Kriterien Umsetzgeschwindigkeit, Auflösung und Kosten richten. In vielen Fällen muß ein Kompromiß gefunden werden. Außerdem wird die Wahl des Umsetzerprinzips auch weitgehend von der technologischen Entwicklung der Fertigung abhängen. So kann durch die Möglichkeit der Herstellung hochgenauer Widerstände ein anderes Umsetzverfahren gewählt werden, als wenn diese technischen Voraussetzungen nicht gegeben sind.

11.6.1 Allgemeine Eigenschaften der Digital/Analog-Umsetzer

Neben den speziellen Parametern der unterschiedlichen Umsetzverfahren, wie z.B. Umsetzgeschwindigkeit und Aufwand, lassen sich aufgrund der Betriebsart auch allgemeine Eigenschaften bestimmen.

Die Referenzspannung kann variabel oder fest betrieben werden. Im Falle einer variablen U_{REF} besteht außerdem die Unterscheidung, die Referenzquelle unipolar oder bipolar anzusteuern.

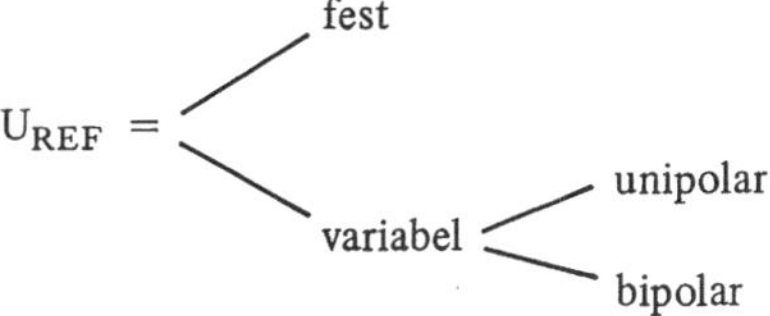

Läßt sich ein D/A-Umsetzer mit variabler Referenzspannung betreiben, dann spricht man von einem multiplizierenden D/A-Umsetzer.

Die Referenzspannung stellt in diesem Fall keine Konstante dar, sondern wird als variable analoge Funktion mit dem angelegten Digitalwert multipliziert. Neben der Referenzquelle kann auch das Digitalsignal unipolare oder bipolare Werte annehmen. Wie bereits im Zusammenhang mit den Umsetzer-Codes (Kap. 11.2) erwähnt, ermöglicht z.B. die Vorzeichenzahl oder der Offset-Binary-Code die Darstellung von positiven und negativen Zahlen.

Eine variable Referenzspannung und unterschiedliche Vorzeichen des Digitalwertes erlauben die Darstellung des Umsetzerbetriebes in allen vier Quadranten eines kartesischen Koordinatensystems.

Die möglichen Kombinationen sind:

Polarität U_{REF} Polarität D	unipolar	bipolar
unipolar	Ein-Quadranten- Multiplizierer	Zwei-Quadranten- Multiplizierer
bipolar	Zwei-Quadranten- Multiplizierer	Vier-Quadranten- Multiplizierer

Der Zusammenhang zwischen Digitalwert D, Referenzwert U_{REF} und Ausgangsspannung U_A läßt sich anhand eines Diagramms (Bild 11.11) verdeutlichen.

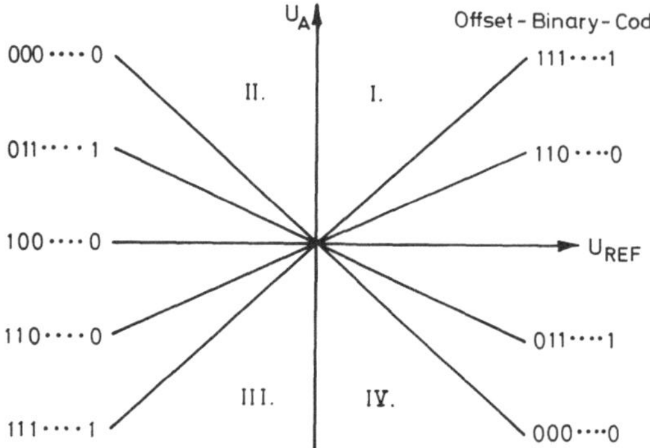

Bild 11.11
Aussteuerbereiche eines multiplizierenden Digital/Analog-Umsetzers (4 Quadranten Multiplizierer)

Die Ausgangsspannung U_A befindet sich bei unipolaren Digitalwerten mit bipolarer Referenzspannung U_{REF} innerhalb des I. und III. bzw. II. und IV. Quadranten (Zwei-Quadranten-Multiplizierer). rer).

Durch eine bipolare Digitalwertdarstellung erhält man bei unipolarer U_{REF} Ausgangsspannungen im I. und IV. bzw. II. und III. Quadranten (Zwei-Quadranten-Multiplizierer).

Die Kombination von bipolarer Referenzspannung und bipolarer Zahlendarstellung ergibt schließlich den IV-Quadranten-Multiplizierer. Die IV-Quadranten-Multiplikation stellt somit die flexibelste Betriebsart eines D/A-Umsetzers dar, sie muß jedoch durch zusätzlichen technologischen Aufwand erkauft werden.

Die Digital/Analog-Umsetzer werden nach ihrem prinzipiellen Aufbau in drei Klassen unterteilt:

— Parallele D/A-Umsetzer
— Serielle D/A-Umsetzer
— Indirekte D/A-Umsetzer

11.6.2 Parallele Digital/Analog-Umsetzung

Ein paralleler D/A-Umsetzer wird dadurch gekennzeichnet, daß er ein paralleles Digitalsignal direkt verarbeiten kann. Jede Stelle des Digitalsignals schaltet direkt oder nach Codierung eine gewichtete Spannungsquelle, deren Anteil unmittelbarer Bestandteil der Ausgangsspannung ist.

Das einfachste Verfahren der parallelen D/A-Umsetzung besteht darin, jede darzustellende Umsetzerstufe durch eine separate Spannungsquelle zu erzeugen. Ein n-Bit Umsetzer erfordert nach diesem Schaltungsprinzip 2^n Spannungsquellen, die jede für sich die volle Genauigkeit aufweisen müssen. Der Aufwand zeigt, daß dieses Verfahren nur für Umsetzer mit einer geringen Stufenzahl geeignet ist.

Aus diesem Grund sind Verfahren entwickelt worden, die mit nur einer Spannungsquelle als Referenznormal auskommen und deren Ausgangsspannung mittels Widerstandsnetzwerken erzeugt wird.

11.6.2.1 Digital/Analog-Umsetzer mit binär gewichteten Widerständen Ein häufig angewandtes Umsetzerprinzip stellt der D/A-Umsetzer mit einem Parallel-Spannungteiler aus binär gewichteten Widerständen dar (Bild 11.12).

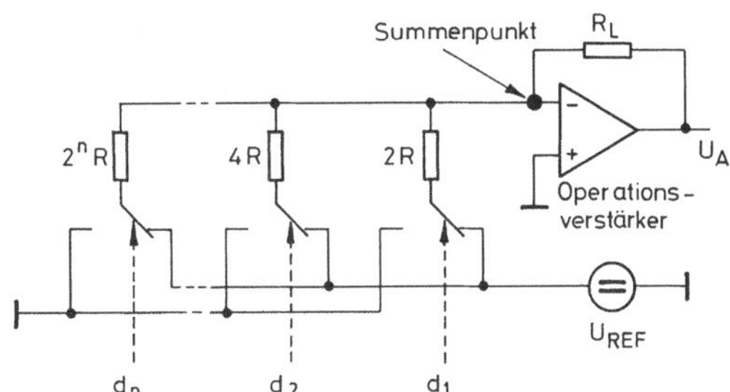

Bild 11.12
Struktur eines Digital/Analog-Umsetzers mit
binär gewichtetem Widerstandsnetzwerk

Die Umsetzergleichung lautet:

$$U_A = -\frac{U_{REF} \cdot R_L}{R}\left(\frac{1}{2}\,d_1 + \frac{1}{4}\,d_2 + \ldots + \frac{1}{2^n}\,d_n\right)$$

Die binär gewichteten Widerstände liegen durch Analogschalter schaltbar zwischen der Referenzquelle U_{REF} und einem gemeinsamen Summenpunkt, der auf den invertierenden Eingang eines Operationsverstärkers führt. Die Rückkopplung des Operationsverstärkers erzeugt am Summenpunkt eine virtuelle Masse, so daß sich die Ströme über die Widerstände nicht mehr gegenseitig beeinflussen können. Die Ausgangsspannung U_A steht in Relation zu der Summe der geschalteten Einzelströme. Bei einem realen Operationsverstärker mit einer endlichen Verstärkung würden die Belastungsänderungen durch den wechselnden Innenwiderstand des Netzwerkes die Ausgangsspannung beeinflussen. Dieser Einfluß wird vermieden, wenn die Widerstände von der Referenzquelle nach Masse umgeschaltet werden. Setzt man voraus, daß der Innenwiderstand der Referenzquelle sehr klein ist, stellt sich für jede Kombination der Schalterstellungen ein konstanter Belastungswiderstand am Summenpunkt ein. Die Linearität des Umsetzers hängt im wesentlichen von der genauen Stufung der Widerstände ab. Die Widerstandstoleranz der einzelnen Stufen darf nicht das Gewicht eines LSB überschreiten. Diese Forderung bestimmt die zulässige Toleranz für die i-te Stufe eines n-Bit-Umsetzers:

$$\frac{\Delta R}{R} \leqslant \frac{1}{2^{n-i}} \qquad \text{MSB} \ldots 1.\,\text{Stufe}$$

Nachteilig an diesem Umsetzkonzept ist neben der erforderlichen Stufungsgenauigkeit der Widerstände deren hohes Widerstandsverhältnis, daß zu großen unpraktischen Werten führt. Ein 10-Bit-Umsetzer erfordert bereits eine Stufung zwischen dem MSB- und dem LSB-Widerstand von 1 : 1024.

11.6.2.2 Digital/Analog-Umsetzer mit Kettenleiter Aufgrund der Nachteile des Widerstandsnetzwerkes mit gewichteten Widerständen hat sich in der Praxis weitgehend das R-2R-Netzwerk durchgesetzt (Bild 11.13).

Die Gewichtung der Ströme wird durch die unterschiedlich entfernte Einspeisung vom Summenpunkt aus bestimmt.

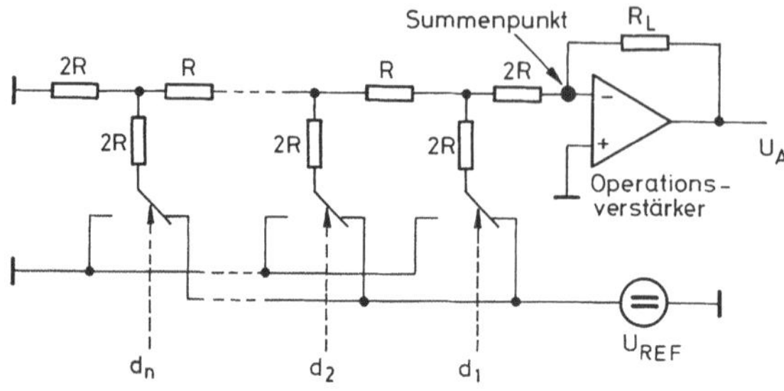

Bild 11.13
Struktur eines Digital/Analog-Umset-
zers mit Kettenleiter (2R-R Widerstandsnetzwerk)

Für die Ausgangsspannung gilt:

$$U_A = - \frac{U_{REF} \cdot R_L}{3R} \left(\frac{1}{2} d_1 + \frac{1}{4} d_2 + \ldots + \frac{1}{2^n} d_n \right)$$

Zur Erklärung des R-2R Leiternetzwerkes gehen wir von einem zweistufigen Kettenleiter aus, wie er in Bild 11.14 angegeben ist.

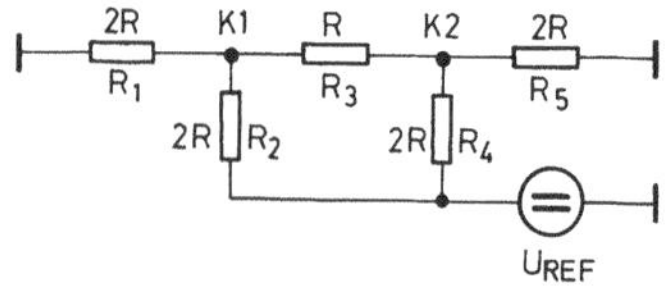

Bild 11.14
Zweistufiger 2R-R Kettenleiter

Die fortlaufende Stromhalbierung vom jeweiligen Einspeisepunkt zum Lastwiderstand R_5 wird dadurch erzielt, daß der Abschlußwiderstand in den Knoten K nach allen Richtungen hin 2R beträgt:

$$R_{K1} = R_1 = R_2 = R_3 + \frac{R_4 \cdot R_5}{R_4 + R_5} = 2R$$

$$R_{K2} = R_5 = R_4 = R_3 + \frac{R_1 \cdot R_2}{R_1 + R_2} = 2R$$

Der Summenstrom I_L im Lastwiderstand R_5 läßt sich für den zweistufigen Kettenleiter durch Überlagerung berechnen.

Der Kettenleiter benötigt nur die beiden Widerstandswerte R und 2R. Außerdem können die Widerstände infolge der fortgesetzten Stromhalbierung relativ niederohmig gehalten werden. Nachteilig erweist sich der Umstand, daß für jede Umsetzerstufe zwei Widerstände benötigt werden.

11.6.2.3 Digital/Analog-Umsetzer mit eingespeisten Strömen Bei den bisher beschriebenen Umsetzverfahren wird die Referenzquelle an die Widerstände geschaltet, so daß die Werte erst einschwingen müssen. Dieses Problem wird beseitigt, wenn anstelle der Spannung Ströme umgeschaltet werden und das Widerstandsnetzwerk immer stromdurchflossen bleibt (Bild 11.15).

Mit $I = \dfrac{U_{REF}}{R}$ erhält man die Umsetzergleichung:

$$U_A = - \frac{U_{REF} \cdot R_L}{R} \left(\frac{1}{2} d_1 + \frac{1}{4} d_2 + \ldots + \frac{1}{2^n} d_n \right)$$

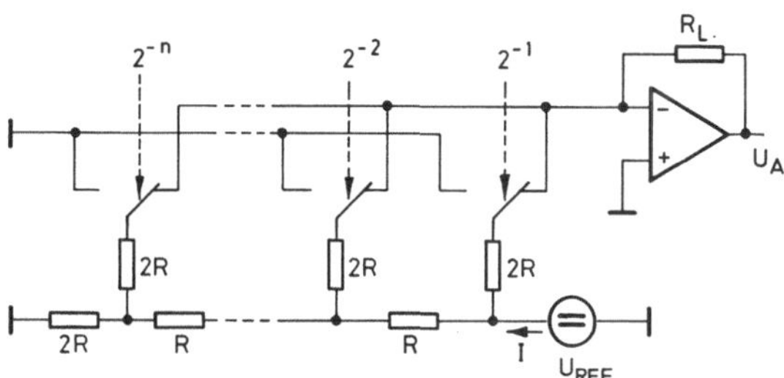

Bild 11.15 Struktur eines Digital/Analog-Umsetzers mit
Kettenleiter nach dem Prinzip der eingespeisten
Ströme

Das Prinzip der eingespeisten Ströme läßt sich auf die meisten parallelen D/A-Umsetzerkonzepte
mit Widerstandsnetzwerken anwenden. Es muß lediglich das Widerstandsnetzwerk in seiner Posi-
tion mit den Analogschaltern vertauscht werden.

11.6.3 Serielle Digital/Analog-Umsetzung

Die parallelen D/A-Umsetzer sind schnell, benötigen jedoch viele genaue Widerstände und Analogschalter. Dieser Aufwand kann reduziert werden durch eine serielle Verarbeitung des Digitalsignals.
Der Umsetzablauf läßt sich dann durch einen Algorithmus beschreiben:

$$U_{i+1} = \frac{1}{2} \left(U_i + d_i \cdot U_{REF} \right)$$

wobei i von n bis 1 läuft, und $U_n = 0$ angenommen wird.

Beginnend mit der niedrigsten Wertigkeit i = n wird der vorherige Analogwert U_i bei jedem Schritt
halbiert, so daß für jede Ziffer die entsprechende Gewichtung entsteht.

Das Prinzip wird am Beispiel eines Ladungsverteilungsumsetzers, der nach dem beschriebenen Algorithmus arbeitet, erläutert (Bild 11.16).

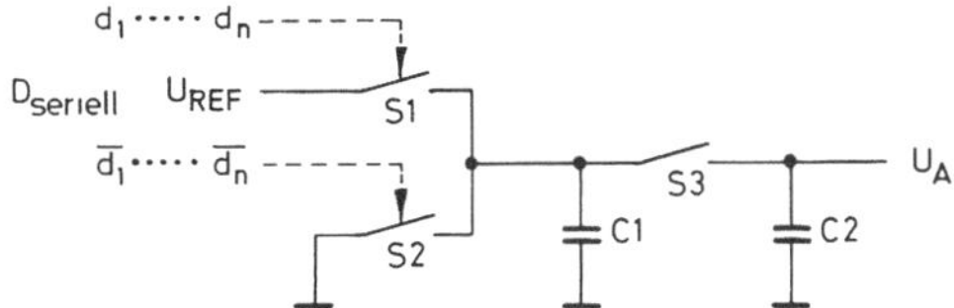

Bild 11.16
Struktur eines Digital/Analog-Umsetzers nach
dem Ladungsverteilungsverfahren

Die Kondensatoren C1 und C2 besitzen gleichgroße Kapazitäten. Über die Schalter S1 und S2
wird das Digitalsignal seriell verarbeitet. Mit $d_i = 0$ legt S2 Masse an C1 und mit $d_i = 1$ wird über
S1 die Referenzspannung U_{REF} durchgeschaltet und C1 aufgeladen. In einem nächsten Schritt
wird S3 geschlossen, wodurch sich die Ladung auf C1 und C2 gleichmäßig verteilt. Anschließend
wird C1 über S2 entladen und die Verarbeitung einer Ziffer ist damit abgeschlossen. War z.B.

$d_2 = 1$, dann ist C_2 nun auf $\dfrac{U_{REF}}{2}$ aufgeladen.

Ist die nächstfolgende Ziffer wieder „1", wird C1 erneut über S1 auf U_{REF} aufgeladen. Bei der anschließenden Ladungsverteilung über S3 liegt an beiden Kapazitäten die Spannung

$$U_A = \frac{U_{REF} + \dfrac{U_{REF}}{2}}{2} = \frac{3}{4} \, U_{REF}$$

an.

Wäre das nächstfolgende Bit „0" gewesen, ergäbe sich eine Spannung von

$$U_A = \frac{U_{REF}}{4}$$

da C1 keine Ladung enthielt. Die weiteren Ziffern werden entsprechend verarbeitet. Das Endergebnis der Umsetzung liegt an C2.

Der Ladungsverteilungsumsetzer besteht aus relativ wenigen Bauteilen. Die wichtigste Forderung an die Konstruktion besteht darin, daß die Kapazitäten gleiche Werte aufweisen, denn nur dann ist eine einwandfreie Ladungshalbierung möglich. Als Nachteil ist neben der seriellen Umsetzung der zusätzliche Aufwand einer Steuerlogik für den Algorithmus anzusehen. Außerdem muß die Ausgangsspannung U_A bis zum Ende des nächsten Umsetzzyklus zwischengespeichert werden, damit am Ausgang ein kontinuierlicher Signalverlauf erzeugt werden kann. Die Zwischenspeicherung erfordert einen Analogspeicher (s. Kap. 11.8.1).

11.6.4 Indirekte Digital/Analog-Umsetzung

Die parallele D/A-Umsetzung ist durch die Eigenschaft gekennzeichnet, daß das Digitalsignal D direkt gewichtete Ströme oder Spannungen als Anteile der Ausgangsspannung U_A ansteuert. Im Gegensatz dazu wird bei den indirekten D/A-Umsetzern mit dem Digitalsignal zuerst eine Zwischengröße gebildet, aus der in einem zweiten Schritt die Ausgangsspannung erzeugt wird. Die indirekten Umsetzer werden hauptsächlich durch zwei Umsetzprinzipien repräsentiert (Bild 11.17).

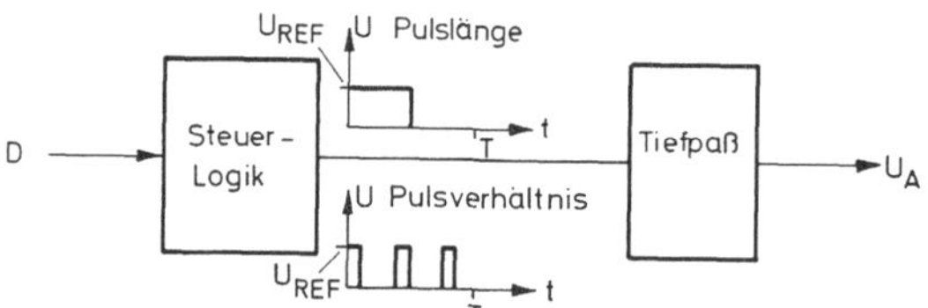

— Pulslängen-Modulation
— Pulsverhältnis-Modulation.

Bild 11.17
Prinzipschaltbild eines indirekten Digital/Analog-Umsetzers

Die Ausgangsspannung U_A wird aus der Mittelwertbildung des Pulslängen- bzw. Pulsverhältnissignals gewonnen. Diese Aufgabe übernimmt in Bild 11.17 der Tiefpaß.

11.7 Konzepte zur Analog/Digital-Umsetzung

Der Entwurf eines Analog/Digital-Umsetzers bereitet entscheidend mehr Probleme und Aufwand als ein vergleichbarer Digital/Analog-Umsetzer. Die Wahl eines Analog/Digital-Umsetzer-Konzeptes wird daher noch stärker durch einen Kompromiß zwischen Auflösung, Umsetzgeschwindigkeit und

Aufwand bestimmt als dies bei den Digital/Analog-Umsetzern der Fall ist. Aufgrund dieser Umstände sind eine Vielzahl von A/D-Umsetzer-Konzepten entstanden, die hier nur in einer groben Klassifikation zusammengefaßt werden sollen. Die meisten Verfahren der A/D-Umsetzung lassen sich einteilen in:

— Parallele A/D-Umsetzer
— Serielle A/D-Umsetzer
— A/D-Umsetzer mit einem D/A-Umsetzer in der Rückführung
— Indirekte A/D-Umsetzer

Über diese Einteilung hinaus sind außerdem zahlreiche Mischformen bekannt.

11.7.1 Der Komparator

Eine der wichtigsten Baugruppen zur Quantisierung von Analogsignalen ist der Komparator (Bild 11.18). Die Linearität der meisten A/D-Umsetzer-Konzepte wird hauptsächlich von der Güte und Genauigkeit der Komparatoren bestimmt.

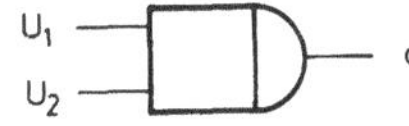

Bild 11.18
Schaltungssymbol eines Komparators

Der Komparator bildet von den zwei zu vergleichenden analogen Eingangsspannungen U_1 und U_2 die Differenz und liefert von deren Ergebnis eine digitale Aussage d.

Das Verhalten des Komparators ist durch folgende Aussagen charakterisiert:

$$U_1 - U_2 \leqslant 0 : d = 0$$
$$U_1 - U_2 > 0 : d = 1$$

Die ideale Übergangskennlinie zeigt Bild 11.19.

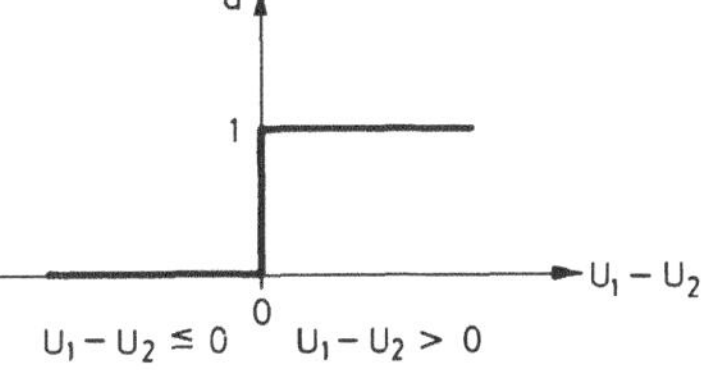

Bild 11.19
Übergangskennlinie eines idealen
Komparators

Der Übergang eines realen Komparators verläuft nicht ideal steil, sondern erfolgt innerhalb einer Spannungsdifferenz, die je nach Bauart in einer Größenordnung von mehreren Millivolt liegt.

Eine Möglichkeit zur Realisierung eines Komparators liegt in der Verwendung eines Operationsverstärkers, dessen Ausgangsspannung über Dioden begrenzt wird. (z.B. 0V und + 5V für TTL-Kompatibilität)

In Anlehnung an diese Schaltungsrealisierung wollen wir im folgenden für das Symbol des Komparators das Operationsverstärkersymbol verwenden und durch ein K kennzeichnen (Bild 11.20).

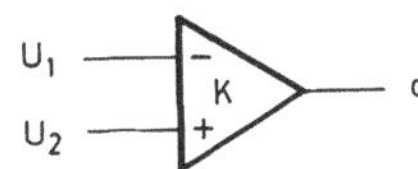

Bild 11.20
Schaltungssymbol eines Komparators bei
Verwendung eines Operationsverstärkers

11.7.2 Paralleler Analog/Digital-Umsetzer

Bei einem parallelen Analog/Digital-Umsetzer werden alle Ziffern des Digitalsignals D gleichzeitig ermittelt. Die parallele Umsetzung läßt sich nur durchführen, wenn genau so viele Vergleichsnormale wie Umsetzerstufen vorhanden sind. Ein binärer n-Bit-Umsetzer erfordert somit $2^n - 1$ Komparatoren, die mit den entsprechend binär gestuften Referenzspannungen das umzusetzende Eingangssignal U_X vergleichen (Bild 11.21).

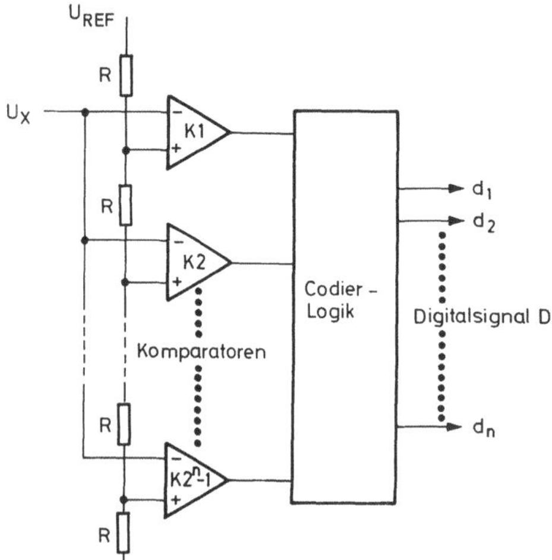

Bild 11.21
Prinzip-Schaltbild eines parallelen Analog/
Digital-Umsetzers

Eine Codierlogik erzeugt aus den binären Ausgangswerten der Komparatoren ein Digitalsignal.

Das unbekannte analoge Eingangssignal U_X wird gleichzeitig an die $2^n - 1$ Komparatoren gelegt. Die Komparatoren, bei denen der Wert des ihr zugeordneten Bruchteils der Referenzspannung kleiner ist als die Meßspannung U_X, wechseln ihr digitales Ausgangssignal von „0" nach „1". Die Codierlogik setzt die Aussagen der Komparatoren in den entsprechenden Code um. Die parallele Umsetzung ist zwar das schnellste A/D-Umsetzprinzip, ihm werden jedoch aufgrund des erheblichen Aufwands an Komparatoren Grenzen gesetzt. In der Praxis werden deshalb parallele A/D-Umsetzer nur für sehr schnelle Anwendungen bis zu einer Auflösung von etwa 8 Bit eingesetzt.

11.7.2.1 Parallel-Serieller Analog/Digital-Umsetzer Eine Verbesserung hinsichtlich des Aufwands gegenüber dem rein parallelen Umsetzer stellt die parallel-serielle A/D-Umsetzung dar (Bild 11.22).

In einem 1. Umsetzzyklus werden die höherwertigen Bits $d_1 \ldots d_{n/2}$ ermittelt und gespeichert. Mit dem Ergebnis des ersten Umsetzschrittes wird ein D/A-Umsetzer angesteuert, dessen analoger Ausgangswert U_1 zusammen mit der unbekannten Meßgröße U_X auf einen Differenzverstärker geführt wird. Aus der Differenzspannung $U_X - U_1$ wird schließlich in einer zweiten Umsetzphase die Wertigkeit der niedrigeren Bits $d_{\frac{n}{2}+1} \ldots d_n$ umgesetzt.

Der parallel-serielle A/D-Umsetzer zeichnet sich durch seine hohe Umsetzgeschwindigkeit aus, die zwar gegenüber dem rein parallelen Umsetzer vermindert ist, aber im Vergleich mit später beschriebenen Verfahren wesentlich höher liegt.

Der Aufwand ist geringer als bei einem vergleichbaren parallelen Umsetzer.

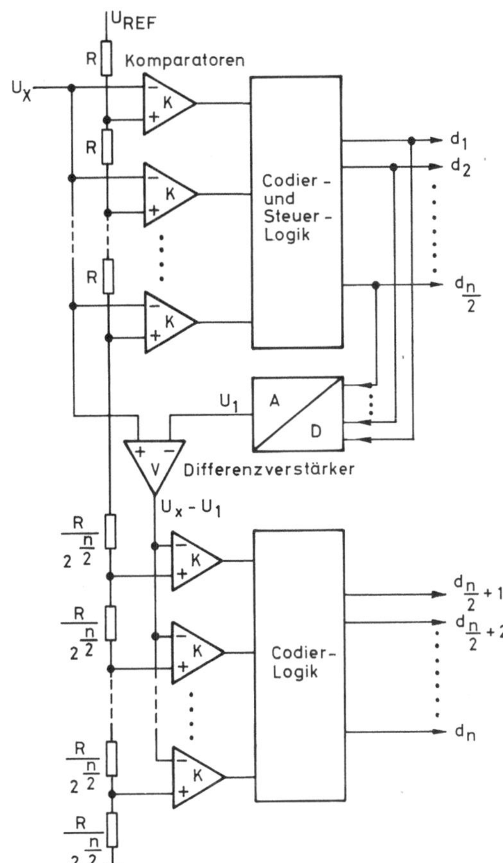

Bild 11.22
Prinzip-Schaltbild eines parallel-seriellen Analog/
Digital-Umsetzers mit zwei seriellen Stufen

11.7.3 Serieller Analog/Digital-Umsetzer

Gleichfalls hohe Umsetzgeschwindigkeiten lassen sich mit der seriellen Analog/Digital-Umsetzung erzielen (Bild 11.23). Die Wertigkeitsstufen des Digitalwortes werden bei dieser Methode sequentiell ermittelt, wobei mit der Abfrage des höchstwertigen Bits (MSB) begonnen wird. Das Analogsignal U_X wird über in Reihe geschaltete Differenzverstärker geführt, die jeweils durch äußere Beschaltung einen Verstärkungsfaktor von $v = 2$ aufweisen. Mit jeder Differenzstufe wird nach einer

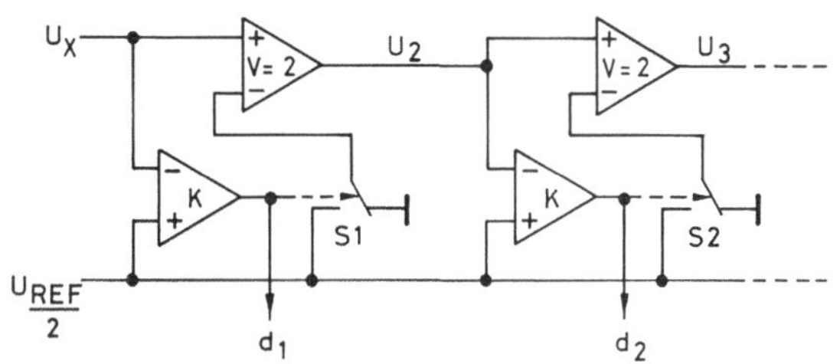

Bild 11.23
Prinzip-Schaltbild eines seriellen
Analog/Digital-Umsetzers

Abfrage der analoge Anteil des entsprechenden Bits subtrahiert und der Rest verstärkt. Die Ausgangsspannung der $(i + 1)$-ten Verstärkerstufe errechnet sich aus:

$$U_{i+1} = 2 \left(U_i - d_i \, \frac{U_{REF}}{2} \right)$$

Die Abbildung 11.23 zeigt die Prinzipschaltung eines seriellen Analog/Digital-Umsetzers.
In der ersten Umsetzerstufe wird die Meßspannung U_X durch einen Komparator mit $U_{REF}/2$ verglichen. Ist U_X größer als $U_{REF}/2$ wechselt der Komparatorausgang. Das MSB wird „1" und schaltet den Schalter S1 von der Masse an die Referenzspannung. Der Verstärker subtrahiert darauf von U_X die halbe Referenzspannung und multipliziert den Restwert mit dem Faktor 2. Am Ausgang der ersten Verstärkerstufe liegt danach die Spannung

$$U_2 = 2 \left(U_X - d_1 \cdot \frac{U_{REF}}{2} \right)$$

Mit U_X kleiner $U_{REF}/2$, wäre bei MSB = „0" lediglich eine Multiplikation mit dem Faktor 2 erfolgt. Die nächsten Stellen des Digitalwortes werden mit den nachfolgenden Stufen in der bereits beschriebenen Weise ermittelt.

Die Multiplikation der Restspannung mit dem Faktor 2 bietet den Vorteil, daß alle Stufen mit Verstärker und Komparator vollkommen identisch aufgebaut sein können.

Wie bei der parallelen A/D-Umsetzung lassen sich mit dem seriellen A/D-Umsetzer hohe Umsetzgeschwindigkeiten erzielen. Der maximalen Auflösung sind weniger vom Aufwand als vom Schaltungsprinzip her Grenzen gesetzt. Durch die fortlaufende Verstärkung der Restspannungen werden gleichzeitig die Nullpunktfehler der Differenzstufen mit verstärkt. Die maximal mögliche Auflösung des Umsetzers hängt daher wesentlich von der Güte der ersten Verstärker ab.

11.7.4 Analog/Digital-Umsetzer mit Digital/Analog-Umsetzer in der Rückführung

Die bisher beschriebenen A/D-Umsetzer-Konzepte erfordern zu ihrer Realisierung relativ viele analoge Baukomponenten. In der Praxis werden deshalb hauptsächlich Konzepte eingesetzt, bei denen ein Digital/Analog-Umsetzer eine Vergleichsspannung U_V erzeugt, die durch einen Komparator mit der Meßspannung U_X verglichen wird. Die Ansteuerung des D/A-Umsetzers liefert gleichzeitig den digitalen Ausgangswert D (Bild 11.24).

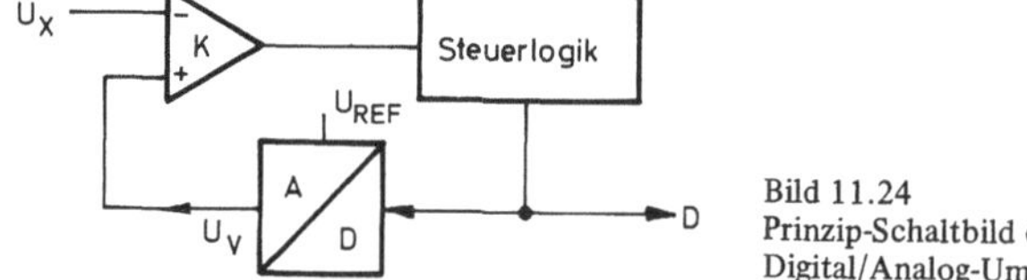

Bild 11.24
Prinzip-Schaltbild eines Analog/Digital-Umsetzers mit einem Digital/Analog-Umsetzer in der Rückführung

Im Rückführungszweig kann prinzipiell ein beliebiges D/A-Umsetzer-Konzept eingesetzt werden.

11.7.4.1 Analog/Digital-Umsetzer nach dem Zählverfahren Ein einfaches Verfahren stellt die A/D-Umsetzung nach dem Zählverfahren dar. Es werden als wesentliche Bauelemente nur noch ein Komparator, ein D/A-Umsetzer sowie eine digitale Ablaufsteuerung (Steuerwerk) mit einem Zähler benötigt (Bild 11.25).

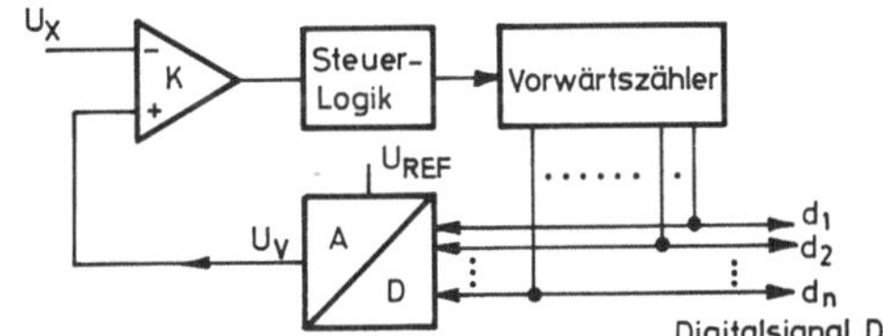

Bild 11.25
Prinzip-Schaltbild eines Analog/Digital-
Umsetzers nach dem Zählverfahren

Zu Beginn des Umsetzzyklus wird ein Vorwärtszähler von der Nullstellung aus hochgezählt. Die parallelen Ausgänge des Zählers steuern einen D/A-Umsetzer, dessen Ausgangsspannung U_V mit der Meßgröße U_X über einen Komparator verglichen wird.

Sobald die Vergleichsbedingung:

$$U_V > U_X$$

erreicht wird, schaltet der Komparator und setzt den Zähler still. Der Zählerstand entspricht dem umgesetzen Digitalwert D.

Dieses Umsetzverfahren zeichnet sich durch seinen einfachen Aufbau aus. Als Nachteil zeigt sich die langsame Umsetzgeschwindigkeit, die im ungünstigsten Fall $2^n - 1$ Zähltakte beträgt. Zur Bestimmung des maximalen Zählertaktes müssen neben seiner Grenzfrequenz noch die Verzögerungszeiten von D/A-Umsetzer und Komparator beachtet werden. Die Umsetzgeschwindigkeit kann erhöht werden, wenn anstelle des Vorwärtszählers ein Vor-/Rückwärtszähler eingesetzt wird. Es werden dann allerdings zwei Komparatoren benötigt.

11.7.4.2 Analog/Digital-Umsetzer mit sukzessiver Approximation Eine weitere Verbesserung hinsichtlich der Umsetzgeschwindigkeit gegenüber dem Zählverfahren kann erzielt werden, wenn der D/A-Umsetzer nach der sukzessiven Approximation angesteuert wird. Der Algorithmus für die sukzessive Approximation lautet:

$$\Delta U = U_X - U_{REF} \cdot \sum_{i=1}^{n} d_i \, 2^{-i}$$

mit $\Delta U = U_X - U_V$

wobei $d_i = 1$ wenn $\Delta U > 0$

 $d_i = 0$ wenn $\Delta U \leqslant 0$

Die Schaltung des A/D-Umsetzers nach der sukzessiven Approximation erhält anstelle des Zählers eine Programmsteuerung (Bild 11.26).

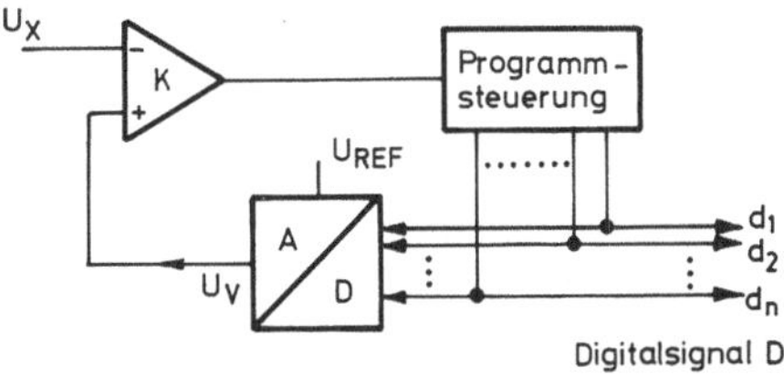

Bild 11.26 Prinzip-Schaltbild eines Analog/Digital-
Umsetzers mit sukzessiver Approximation

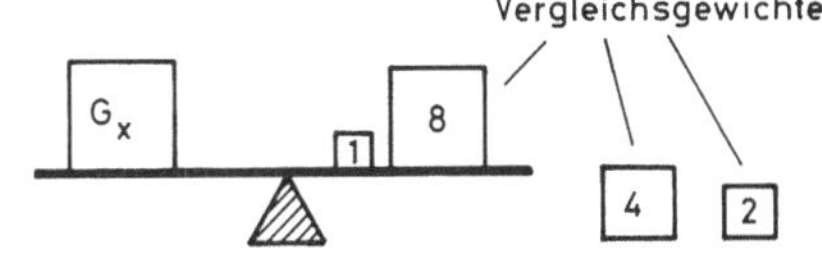

Bild 11.27 Mechanisches Beispiel der Balkenwaage zum Verfahren der
sukzessiven Approximation

Der Vorgang der sukzessiven Approximation bei der A/D-Umsetzung soll zunächst an dem mechanischen Beispiel der Balkenwaage veranschaulicht werden (Bild 11.27).

Zur Gewichtsbestimmung stehen die binär gewichteten Vergleichsgewichte 8, 4, 2 und 1 zur Verfügung. Die Aufgabe besteht nun darin, das unbekannte Gewicht G_x mit der geringsten Anzahl von Wägeschritten bis auf einen Fehler < 1 zu bestimmen.

Im ersten Schritt wird das größte Vergleichsgewicht auf die rechte Seite der Waage gelegt. Neigt sich nun der Balken, ist $G_x < 8$ und der Vergleich müßte rückgängig gemacht werden. In unserem Beispiel bleibt der Balken auf der linken Seite und es wird deshalb im nächsten Schritt das Vergleichsgewicht 4 zugelegt. Jetzt neigt sich der Balken zur rechten Seite und das Vergleichsgewicht 4 muß zurückgenommen werden, denn die Messung ergab, daß $G_x < 12$ war.

Die nächsten Wägeschritte werden ebenfalls nach dem beschriebenen Algorithmus durchgeführt, bis sich auf der Waage ein Gleichgewicht einstellt und das unbekannte Gewicht G_x durch die Vergleichsgewichte bestimmt ist.

In der elektrischen Realisierung des Analog/Digital-Umsetzers startet die Programmsteuerung mit einer Ausgangsstellung, in der alle Bits gleich „0" sind und setzt beginnend mit dem MSB der Reihe nach alle Bits „1". Sobald der Komparator schaltet, wird das zuletzt zugeschaltete Bit wieder zurückgenommen und mit dem nächst niedrigeren Bit die Umsetzung fortgeführt, bis alle Bits abgefragt sind.

Die sukzessive Approximation benötigt n Abfrageschritte für einen Umsetzer mit $2^n - 1$ Stufen. Das Bild 11.28 veranschaulicht den Umsetzablauf für einen 4-Bit-Umsetzer.

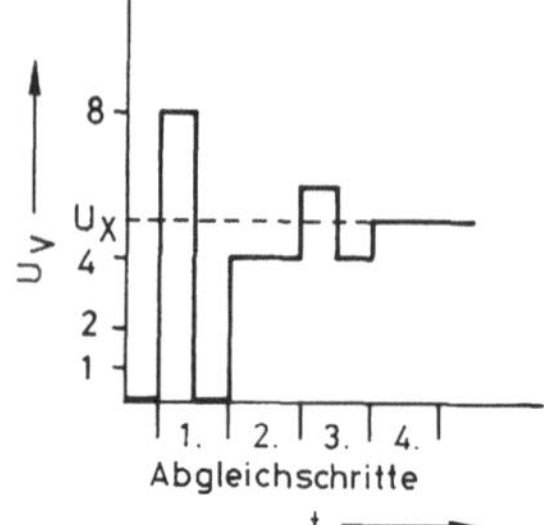

Bild 11.28
Beispiel des Ablaufes der sukzessiven Approximation bei einem 4-Bit-Umsetzer

Der beschleunigte Abfragealgorithmus gegenüber dem Umsetzer nach dem Zählverfahren kann ohne wesentlichen Mehraufwand erzielt werden. Aus diesem Grund haben die A/D-Umsetzer mit sukzessiver Approximation eine breite Verwendung gefunden. Sie vereinigen eine hohe Umsetzgeschwindigkeit mit einer hohen Auflösung bei einem relativ mittleren Aufwand.

11.7.5 Indirekte Analog/Digital-Umsetzer

Die Umsetzer nach der Zählmethode und die mit sukzessiver Approximation benötigen zur Erzeugung der Vergleichsspannung U_V einen D/A-Umsetzer, der mindestens in der selben Genauigkeitsklasse liegen muß, die für den A/D-Umsetzer angestrebt wird. Zur Verringerung des Aufwandes läßt sich die Vergleichsspannung durch einen Sägezahngenerator erzeugen.

11.7.5.1 Analog/Digital-Umsetzer nach dem Sägezahnverfahren Ein einfaches indirektes Umsetzerkonzept stellt der Sägezahn-Umsetzer dar (Bild 11.29). Der Sägezahngenerator besteht aus einem Operationsverstärker, der mit der Zeitkonstanten RC als Integrierer geschaltet ist.

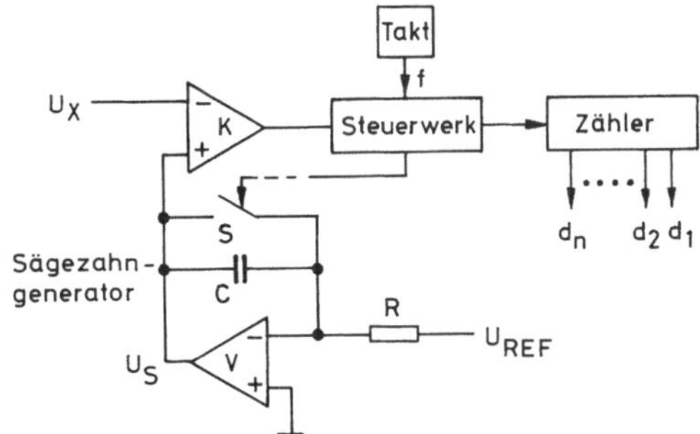

Bild 11.29
Prinzip-Schaltbild eines Analog/Digital-
Umsetzers nach dem Sägezahnverfahren

Am Ausgang eines idealen Integrierers entsteht eine Sägezahnspannung U_S nach folgender Beziehung:

$$U_S = -\frac{1}{RC} \int_0^t U_{REF}\ dt$$

Mit einer konstanten Referenzspannung vereinfacht sich die Gleichung und bei einer negativen Referenzspannung erhält man:

$$U_S = \frac{U_{REF} \cdot t}{R \cdot C}$$

Zu Beginn des Umsetzzyklus wird der Kondensator C über den Schalter S entladen. Danach öffnet der Schalter und die linear ansteigende Spannung U_S wird durch den Komparator mit der Meßgröße U_X verglichen. Während der Vergleichsdauer wird ein Zähler getaktet. Der letzte Zählerstand ist dann proportional zum Digitalwert. Der Digitalwert D errechnet sich aus der Vergleichsdauer t_x und der Taktfrequenz f des Zählers:

$$D = t_x \cdot f$$

Der Zusammenhang zwischen der Meßgröße U_X und der Vergleichsdauer t_x ist graphisch in Bild 11.30 dargestellt.

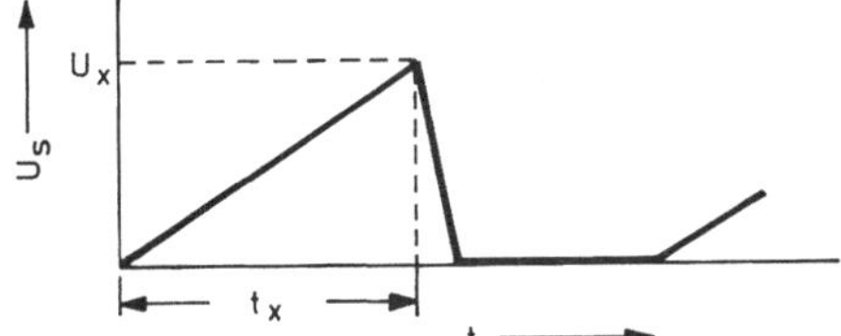

Bild 11.30
Zeitlicher Verlauf der Vergleichsspannung
des Sägezahngenerators

Der Sägezahnumsetzer zeichnet sich durch seinen einfachen Aufbau aus, der nur aus wenigen Komponenten besteht.

Dieses Umsetzverfahren eignet sich jedoch nicht für sehr hohe Auflösungen und Geschwindigkeiten.

Die Amplitude der Sägezahnspannung U_S ist proportional zur Vergleichsdauer t und umgekehrt proportional zu R und C. Toleranzen von R und C sowie Instabilitäten des Taktgenerators beeinflussen daher unmittelbar das Meßergebnis.

Nachteilig ist außerdem die langsame Umsetzgeschwindigkeit, die wie beim Zählverfahren proportional zur Amplitude der Meßgröße U_X ist.

11.7.5.2 Analog/Digital-Umsetzer nach dem Zwei-Rampen-Verfahren (Dual-Slope) Das Zwei-Rampen-Verfahren stellt eine Verbesserung gegenüber dem Sägezahnumsetzer dar, indem die Einflüsse bedingt durch Toleranzen der Integrationszeitkonstanten $\tau = R \cdot C$ und Schwankungen der Taktfrequenz weitgehend eliminiert werden (Bild 11.31).

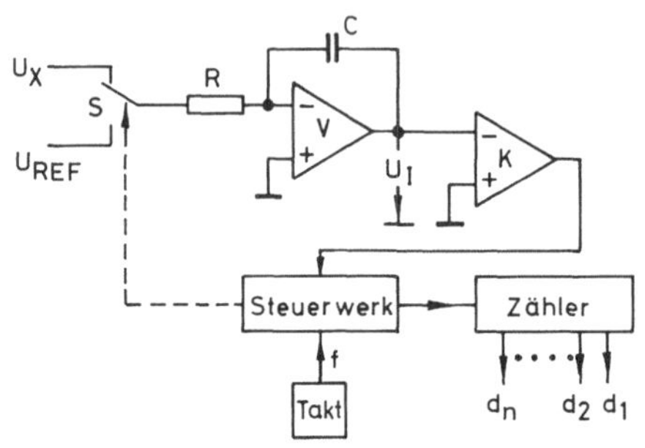

Bild 11.31 Prinzip-Schaltbild eines Analog/Digital-Umsetzers nach dem Zwei-Rampen-Verfahren

Das Prinzip des Zwei-Rampen-Verfahrens besteht darin, daß zuerst der Meßwert U_X während einer fest programmierten Zeit t_1 integriert wird:

$$U_{I1} = -\frac{1}{R \cdot C} \int_0^{t_1} U_X(t)\, dt$$

Das $U_X(t)$ eine variable Größe ist, wird für die weitere Berechnung der auf die Integrationsdauer t_1 bezogene arithmetische Mittelwert U_{XM} verwendet. Nach der Integration erhält man:

$$U_{I1} = -\frac{U_{XM} \cdot t_1}{R \cdot C}$$

In einem zweiten Schritt wird der Integrierer an eine konstante Referenzquelle mit entgegengesetzter Polarität geschaltet und die Kapazität C entladen. Der Spannungsverlauf U_{I2} während der Entladezeit t_2 errechnet sich aus

$$U_{I2} = \frac{1}{R \cdot C} \int_0^{t_2} U_{REF}\, dt + U_{I1}$$

Sobald die Kapazität C vollständig entladen ist, schaltet der Komparator und setzt einen während der Entladezeit mitlaufenden Zähler still. Der Zählerstand ist dann proportional der Eingangsspannung U_X (Bild 11.32).

Die Entladezeit t_2 wird aus der Bedingung $U_{I2} = 0$ ermittelt:

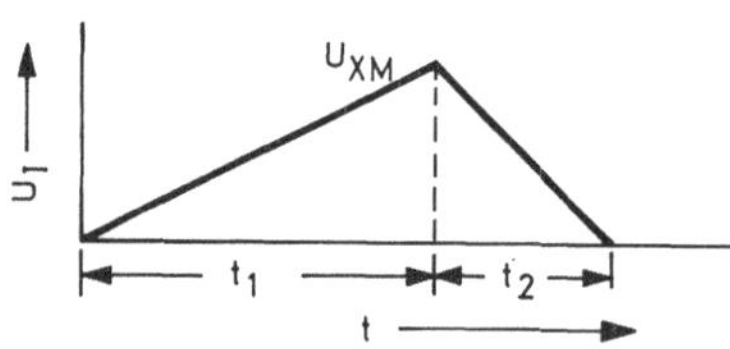

Bild 11.32 Zeitlicher Verlauf der Vergleichsspannung des Sägezahngenerators beim Zwei-Rampen-Verfahren

$$\frac{U_{REF} \cdot t_2}{R \cdot C} = \frac{U_{XM} \cdot t_1}{R \cdot C}$$

nach t_2 aufgelöst erhält man:

$$t_2 = \frac{U_{XM}}{U_{REF}} \cdot t_1$$

Zur Berechnung des Digitalwertes gilt die Beziehung:

$$D = t_2 \cdot f$$

und für t_1 wird gesetzt:

$$t_1 = \frac{i}{f}$$

wobei i eine ganze Zahl darstellt, die als Vielfaches der Taktfrequenz durch Konstruktion festgelegt ist. Damit errechnet sich der Digitalwert D zu:

$$D = i\,\frac{U_{XM}}{U_{REF}}$$

Die Beziehung zeigt, daß D weder von der Taktfrequenz f noch von der Integrationszeitkonstanten $\tau = R \cdot C$ abhängt. Der zeitliche Verlauf der Integrationsspannung U_I während eines Umsetzzyklus ist in Bild 11.32 dargestellt. Das Bild zeigt deutlich das Vorhandensein zweier Rampen.

Ein weiterer Vorteil des Verfahrens besteht in der guten Störspannungsunterdrückung, da der Digitalwert aus einem Mittelwert der Meßgröße U_X (gemittelt während t_1) umgesetzt wird. Diese beiden Tatsachen ermöglichen eine Anwendung des Zwei-Rampen-Verfahrens für hohe Auflösungen.

Der Nachteil des Verfahrens ist die geringe Umsetzgeschwindigkeit. Ein Anwendungsfall, bei dem diese geringe Umsetzgeschwindigkeit wenig stört, sind die Digitalvoltmeter, die in großem Umfang zur Messung von Spannungen und Strömen eingesetzt werden. Diese Digitalvoltmeter enthalten überwiegend A/D-Umsetzer nach dem Zwei-Rampen Verfahren.

11.8 Aufbau eines analogen Meßsystems

Ein analoges Meßsystem besteht in den meisten Fällen aus folgenden Funktionsgruppen:

— Analogspeicher (sample and hold amplifier)
— Analog/Digital-Umsetzer
— Digitale Meßwertverarbeitung

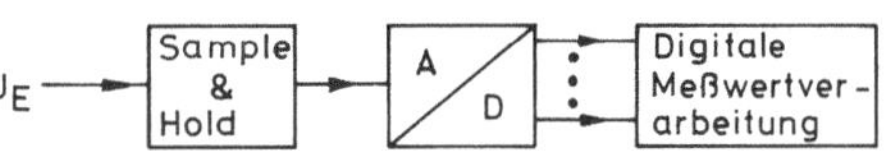

Außerdem können noch je nach Anwendung Verstärker und Analog-Multiplexer Bestandteil eines Meßsystems sein (Bild 11.33).

Bild 11.33 Funktionseinheiten zur Datenerfassung eines analogen Meßsystems

11.8.1 Abtast- und Haltekreis

In Verbindung mit Analog/Digital-Umsetzern fällt dem Abtast- und Haltekreis (sample and hold amplifier) die Aufgabe zu, die analoge Eingangsspannung U_E abzutasten und für die Dauer der Umsetzung konstant zu halten.

Die einfache Realisierung eines Analogspeichers zeigt die Schaltung in Bild 11.34.

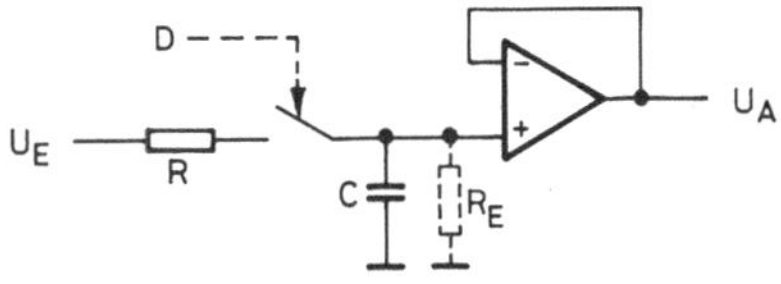

Bild 11.34
Einfache Schaltung eines Abtast- und Haltekreises

Der Abtast- und Haltekreis wird über eine digitale Steuerfunktion D in den Abtast- bzw. Haltezustand gesetzt. Das Steuersignal ist boolesch „1" für das Abtasten und boolesch „0" für das Halten:

Abtasten: $u_A(t) = u_E(t)$ für $D = 1$

Halten: $u_A(t) = u_E(t_0)$ für $D = 0$

t_0 . . . . . Zeitpunkt zu Beginn des Haltezustands
(Bild 11.35)

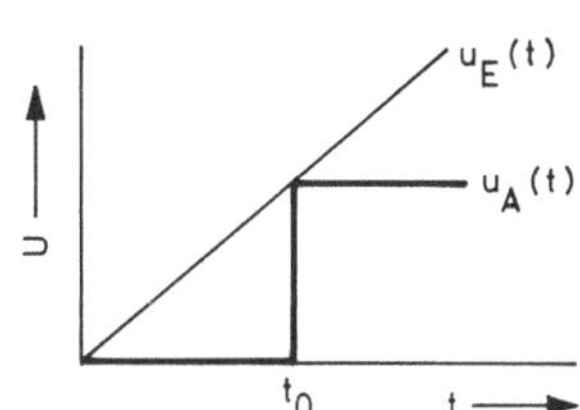

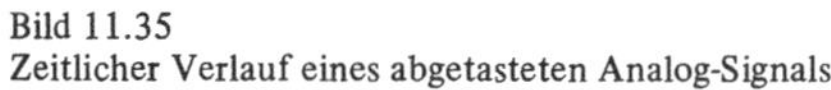

Bild 11.35
Zeitlicher Verlauf eines abgetasteten Analog-Signals

Bei geschlossenem Schalter lädt sich der Kondensator C auf den Wert der Eingangsspannung $u_E(t)$ auf. Öffnet der Schalter, bleibt die Eingangsspannung an C bestehen und $u_A(t)$ kann nahezu konstant gehalten werden.

Der Eingangswiderstand R_E des Verstärkers muß sehr hoch sein, damit nur eine möglichst geringe Entladung der Kapazität C während der Haltezeit stattfinden kann. Für die Entladung gilt:

$$u_A(t) = u_E(t_0)\, e^{-\dfrac{(t - t_0)}{R_E \cdot C}}$$

11.8.2 Einfluß der Amplituden- und Zeitquantisierung durch die Analog/Digital-Umsetzung

Der Ablauf zur Umsetzung eines analogen Signals in einen digitalen Wert kann in drei Vorgänge aufgeteilt werden:

— Abtastung (Quantisierung nach der Zeit)
— Quantisierung der Amplitude
— Codierung

Bei der Abtastung und bei der Amplitudenquantisierung wird der Informationsgehalt des analogen Eingangssignals verändert.

11.8.2.1 Beschreibung des Übergangsverhaltens eines Abtast- und Haltekreises Die A/D-Umsetzung kann aus technischen Gründen nicht zeitlos erfolgen. Während des Umsetzzyklus einer A/D-Umsetzung darf sich die analoge Eingangsspannung U_E nur maximal um den Wert eines LSB ändern, damit der korrekte Digitalwert noch ermittelt werden kann. Zur Umsetzung hochfrequenter Analogsignale muß deshalb die Eingangsspannung abgetastet und für die Dauer der Umsetzung mit Hilfe eines Analogspeichers konstant gehalten werden.

Schaltungstechnisch wird diese Aufgabe von einem Abtast- und Haltekreis übernommen.
Die Funktion eines Abtast- und Haltekreises läßt sich somit in zwei Phasen zerlegen:

— Abtastung der analogen Signale zu definierten Zeitpunkten
— Speicherung des abgetasteten Wertes in einem analogen Haltekreis

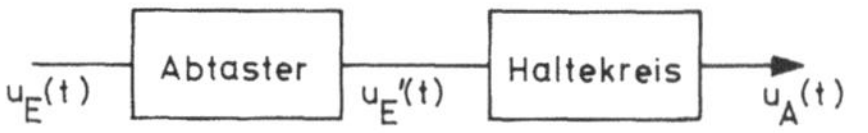

Bild 11.36
Aufteilung des Abtast- und Haltekreises in die beiden
Funktionsgruppen Abtasten und Halten

Die abgetastete Funktion $u_E'(t)$ ist durch das Produkt von Abtastimpuls $u_T(t)$ und der Eingangsfunktion $u_E(t)$ darstellbar (Bild 11.37).

$$u_E'(t) = u_E(t) \cdot u_T(t)$$

T . . . . . Abtastperiode
t_T . . . . . Abtastzeit

Für die Abtastfrequenz f_T gilt:

$$f_T = \frac{1}{T}$$

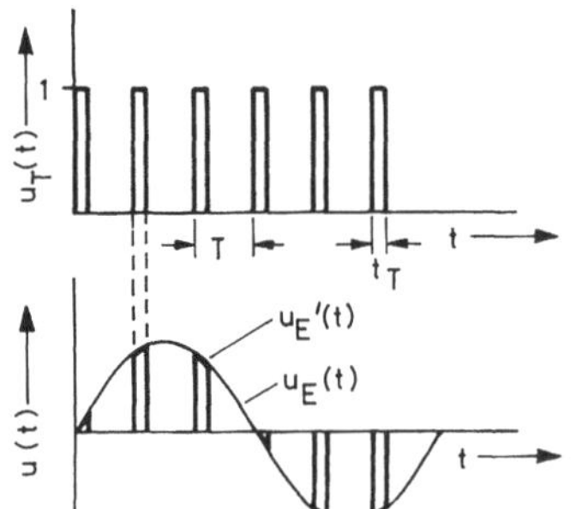

Bild 11.37
Zusammenhang zwischen Abtastfunktion
und abgetasteter Funktion

Zur weiteren Betrachtung kann die Abtastfunktion in eine Fourierreihe entwickelt werden, mit der sie in eine Summe von trigonometrischen Funktionen zerlegt werden kann. In dieser Darstellung läßt sich die Abtastfunktion $u_T(t)$ zusammen mit der Eingangsfunktion $u_E(t)$ durch eine Fouriertransformation im Frequenzbereich beschreiben. Während im Zeitbereich der Amplitudenverlauf über der Zeit betrachtet wird, stellt der Frequenzbereich den Amplitudenverlauf über der Frequenz dar.

Die zweite Phase des Abtast- und Haltekreises läßt sich ebenfalls durch eine Gleichung bestimmen. Wird die Übertragungsfunktion des Haltekreises nullter Ordnung mit h(t) definiert, dann gilt für die Ausgangsfunktion $u_A(t)$:

$$u_A(t) = u_E'(t) \cdot h(t)$$

Eine anschließende Fouriertransformation des Ausgangssignals erlaubt schließlich eine Betrachtung der Übertragungseigenschaften des gesamten Abtast- und Haltekreises im Frequenzbereich. Als Übertragungseigenschaften können der Amplituden- und der Phasengang eines Abtast- und Haltekreises in Abhängigkeit von der Signalfrequenz bestimmt werden.

11.8.2.2 Übertragungsfehler im Zeitbereich Der Abtast- und Haltekreis hat die Aufgabe, einen Funktionswert $u_E(kT)$ zum Zeitpunkt kT aufzunehmen und solange zu speichern, bis er zum Zeitpunkt (k + 1)T durch den Funktionswert $u_E[(k + 1)T]$ abgelöst wird (Bild 11.38).

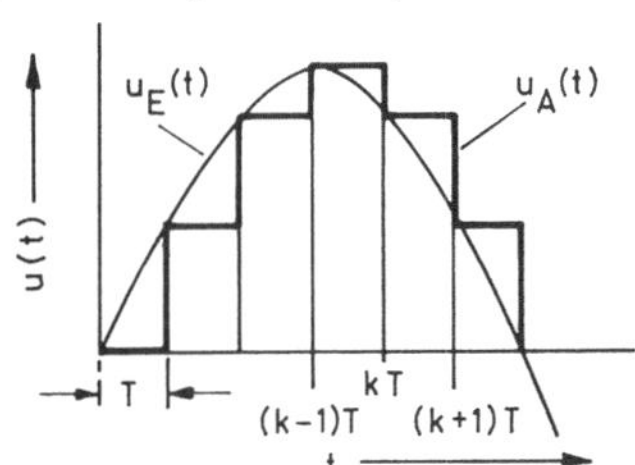

Bild 11.38
Ausgangsfunktion eines Abtast- und Haltekreises nullter Ordnung

Der Fehler $\epsilon(t)$ zwischen der Eingangsfunktion $u_E(t)$ und der Ausgangsfunktion $u_A(t)$ wird aus deren Differenz bestimmt:

$$\epsilon(t) = u_E(t) - u_A(t)$$

Im Bereich zwischen zwei Abtastungen $kT < t \leqslant (k + 1)T$ kann t durch $kT + \Delta t$ substituiert und die Eingangsfunktion $u_E(t)$ in eine Taylorreihe entwickelt werden:

$$u_E(t) \approx u_{E0}(kT) + \Delta t\frac{d\,u_E(kT)}{dt}$$

Die Glieder der höheren Ableitungen können unter der Voraussetzung vernachlässigt werden, daß die Signalfrequenz sehr viel kleiner ist als die Abtastfrequenz.

Für die Fehlerbetrachtung gilt nun:

$$\epsilon(t) \approx u_{E0}(kT) + \Delta t\frac{du_E(kT)}{dt} - u_A(t)$$

mit $\qquad u_A(t) = u_{E0}(kT)$

folgt $\qquad \epsilon(t) \approx \Delta t\frac{du_E(kT)}{dt}$

Mit $\Delta t = T$ erhält man ϵ_{max} :

$$\epsilon_{max} \approx T \cdot \frac{du_E(kT)}{dt}$$

11.8.2.3 Übertragungsfehler im Frequenzbereich Die Fehlerbetrachtung für den Abtast- und Haltekreis kann auch im Frequenzbereich vorgenommen werden. Mit der Fouriertransformation von $\epsilon(t)$ lassen sich die Übertragungsfehler im Frequenzbereich bestimmen. Es kann somit berechnet werden, welche maximale Grenzfrequenz ein Abtast- und Haltekreis bei einem vorgegebenen Fehler gerade noch abtasten kann.

11.8.2.4 Umsetzfehler durch Amplitudenquantisierung Nachdem die Eingangsspannung $u_E(t)$ durch einen Abtast- und Haltekreis abgetastet und für den nachfolgenden Umsetzzyklus konstant gehalten wird, erfolgt mit dem A/D-Umsetzer die Amplitudenquantisierung und die Codierung.

Für die Fehlerbetrachtung soll eine gleichmäßige Quantisierung des analogen Eingangs vorausgesetzt werden. Hierzu werden bestimmte Quantisierungsniveaus festgelegt, deren Abstände äquidistant sind und der Quantisierungsstufe q entsprechen. Der analoge Aussteuerbereich eines Quantisierers wird damit in Amplitudenstufen unterteilt, deren Niveaus ein Vielfaches der Quantisierungsstufe q betragen (Bild 11.39).

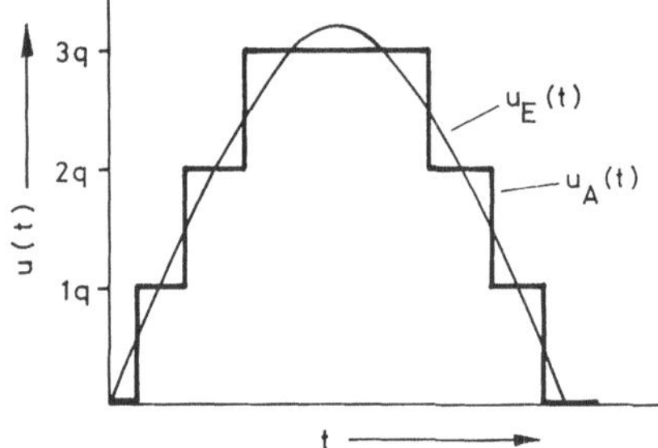

Bild 11.39
Zeitlicher Verlauf eines quantisierten Signals

Die Differenz zwischen dem analogen Eingangssignal $u_E(t)$ und dem quantisierten Ausgangssignal wird als Quantisierungsfehler ϵ_Q bezeichnet. Der Quantisierungsfehler ist abhängig von dem Eingangssignal $u_E(t)$ und von der Größe der Quantisierungsstufe q.

$$\epsilon_Q(u_E(t), q) = u_E(t) - u_A(t)$$

Legt man die Bezugspunkte für die Quantisierung genau in die Mitte der Amplitudenstufen, dann beträgt der maximale Quantisierungsfehler ϵ_Q nur die Hälfte der Quantisierungsstufe q:

$$|\epsilon_Q| = |u_E(t) - u_A(t)| \leqslant \frac{q}{2}$$

Für das in Bild 11.39 dargestellte Signal ergibt sich der in Bild 11.40 gezeigte Verlauf des Quantisierungsfehlers.

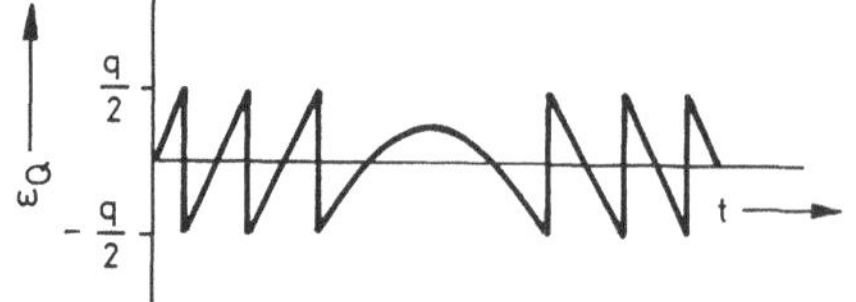

Bild 11.40
Zeitlicher Verlauf des Quantisierungsfehlers

11.9 Zusammenfassung

In diesem Kapitel wurden die wichtigsten Parameter und Konzepte für die Digital/Analog- und die Analog/Digital-Umsetzung behandelt. Diese Umsetzer stellen das Bindeglied zwischen digitaler Verarbeitungseinheit und analoger Umwelt dar. Sie sind daher ein wesentlicher Bestandteil der Interfaceschaltungen, bei denen eine Umsetzung erforderlich ist. Insbesondere mit der Einführung der Mikroprozessoren und der damit verbundenen Entwicklung dezentraler Kleinrechnersysteme für Steuerungsaufgaben erlangten die Interfaceschaltungen große Bedeutung. Sowohl die Digital/Analog-Umsetzer als auch die Analog/Digital-Umsetzer werden weitgehend integriert hergestellt. Für den Anwender ist es daher wichtig, die einzelnen Konzepte in ihrem Verhalten und ihren Eigenschaften beurteilen zu können. Nur so kann ein optimales Zusammenspiel zwischen Interfaceschaltung und digitaler Verarbeitungseinheit am konkreten Problem erfolgen. Für die Zukunft ist zu erwarten, daß gesamte Signalverarbeitungseinheiten mit Umsetzern integriert hergestellt werden.

Zum Schluß wollen wir ein einfaches Beispiel einer Steuerungsaufgabe für einen chemischen Prozess behandeln.

12 Beispiel zur Regelung eines chemischen Prozesses

In einem einfachen Beispiel (Bild 12.1) soll ein 8-Bit-Mikroprozessor zur Regelung eines chemischen Prozesses eingesetzt werden.

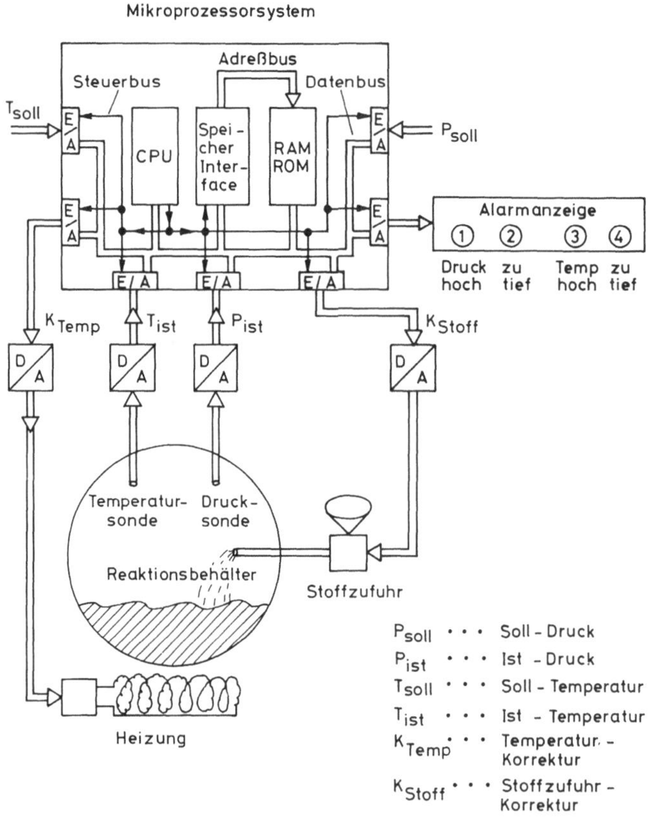

Bild 12.1 Beispiel der Steuerung eines chemischen Prozesses durch einen
Mikroprozessor

An den E/A Registern des Systems werden die Meßdaten (Istwert) und die Stelldaten (Sollwert) übernommen. Das Mikroprozessorsystem soll die Korrekturdaten berechnen, die dann wiederum über die E/A Register auf den chemischen Prozess einwirken.

Der Programmlaufplan für diesen Vorgang ist in Bild 12.2 angegeben.

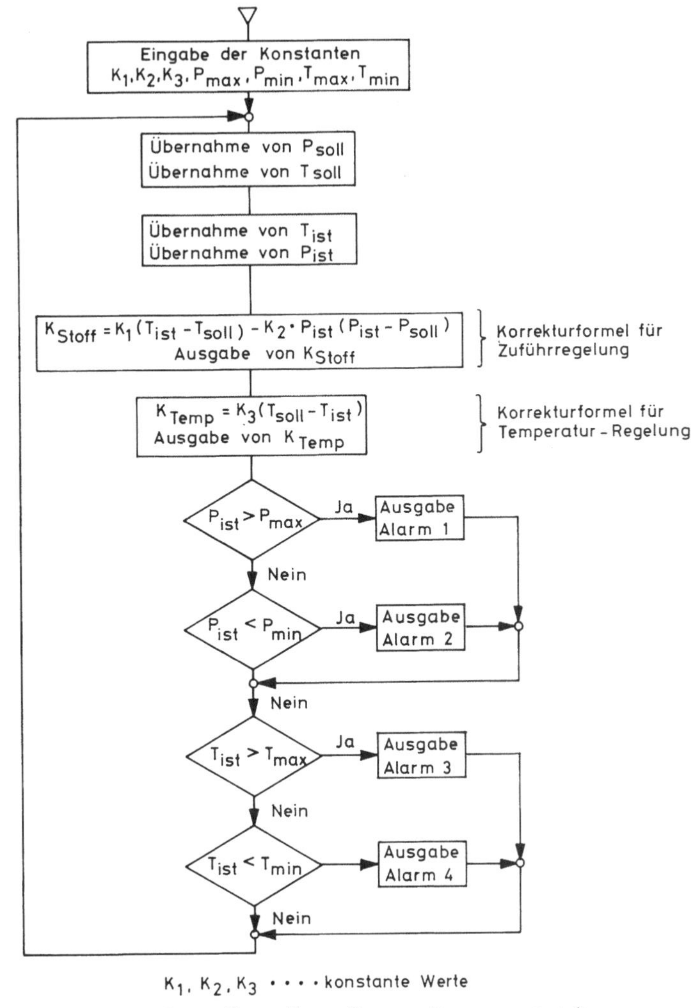

Bild 12.2 Programmlaufplan der Steuerung des chemischen Prozesses

In dem für die Prozeßregelung angegebenen Algorithmus sind mehrere Multiplikationen und Subtraktionen enthalten. Es ist günstig, für diese Operationen Unterprogramme zu entwerfen.

Im folgenden wird hierfür ein Unterprogramm für die Betragsmultiplikation von zwei 8-Bit-Faktoren angegeben. Es sei hierbei davon ausgegangen, daß:

— der Multiplikator in Register 0
— der Multiplikand in Register 1

des Notizblockspeichers übergeben wurde.

Das 16-Bit-Produkt steht in Register 6 und 7. (Reg. 7 enthält den MSB-Teil)

Der mnemonische und sedezimale Code ist aus den Befehlstabellen in Kapitel 10 entnommen.

Aus dem Beispiel können wir ersehen, wie das Akkumulatorregister an jeder arithmetischen Operation beteiligt ist.

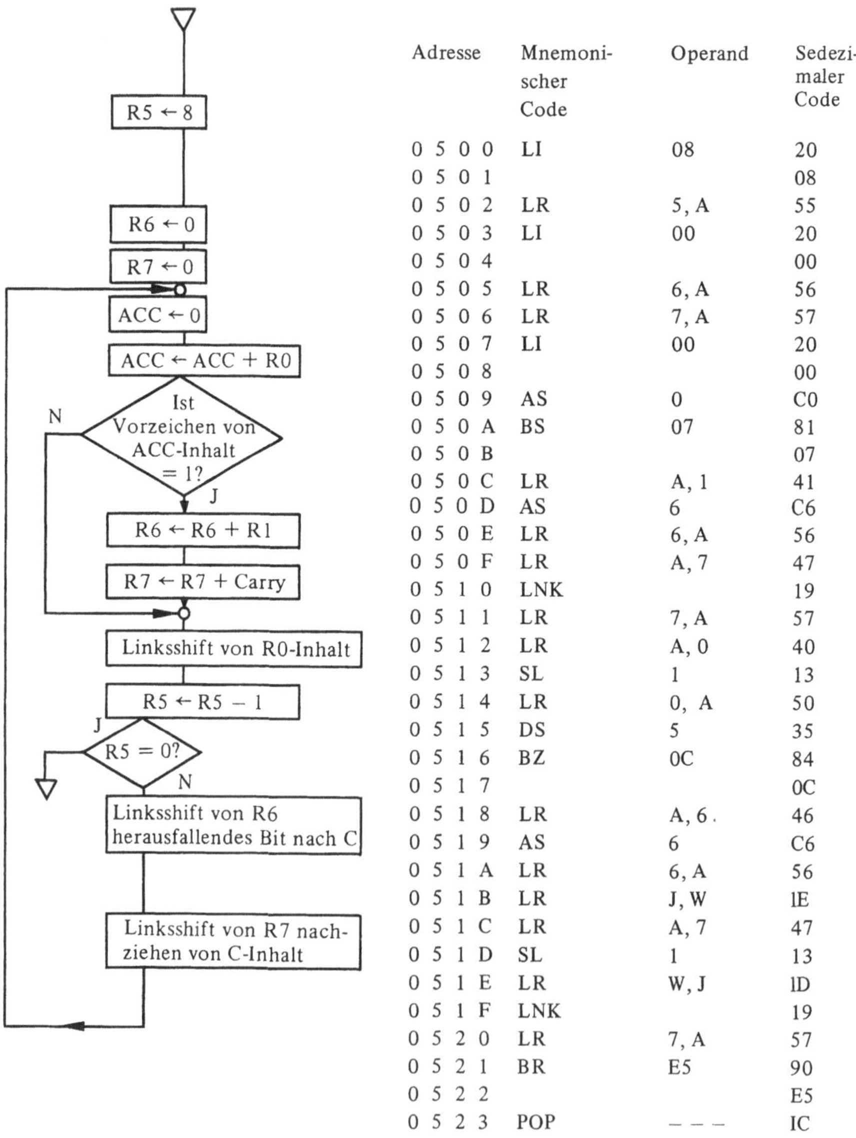

Adresse	Mnemonischer Code	Operand	Sedezimaler Code
0 5 0 0	LI	08	20
0 5 0 1			08
0 5 0 2	LR	5, A	55
0 5 0 3	LI	00	20
0 5 0 4			00
0 5 0 5	LR	6, A	56
0 5 0 6	LR	7, A	57
0 5 0 7	LI	00	20
0 5 0 8			00
0 5 0 9	AS	0	C0
0 5 0 A	BS	07	81
0 5 0 B			07
0 5 0 C	LR	A, 1	41
0 5 0 D	AS	6	C6
0 5 0 E	LR	6, A	56
0 5 0 F	LR	A, 7	47
0 5 1 0	LNK		19
0 5 1 1	LR	7, A	57
0 5 1 2	LR	A, 0	40
0 5 1 3	SL	1	13
0 5 1 4	LR	0, A	50
0 5 1 5	DS	5	35
0 5 1 6	BZ	0C	84
0 5 1 7			0C
0 5 1 8	LR	A, 6 .	46
0 5 1 9	AS	6	C6
0 5 1 A	LR	6, A	56
0 5 1 B	LR	J, W	1E
0 5 1 C	LR	A, 7	47
0 5 1 D	SL	1	13
0 5 1 E	LR	W, J	1D
0 5 1 F	LNK		19
0 5 2 0	LR	7, A	57
0 5 2 1	BR	E5	90
0 5 2 2			E5
0 5 2 3	POP	− − −	1C

Anhang

Übungsaufgaben

Aufgabe 1

Ein passives Dioden „UND"-Gatter mit zwei Eingängen ist mit einem Dioden „ODER"-Gatter
zusammengeschaltet (Bild A1).

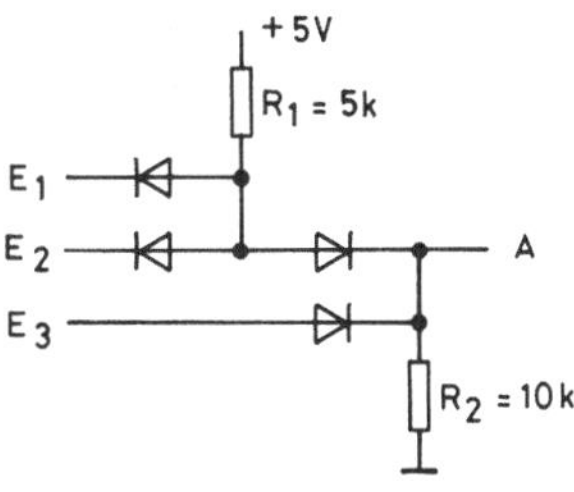

Bild A1

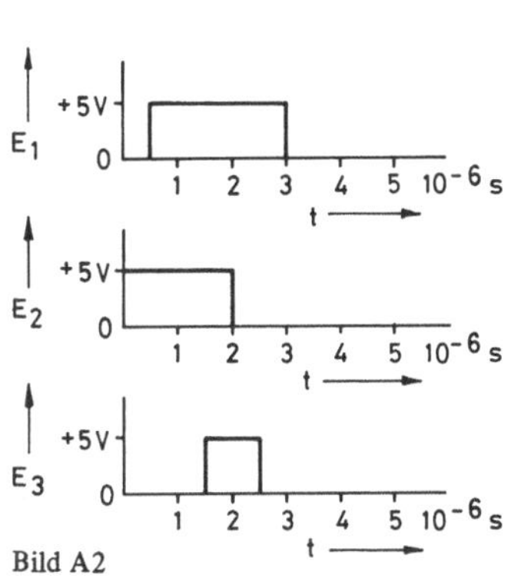

Bild A2

a) Geben Sie die Logikfunktionen $A = f(E_1, E_2, E_3)$ dieser Schaltung an.
b) Geben Sie qualitativ und quantitativ den Signalverlauf am Ausgang A an, wenn an den Eingängen
   die folgenden Signale anliegen (Bild A2).
c) Wie sieht qualitativ die Ausgangssignalform aus, wenn am Ausgang eine Lastkapazität von
   C = 100 pF angenommen wird?
d) Geben Sie die Anstiegszeit t_A an, in der das Ausgangssignal auf die Hälfte des max. Ausgangswertes von + 5 V angewachsen ist. (C = 100 pF)

$$t_{A\ 2,5\ V} = ?$$

Aufgabe 2

Zeichnen Sie für die digitale Schaltung in Bild A3
die Realisierung mit passiven Diodengattern.

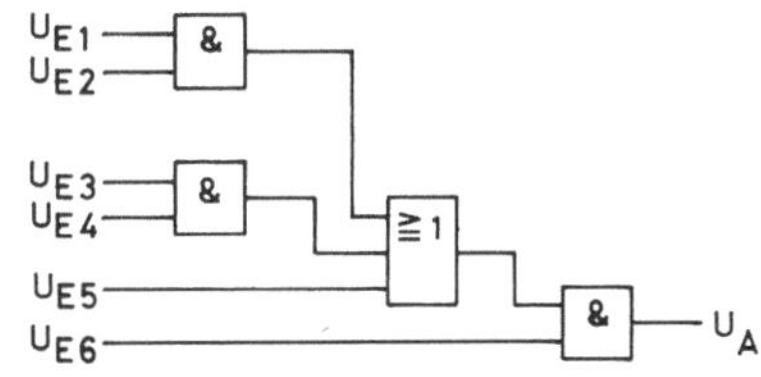

Bild A3

Aufgabe 3

Für die Antivalenz (Exklusiv-ODER) ist eine Realisierung mit TTL-Grundgattern zu zeichnen.

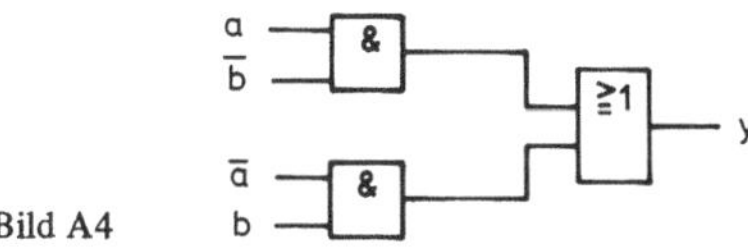

Bild A4

Die Betriebszustände der einzelnen Transistoren sind für die jeweiligen Eingangsspannungen anzugeben, wobei drei Betriebszustände zu unterscheiden sind:

G . . . . .der Transistor ist gesperrt; d.h. es kann kein Strom zwischen Emitter und Kollektor fließen
L . . . . .der Transistor ist leitend; d.h. es fließt ein Strom zwischen Emitter und Kollektor.
Zur Vereinfachung werde nicht zwischen gesättigtem und aktivem Betriebszustand unterschieden. Für diese Zustände möge gleichwohl leitend stehen.
I. . . . . .der Transistor wird invers betrieben; d.h. es fließt unter den Bedingungen des inversen Betriebes ein Strom zwischen Emitter und Kollektor.

Aufgabe 4

Bestimmen Sie die logische Ausgangsfunktion y der Transistorschaltung im angegebenen Betriebszustand (Bild A5).

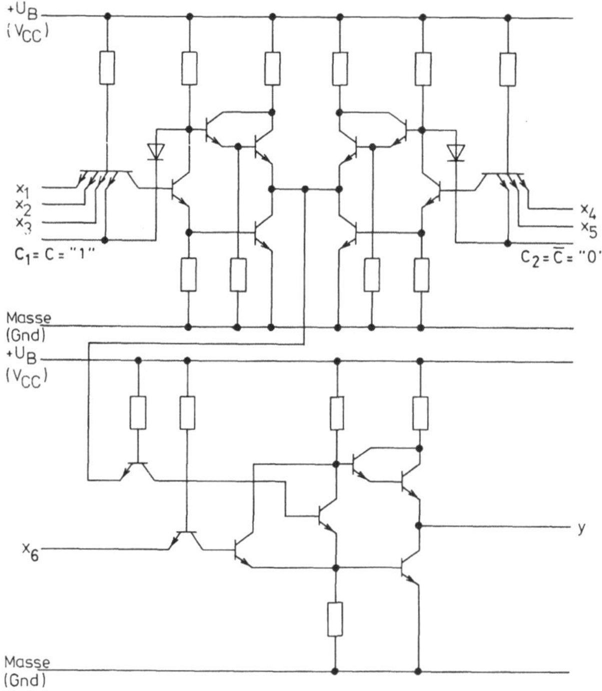

Bild A5

Aufgabe 5

Realisieren Sie die Funktion

$$y = \overline{\overline{(a \wedge b \wedge c)} \vee \overline{(d \wedge e)}}$$

mit CMOS-Gattern (CMOS-Technik).

Aufgabe 6

Es ist die Funktion des in Bild A6 angegebenen p-Kanal-MOS-Schaltkreises zu bestimmen.
Zeichnen Sie hierzu den Logikplan und geben Sie die Funktionen für ü' und z an.
Wählen Sie die negative Logik.

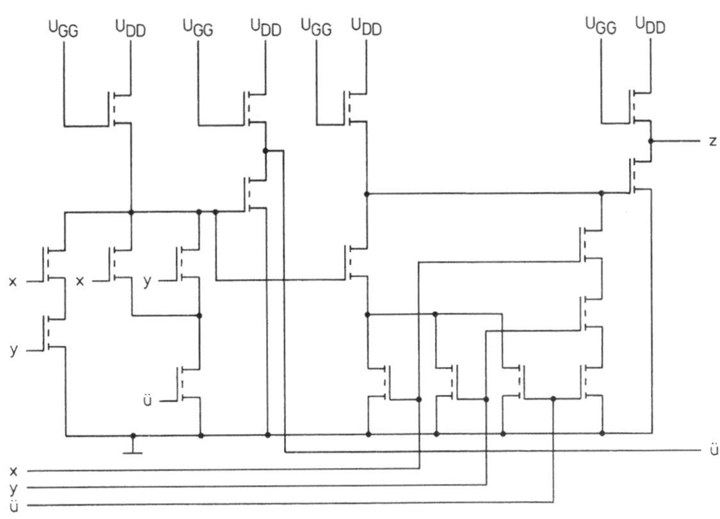

Bild A6

Aufgabe 7

Wie lautet die Logikfunktion $y = F(a, b)$ der in Bild A7 angegebenen MOS-Schaltung in p-Kanal-Technik?

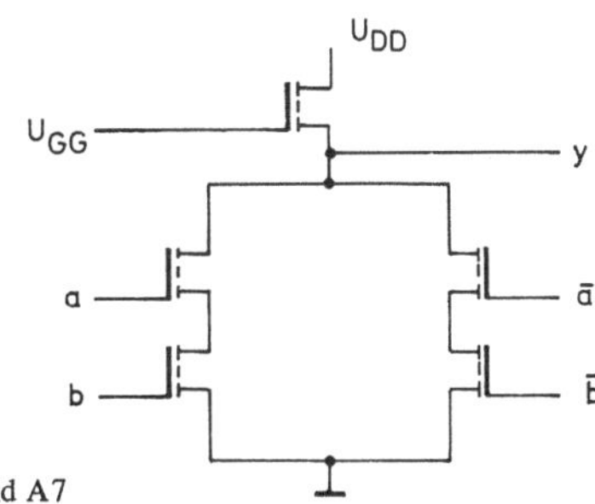

Bild A7

Aufgabe 8

Zeichnen Sie ein asynchrones RS-Flipflop mit kreuzgekoppelten NAND-Gattern in MOS-Technik (positive Logik). Geben Sie die Übergangstabelle an und beschreiben Sie den Funktionsablauf.

Aufgabe 9

Stellen Sie die Übergangstabelle zu der Schaltung in Bild A8 auf und ergänzen Sie hierfür das in Bild A9 angegebene Diagramm.

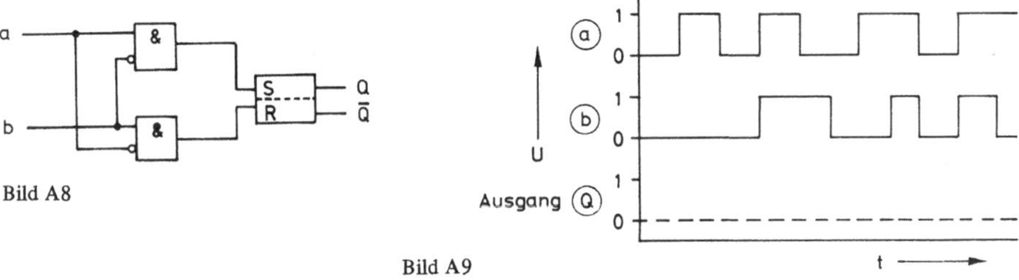

Bild A8

Bild A9

Aufgabe 10

Untersuchen Sie das Verhalten der in Bild A10 angegebenen Schaltungen.

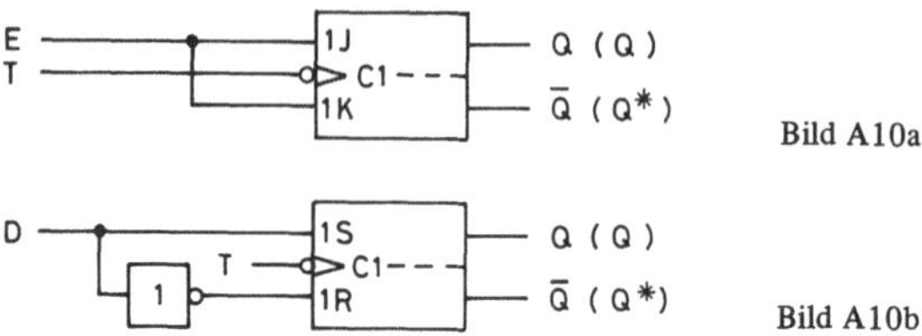

Bild A10a

Bild A10b

Aufgabe 11

Ermitteln Sie für den angegebenen Modulo 8 Zähler mit JK-Flipflops die Dualzahlen $a_3a_2a_1a_0$, die nacheinander an den Ausgängen auftreten (Bild A11). Der Zähler wird mit dem Taktsignal angesteuert.

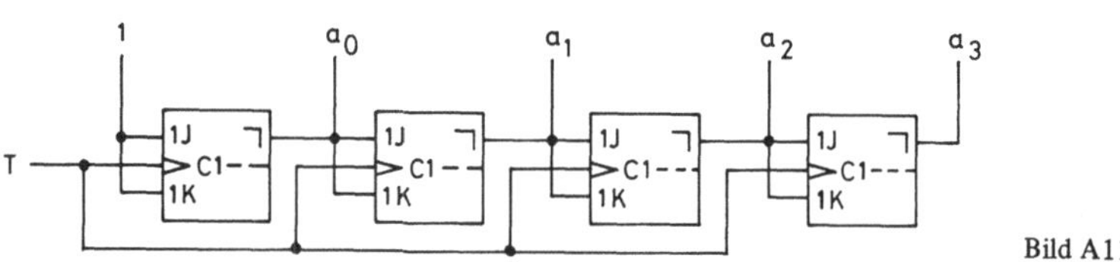

Bild A11

Aufgabe 12

Entwerfen Sie eine Schaltung für einen Zwei-Bit-Zähler, der von 00_2 bis 11_2 zählen kann.
Die Ausgangsvariablen sollen y_1, y_0 und der Steuertakt T heißen.
Entwickeln Sie die Schaltung als:
a) asynchrones Schaltwerk
b) synchrones Schaltwerk
Benutzen Sie D-Flipflops.

Aufgabe 13

Welche Funktion hat die in Bild A12 angegebene Schaltung?
Stellen Sie für diese Schaltung eine Tabelle für die nacheinander auftretenden Zustände zusammen.

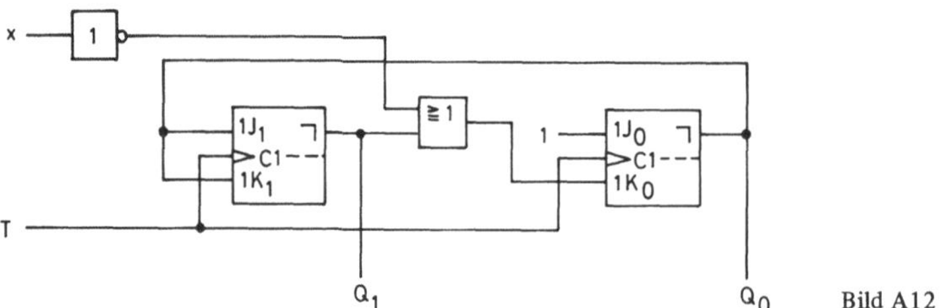

Bild A12

Aufgabe 14

Realisieren Sie ein RS-Master-Slave-Flipflop mit D-Flipflops.

Aufgabe 15

Führen Sie die Subtraktion mit den angegebenen Dualzahlen in Zweikomplementdarstellung aus,
indem Sie das Zweikomplement der Subtrahenden bilden und dieses zum Minuenden addieren.
a) $1.101 - 1.0110$
b) $0.100 - 0.11000$

Aufgabe 16

Es sei angenommen, daß logische Gatter (UND, ODER, NICHT) eine Signaldurchlaufverzögerung
von je 6ns haben. Wie groß ist die Additionszeit für folgende zwei Dualzahlen $101 + 011$ wenn:
a) ein Paralleladdierer
b) ein Paralleladdierer mit Übertragsvorausberechnung
verwendet wird.

Aufgabe 17

Zeichnen Sie ein Addierer/Subtrahierer-Schaltnetz für zwei 8-Bit-Operanden.
Es sind hierfür zwei Vierbit-Addierbausteine und ein Übertragsvorausschaubaustein zu verwenden. (vgl.
Kap. 5.1.2.4)

Aufgabe 18

Entwerfen Sie ein 3-Bit-Schieberegister für
– paralleles Einschreiben und
– Rechts/Links-Verschiebung.

Aufgabe 19

Führen Sie mit dem Datenflußtafelschema nach Kap. 5.2 und Bild 5.20 nachfolgende Multiplikation durch:

$$111 \cdot 111$$

Aufgabe 20

Gegeben ist ein Zwei-Bit-Größer/Gleich-Vergleicher in Bild A13.

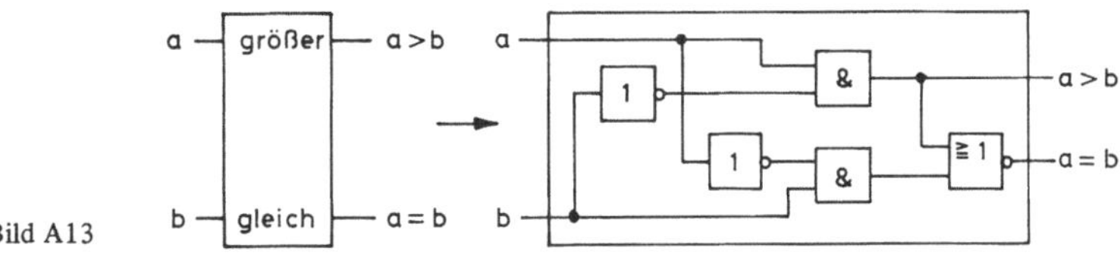

Entwerfen Sie mit dem angegebenen Vergleichselement einen 4-Bit-Größer/Gleich-Vergleicher,
wobei der Übertrag aus allen Elementarstufen gleichzeitig zur Vergleichsergebnisbildung herangezogen werden soll. Die zu vergleichenden Digitalworte bestehen jeweils aus 4 Bit.

$$a = a_3\ a_2\ a_1\ a_0$$
$$b = b_3\ b_2\ b_1\ b_0$$

Aufgabe 21

Wie kann aus einem Größer-Vergleicher und einem Gleich-Vergleicher ein Kleiner-Vergleicher hergestellt werden?

Aufgabe 22

Gegeben ist ein 4 × 2-Bit-RAM-Speicher (4 Wörter a 2 Bit) in Bild A14.

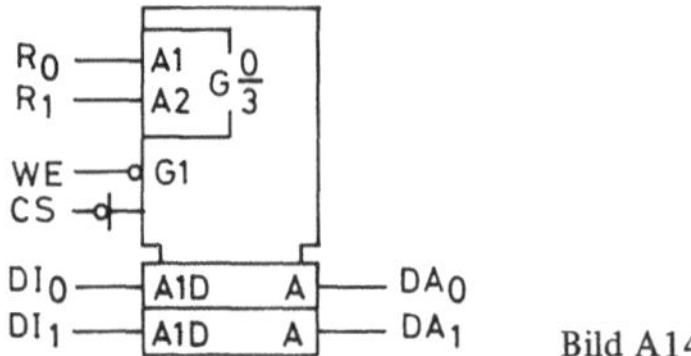

Bild A14

Mit diesem Speicherelement soll ein 8 × 4-Bit-Speicher aufgebaut werden. Zeichnen Sie die Speicheranordnung und Beschaltung (Verdrahtung) des Speichers.

Aufgabe 23

Bestimmen Sie das Programm für eine 16 × 4-Bit-Festwertspeichermatrix zur Multiplikation von 2 Bit-Zahlen.

Aufgabe 24

Die PLA-Struktur in Bild A15 soll als BCD-Zähler programmiert werden.

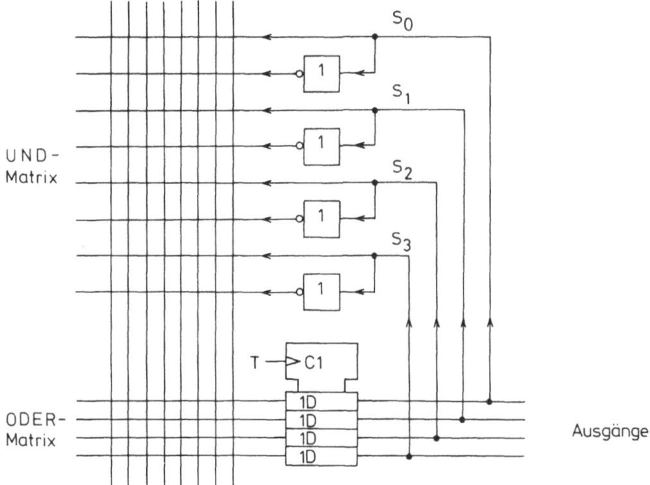

Bild A15

Programmieren Sie die PLA-Matrizen durch Eintragung von Koppelpunkten, d.h. tragen Sie überall dort Punkte ein, wo die Verknüpfung zwischen UND- und ODER-Matrix notwendig ist.
Die Ansteuergleichung für die D-Flipflops seien in minimaler disjunktiver Normalform vorgegeben.

$$D_0 = \bar{s}_0$$
$$D_1 = (\bar{s}_3 \wedge \bar{s}_1 \wedge s_0) \vee (s_1 \wedge \bar{s}_0)$$
$$D_2 = (s_2 \wedge \bar{s}_1) \vee (s_2 \wedge \bar{s}_0) \vee (\bar{s}_2 \wedge s_1 \wedge s_0)$$
$$D_3 = (s_2 \wedge s_1 \wedge s_0) \vee (s_3 \wedge \bar{s}_0)$$

Aufgabe 25

Einem Steuerwerk liege folgender Graph des Bildes A16 zugrunde:

a) Von welchem Typus ist dieser Graph?

b) Zeichnen Sie zu diesem Graphen den dazugehörigen Programmlaufplan.

c) Entwerfen Sie zu diesem Graphen ein Mikroprogramm-Steuerwerk mit möglichst geringem Speicherbedarf, d.h. zeichnen Sie ein Speicherstrukturbild, in dem gerade soviel Wort- und Bitleitungen vorhanden sind, um den Graphen zu programmieren.

Tragen Sie hierzu die entsprechenden Koppelpunkte ein.

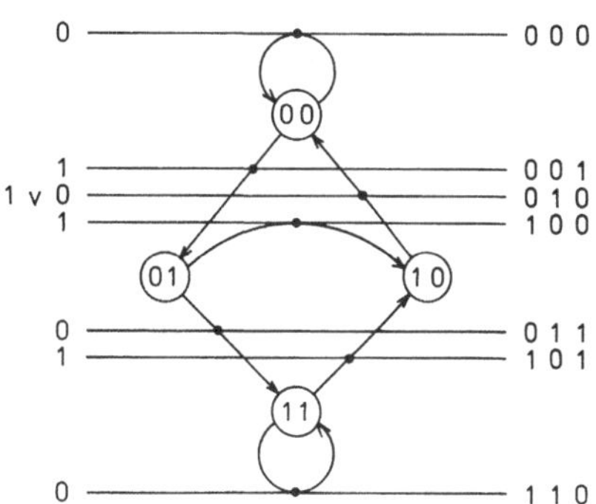

Bild A16   Eingangsvariable   Ausgangsvariable

Aufgabe 26

Für ein Mikroprogramm-Steuerwerk (Bild A17a) ist der Programmlaufplan (Bild A17b) angegeben. Das Mikroprogramm-Steuerwerk soll nun anhand des Programmlaufplans vollständig programmiert werden. Hierzu ist die angegebene und bereits teilweise ausgefüllte Programmtabelle zu vervollständigen. Zur Vereinfachung sei angenommen, daß die Ausgangsfolge z^t identisch mit der Zustandsfolge s^t sei.

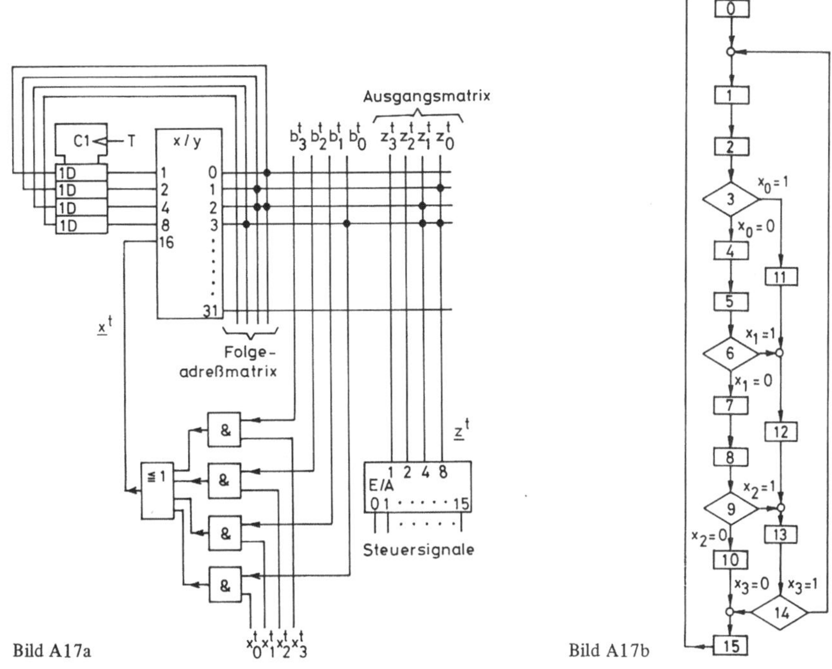

Bild A17a   Bild A17b

a) Programmtabelle:

	t $x_3\,x_2\,x_1\,x_0$	t $s_3\,s_2\,s_1\,s_0$	t+1 $s_3\,s_2\,s_1\,s_0$	t $z_3\,z_2\,z_1\,z_0$	t $b_3\,b_2\,b_1\,b_0$	
		0 0 0 0	0 0 0 1	0 0 0 0	0 0 0 0	0
		0 0 0 1	0 0 1 0	0 0 0 1	0 0 0 0	1
		0 0 1 0	0 0 1 1	0 0 1 0	0 0 0 0	2
3 → 4*	0	0 0 1 1	0 1 0 0	0 0 1 1	0 0 0 1	3
		0 1 0 0				4
		0 1 0 1				5
	0	0 1 1 0				6
		0 1 1 1				7
		1 0 0 0				8
	0	1 0 0 1				9
		1 0 1 0				10
		1 0 1 1		1 0 1 1		11
		1 1 0 0				12
		1 1 0 1				13
	0	1 1 1 0				14
unb. Sprung		1 1 1 1	0 0 0 0	1 1 1 1		15
		0 0 0 0		0 0 0 0		16
		0 0 0 1		0 0 0 1		17
		0 0 1 0		0 0 1 0		18
3 → 11*	1	0 0 1 1	1 0 1 1	0 0 1 1	0 0 0 1	19
		0 1 0 0				20
		0 1 0 1				21
	1	0 1 1 0			0 0 1 0	22
		0 1 1 1				23
		1 0 0 0				24
	1	1 0 0 1				25
		1 0 1 0				26
		1 0 1 1				27
		1 1 0 0				28
		1 1 0 1				29
	1	1 1 1 0				30
unb. Sprung		1 1 1 1				31

*) bed. Sprung

die nicht eingetrag. Bits können beliebige Werte annehmen

b) Ist dieses Schaltwerk vom Mealy- oder Moore-Typ?
c) Welche Einsparung an Speicherplatz kann im Hinblick auf die Ausgangsmatrix des Beispiels gemacht werden?
d) Wieso können die nicht eingetragenen Werte in der x^t-Spalte beliebige Werte annehmen?
e) Zeichnen Sie für dieses Mikroprogramm-Steuerwerk den passenden Graphen.

Aufgabe 27

Gegeben sei die Struktur eines Mikroprogramm-Steuerwerkes in Bild A18 und ein Programmlaufplan in Bild A19.

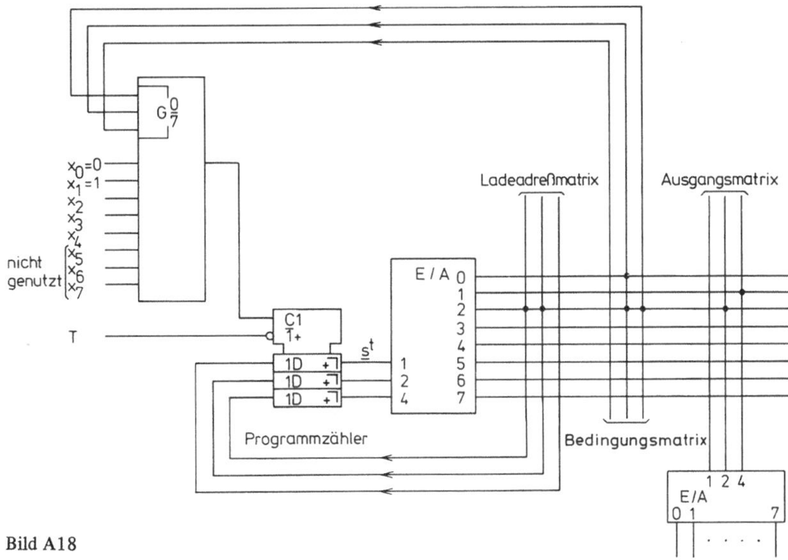

Bild A18

Vervollständigen Sie für das angegebene Steuerwerk die Programmtabelle.

	Zähler-stand s^t	Lade-adresse s^{t+1}	Bedingungs-matrix b^t	Ausgangs-matrix z^t
Sprung, falls $x_2 = 1$:	000	000	010	000
	001		000	001
Sprung, falls $x_3 = 1$:	010			010
Sprung, falls $x_4 = 1$:	011			011
unbedingter Sprung:	100		001	100
	101			101
	110			110
unbedingter Sprung:	111			111

Bild A19

Aufgabe 28

Durch welche Operationsfolge kann eine Größer-Vergleichsoperation mit einem Mikroprozessor, bestehend aus RALU und MPST realisiert werden? Die Zahlenwerte a und b seien in 2-Komplementdarstellung gegeben.

Aufgabe 29

Bestimmen Sie für die Zahl 9, innerhalb des Zahlenbereichs $-2^4 \leqslant D \leqslant 2^4 - 1$, die positive und negative Darstellung im Offset-Binary-Code.

Aufgabe 30

Bestimmen Sie für die Zahl 7, innerhalb des Zahlenbereiches $-2^3 \leqslant D \leqslant 2^3 - 1$, die positive und negative Darstellung im Zweier-Komplement.

Aufgabe 31

Entwerfen Sie einen parallelen Digital/Analog-Umsetzer mit gewichteten Widerständen für einen BCD-Eingangscode mit drei Dekaden.
Wie groß müssen die Widerstandswerte sein, wenn bei $U_{REF} = 10$ V der Gesamtstrom über die MSD-Widerstandsdekade 0,9 mA (Digitalwert 1001.0000.0000) beträgt? Die Übergangswiderstände der Analogschalter sind vernachlässigbar.
(MSD .... Most Significant Digit)

Aufgabe 32

Die Widerstände eines 10-Bit Digital/Analog-Umsetzers mit gewichteten Widerständen weisen einen Temperaturkoeffizienten $TK_R = 0{,}0005$ %/°C auf. Wie groß ist der arbeitsfähige Temperaturbereich des Umsetzers, ohne daß seine Genauigkeit innerhalb der Grenzen der Auflösung beeinflußt wird? Es soll nur der temperaturbedingte Fehler berücksichtigt werden.

Aufgabe 33

Berechnen Sie die Widerstandswerte für einen 10-Bit Digital/Analog-Umsetzer mit einem R-2R-Kettenleiter mit eingespeisten Strömen, wenn der Gesamtstrom aus der Referenzquelle bei $U_{REF} = 10$ V 1 mA beträgt.

Aufgabe 34

An einem 3-Bit Digital/Analog-Umsetzer wurden bei einer Referenzspannung $U_{REF} = 10$ V folgende Werte für die Ausgangsspannung U_A gemessen:

D	000	001	010	011	100	101	110	111
$U_A[V]$	0,05	1,05	2,75	3,85	5,0	6,45	7,25	8,8

Wie groß sind der Nullpunktfehler und der maximale Linearitätsfehler?

Aufgabe 35

Entwerfen Sie die Codierlogik für einen parallelen 3-Bit A/D-Umsetzer, der in den Dualcode umsetzt.

Aufgabe 36

Bei einem 10-Bit A/D-Umsetzer, der nach der Zählmethode arbeitet, weist der D/A-Umsetzer eine Umsetzzeit von 1 μs auf. Die Verzögerungszeit des Komparators beträgt 0,5 μs. Mit welcher Taktfrequenz kann der Zähler maximal betrieben werden?
Wieviel Umsetzzyklen pro Sekunde kann der A/D-Umsetzer im ungünstigsten Fall durchführen?

Aufgabe 37

Zeichnen Sie in einem Diagramm den Verlauf der Vergleichsspannung für einen 5-Bit A/D-Umsetzer mit sukzessiver Approximation. Die Referenzspannung beträgt 10 V und die Meßspannung 3,3 V.

Aufgabe 38

Ein 8-Bit A/D-Umsetzer soll eine symmetrische Dreieckspannung umsetzen, die eine maximale Amplitude von 10 V und eine Periodendauer $T = 100$ ms aufweist.
Welche Umsetzgeschwindigkeit muß der Umsetzer mindestens besitzen, damit der Abtastfehler $\leqslant 0,1$ % wird?

Aufgabe 39

Mit welcher Taktfrequenz darf der Zähler eines 12-Bit-Sägezahn-Umsetzers maximal betrieben werden und wie groß muß die Zeitkonstante τ des Sägezahngenerators sein, wenn die Schaltzeit t_K des Komparators 0,5 μs beträgt und seine Übergangskennlinie als ideal angenommen wird?
Alle anderen Verzögerungszeiten sollen vernachlässigt werden.

Aufgabe 40

Ein 8-Bit A/D-Umsetzer weist eine maximale Umsetzzeit von 20 μs auf. Vor den A/D-Umsetzer soll ein Abtast- und Haltekreis geschaltet werden, der die Meßspannung nahezu konstant hält, bis der Umsetzzyklus abgeschlossen ist.
Während des Umsetzzyklus darf die Ausgangsspannung $u_A(t)$ am Haltekreis um maximal U_{LSB} abfallen, damit die Linearität des Umsetzers erhalten bleibt.
Wie groß muß die Kapazität C des Haltekreises für den ungünstigsten Fall sein, wenn der Eingangswiderstand des Verstärkers $R_E = 50$ MΩ beträgt?

Lösungen der Übungsaufgaben

Lösung 1

a) $A = (E_1 \wedge E_2) \vee E_3$

b)

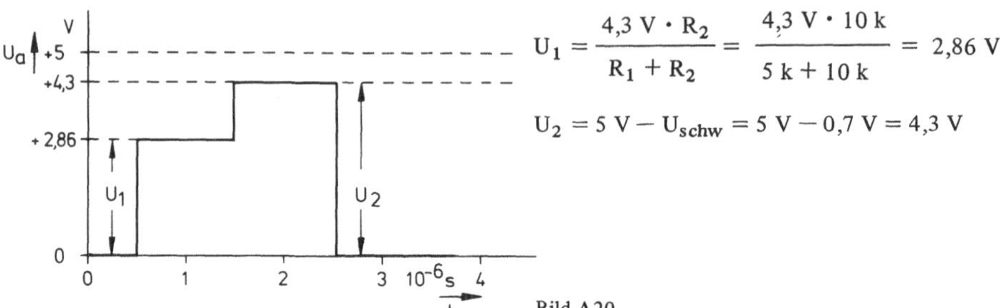

$$U_1 = \frac{4{,}3\ V \cdot R_2}{R_1 + R_2} = \frac{4{,}3\ V \cdot 10\ k}{5\ k + 10\ k} = 2{,}86\ V$$

$$U_2 = 5\ V - U_{schw} = 5\ V - 0{,}7\ V = 4{,}3\ V$$

Bild A20

c)

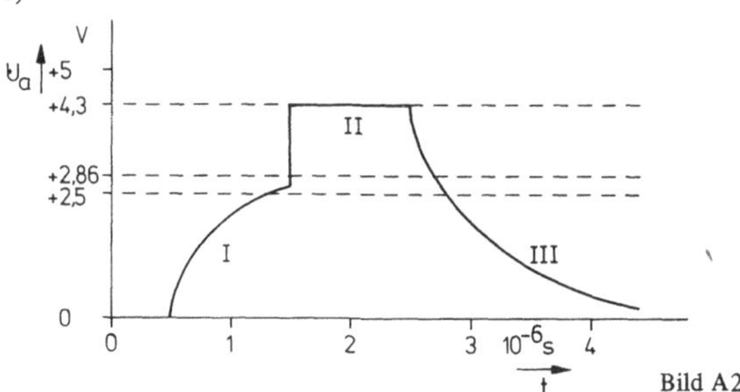

Bild A21

d) $t_{A_{2{,}5\,V}} = ?$

Die Ausgangsspannung strebt im 1. Teil der Kurve (Teil I) gegen 2,86 V.
Die Zeitkonstante für die Aufladung der Kapazität ergibt sich aus der Parallelschaltung der Widerstände R_1, R_2 und dem Kapazitätswert C.

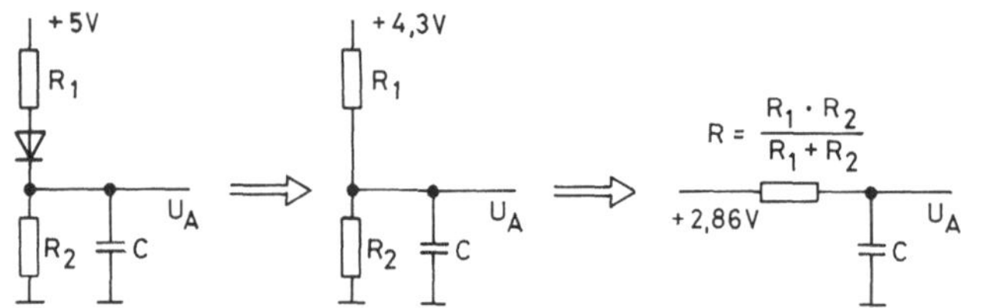

Bild A22

Zeitkonstante: $\tau = C \cdot R = C \cdot \dfrac{R_1 \cdot R_2}{R_1 + R_2}$

$$= 100\ pF \cdot \frac{5k \cdot 10k}{5k + 10k} = 0{,}333 \cdot 10^{-6}\ [sec]$$

$$U_A = 2{,}86\ V\ (1 - e^{-t/\tau})$$

Gesucht: t_A für $U_A = 2{,}5\ V$

$$2{,}5\ V = 2{,}86\ V\ (1 - e^{-t_A/\tau})$$

Umgeformt:

$$e^{t_A/\tau} = \cfrac{1}{1 - \cfrac{2,5}{2,86}}$$

$$t_A = \tau \cdot \ln \cfrac{1}{1 - \cfrac{2,5}{2,86}} = \tau \cdot \ln\ 7,8181\ [\text{sec}]$$

$$t_A = 0,333 \cdot 10^{-6}\ \ln 7,8181\ [\text{sec}]$$
$$t_A = 0,6854 \cdot 10^{-6}\ [\text{sec}]$$

Lösung 2

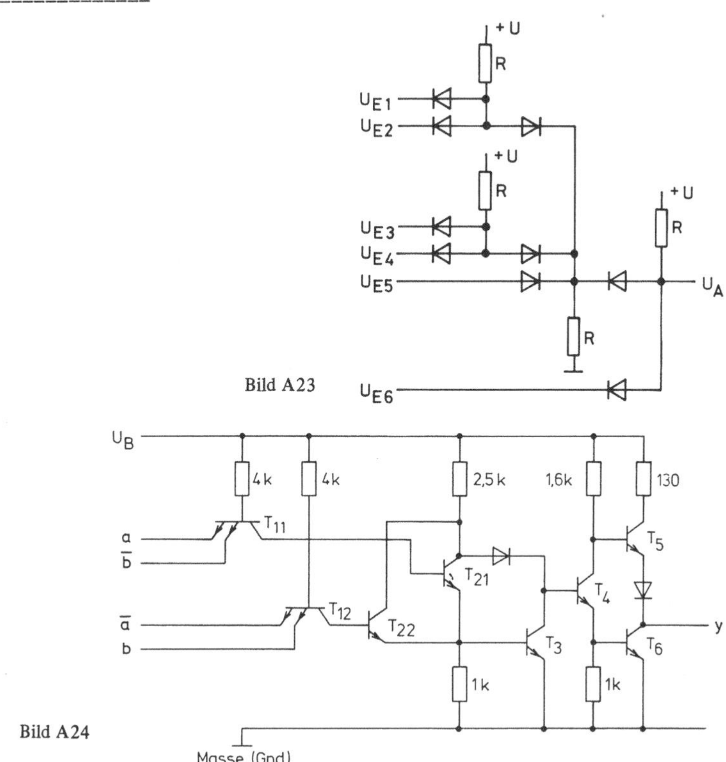

Lösung 3

Die einzelnen Betriebszustände der Transistoren der Schaltung lauten:

a	b	T_{11}	T_{12}	T_{21}	T_{22}	T_3	T_4	T_5	T_6	y
0	0	L	L	G	G	G	L	G	L	0
0	1	L	I	G	L	L	G	L	G	1
1	0	I	L	L	G	L	G	L	G	1
1	1	L	L	G	G	G	L	G	L	0

Lösung 4

Das rechte Gatter der beiden oberen NAND-Gatter ist inaktiv, da der „Control-Eingang" C = 0 ist. Wir erhalten also:

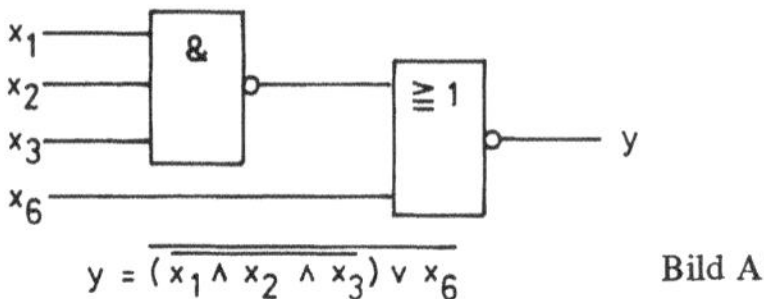

$$y = \overline{(\overline{x_1 \wedge x_2 \wedge x_3}) \vee x_6}$$

Bild A25

Lösung 5

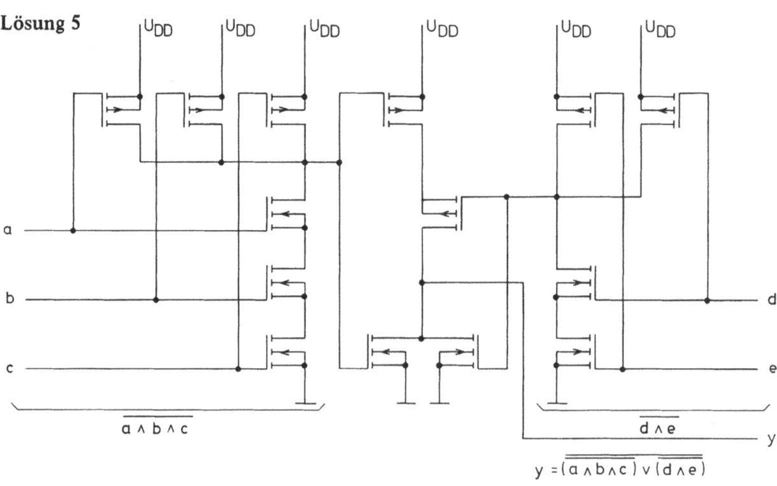

$$y = \overline{(a \wedge b \wedge c) \vee (d \wedge e)}$$

Bild A26

Lösung 6

Die Funktionen des MOS-Schaltkreises sind:

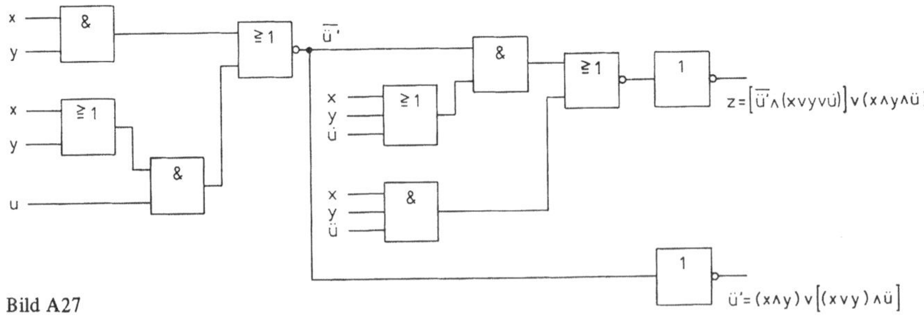

$$z = \left[\overline{\overline{u}' \wedge (x \vee y \vee \overline{u})}\right] \vee (x \wedge y \wedge \overline{u})$$

$$\overline{u}' = (x \wedge y) \vee \left[(x \vee y) \wedge \overline{u}\right]$$

Bild A27

Lösung 7

Die Schaltung stellt eine Exklusiv-Oder Verknüpfung dar:

$$y = \overline{(a \wedge b) \vee (\overline{a} \wedge \overline{b})}$$
$$y = (\overline{a} \wedge b) \vee (a \wedge \overline{b})$$

Lösung 8

Das statische RS-Flipflop in MOS-Technik:

Die Übergangstabelle lautet:

S	R	Q^{n+1}	
0	0	Q^n	speichern
0	1	0	rücksetzen
1	0	1	setzen
1	1	–	verboten

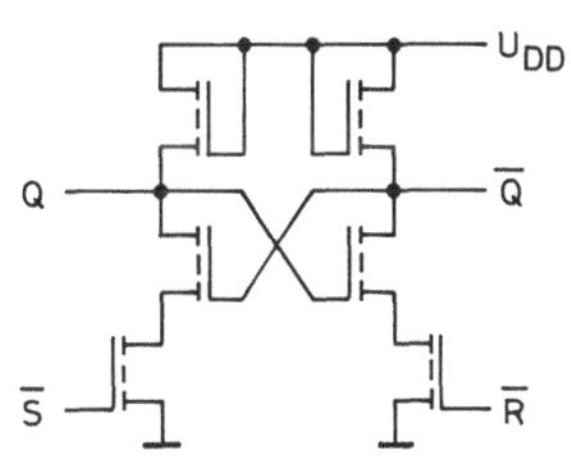
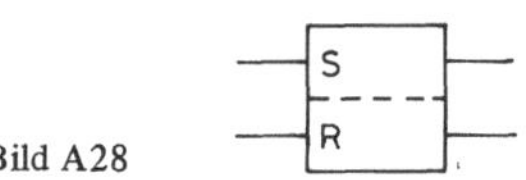

Bild A28

Funktionsablauf:
Bei einem RS-Flipflop mit kreuzgekoppelten NAND-Gattern ist die Eingangskombination $\overline{R} = \overline{S} = 0$ verboten.
In diesem Fall werden die beiden Transistoren an dem Setz- und Rücksetzeingang gesperrt und das Flipflop wird in den verbotenen Zustand $Q = \overline{Q} = 1$ gesetzt. Mit der Ansteuerung einer der beiden Eingänge ($\overline{S} = 0$ bzw. $\overline{R} = 0$) wird der entsprechende Eingangstransistor gesperrt, so daß der zugehörige Ausgang auf „1" gesetzt wird.

Lösung 9

Die Schaltung verhält sich wie ein statisches RS-Flipflop mit der Erweiterung, daß $A = B = 1$ möglich ist.

Die Übergangstabelle lautet:

a	b	Q^{n+1}
0	0	Q^n
0	1	0
1	0	1
1	1	Q^n

Damit ergibt sich für den Ausgang Q des Zeitdiagramms:

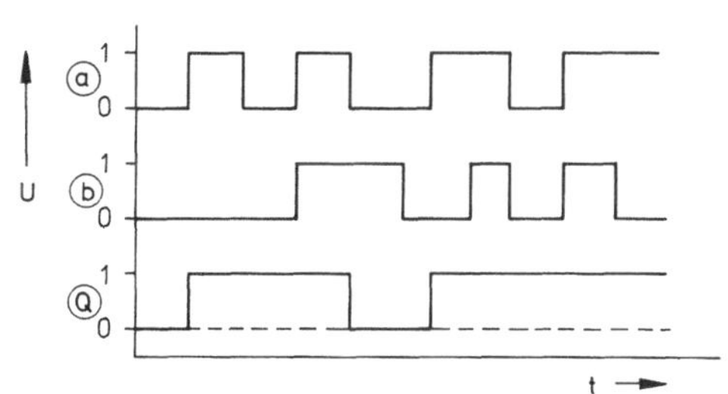

Bild A29

Lösung 10

a) Es ergibt sich folgendes Diagramm:

E	Q^{n+1}
0	Q^n
1	$\overline{Q^n}$

Für einen Zustandswechsel ist entscheidend, daß unmittelbar vor der negativen Taktflanke $E = 1$ ist. Für ein Beispiel ergibt sich das Zeitdiagramm in Bild A30.

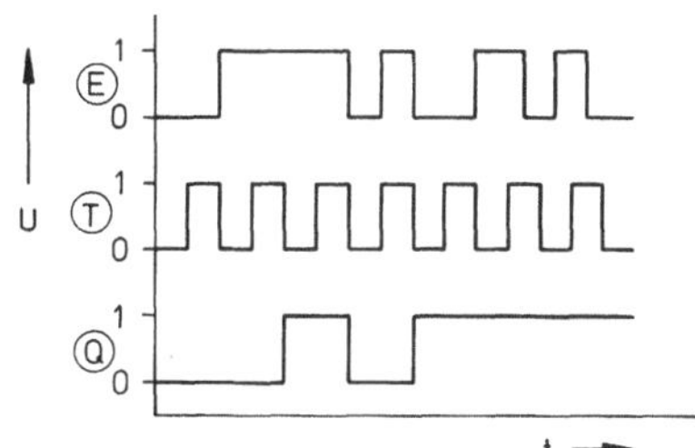

Bild A30

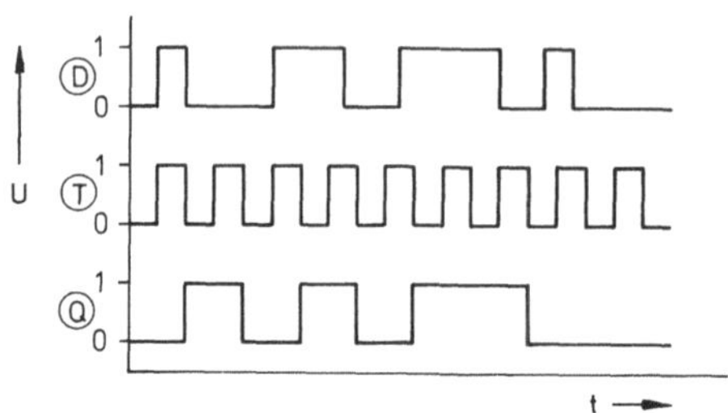

b) Die Tabelle lautet:

D	Q^{n+1}
0	0
1	1

Für ein Beispiel ergibt sich das Zeitdiagramm in Bild A31.

Bild A31

Lösung 11

Die an den Ausgängen des Zählers auftretenden Dualzahlen sind nacheinander in der folgenden Tabelle dargestellt.

	Zustand jeweils nach einem Impuls				
Zählimpuls Nr.	a_3	a_2	a_1	a_0	Dualzahl
0	0	0	0	0	0
1	0	0	0	1	1
2	0	0	1	0	2
3	0	1	1	1	7
4	1	0	0	0	8
5	1	0	0	1	9
6	1	0	1	0	10
7	1	1	1	1	15
8	0	0	0	0	0
9	0	0	0	1	1

Lösung 12

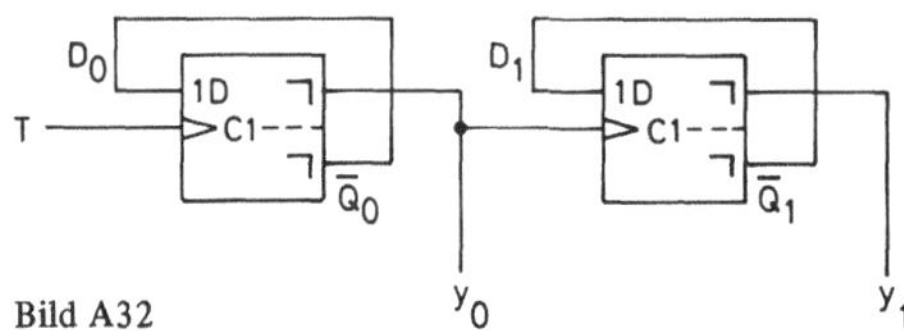

Bild A32

a) Bei einem Asynchronzähler wird der Steuertakt nur dem niederwertigsten Bit (LSB) zugeführt, alle weiteren Flipflops erhalten ihren Steuertakt von den Ausgängen der vorherigen (bzw. niederwertigen) Flipflops. Für den 2-Bit-Asynchronzähler mit D-Flipflops ergibt sich das Schaltbild in Bild A32.

b) Für das autonome, synchrone Zählschaltwerk wird ein Schaltnetz benötigt, welches die Folgezustände s^{n+1} zur Erregung der D-Flipflops erzeugt. Das gesuchte Schaltnetz dient zur Erzeugung der Übergangsfunktion $s^{n+1} = g(s^n)$. Die vorgegebenen D-Flipflops haben nur einen Eingang mit dem die Eingangsvariablen beim Eintreffen des Taktimpulses übernommen werden.
Die gesuchte Übergangsfunktion kann durch eine Wertetabelle dargestellt werden:

$$S_1^{n+1} = (S_0^n \wedge \overline{S_1^n}) \vee (\overline{S_0^n} \wedge S_1^n) = S_0^n \leftrightarrow S_1^n$$

$$S_0^{n+1} = \overline{S_0^n}$$

Bild A33

s^n		s^{n+1}	
s_1^n	s_0^n	s_1^{n+1}	s_0^{n+1}
0	0	0	1
0	1	1	0
1	0	1	1
1	1	0	0

Die einzelnen Übergangsfunktionen können mithilfe der Veitch-Karnaugh-Tafel gefunden werden (Bild A33):

Das Schaltbild mit $D_1 = s_1^{n+1}$ und $D_0 = s_0^{n+1}$ sowie $y_1 = Q_1, y_0 = Q_0$ ist in Bild A34 dargestellt:

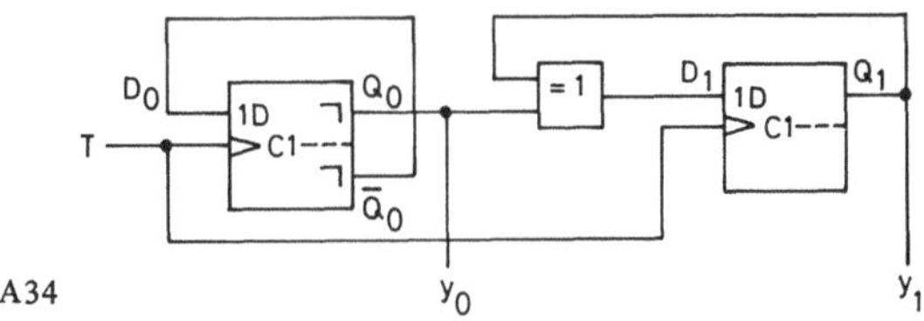

Bild A34 y_0 y_1

Für die Erzeugung der Ausgangsvariablen (y_0, y_1) wird kein gesondertes Schaltnetz benötigt, da die Zustandsvariablen (Q_0, Q_1) gleich den Ausgangsvariablen sind.

Lösung 13

Wir erhalten die folgende Zustandstabelle:

Eingangs-variable	Zustands-variable		Erregungs-variable			
x	Q_1	Q_0	J_1	K_1	J_0	K_0
0	0	0	0	0	1	1
0	0	1	1	1	1	1
0	1	0	0	0	1	1
0	1	1	1	1	1	1
1	0	0	0	0	1	0
1	0	1	1	1	1	0
1	1	1	1	1	1	1

Die Schaltung ist ein Synchronzähler der bei
$x = 0$ die Zählfolge: $00, 01, 10, 11, 00 \ldots$ usw.
und bei
$x = 1$ die Zählfolge: $00, 01, 11, 00 \ldots$ usw.
erzeugt.

Lösung 14

Die Information muß während $T = 1$ in ein erstes D-Flipflop (Master) eingespeichert und für $T = 0$ in ein zweites D-Flipflop (Slave) übernommen werden. Im gleichen Moment darf das erste Flipflop keine Information mehr von den Eingängen übernehmen (Bild A35).

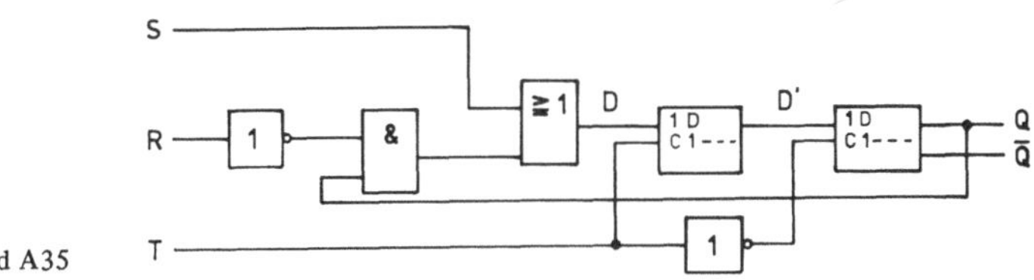

Bild A35

$$D = \begin{cases} 1 & \text{falls } s \vee (\bar{s} \wedge \bar{R} \wedge Q) = s \vee (\bar{R} \wedge Q) = 1 \\ 0 & \text{sonst.} \end{cases}$$

Der Fall $S = R = 1$ ist unzulässig.

Lösung 15

1. Überführung des Minuenden in den richtigen Wertebereich durch Nachziehen einer 1

$$1.101 \quad \rightarrow \quad 1.1101$$

2. Zweikomplementbildung des Subtrahenden

1.0110	
0.1001	Invertieren
0.0001	Addition einer 1
0.1010	Zweikomplement

3. Addition

$$\begin{array}{r} 1.1101 \\ + \ 0.1010 \\ \hline 0.0111 \end{array}$$

Das Ergebnis von 15a) lautet 0.0111.
Zur Lösung der Aufgabe 15b) werden die gleichen Schritte wie in 15a) durchgeführt:

1. $0.100 \quad \rightarrow \quad 0.00100$
      (Nachziehen einer 0)
2. $0.11000 \quad \rightarrow \quad 1.01000$
      (Zweikomplement)
3. $\begin{array}{r} 0.00100 \\ + \ 1.01000 \\ \hline 1.01100 \end{array}$

Das Ergebnis von 15b) lautet: 1.01100

Lösung 16

a) Um festzustellen, wo und wie oft ein Übertrag entsteht werden die Dualzahlen addiert

$$\begin{array}{r} 101 \\ 011 \\ \hline 111 \quad \text{Überträge} \\ \hline 1000 \end{array}$$

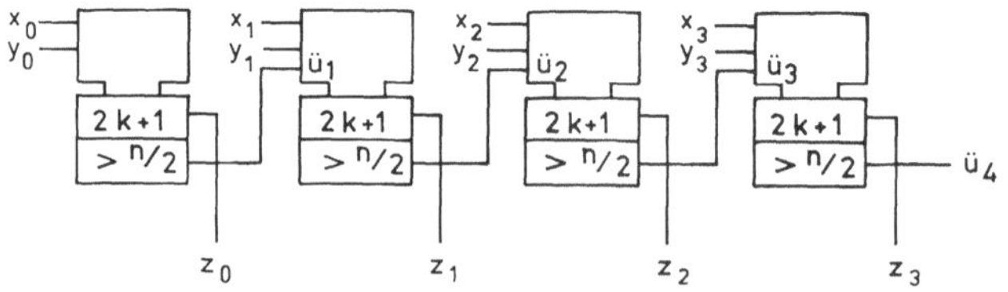

Bild A36

Es entstehen 3 Übertrag-Bits (Bild A36), wodurch folgende Durchlaufverzögerungen zu addieren sind:

$$\begin{aligned} \text{Für:} \quad t_{z0} &= 3 \times 6\,\text{ns} = 18\,\text{ns} \\ t_{ü1} &= 1 \times 6\,\text{ns} = \ 6\,\text{ns} \\ t_{z1} &= 3 \times 6\,\text{ns} + \ 6\,\text{ns} = 24\,\text{ns} \\ t_{ü2} &= 2 \times 6\,\text{ns} + \ 6\,\text{ns} = 18\,\text{ns} \\ t_{z2} &= 3 \times 6\,\text{ns} + 18\,\text{ns} = 36\,\text{ns} \\ t_{ü3} &= 2 \times 6\,\text{ns} + 18\,\text{ns} = 30\,\text{ns} \\ t_{z3} &= 3 \times 6\,\text{ns} + 30\,\text{ns} = 48\,\text{ns} \end{aligned}$$

Die Addition mit einem Paralleladdierer dauert 48 ns.
b) Für die Addition mit Übertragsvorausberechnung ist nur die Durchlaufverzögerung für $\ddot{u}_3$

$$t_{\ddot{u}3} = 2 \times 6 \text{ ns} = 12 \text{ ns}$$

und die Verzögerung für das nachfolgende Antivalenzgatter

$$t_{\oplus} = 3 \times 6 \text{ ns} = 18 \text{ ns}$$

zu addieren.
Also

$$t_{z3} = t_{\ddot{u}3} + t_{\oplus} = \underline{\underline{30 \text{ ns}}}$$

Lösung 17

Für einen 8 Bit Addierer/Subtrahierer mit den angegebenen Bausteinen ist folgender Aufbau möglich:

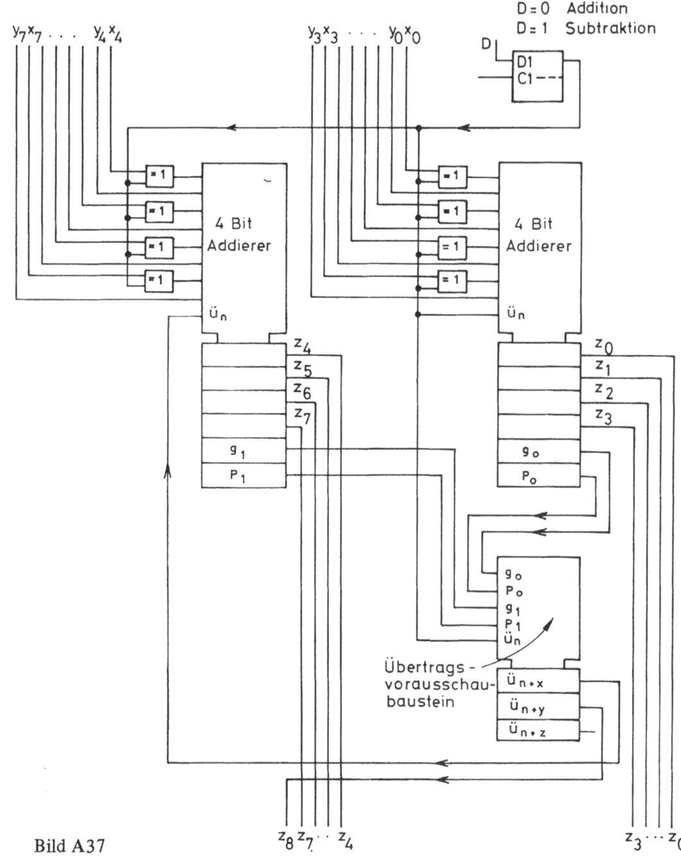

Bild A37

Lösung 18

Zur Realisierung des Schieberegisters wird ein 3 zu 1 Multiplexer benötigt.
Das Symbol des Multiplexers ist in Bild A38 dargestellt.

Die Funktionstabelle lautet:

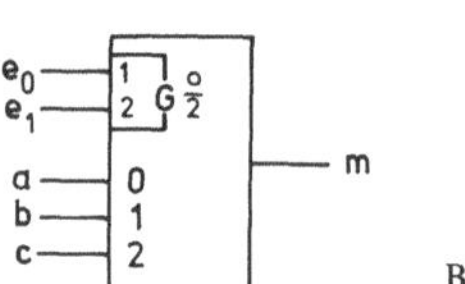

Bild A38

e_1	e_0	m
0	0	a
0	1	b
1	0	c

Der Aufbau des Multiplexers ist in Bild A39 zu sehen:
Die Realisierung des Schieberegisters zeigt Bild A40.

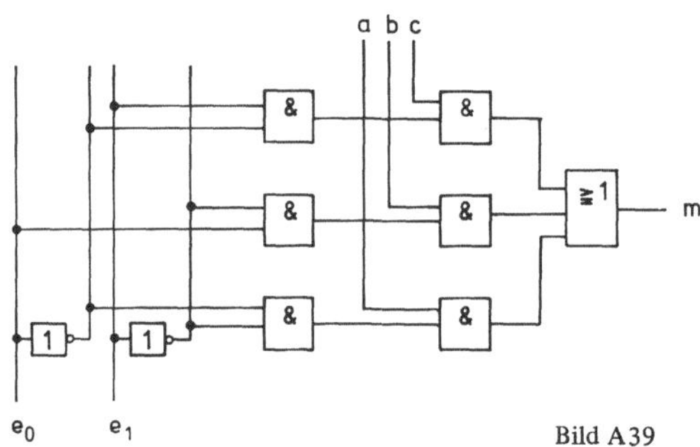

Bild A39

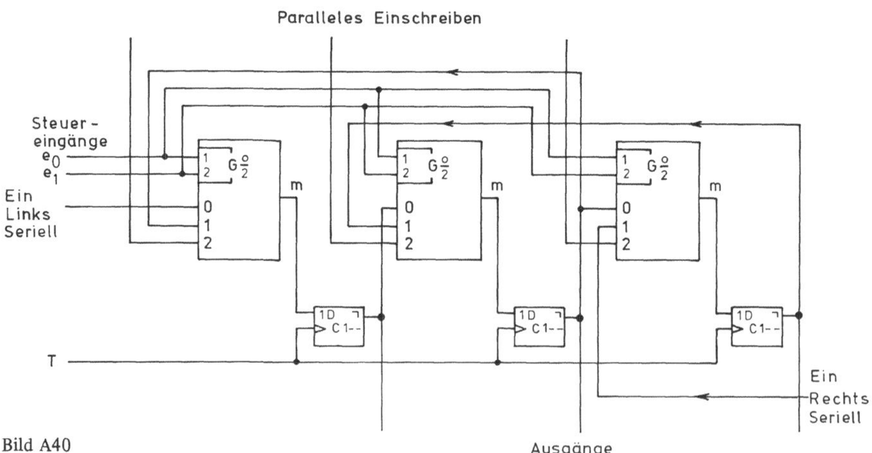

Bild A40

e_1	e_0	Funktion
0	0	Rechtsverschiebung
0	1	Linksverschiebung
1	0	Paralleles Einlesen

Lösung 19

Die Multiplikation von 111 ··111 nach dem Datenflußtafelschema ergibt Bild A41:

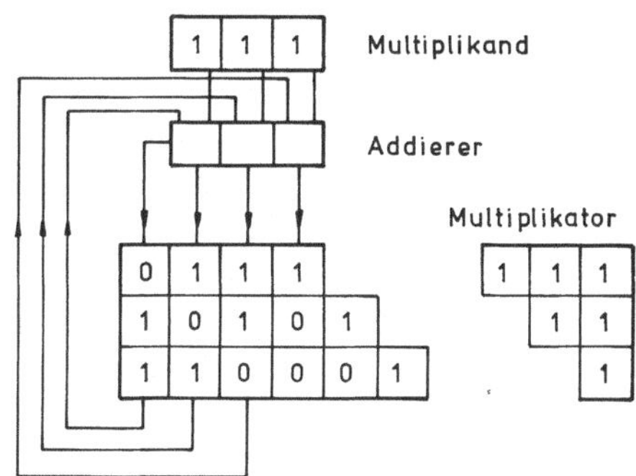

Bild A41

Lösung 20

Die Logikfunktion g $(a > b)$ für den Vergleich lautet:

$$g = (a_3 \wedge \bar{b}_3) \vee (a_3 \leftrightarrow b_3) \wedge \{(a_2 \wedge \bar{b}_2)\ \vee (a_2 \leftrightarrow b_2) \wedge [(a_1 \wedge \bar{b}_1) \vee (a_1 \leftrightarrow b_1) \wedge (a_0 \wedge \bar{b}_0)]\}$$

Nach Beseitigung der geschwungenen und eckigen Klammern:

$$g = (a_3 \wedge \bar{b}_3) \vee (a_3 \leftrightarrow b_3) \wedge (a_2 \wedge \bar{b}_2) \vee (a_3 \leftrightarrow b_2) \wedge (a_2 \leftrightarrow b_2) \wedge (a_1 \wedge \bar{b}_1) \vee$$
$$(a_3 \leftrightarrow b_3) \wedge (a_2 \leftrightarrow b_2) \wedge (a_1 \leftrightarrow b_1) \wedge (a_0 \wedge \bar{b}_0)$$

Daraus ergibt sich nach Bild A42 folgender Aufbau des Vergleichers:

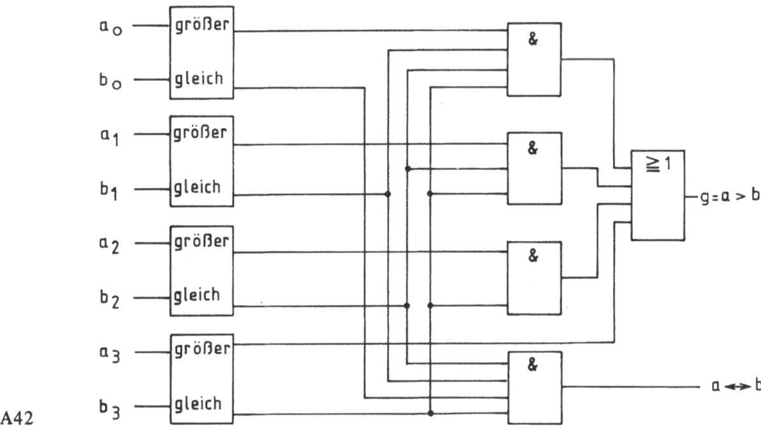

Bild A42

Lösung 21

Es sind die Ausgänge beider Vergleicher mit NOR zu verknüpfen (Bild A43).

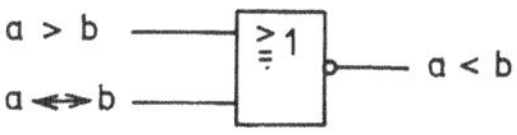

Bild A43

Lösung 22

Die Lösung ist in Bild A44 dargestellt.

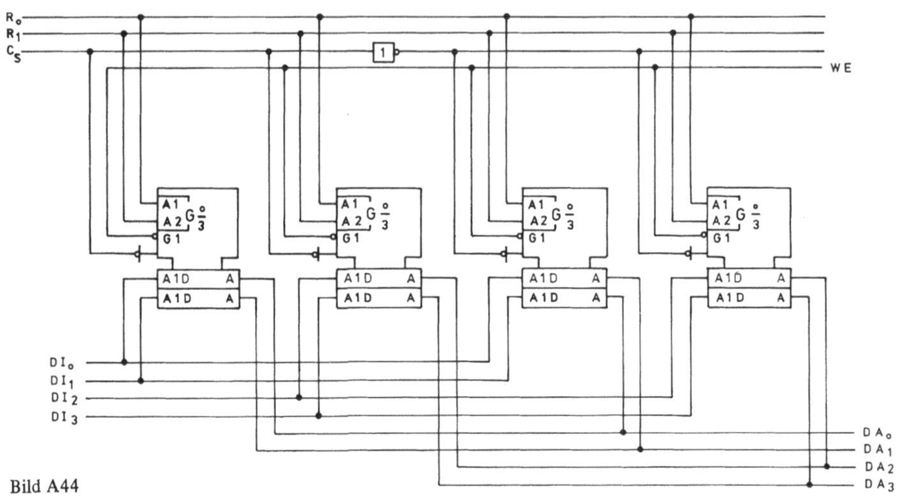

Bild A44

Lösung 23

Multiplikation von 2 Bit-Zahlen: $\quad P = A \cdot B$

In Radixschreibweise $\qquad\qquad :\quad A = a_1 2^1 + a_0 2^0$

$$B = b_1 2^1 + b_0 2^0$$

Man erhält folgende Tabelle

A	B	P	a_1	a_0	b_1	b_0	P_3	P_2	P_1	P_0
0	0	0	0	0	0	0	0	0	0	0
0	1	0	0	0	0	1	0	0	0	0
0	2	0	0	0	1	0	0	0	0	0
0	3	0	0	0	1	1	0	0	0	0
1	0	0	0	1	0	0	0	0	0	0
1	1	1	0	1	0	1	0	0	0	1
1	2	2	0	1	1	0	0	0	1	0
1	3	3	0	1	1	1	0	0	1	1
2	0	0	1	0	0	0	0	0	0	0
2	1	2	1	0	0	1	0	0	1	0
2	2	4	1	0	1	0	0	1	0	0
2	3	6	1	0	1	1	0	1	1	0
3	0	0	1	1	0	0	0	0	0	0
3	1	3	1	1	0	1	0	0	1	1
3	2	6	1	1	1	0	0	1	1	0
3	3	9	1	1	1	1	1	0	0	1

Daraus läßt sich die Festwertspeichermatrix in Bild A45 programmieren.

Bild A45

Lösung 24

Die Programmierung der PLA-Struktur als BCD-Zähler ergibt Bild A46.

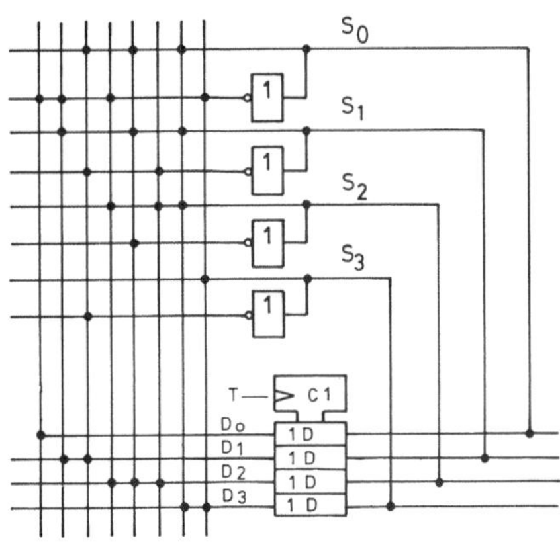

Bild A46

Lösung 25

a) Der angegebene Steuerwerksgraph ist ein Übergangsgraph. Er dient zur Beschreibung eines Mealy-Steuerwerkes.
b) Der Programmlaufplan ist in Bild A47 dargestellt.
c) Das zugehörige Mikroprogrammsteuerwerk zeigt Bild A48.

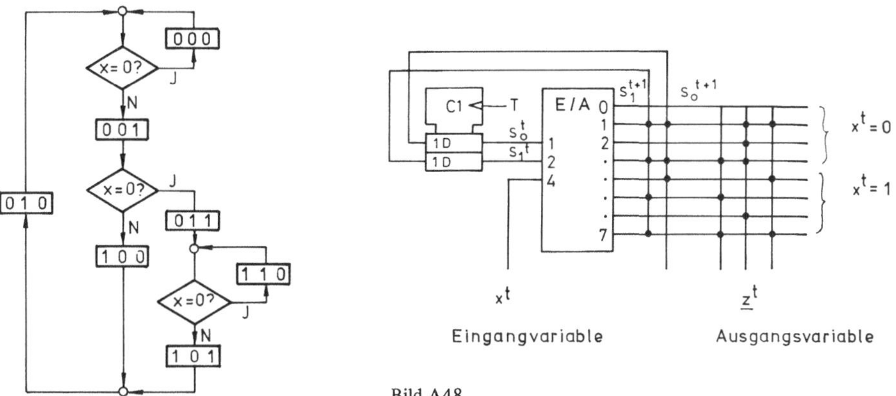

Bild A48

Bild A47

Lösung 26

a) Die vollständige Programmtabelle des Steuerwerks lautet:

		t	t	t+1	t	t	
	$x_3\,x_2\,x_1\,x_0$	$s_3\,s_2\,s_1\,s_0$	$s_3\,s_2\,s_1\,s_0$	$z_3\,z_2\,z_1\,z_0$	$b_3 b_2\,b_1\,b_0$	
		0 0 0 0	0 0 0 1	0 0 0 0	0 0 0 0	0
		0 0 0 1	0 0 1 0	0 0 0 1	0 0 0 0	1
		0 0 1 0	0 0 1 1	0 0 1 0	0 0 0 0	2
3 → 4*	0	0 0 1 1	0 1 0 0	0 0 1 1	0 0 0 1	3
		0 1 0 0	0 1 0 1	0 1 0 0	0 0 0 0	4
		0 1 0 1	0 1 1 0	0 1 0 1	0 0 0 0	5
	0	0 1 1 0	0 1 1 1	0 1 1 0	0 0 1 0	6
		0 1 1 1	1 0 0 0	0 1 1 1	0 0 0 0	7
		1 0 0 0	1 0 0 1	1 0 0 0	0 0 0 0	8
	0	1 0 0 1	1 0 1 0	1 0 0 1	0 1 0 0	9
		1 0 1 0	1 1 1 1	1 0 1 0	0 0 0 0	10
		1 0 1 1	1 1 0 0	1 0 1 1	0 0 0 0	11
		1 1 0 0	1 1 0 1	1 1 0 0	0 0 0 0	12
		1 1 0 1	1 1 1 0	1 1 0 1	0 0 0 0	13
	0	1 1 1 0	1 1 1 1	1 1 1 0	1 0 0 0	14
unb. Spr.		1 1 1 1	0 0 0 0	1 1 1 1	0 0 0 0	15
		0 0 0 0	0 0 0 1	0 0 0 0	0 0 0 0	16
		0 0 0 1	0 0 1 0	0 0 0 1	0 0 0 0	17
		0 0 1 0	0 0 1 1	0 0 1 0	0 0 0 0	18
3 → 11*	1	0 0 1 1	1 0 1 1	0 0 1 1	0 0 0 1	19
		0 1 0 0	0 1 0 1	0 1 0 0	0 0 0 0	20
		0 1 0 1	0 1 1 0	0 1 0 1	0 0 0 0	21
	1	0 1 1 0	1 1 0 0	0 1 1 0	0 0 1 0	22
		0 1 1 1	1 0 0 0	0 1 1 1	0 0 0 0	23
		1 0 0 0	1 0 0 1	1 0 0 0	0 0 0 0	24
	1	1 0 0 1	1 1 0 1	1 0 0 1	0 1 0 0	25
		1 0 1 0	1 1 1 1	1 0 1 0	0 0 0 0	26
		1 0 1 1	1 1 0 0	1 0 1 1	0 0 0 0	27
		1 1 0 0	1 1 0 1	1 1 0 0	0 0 0 0	28
		1 1 0 1	1 1 1 0	1 1 0 1	0 0 0 0	29
	1	1 1 1 0	0 0 0 1	1 1 1 0	1 0 0 0	30
unbedingter Sprung		1 1 1 1	0 0 0 0	1 1 1 1	0 0 0 0	31

*) bed. Sprung — die nicht eingetragenen Bits können beliebige Werte annehmen

b) Das Steuerwerk ist vom MOORE-Typ, da $z^t = g(s^t)$; d.h. x^t hat keinen unmittelbaren Einfluß auf z^t.

c) Die Ausgangsmatrix hat die gleiche Information wie der Zustandsvektor s^t. Es ist also $z^t = s^t$. Daher kann die Ausgangsmatrix entfallen.

d) An allen nichteingetragenen Stellen dieser x^t-Spalte kann sich der Eingangsvektor x^t nicht durchsetzen, da er von dem Programm des Bedingungscode und den UND-Gattern zurückgehalten wird.

e) Da das Steuerwerk vom Moore-Typ ist, wird der passende Graph durch den Zustandsgraphen in Bild A49 repräsentiert.

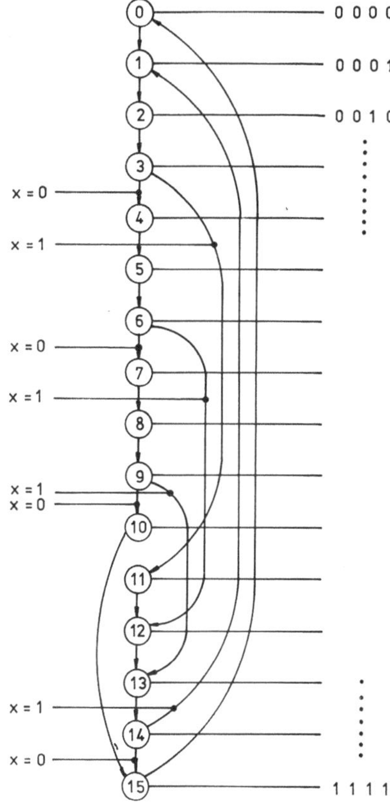

Bild A49

Lösung 27

Die Programmtabelle für das Steuerwerk lautet:

	Zähler-stand s^t	Lade-adresse s^{t+1}	Bedingungs-matrix b^t	Ausgangs-matrix z^t
Sprung, falls $x_2 = 1$:	000	000	010	000
	001	- - -	000	001
Sprung, falls $x_3 = 1$:	010	110	011	010
Sprung, falls $x_4 = 1$:	011	101	100	011
unbedingter Sprung:	100	000	001	100
unbedingter Sprung:	101	011	001	101
	110	- - -	000	110
unbedingter Sprung:	111	100	001	111

Lösung 28

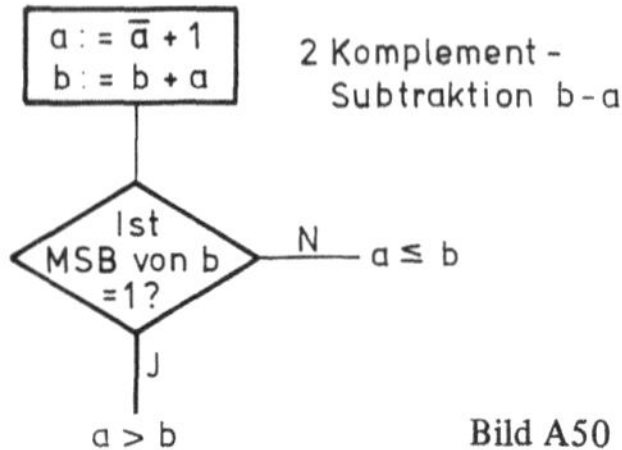

Bild A50

Die Operationsfolge wird nach dem Programmlaufschema in Bild A50 angegeben, wobei für die Operation die Funktionstabelle in Kap. 10.3 genutzt wird.
Es gibt auch Mikroprozessoren, in denen die gezeigte Vergleichsoperation direkt durch interne Hardware erzeugt wird.

Lösung 29

$$D_9 = 1001$$

mit n = 4 folgt

$$B_{+9} = 10000 + 1001 = 11001$$
$$B_{-9} = 10000 - 1001 = 00111$$

Lösung 30

$$D_7 = 111$$

mit n = 3 folgt

$$K_{+7} = 0111$$
$$K_{-7} = 10000 - 111 = 1001$$

Die führende Null der positiven Zahl muß mitgeschrieben werden, um eine Unterscheidung gegenüber der negativen Zahl zu gewährleisten.

Lösung 31

Die Lösung ist in Bild A51 angegeben.

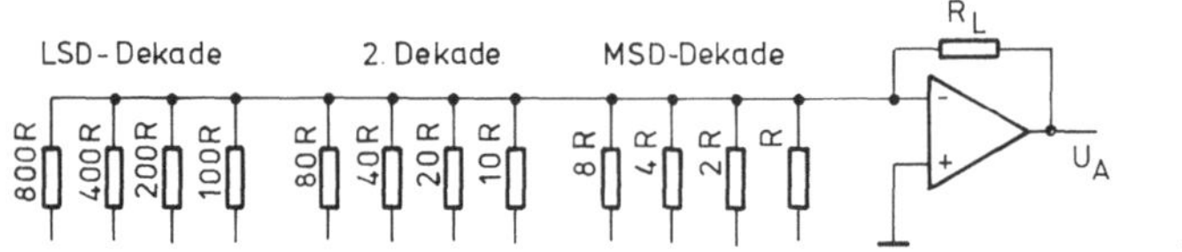

Bild A51

Der maximale Strom der MSD-Dekade stellt sich für den BCD-Code dann ein, wenn deren 1. und 4. Bit geschaltet sind (entspricht dem Digitalwert 1001.0000.0000). Daraus folgt:

$$I = \frac{U_{REF}}{\dfrac{8R \cdot R}{8R + R}} = 0,9 \text{ mA}$$

Aufgelöst nach R:

$$R = \frac{U_{REF}}{\dfrac{8}{9} \cdot I} = \frac{10 \text{ V}}{\dfrac{8}{9} \cdot 0,9 \text{ mA}} = 12,5 \text{ k}\Omega$$

Für die Widerstände der MSD-Dekade gelten somit folgende Werte:

$$R = 12{,}5 \text{ k}\Omega$$
$$2R = 25 \text{ k}\Omega$$
$$4R = 50 \text{ k}\Omega$$
$$8R = 100 \text{ k}\Omega$$

Die Widerstandswerte der 2. Dekade und der LSD-Dekade werden gegenüber denen der MSD-Dekade mit dem Faktor 10 bzw. dem Faktor 100 multipliziert.

Lösung 32

Soll ein D/A-Umsetzer seine vorgegebene Genauigkeit gewährleisten, darf der temperaturbedingte Fehler der Wichtungswiderstände den Wertanteil eines LSB nicht übersteigen.
Mit R_{GES} als Gesamtwiderstand aller Bits eines 10-Bit Umsetzers gilt:

$$\frac{1}{R_{GES}} = \sum_{i=1}^{n} \frac{1}{R_i}$$

$$\frac{\Delta R_{GES}}{R_{GES}} = \frac{1}{2^n}$$

mit $\Delta R_{GES} = R_{GES} \cdot TK_R \cdot T$ erhält man für den Temperaturbereich T:

$$T = \frac{1}{2^n \cdot TK_R}$$

Zahlenwerte:

$$T = \frac{100\,\%}{2^{10} \cdot 0{,}0005\%/°C} = 195{,}313°C$$

Lösung 33

Der Gesamtstrom aus der Referenzquelle eines D/A-Umsetzers mit einem R-2R-Netzwerk nach dem Prinzip der eingespeisten Ströme wird bestimmt durch:

$$I = \frac{U_{REF}}{R}$$

R ist der Innenwiderstand des Netzwerkes von der Referenzquelle aus gesehen.
Die Zahlenwerte eingesetzt ergibt:

$$R = \frac{U_{REF}}{I} = \frac{10V}{1mA} = 10 \text{ k}\Omega$$

Die Widerstandswerte betragen somit:

$$R = 10 \text{ k}\Omega$$
$$2R = 20 \text{ k}\Omega$$

Lösung 34

	D	000	001	010	011	100	101	110	111
U_A	gemess.	0,05	1,05	2,75	3,85	5,00	6,45	7,25	8,80
	ideal	0	1,25	2,50	3,75	5,00	6,25	7,50	8,75
Abweichung		0,05	−0,20	0,25	0,1	0	0,2	−0,25	0,05

Der Nullpunktfehler ϵ_N ergibt sich aus der Differenz zwischen der gemessenen und der idealen Ausgangsspannung bei dem Digitalwert D = 000:

$$\epsilon_N = U_{A\,gemessen} - U_{A\,ideal} = 0{,}05V - 0 = 0{,}05 \text{ V}$$

Wird nun von den gemessenen Werten der Nullpunktfehler abgezogen, dann erhält man aus der Tabelle den maximalen Linearitätsfehler ϵ_L bei dem Digitalwert D = 110:

$$\epsilon_L = U_{A\,gem} - U_{A\,id} - \epsilon_N = 7{,}25V - 7{,}5V - 0{,}05V = -0{,}3V$$

Da nach Abzug des Nullpunktfehlers der ideale maximale Ausgangswert (U_A = 8,75 V) mit dem gemessenen Wert übereinstimmt, liegt kein Steilheitsfehler vor.

Lösung 35

An einem parallelen A/D-Umsetzer schalten die Komparatoren von „0" nach „1", bei denen die Meßspannung U_x größer als die angelegte Vergleichsspannung ist. Für einen 3-Bit A/D-Umsetzer ergeben sich folgende Vergleichsspannungen an den Komparatoren:

Komparator 1: $\dfrac{7}{8}\,U_{REF}$

Komparator 2: $\dfrac{6}{8}\,U_{REF}$

Komparator 3: $\dfrac{5}{8}\,U_{REF}$

Komparator 4: $\dfrac{4}{8}\,U_{REF}$

Komparator 5: $\dfrac{3}{8}\,U_{REF}$

Komparator 6: $\dfrac{2}{8}\,U_{REF}$

Komparator 7: $\dfrac{1}{8}\,U_{REF}$

Das Ergebnis wird durch den schaltenden Komparator bestimmt, bei dem die größte Vergleichsspannung liegt.
Codiertabelle:

K1	K2	K3	K4	K5	K6	K7	d_1	d_2	d_3
0	0	0	0	0	0	0	0	0	0
0	0	0	0	0	0	1	0	0	1
0	0	0	0	0	1	1	0	1	0
0	0	0	0	1	1	1	0	1	1
0	0	0	1	1	1	1	1	0	0
0	0	1	1	1	1	1	1	0	1
0	1	1	1	1	1	1	1	1	0
1	1	1	1	1	1	1	1	1	1

Mit Hilfe der Codiertabelle lassen sich die Booleschen Gleichungen für die Bitstufen des Digitalwertes bestimmen:

$$d_1 = K4$$
$$d_2 = (K6 \wedge \overline{K4}) \vee K2$$
$$d_3 = (K7 \wedge \overline{K6}) \vee (K5 \wedge \overline{K4}) \vee (K3 \wedge \overline{K2}) \vee K1$$

Lösung 36

Die Periode T_0 der Taktfrequenz darf nicht kürzer sein als die Summe aus Umsetzzeit t_U des D/A-Umsetzers und Verzögerungszeit t_K des Komparators.

$$f = \frac{1}{T_0} = \frac{1}{t_U + t_K}$$

Zahlenwerte: $f = \dfrac{1}{1\mu s + 0,5\mu s} = 666{,}667 \text{ KHz}$

Für den ungünstigsten Fall ($U_{REF} - 1$ LSB) muß der Zähler $2^n - 1$ Zählschritte durchführen. Die Zahl der Umsetzzyklen f_U pro Sekunde wird durch die Taktfrequenz und die maximal notwendigen Zählerschritte bestimmt:

$$f_U = \frac{f}{2^n - 1}$$

Zahlenwerte: $f_U = \dfrac{666{,}667 \text{ KHz}}{2^{10} - 1} = 651{,}678 \text{ Hz}$

Lösung 37

Die Lösung ist in Bild A52 dargestellt.

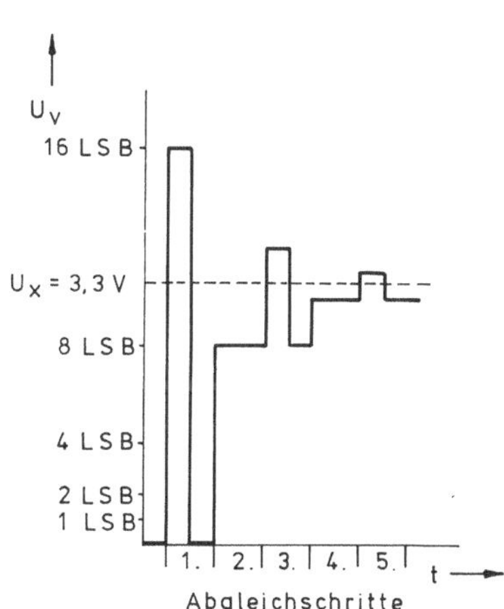

Bild A52

Lösung 38

Die Steigung S der symmetrischen Dreieckspannung beträgt:

$$S = \frac{10V}{50ms} = 200 \text{ mV/ms}$$

Damit der Abtastfehler $\epsilon_A \leqslant 0{,}1$ % bleibt, darf die Sägezahnspannung während eines Umsetzzyklus nur um

$$\epsilon_A = \frac{10V}{1000} = 10 \text{ mV}$$

ansteigen.

$$f_U = \frac{S}{\epsilon_A}$$

Zahlenwerte:

$$f_U = \frac{200\,\text{mV/ms}}{10\,\text{mV}} = 20000 \text{ Umsetzungen/s}$$

Lösung 39

Die Periode der Taktfrequenz darf nicht kürzer sein als die Schaltzeit des Komparators, denn sonst wäre der Zähler zu schnell. Aus dieser Überlegung ergibt sich:

$$f = \frac{1}{t_K} = \frac{1}{500\,\text{ns}} = 2 \text{ MHz}$$

Ein idealer Sägezahn muß bei einem 12 Bit-Umsetzer in 2^n Stufen unterteilt werden können. Daraus folgt:

$$\tau = 2^n \cdot t_K = 2^{12} \cdot t_K = 4096 \cdot 500 \text{ ns} = 2{,}048 \text{ ms}$$

Lösung 40

Die Spannung der Kapazität C darf sich während der Umsetzzeit maximal um die Spannung U_{LSB} vermindern.

Der ungünstigste Fall tritt bei

$$U_X = 10 \text{ V} - U_{LSB}$$

auf.

$$U_{REF} - 2\,U_{LSB} = (U_{REF} - 1\,U_{LSB})\,e^{-\frac{t - t_0}{R_E C}}$$

mit

$$1\,U_{LSB} = \frac{U_{REF}}{2^n} \quad \text{bzw.} \quad U_{REF} = 2^n \cdot U_{LSB}$$

$$e^{-\frac{t - t_0}{R_E C}} = \frac{2^n - 2}{2^n - 1}$$

$$C = \frac{t - t_0}{R_E \ln\dfrac{2^n - 1}{2^n - 2}}$$

$$C = \frac{20\,\mu\text{s}}{50\,\text{M}\Omega\,\ln\left(\dfrac{255}{254}\right)} \approx 102 \text{ pF}$$

Literaturverzeichnis

Zu Kapitel 1, 2, 3, 4:

[1] S t e i n b u c h, K.; W e b e r, W.: Taschenbuch der Informatik Band 1: Grundlagen der Technischen Informatik. Berlin 1974

[2] T i e t z e, U.; S c h e n k, Ch.: Halbleiter-Schaltungstechnik, 3. neub. und erw. Aufl. Berlin 1974

[3] H e y w a n g, W.; M ü l l e r, R.: Halbleiter-Elektronik Bd. 1: Grundlagen der Halbleiter-Elektronik, 2. durchgs. Aufl. Berlin 1975

[4] M ü l l e r, R.: Halbleiter-Elektronik Bd. 2: Bauelemente der Halbleiter-Elektronik. Berlin 1973

[5] B a i t i n g e r, U.: Schaltkreistechnologien für digitale Rechenanlagen. Berlin 1973

[6] B a r n a, A.; P o r a t, D.: Integrated Circuits in Digital Electronics. New York 1973

[7] L e n k, J. D.: Manual for MOS Users. Virginia 1975

[8] S h a h, A.; S a g l i n i, M.; W e b e r, Ch.: Integrierte Schaltungen in Digitalen Systemen. Basel 1977

[9] L e v i n e, M. E.: Digital Theory and Practice Using Integrated Circuits. Englewood Cliffs 1978

[10] A l l i s o n, J.: Electronic integrated Circuits. Maidenhead 1975

[11] B e n s o n, F. A.: Problems in Electronics with Solutions. London 1976

[12] S c h u m n y, H.: Digitale Datenverarbeitung für das technische Studium. Braunschweig 1975

[13] W a l s t o n, J. A.; M i l l e r, J. R.: Transistor Circuit Design. Texas Instruments Inc., New York 1963

[14] M o r r i s, R. L.; M i l l e r, J. R.: Designing with TTL Integrated Circuits. Texas Instruments Inc. New York 1971

[15] C r a w f o r d, R. M.: MOS FET in Circuit Design. New York 1967

[16] K e s s e l, W.: Digitale Elektronik. Wiesbaden 1976

[17] H a h n, W.: Elektronik-Praktikum für Informatiker. Berlin 1971

[18] D o k t e r. F.: S t e i n h a u e r, J.: Digitale Elektronik in der Meßtechnik und Datenverarbeitung. Hamburg 1973

[19] C a r r, W. N.; M i z e, J. P.: MOS/LSI Design and Application. Texas Instruments, New York 1972

Zu Kapitel 5, 6, 7

[20] G i l o i, W.; L i e b i g, H.: Logischer Entwurf digitaler Systeme. Hochschultext. Berlin 1973

[21] L i e b i g, H.: Logischer Entwurf digitaler Systeme, Beispiele und Übungen. Hochschultext. Berlin 1975

[22] B a u e r, F.; G o o s, G.: Informatik I, II. Berlin 1973

[23] M a n o, M. M.: Computer logic design. Englewood Cliffs 1972

[24] L e n k, J. D.: Logic Designer's Manual. Virginia 1977

[25] K l i n e, R. M.: Digital Computer Design. Englewood Cliffs 1977

[26] M e r k e l, E.: Technische Informatik. Braunschweig 1973

[27] G ö r k e, W.: Fehlerdiagnose digitaler Schaltungen. Stuttgart 1973.

[28] F l o r e s, I.: Computer Design. Englewood Cliffs 1967

[29] K l a r, R.: Digitale Rechenautomaten. Berlin 1976

[30] B a u g h, Ch. R.; W o o l e y, B. A.: A Two's Complement Parallel Array Multiplication Algorithm. IEEE Transactions on Computers, Vol. C-22, No. 12, pp. 1045–1047, Dec. 1973

Zu Kapitel 8

[31] S e i t z e r, D.: Arbeitsspeicher für Digitalrechner. Berlin 1975

[32] K a u f m a n n, H.: Daten-Speicher. München 1973

[33] R h e i n, D.: Grundlagen der Digitalen Speichertechnik. Leipzig 1974

[34] M o t s c h, W.: Halbleiterspeicher. Mannheim 1978

[35] H o d g e s, D. A.: Semiconductor Memories. New York 1972

[36] E i m b i n d e r, J.: Semiconductor Memory. New York 1971

[37] K o h o n e n, T.: Associative Memory, New York 1977

Zu Kapitel 9

[38] H u s s o n, S.: Microprogramming. Englewood Cliffs 1970

[39] H o f f m a n n, R.: Rechenwerke und Mikroprogrammierung. München Wien 1977

[40] C h u, Y.: Computer Organization and Microprogramming. Englewood Cliffs 1972

[41] A b d - A l l a, A. M.; M e l t z e r, A. C.: Principles of Digital-Computer-Design. London 1976

[42] W e n d t, S.: Entwurf komplexer Schaltwerke, Berlin 1974

[43] A u t o r e n k o l l e k t i v: Entwurf mikroelektronischer Schaltungen. Berlin 1976

[44] G r a s s, W.: Steuerwerke – Entwurf von Schaltwerken mit Festwertspeichern. Berlin Heidelberg New York 1978

[45] W i l k e s, M. V.: The Best Way to Design an Automatic calculating Machine. Report of Manchester University. Inaugural Conference (July 1951)

Zu Kapitel 10

[46] H i l b u r n, J. L.; J u l i c h, P. M.: Microcomputers/Microprocessors: Hardware, Software and Applications. 1976

[47] H i l b e r g, W.; P i l o t y, R.: Mikroprozessoren und ihre Anwendungen. München Wien 1977

[48] B a r n a, A.; P o r a t, D.: Introduction to Microcomputers and Microprocessors. 1976

[49] D i r k s, Ch.; K r i n n, H.: Microcomputer, Lehrbuchreihe Elektronik. Stuttgart 1977

[50] L i n, W. C.: Microprocessors: Fundamentals and Applications. New York 1976

[51] H ö r b s t, E.: Mikroprozessoren und Mikrocomputer. München Wien 1977

[52] M a r t i n, W.: Microcomputer in der Prozessdatenverarbeitung. München Wien 1977

[53] S c h m i d t, V.: Digitalschaltungen mit Mikroprozessoren. Stuttgart 1978

[54] B e r n s t e i n, H.: Hochintegrierte Digitalschaltungen und Mikroprozessoren. München 1978

Zu Kapitel 11

[55] S c h m i d, H.: Electronic Analog/Digital Conversions. New York 1970

[56] H o e s c h e l e, D. F.: Analog-to-Digital/Digital-to-Analog Conversion Techniques. New York 1968

[57] P h i l i p p o w, E.: Taschenbuch Elektrotechnik; in 6 Bdn. München 1976

[58] L a n g e, W. R.: Digital-Analog-, Analog-Digital-Wandlung. München 1974

[59] F r i t z, R.: Elektronische Meßwertverarbeitung. Heidelberg 1977

[60] S e i t z e r, D.: Elektronische Analog-Digital-Umsetzer. Berlin 1977

[61] B e l o v e, Ch.; S c h a c h t e r, H.; S c h i l l i n g, D.: Digital and Analog Systems, Circuits, and Devices: An Introduction. Tokio 1973

[62] H e r p y, M.: Analoge Integrierte Schaltungen. München 1976

[63] K o r n, G. A.; K o r n, T. M.: Electronic Analog and Hybrid Computers. New York 1972

[64] E n c a r n a c a o, I. L.: Computer-Graphics. München 1975

Sachverzeichnis

<u>Benutzungsordnung</u>

1 Die Bücherei steht allen Dienststellen und Angehörigen der
Bundeswehr (Soldaten und ihren Familien, Beamten, Ange-
stellten und Arbeitern) unentgeltlich zur Verfügung

2 Die Öffnungszeiten der Bücherei sind den Bekanntmachungen
der Truppenbetreuung zu entnehmen.

3. Leihfrist für Bücher aus der Truppenbücherei · 4 Wochen
        "   "   "   aus der Schulbibliothek   . 4 Wochen
Eine Verlängerung ist möglich.

4. ~~Schallplatten werden auf 6 Tage verliehen. Es wird um besonders pflegliche Behandlung gebeten~~

5 Bei Verlust, Beschädigung oder Verunreinigung der Bücher
ist der Entleiher ersatzpflichtig ~~Das gleiche gilt für Schall-
platten~~

6 Bücher dürfen von dem Entleiher nicht an Dritte weitergegeben
werden.

7. Vor Versetzung, Kommandierung oder längerer Abwesenheit
des Entleihers sind entliehene Bücher zurückzugeben

8. Nachschlagwerke, Bibliographien und   gebundene Zei···
ten können nur im Leseraum benutzt werden

9. Anregungen oder Anschaffungswünsche können im Wunsch-
buch eingetragen werden

10 Erhalten Sie bitte die Ordnung in den Regalen bei Auswahl
der Bücher Beachten Sie die Signaturen auf den Buchrücken.